파리

오윤경 지음

생애 첫
여행친구

프렌즈
Travel Guide

Paris

중앙books

Prologue
저자의 말

작가의 말을 써달라는 요청을 받고 나니, 에펠탑을 처음 보았을 때로 소환이 됩니다. 상투적인 표현일지 모르지만 주위가 온통 분홍색으로 보였던 것만은 분명하네요. 마치 어느 왕국의 여왕을 접견한 듯 황홀해 했었지요. 하루 동안의 촉박한 일정 속에서도 루브르, 샹젤리제, 개선문, 에펠탑을 도보로만 이동했는데, 몽마르트르의 풍차 앞에서 하루를 마감했을 때는 밤 10시가 넘어 있었습니다. 12시를 지켜야 하는 신데렐라의 시간처럼 꿈같은 하루였습니다. 발에 생긴 물집과 기진맥진한 몸은 잊을 수 없는 파리와의 첫 만남에 대한 훈장쯤으로 여기자며 자랑스러워했던 기억도 나네요. 그때가 1996년 8월이었으니, 벌써 27년이 훌쩍 넘은 이야기입니다.

'인생은 모든 사람에게 3번의 행운을 준비해 놓았다'는 말을 빌리면, 제가 현지에서 가이드를 겸하며 이 글을 쓰기 25년 전에 유학을 위해 파리를 선택한 것도 그중 하나임에 틀림없습니다. 당시에는 어렵고 관련성도 없어 보였던 파리 건축 역사 수업의 주제들을 지금, 매일, 곁에서 다루고 있으니 말입니다. 여행객의 입장일 때는 '품격 있는 도시, 위대한 건축물'같이 규정된 클리셰 묘사들이 루브르 궁전과 튈르리 정원, 노트르담과 시테 섬, 뤽상부르 정원과 라탱 구역 등을 공부하는 도중에 팝업 효과로 살아 튀어 올랐습니다. 이후로 25년을 이 도시를 관찰하며, 사랑하며 살고 있습니다.

파리는 단어 자체에서 유니크한 매력과 브랜드 가치가 넘치는 도시입니다. 세상에서 가장 아름다운 도시라며 찬양하는 사람도 있을 겁니다. 매년 관심도가 달라지는 불특정 다수인을 대상으로 하는 가이드북은 사적인 이유만으로 책을 출간하기는 섣부릅니다. 하지만 첫 여행객 입장이었던 제 오류를 자양분 삼는다면 양파 껍질처럼 끝나지 않는 이 도시의 진면목을 보다 현실적으로 소개할 수 있을 것이라는 판단에 자신이 섰습니다.

이 책은 파리를 다루는 유사 가이드북에 비해 구역을 많이 나눈 편입니다. 한국에서의 인지도는 다소 떨어지지만 파리지앵들의 문화적인 사고에 직간접적인 영향을 미치는 바스티유 광장의 골목들, 오페라 구역의 역사적인 쇼핑길 등도 소개하고 있기 때문입니

미슐랭·마레·조향 투어
·저자 투어 신청 시 10% 할인
·사용기간: 2024년 1월 1일~12월 31일

저자 인스타그램   저자 투어

다. 이 외에도 중간중간 삽입된 포커스를 눈여겨봐 주세요. 포커스 위주로만 동선을 짜도 될 만큼 볼거리, 할거리가 많은 특별한 파리를 소개하고자 노력했습니다. 또한 미술을 빼면 허전한 도시의 특성상, 파리에서 가장 유명한 미술관 네 곳을 따로 편집해 보기 쉽도록 구성했습니다. 파리 예찬만으로 그치는 것이 아쉬워 파리와는 다른 분위기를 가진 베르사유, 루아르 고성 지역, 생말로 등 교외 지역까지 소개했으니 프랑스의 매력을 이어가길 바랍니다.

오늘도 샹젤리제에서 12구역의 미테랑 도서관까지 드라이브를 했습니다. '비가 와도 정오에도 자정에도 샹젤리제에는 당신이 원하는 모든 것이 있어요〜'라며 낭만을 흥얼거린 조 다상의 노랫말처럼 흐릿하면 흐릿한 대로, 청록의 바람이 불면 또 그대로 날마다 아름다운 파리에 또 반하고 돌아왔습니다. 이제 책이 나올 때가 되니 작은 배포 하나만으로 큰일을 저지른 것이 아닌가 싶은 의심과 불안함이 밀려옵니다. 모든 순간 최선을 다하려 했지만, 파리는 한 사람이 한 권의 책으로 다 다루기는 어려운 도시입니다. 그렇기에 제 미완의 노력 때문에 1년간 저를 믿어주신 분들께 누가 되지 않기만을 바랄 뿐입니다. 프랑스는 밖에서 보면 화려하고 멋진 관광의 나라이지만 내면을 들여다보면 수많은 인종들의 동거에도 불구하고 외부인을 대하는 관용 정신이 남다른 나라입니다. 〈프렌즈 파리〉가 그런 나라의 수도를 여행하는 독자들의 입에서 입으로, 손에서 손으로 이어지는 귀한 동반자가 되기를 바랍니다. 이 책의 계약서에 사인하는 용기를 주신 아버지와 Jérôme 그리고 파리까지 지원 와주셨던 엄마와 출간의 환희를 나누고 싶습니다. 〈프렌즈 파리〉 개정판이 4년 만에 빛 볼 수 있도록 1년간 함께 해주신 편집부 전원께도 감사의 인사를, 마지막으로 완성도 높은 개정을 위해 관광지 재방문 때마다 저를 따라다녀 준 제5원소 루와 두나가 엄마와의 〈프렌즈 파리〉를 소중한 추억으로 간직하면 좋겠습니다.

파리에서, 오윤경

How to Use
일러두기

- <프렌즈 파리> Season5에 명시된 관광지들의 입장료와 교통 요금은 2024년 8월 31일까지 유효합니다. 참고로, 요금은 매년 인상되는 것은 아니며, 인상될 경우의 인상률은 교통비 10%, 입장료 15%를 초과하지 않습니다(예:€15→€16,5). 프랑스 관광청에서 2024~2025년의 인상 요금을 제시하면 이를 즉시 반영토록 하겠습니다.

- **인덱스** 책 마지막에 명소와 숍을 나누어 정리했습니다. 가고자 하는 곳을 찾고 정보를 확인해 보세요.

소요시간

소요시간은 도보로 이동해 각 장소의 관람 시간까지 계산한 것입니다. 볼거리가 달라지거나 각자의 관람 방법에 따라 변동이 있을 수 있습니다.

지도 활용법

1 각 구역마다 구역 지도를 삽입했습니다. 이들은 해당 구역의 시작 페이지에서 찾아볼 수 있으며, 소개된 명소들의 위치를 보며 하루의 일정을 가늠하는 데 도움이 될 것입니다.

2 한 구역 내에 두 가지 동선을 표시한 곳도 있습니다 (트로카데로, 파시 구역과 바스티유, 베르시 구역). 각 구역의 1번 볼거리를 시작으로 하루 일정을 계획하면 됩니다.

3 파리 전도 뒤에 메트로 노선도를 넣어 이동 시 한 장의 지도로 편리하게 스폿을 찾을 수 있도록 했습니다.

4 파리 전도에 표시된 중요 장소에는 해당 정보가 실린 본문의 페이지를 표시해서 찾아보기 쉽도록 만들었습니다.

5 별도의 방위 표시가 없는 지도는 위쪽이 북쪽입니다.

2024 올림픽 공사 중

2024년 파리 올림픽 유치로 인해 보수, 보완 공사 중인 관광 스폿들이 있습니다. 해당 스폿 안내에 스티커로 이를 표기했습니다.

89

○○○ 2024 올림픽 공사 중

🏛 **콩코르드 광장** *Place de la Concorde*
빨레스 드 라 꽁꼬흐드   무료 입장
★★★

☐ Place de la Concorde   메트로 1, 8, 12호선 Concorde 역

프랑스에서 가장 역사적인 광장. 오랜 병고 끝에 회복한 루이 15세를 축원하기 위해 그의 기마상이 제작되었고, 루브르 궁전을 막 나와 베르사유로 가는 지점에 상을 세웠다. 당시의 명칭 또한 '루이 15세 광장'이었으나, 혁명과 함께 상도 철거되었다. 서북쪽의 상젤리제와 동남쪽의 튈르리 정원을 가로로 이을 뿐 아니라, 마들렌 대성당과 국회의사당을 세로로 연결하는 광장이다. 광장 중심에 있는 오벨리스크 석탑 Obélisque de Louxor는 1836년에 이집트에서 선물받은 것으로, 한 쌍의 오벨리스크지만 운반의 문제로 하나만 옮겨왔다. 매년 열리는 프랑스 대혁명 기념일에 참석하는 대통령과 국내외 귀빈들의 관람석이 이 자리에 조성된다.

PLUS STORY **역사의 광장, 콩코르드**

©Paris Tourist Office

콩코르드 광장은 그 명칭의 변화만으로도 프랑스 근대 역사의 흐름을 보여준다. 혁명 이후, 자유의 여신상과 단두대를 세워 '혁명의 광장'으로 불렸으나, 대학살을 연상시키는 것을 우려해 1800년에 콩코르드(화합, 조화)로 개칭했다. 공포정치가 잠잠해진 틈을 타서 명명됐던 루이 16세의 동생이 루이 18세로 즉위하면서 잠시 '루이 16세 광장'으로 정정되지만, 1830년의 7월 혁명을 지나며 '콩코르드 광장'으로 이름을 굳혔다. 이곳에 설치된 단두대에 목숨을 잃은 사람은 무려 8년간 1,119명이었으며 그중에는 루이 16세를 비롯해 마리 앙투아네트와 왕가 일족, 혁

명가 당통과 로베스피에르가 있다. 잠시 단두대에 관한 일화를 소개하자면, 우리가 단두대라고 부르는 기요틴은 이름을 만든 조제프 기요탱 Joseph Guillotin이란 프랑스인의 이름에서 따온 것이다. 기요탱은 혁명 시대의 의사이자 정치가였는데, 고통 없이 생명을 끊는 방법을 생각하다가 기요틴을 발명하게 된다. 재밌는 것은 기요탱이 자신의 발명품인 기요틴에서 처형당했다는 루머다. 혁명 기간 동안 처형된 인물 중에 우연히도 리옹에 동명이인이 있었는데, 그 이름에서 온 오해일 뿐, 실제로 기요탱은 자연사했다고 한다.

입장료 무료

'무료'라고 표기된 관광지도 매표소에서 무료입장권을 받아야 하는 경우가 많습니다. 이때 어느 나라에서 왔는지 물어보는데, 이는 각 명소 방문객들의 나라를 집계하려는 프랑스 관광청의 정책 때문입니다.

명소 옆의 별 표시는 저자의 개인적인 추천도입니다. 각자의 취향에 따라 다르겠지만 참고해 주세요.

지명과 인명의 한글 표기법은 국립국어원의 외래어 표기법을 따랐으나, 명소나 레스토랑 등 회화가 필요한 부분에서는 현지 발음을 추가했습니다.

프랑스의 모든 주소는 75001, 75002, 75020, 95210 등의 우편번호 뒤에 도시명을 적습니다. 동일한 도로명, 번지라도 우편번호로 정확한 장소를 파악할 수 있습니다. 단, 주요 관광 스폿은 이 번호를 생략했습니다. 또한 본 책에서는 스폿의 원어를 함께 표기해 스마트폰 검색에 정확도를 높였습니다.

- **프랑스식 층 표기법** 프랑스와 한국은 층 표기가 다릅니다. 한국에서 1층은 프랑스에서 0층을 의미합니다. 승강기에서는 0 또는 RDC로 표기된 버튼이 한국의 1층입니다. <프렌즈 파리>에서는 현지에서 원활한 소통을 고려해 프랑스 기준으로 층을 표시했습니다.
- **파리 철도청의 파업 시기** 보통은 11월에서 익년 2월 사이지만 2023년의 경우 5월까지 연장되기도 했습니다. 파업 때는 배차 간격이 시간당 1~2편으로 감소하거나 전면 셧다운 되는 경우도 있으니 도보로 이동 가능한 일정을 잡는 것이 좋습니다.

이 책에 실린 정보는 2023년 12월까지 수집한 정보를 바탕으로 하고 있습니다. 이벤트, 숙소, 식당, 상점 등의 위치와 요금, 교통편의 요금과 운행 시각 등은 현지 사정에 따라 변동될 수 있습니다. 2023년부터 6개월에 1번씩 변경 내용을 수집해 반영하고 있으나 그사이에도 운영 시각, 휴일 등의 변수는 생길 수 있습니다. 이 점을 감안해 계획을 세우기 바라며 변동사항이 있더라도 양해를 부탁드립니다. 더불어, 변경된 내용을 작가 홈페이지로 제보해 주시면 정확한 정보를 업데이트 하는 데 도움이 됩니다. 모쪼록 다음 개정판이 더욱 유용하고 정확한 책이 될 수 있도록 독자 여러분의 많은 조언을 부탁드립니다.

Contents
파리

파리 근교 돌아보기

파리 미술관 산책

파리 출입국 정보

파리의 호텔 알아보기

파리의 문화 즐기기

지금, 파리의 핫이슈 5

2024년 프랑스 하계 올림픽 개막식 참관 무료

프랑스가 하계 올림픽을 주관하는 것은 1924년 이후, 정확하게 100년 만의 일이다. 큰 의미가 실린 국제 행사인 만큼 당국은 올림픽 사상 개막식을 무료화해 추첨을 통한 대부분의 좌석 배치를 마쳤다. 개막식을 포함한 경기 유료 입장권은 공식 사이트에서 매진될 때까지 판매한다. 사기를 막기위해 공식 사이트 외의 바우처 판매를 일절 금지하고 있고, 타 사이트에서 구입한 입장권으로는 입장이 불가하니 주의하자.

올림픽 기간 2024년 7월 26일~8월 11일
패럴림픽 기간 2024년 8월 28일~9월 8일

올림픽 공식 한국어   장애인 교통 서비스

올림픽 기간 전후 대중교통 이용 방법

올림픽 기간 중 파리와 수도권에서 치러지는 게임은 25개 종목으로 2주일간 1024개의 본경기가 열린다. 관리국에서는 올림픽 기간 동안 50만 관람객의 이동을 예측하고 있는데, 처음 가는 도시에서 당황하지 않으려면 교통부가 상시 개설한 앱 서비스를 적극 활용하자. 앱 상에서 가장 주목할 점은 패스 파리 2024 Pass Paris 2024의 출시. 파리와 수도권에서 열리는 모든 경기장까지의 교통(셔틀버스 포함)을 무제한 이용할 수 있다. 1~5존을 포함한 패스로 가성비가 높아 경기 참관목적이 아닌 일반 관광객에게도 유리하겠다(P.51 참고). 패스 파리2024는 나비고 이지로 앱과 지하철의 무인 충전기에서만 구입이 가능하며 올림픽 기간 2주, 패럴림픽 기간 10일간만 유효하다. 판매 시작일은 6월 18일이다.

Passe Paris2024   JO 파리 경기장·교통

1일	2일	3일	4일	5일	7일	14일
€16	€30	€42	€52	€60	€70	€140

* 1인 기준 단일 요금제, 나비고 카드비 €2 추가

최대 이용밀도 예상 노선(경기장 위치 기준)
- 메트로 8, 9, 10, 12, 13, 14호선
- 트랑질리앵 J(Argenteuil 방면), L, N, P, U선
- 트램 T3
- RER B, C, D선
- 증설 나베트 탑승장 : 파리의 모든 기차역에서 당일 경기에 따라 연동해 운행 예정

PARIS HOT 3

프랑스 연금제도 개혁

2023년 상반기, 4개월간 프랑스 전역을 뜨겁게 달궜던 파업과 시위는 여느 해와 달랐다. 전 국민에게 영향을 주는 연금제 개혁 발표가 잇따랐기 때문이다. 핵심 개혁 내용은 만기 퇴직 169분기(42년 3개월) 기준, 전액 연금이 보장되던 이전에 비해 172분기를 채워야 동일한 조건을 보장받을 수 있다는 것. 이번 시위에 노조원이 아닌 20~30대가 적극 참여한 것도 본인들의 삶에 미칠 직접적인 영향을 고려해서다. 또한 장기간의 대화를 통해 합의점을 찾던 이전 프랑스 정부와 대조되는 젊은 대통령의 불도저식 통보 방식이 국민들의 거부감과 불신을 높이는 결과로 나타났다. 연금제 개혁 방안은 국민들의 원성을 뒤로하고 결국 시행될 예정이다.

©Le Parisien

PARIS HOT 4

전동 킥보드 대여 서비스 폐지

당국의 발표에 따르면 2022년 파리에서 408건의 킥보드 사고가 발생, 3명이 사망했고 459명이 부상을 당했다. 2023년 4월에 열린 전동 킥보드 대여 서비스 찬반 투표에 참여한 파리지앵의 89%가 반대표를 던졌고 그 결과, 파리 시청은 라임, 티어, 도트 등 3개의 킥보드 회사와 계약을 연장하지 않기로 결정했다. 2023년 9월 1일부로 킥보드 운행이 전면 중단됐고 이로써 파리는 유럽의 수도 중 전동 킥보드를 폐지하는 유일한 도시가 됐다.

©Paris secret

PARIS HOT 5

사마리텐 + LVMH 샤틀레 개장

센 강변의 사마리텐 백화점과 루이비통 샤틀레가 나란히 개장했다. 사마리텐은 1870년 개장 이래 파리 중요 문화재로 지정될 정도로 영향력 높은 곳이었으나, 2005년 안전과 낙후된 설비 문제로 폐립의 위기까지 처했던 장소. 찬란했던 아르데코와 아르누보의 역사를 복기시키며 재개장한 내외부와 더불어 주목할 것은 건물 앞 광장에서 펼쳐지는 퍼포먼스들. 센 강변과 퐁뇌프 다리에서 레 알 공원까지 이어지는 대로가 이 구역이 잃었던 활력을 전폭 상승시키며 그간의 불명예를 상쇄하는 모습이다.

파리 BIG 12

BIG 1
에펠탑

BIG 2
샹젤리제 거리

BIG 3
개선문

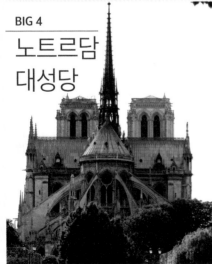

BIG 4
노트르담
대성당

BIG 5
루브르
박물관

BIG 6
사크레쾨르
대성당

BIG 7
팡테옹

BIG 8
앵발리드

BIG 9
오페라 가르니에

BIG 10
센 강

BIG 11
그랑 팔레와
프티 팔레

BIG 12
라 데팡스 개선문

파리 BEST OF BEST

01 파리의 뉴 아이콘

센 강과 함께 2,500여 년의 역사가 흐르는 도시 파리는 오래된 도시의 흔적만큼 시대별 건축 아이콘의 전시장이다. 세계 최고의 건축가들과 엔지니어들이 30년 이내에 축조한 이 시대의 아이콘들을 소개한다. 건축에 관심 있는 사람에겐 일정에 넣기에 손색이 없다.

미테랑 국립 도서관
Bibliothèque Nationale de France

한국인에게 이화캠퍼스 복합단지 프로젝트로 잘 알려져 있는 프랑스 건축가 도미니크 페로의 작품이다. 센 강의 바람, 드러눕고 싶은 나무 마당과 높이 솟은 4개의 유리 타워의 조화가 파리 그 어느 곳보다 자유롭다.

아랍 문화원
Institute du Monde Arabe

아랍권 국가와의 이해관계가 얽혀 있는 프랑스가 이해와 화합을 위한 정책으로 모색한 프로젝트다. 설명이 필요 없는 세계적인 건축가이자 빛의 마술사라 불리는 장 누벨의 작품이다.

©Beaucardet

필 하모니
philarmonie

프랑스 건축가 장 누벨 Jean Nouvel이 2015년에 완공한 파리 시립 필 하모니 건물. 위치는 빌레트 공원 북쪽 끝이다. 클래식보다 재즈나 비주류 클래식 공연이 주로 열린다. 공원에 들렀다가 건물을 감상하며 둘러보는 데 반나절 이상을 계획하는 게 좋다.

루이비통 재단
Fondation Louis Vuitton

대형 기업이 신진 디자이너나 작가를 발굴·지원하는
루이비통 메세나 재단으로 2014년 10월에 오픈했다.
디즈니 빌라주, 아메리칸 센터에 이어 프랭크 게리가
프랑스에 세 번째로 설계한 작품이다.

레 독-패션과 디자인 센터
Les Docks - La Cité de-Mode et de Design

©Nicolas Borel

센터 안을 거닐다 보면 수십 개의 시멘트 기둥과 마주
치는데 거친 시멘트 기둥은 이곳이 파리의 첫 콘크리트
건물이라는 증거다. 건축가 도미니크 제이콥과 브랜다
맥팔레인이 리노베이션해 2012년 개장했다.

케 브랑리 박물관
Musée du Quai Branly

아프리카, 아시아, 오세아니아 그리고 아메리카 대륙의
원시 유적과 미술품을 포괄적으로 관리, 전시하는 박물
관이다. 2006년에 개장했으며 장 누벨이 설계한 또 하
나의 유리 소재 건축물이다.

레 알과 초대형 카노페
Les Halles et Sa Canopée

이전의 포럼 데 알의 구조물을 완전히 해체한 자리에
신축 중인 쇼핑·문화센터. 2002년 열린 국제 공모전에
서 네덜란드 출신 건축가 램 쿨하우스가 당선되었고,
상공에서 보았을 때 빼곡히 우거진 산림의 모습을 닮았
다고 해서 카노페 Canopée로 불리기도 한다. 2011년
부터 착공한 공원 개장에 이어 대부분의 내외부 공사를
마무리한 상태다.

02 키스 명소 TOP 10

죽기 전에 꼭 봐야 할 도시, 연인과 함께 파리에 왔다면 둘만의 영화를 찍어보자.
마주하기만 해도 영화의 한 장면이 되는 배경이 있으니,
사진 한 장으로 당신은 영화의 주인공이 된다.

파리 시청사

에펠탑

물랭 드 라 갈레트

오페라 가르니에

생마르탱 운하 구역

퐁 뇌프

로댕 미술관 정원

샹젤리제 거리

알렉상드르 3세 다리

그리고 센 강변의 어느 곳이나

03 맛있는 한 끼의 브런치

르 팽 코티디앙
Le Pain Quotidien

'매일 먹어도 맛있는 빵'을 원한 아버지를 위해 창업했다는 이곳은 '매일 먹는 빵'이 콘셉트이자 상호명인 빵집 겸 브런치 카페다. 그만큼 편하게, 예약 없이 입장할 수 있고 직접 만든 신선한 빵과 페이스트리를 푸짐하게 즐길 수 있다. 메뉴를 정하고 차와 커피, 연어와 베이컨을 순서대로 선택해서 주문하면 된다. 파리 곳곳에 지점이 있고 전 세계에 프랜차이즈를 두고 있다.

25 Rue de Varenne 75007 | 24 Rue de Charonne 75011 | 18~20 Rue des Archives 75004 | 18 Place du Marché Saint-Honoré 75001 이 외 다수 | 연중 무휴 | 브레이크 타임에는 음료만 주문 가능

티티 팔라시오
Titi Palacio

테라스가 있는 트로피컬한 공간이다. 일요일에만 맛볼 수 있는 브런치는 삶은 달걀흰자와 톰드사부아 Tomme de Savoie가 연이어 나오고 여기에 마르멜로 열매로 만든 코잉 잼을 같이 먹으면 프랑스의 색다른 맛을 경험할 수 있다.

17 Boulevard Morland 75004 | 브런치 성인 €36, 12세 이하 €18 | 브런치 일요일 12:00~14:30

라자르
Lazare Paris

생라자르 역의 대대적인 리노베이션 공사가 끝나면서 함께 개장한 쇼핑몰 1층에 들어선 가게는 패션 매장만은 아니다. 이 인기 레스토랑에서는 유명 셰프가 준비한 세련된 호텔식 식사를 €19에 맛볼 수 있다.

17 Rue Intérieure 75008(역사 내부)

라뒤레
Ladurée

라뒤레의 모든 브런치가 그렇듯, 직접 짠 과일주스를 시작으로 따뜻한 음료가 나온다. 페이스트리는 빵오쇼콜라, 피스타치오 또는 호두 크루아상을 추천한다. 제철 과일 샐러드와 그래놀라를 함께 먹을 수 있는 요거트가 이어지고 식사용 빵과 잼, 꿀이 달걀 또는 훈제 연어(선택)와 함께 나온다. 마지막으로 이스파한, 에클레어 등의 전통 디저트나 라뒤레의 시그니처 마카롱 가운데 택일하면 된다.

75 Avenue des Champs Elysées | €59 | 브런치는 14:00 | 연중 무휴

©라뒤레

앙젤리나
Angélina

디저트로 유명하지만 점심때는 브런치를 먹기 위해 카페를 찾는 부르주아들로 넘친다.

226 Rue de Rivoli 75001

카페 드 라 프레스
Café de la Presse

바스티유 광장 구역에 새롭게 문을 연 젊음의 카페. 19세기에 인쇄소로 사용되던 장소를 완전히 개조했으나 곳곳에 1세기 전의 흔적이 보이는 멋진 인테리어를 자랑한다. 베이비사커, 핑퐁 같은 레저 구획을 자유롭게 이용할 수 있으며 주말에는 테마가 있는 음악 이벤트도 있다. 전형적인 브런치 장소의 틀을 깨고 싶다면 추천한다.

36 Boulevard de la Bastille 75012 | 일요일 12:00~17:00 서비스

플로라 다니카-코펜하그
Flora Danica-Copenhague

수많은 브런치가 있지만 파리에서 스칸디나비아식 브런치를 찾기란 쉽지 않다. 매일 구워내는 통밀빵에 신선한 과일을 겸비한 플로라 다니카의 프티-데주네는 세팅을 보는 것만으로도 즐겁다. 달걀 요리는 코크와 프라이 중 택일할 수 있으며, 베이컨 오믈렛과 과일, 프로마주 등을 추가로 주문할 수 있다. €14.50부터.

142, Avenue des Champs-Elysées 75008

04 전망 포인트 BEST 8

파리에 왔다는 사실 자체가 감격스럽지만, 도시 곳곳의 전망대에서 360도로 펼쳐지는 파리의 전경은
유일할 수밖에 없다. 유네스코 유형문화재 운운하지 않아도, 희푸른 아연 지붕과
그 위로 빼곡히 박힌 토기 굴뚝은 그 자체로 파리의 아이콘이다. 이미 이 도시를 사랑한 수많은 문학가와
예술가가 다루어 온 주제이기도 하다. 아래 사진들은 각 전망대 위에서 바라보는 파리의 전경이다.

에펠탑 전망대

사크레쾨르 테라스

아랍 문화원 카페 테라스

몽파르나스 타워 전망대

개선문 전망대

갈르리 라파예트 백화점 카페 테라스

©Lebar Jacques

뷔트쇼몽 공원 정자

노트르담 대성당 첨탑

05 센 강의 낭만적인 다리

프랑스 북서부를 흐르는 센 강 위의 크고 작은 다리들은 무려 275개에 달하고
이 중 37개가 파리에 있다. 센을 가장 아름답게 표현했다는 기욤 아폴리네르를 필두로
전 세계의 시, 영화, 음악, 예술, 문학에서 센과 그 다리를 다루었다. 센을 감상하는 3가지 방법!
아무 생각 없이 강변을 따라 걸으며 개성 넘치는 다리 비교하기, 유람선 타고 2시간 동안 도마뱀 되기,
알렉상드르 3세 다리 아래 강변에 앉아 커피를 마시며 행인들 바라보기.
이 외에 다양한 방법이 자신만의 센을 만들어줄 것이다.

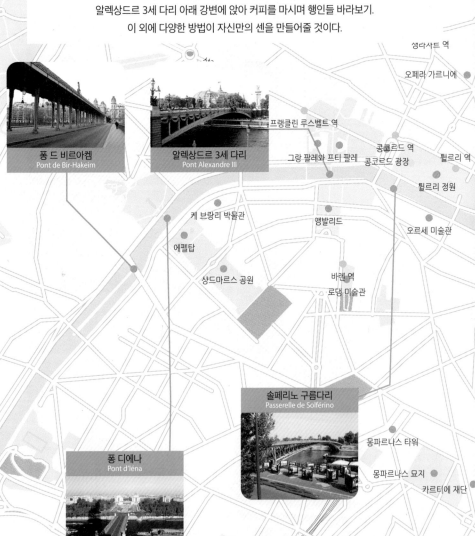

몽마르트르 묘지

생라사르 역

오페라 가르니에

프랭클린 루스벨트 역

콩코르드 역
그랑 팔레와 프티 팔레   콩코르드 광장   튈르리 역

튈르리 정원

케 브랑리 박물관   앵발리드   오르세 미술관

에펠탑

샹드마르스 공원   바렌 역
로댕 미술관

폼 드 비르아켐
Pont de Bir-Hakeim

알렉상드르 3세 다리
Pont Alexandre III

솔페리노 구름다리
Passerelle de Solférino

몽파르나스 타워

몽파르나스 묘지
카르티에 재단

퐁 디에나
Pont d'Iéna

사크레쾨르 대성당

파리 북 역

파리 동 역

뷔트쇼몽 공원

폼 데 자르
Pont des Arts

퐁 드 라 투르넬
Pont de la Tournelle

퐁 드 쉴리
Pont de Sully

퐁 드 생미셸
Pont de Saint-Michel

팔레 루아얄 정원

포럼 데 알

루브르리볼리 역

퐁피두 센터

루브르 박물관

퐁뇌프 역

피카소 박물관

파리 시청

퐁 드 베르시
Pont de Bercy

노트르담 대성당

바스티유 광장

퐁 노트르담
Pont Notre-Dame

뤽상부르 정원

퐁 오 두블르
Pont au Double

팡테옹

퐁 뇌프
Pont Neuf

파리 식물원

리옹 역

시몬드보부아르 구름다리
Passerelle Simone-de-Beauvoir

레 독-패션과 디자인 센터

베르시 공원

미테랑 국립 도서관

06 개성만점, 톡톡 튀는 메트로

120년의 역사를 가진 파리의 메트로 Metro는 그 자체가 파리의 랜드마크다.
오랜 시간을 견디며 고약한 악취가 나거나 건설이 낙후된 승강장 몇몇은 1세기 만에 개최될
2024년의 올림픽을 위해 새 옷을 갈아입는 중이다. 개통될 당시의 역사적인 의미와 출구 위의 유적지는
훼손되지 않도록 해 파리스러움을 그대로 보존하고자 한다. 아르누보 시대와 프랑스 현대사 발전 위에서
하나씩 만들어져 온 개성 넘치는 메트로 역들을 소개한다.

몽마르트르 묘지

생라자르 역

개선문   샹젤리제 거리   오페라 가르니에

**1호선
프랭클린 루스벨트
Franklin Roosevelt 역**

그랑 팔레와 프티 팔레   콩코르드 역
콩코르드 광장

알렉상드르 3세 다리   틸리 정원

**1, 8, 12호선
콩코르드 Concorde 역**

솔페리노 구름다리

케 브랑리 박물관   앵발리드

퐁 디에나   오르세 미술관

에펠탑

샹드마르스 공원

로댕 미술관

**13호선
바렌 Varenne 역**

**1호선
틸리 Tuileries 역**

기마르 Guimard의 메트로 입구 (P.247 참고)

1, 4, 11, 14호선 샤틀레 Châtelet 역

2호선 몽소 Monceau 역, 포르트 도핀 Porte Dauphine 역

4호선 시테 Cité 역, 당페르로슈로 Denfert-Rochereau 역

12호선 아베스 Abbesses 역

1, 3호선 페르 라셰즈 Père Lachaise 역

13호선
생라자르 Saint-Lazare 역
(돔 역사에서 9호선 진입로 복도)

뷔트쇼몽 공원

1호선
루브르 리볼리 Louvre Rivoli 역

7호선
퐁 뇌프 Pont Neuf 역

팔레 투아얄 정원

포럼 데 알

르 박물관   퐁뇌프 역

퐁피두 센터

피카소 박물관

데 자르

파리 시청

3, 11호선
아르 에 메티에르
Arts et Métiers 역

즈 묘지

퐁 뇌프

퐁 생미셸

퐁 노트르담

퐁 오 두블르

노트르담 대성당

퐁 드 라 투르넬

퐁 드 쉴리

바스티유 광장

1, 5호선
바스티유 Bastille 역

뤽상부르 정원

팡테옹

파리 식물원

리옹 역

07 파리의 공원과 정원

몽마르트르 묘지

사크레쾨르 대성당

물랭루주

몽소 공원
Parc de Monceau

팔레 루아얄 정원
Jardin du Palais Royal

개선문

샹젤리제 거리

프랭클린 루스벨트 역

그랑 팔레와 프티 팔레

콩코르드 역
콩코르드 광장

튈르리 역

포럼 데 알

불로뉴 숲
Bois de Boulogne

알렉상드르 3세 다리

솔페리노 구름다리

루브르리볼리

케 브랑리 박물관

앵발리드

오르세 미술관

루브르 박물관
퐁뇌프 역

퐁 디에나

에펠탑

퐁 데 자르

비르아켐 다리

바렌역

로댕 미술관

퐁 뇌프
퐁 생미셸
퐁 노트르담
퐁 오 두블르

샹드마르스 공원
Parc du Champ-de-Mars

튈르리 정원
Jardin des Tuileries

팡테옹

몽파르나스 타워

몽파르나스 묘지

카르티에 재단

뤽상부르 정원
Jardin du Luxembourg

몽수리 공원
Parc Montsouris

몽수리 공원

라 빌레트 공원
Parc de la Villette

파리지앵에게 정원과 공원 산책은 바게트를 사기 위해 줄을 서는 것만큼이나 일상이다. 햇살 좋은 날, 초록 철제 의자에 앉아 신문을 펼치고, 선글라스 너머로 독서의 미학에 빠지며, 아이들 방과 후에 간식을 챙겨 일상의 작은 소란함을 즐기는 파리지앵을 도시 곳곳의 공원에서 볼 수 있다. 바게트 샌드위치 한 줄과 커피 한 잔이면 피크닉을 완성할 수 있는 곳이 파리의 정원과 공원인 것. 파리에 왔다면 달리기나 일광욕을 하는 특별한 목적이 없더라도 이곳에 들러 무심히 앉아 있어 볼 것을 권한다. 프랑스인 특유의 여유가 바로 이곳에서 나오니 말이다.

뷔트쇼몽 공원
Parc des Buttes-Chaumont

파리 북 역

파리 동 역

아르 에 메티에르 역

퐁피두 센터

피카소 박물관

페르 라셰즈 묘지

파리 시청

노트르담 대성당
퐁 드 라 투르넬
퐁 드 쉴리

바스티유 역
바스티유 광장

베르시 공원
Parc de Bercy

파리 식물원

리옹 역

레 독-패션과 디자인 센터

퐁 드 베르시

시몬드보부아르 구름다리

미테랑 국립 도서관

뱅센 숲
Bois de Vincennes

08 비스트로 메뉴 BEST 10

역사와 문화 그 자체인 프랑스 음식을 현지에서 맛보는 것은 여행의 진정한 묘미다.
'프랑스 음식은 어려워'라는 걱정은 그만! 설명을 참고해 비스트로의 주 요리를 고른다면
그리 고민할 바도 아니다. 파리 식당의 메뉴판에는 이름 아래에 사용한 식재료를 표기하는 게 일반적이라
번역기를 이용하면 당황하지 않고 메뉴를 선택할 수 있다. 호불호가 적은 크로크무슈나
클럽 샌드위치도 좋지만 향토색 짙은 오리 콩피, 블랑켓 드 보, 앙두예트는
프랑스 요리의 바이블과도 같으니 한번 시도해 보자.

크로크무슈&마담
Croque-Monsieur&Madame

정통 크로크무슈는 식빵 사이에 잠봉 Jambon(슬라이
드 햄)과 에멘탈 치즈를 넣고 오븐에 살짝 구운 요리로,
1910년경에 파리 카퓌신 대로의 카페에서 첫선을 보였
다. 크로크마담은
크로크무슈의 레시
피에 달걀을 하나
올려 굽는다. 가게
에 따라 식빵 대신
바게트로 만드는
곳도 있다.

앙두예트
Andouillette

언뜻 보면 소시지 모양이며, 우리나라의 순대와 비슷
한 향이 나지만 당면 대신 돼지 내장으로 속을 채워 맛
이 훨씬 풍부하다. 노릇하게 구워내며 머스터드 소스
와 궁합이 좋다. 감자튀
김과 샐러드가 사이드
로 나온다. 가장 간단
히 먹을 수 있는 프랑
스 향토 요리이니 돼
지고기를 좋아한다
면 꼭 시도해 보자.

키슈
Quiche

파이 지 안에 궁합이 맞는 채소나 고기를 올린 후, 크림
과 치즈를 섞은 달걀물을 채워 오븐에 구운 요리. 안에
든 달걀과 치즈 덕에 한 조각만 먹어도 포만감이 든다.
대부분 샐러드와 함께 나온다.

스테이크
Steak et des Frits

프랑스 전통 음식은 아니지만 스타 레스토랑을 제외하
면 대부분의 장소에서 찾을 수 있다. 사이드로 감자튀
김 대신 감자 퓌레나 밥을 선택할 수 있는 곳도 있다.
질긴 고기를 피하는 꿀팁 하나! 식당 앞 메뉴판이 2장
이 넘어가는 장소인지 살필 것. 요리 종류가 많으면 일
일이 재료 손질을 할 수 없으므로 십중팔구 냉동 재료
라고 봐도 무방하다.

클럽 샌드위치
Club Sandwich

클럽 샌드위치가 크로크무슈와 다른 점은 치즈를 녹이지 않고 한입 크기로 잘려 나온다는 점이다. 역시 메뉴판에서 주재료가 무엇인지만 살피면 여러 가지 맛을 즐길 수 있을 것이다.

샐러드 메뉴
Menu des Salades

메뉴판에 주재료가 표기된 경우가 많다. 닭 가슴살, 훈제 연어, 채 썬 삼겹살과 어울리는 소스가 매칭되어 나온다. 샐러드지만 퀴노 아나 파스타 같은 탄수화물과 치즈, 단백질이 한 볼에 나와 한 끼 식사로 거뜬하다.

오믈렛
Omelette

달걀물을 풀고 채소나 고기 등을 넣어 부드럽게 익히는 요리로 가장 기본적인 달걀 요리이자 호불호가 적은 요리다.

타르타르
Tartare

주로 연어나 쇠고기를 사용하는 회 요리. 우리가 먹는 회와 비슷하지만 간장 대신 드레싱과 섞어 동그랗게 세팅되어 나온다. 파리지앵들은 애피타이저로 즐기지만 함께 나오는 바게트와 먹으면 충분히 포만감이 든다.

콩피 드 카나르
Confit de Canard

오리고기를 포크만 대도 살살 찢어질 정도로 오래 익힌 후 오리 지방 속에 담가두는 중부 지방의 전통 요리. 부드럽고 감칠맛이 있어 프랑스인들이 좋아하는 요리다.

마그레 드 카나르
Magret de Canard

오리 가슴살 구이 요리로, 오리를 좋아하는 프랑스 사람들은 미디엄으로 구워 핏기를 조금 남겨서 먹지만 비위가 약하거나 오리 냄새를 싫어한다면 완전히 익혀 달라고 하자. 역시 감자 퓌레나 튀김이 함께 나오는 경우가 많다.

09 파리지앵의 디저트 BEST 10

프랑스의 디저트는 보는 것만으로도 500년을 계승한 전문 파티시에의 저력이 느껴진다.
특히 세계적인 인지도를 지닌 스타 셰프의 숍에 시즌별로 출시되는 앙트르메(조각 케이크)는
오트쿠튀르를 떠올리게 할 정도로 화려하고 사랑스럽다. 반면, 1세기 넘게 파리지앵의 사랑을 받아온
프랑스의 전형적 디저트는 손가락으로 꼽을 정도다. 점심을 샌드위치로 때우더라도
파리에서 꼭 맛봐야 할 프랑스 디저트들을 살펴보자.

마카롱
Macaron

라뒤레나 피에르 에르메로 인해 더 유명해진 이 예쁜 과자는 세기를 거듭하며 색상과 조합이 변형된 것이다. 그 시초는 15세기 이탈리아 출신의 왕비 카트린 드 메디시스가 고국에서 가져온 아몬드 과자였다. 무척 달지만 진한 에스프레소와 먹으면 찰떡궁합이다.

에클레르
Eclair

파리지앵뿐 아니라, 프랑스인이 가장 좋아하는 디저트 중 하나. 슈 반죽을 길게 짜서 구워내 다양한 슈크림을 올린 것. 베어먹기 좋은 크기라서 거리를 거닐며 먹는 파리지앵들을 자주 볼 수 있다.

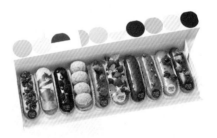

타르트 오 시트롱
Tarte aux Citrons

침이 고이도록 신 레몬 커드 위에 달콤한 머랭을 올린 것이 오리지널이지만 요즘은 머랭 없이 만들기도 한다.

파리브레스트
Paris-Brest

슈 반죽을 부풀려 구워 가운데에 헤이즐넛 버터크림을 넣은 디저트. 1891년에 파리에서 열린 자전거 세계선수권 때 파리와 브레스트 시 구간을 기념해 한 제빵인이 자전거 바퀴 모양의 둥근 디저트를 만든 것이 그 시초였다. 전통적인 모양 외에도 스타 셰프들이 그들만의 시그니처로 재해석한 파리브레스트도 인기다.

퐁당 오 쇼콜라
Fondant au Chocolat

쫀득한 식감이 초콜릿 브라우니를 연상시키지만 '퐁당(녹는)'이라는 이름에 걸맞으려면 안에 든 초콜릿이 살짝 흘러내려야 한다.

생토노레
Saint Honoré

1840년 Chiboust라는 파티시에가 보르도의 특산 디저트로부터 영감을 얻어 탄생시킨 전통 케이크. 슈크림 사이에 넉넉한 생크림을 두르고 있다.

바바 오 럼
Baba au Rhum

럼주에 푹 담근 빵이나 브리오슈다. 빵을 먹으려고 럼주를 넣었는지, 럼주를 먹으려고 빵을 담근 건지 아리송할 만큼 럼주의 존재감이 큰 디저트. 머금고 있는 액체의 양이 많아서 바삭한 식감보다는 스르르 녹는 느낌을 좋아하는 사람에게 맞을 것이다. 간혹 럼주 대신 오렌지 술인 그랑마르니에로 대체하는 바바도 볼 수 있다.

카늘레
Cannelé

구리 틀을 이용해 오븐에서 구운 뒤 럼주를 넣은 디저트. 쫀득한 식감이 우리나라의 풀빵과 비슷하다. 보르도에서 처음 선보였다고 해서 카늘레 보르들레 Cannelé Bordelais라고 부르기도 한다.

밀푀유
Millefeuille

바삭한 파이 지를 여러 층으로 올린 과자라 '천 개의 나뭇잎'이라는 이름이 붙었다. 바삭하고, 달콤하고, 고소해서 인기가 많지만 포크와 칼이 없으면 우아하게 먹기 어렵다.

크렘 브륄레
Crème Brulée

달걀, 설탕, 생크림을 섞은 후 익혀서 미지근하게 먹는 것이 특징이라 제과점보다 레스토랑에 어울린다. 윗면이 캐러멜 층으로 덮여 있어 톡 쳐서 깨먹는 맛이 묘미다. 프랑스 영화 '아멜리에'의 주인공이 좋아하는 디저트로 소개되었다.

/ FOCUS /

프랑스의 맛있는 빵

파리의 제과점에 가면 케이크의 모양, 색채, 자태가 얼마나 다채로운지, 보석 상점의 화려함과 비교하고 싶을 정도다. 우리나라와의 가장 큰 서비스 차이는 손님이 쇼핑 품목을 고르지 않고 직원에게 100% 의존해야 하는 것이다. 계산대를 기준으로 앞뒤에 진열된 품목에 어떤 차이가 있는지 알아보자.

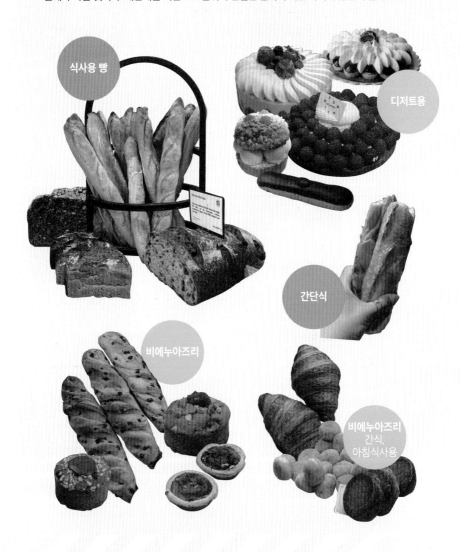

식사용 빵

디저트용

간단식

비에누아즈리

비에누아즈리
간식,
아침식사용

빵 Pain의 종류

프랑스에서 빵은 식사용 탄수화물에만 국한해서 쓴다. 즉 바게트, 통밀빵, 흑밀빵 등에는 곡식가루+물 +효모나 이스트(소금 약간) 외에는 어떤 첨가물도 없다. 가공 이스트와는 달리 매장마다의 전통 효모 를 사용한 빵들은 모양이 비슷해도 맛은 천차만별이다. 또 같은 종목이라도 가게에 따라 이름을 별도 분류하는 경우가 있다(예 : 바게트 오 세레알_통 시리얼을 넣은 바게트).

바게트 Baguette
프랑스 하면 가장 먼저 떠오르는 길쭉한 빵. 흰 밀가루, 물, 가공 이스트로만 만든다. 속을 채우기가 좋아 샌드위치에 자주 이용한다. 단면이 넓을수록 단단 해지는 속도가 빠른 빵의 특징상, 빵 소비량이 적은 도시의 판매량이 높은 편.

트라디시옹 Tradition
바게트와 같은 모양을 하고 있지만, 정제가 안 된 밀가루와 전통 효모를 사 용해 영양소가 높다.

통밀빵 Pain de campagne
주로 시골빵으로 부른다. 한 팔로 안아야 할 만큼 크 고 전통적인 모양을 하고 있고 원하는 크기만큼 잘 라서 구입할 수 있다. 무정제에 가까운 가루를 이용해 겉 과 안의 색깔이 투박하지만 가장 건강한 빵에 속한다.

흑밀빵 Pain noir
프랑스 전통 회색 밀가루로 만들어 빵 중에서 가장 짙은 색을 띤다. 검정보다는 짙은 밤색에 가깝다. 개 성 짙은 향과 고소한 풍미가 최고다.

시리얼빵 Pain aux céréales
가루는 트라디시옹과 통밀빵과 비슷하고 통곡물을 그대로 가미해 씹는 맛이 살아있는 빵.

그 외

제과점에선 식사 용도 외에 비에누아즈리(버터와 설탕 가미), 디저트용, 간단식(샌드위치 종류)를 판매한다. 점심에는 대부분 샌드위치+디저트+음료로 구 성된 세트 메뉴를 제안한다.

10 파리의 슈퍼마켓

같은 물건 다른 가격

프랑스의 슈퍼마켓은 구역 주민들의 소비수준과 가게의 서비스에 따라 가격에 차이가 있다. 쇼핑 공간이 쾌적하고, 계산대 직원이 많아 물건 가격이 가장 높은 모노프리 Monoprix와 최저 가격과의 전쟁을 선포한 인터마르셰 Inter Marché의 기본 상품을 비교해 보았다.

비교 대상	Inter Marché	Monoprix
프람부아즈(산딸기)잼 BONNE MAMAN-framboises 370g	€3.70	€3.19
마시는 요거트 딸기 요플레 825ml	€1.78	€2.39
귤주스 ANDROS 100% pur jus 1L	€3.09	€3.45
카망베르 Président	€2.89	€3.40
오레오 클래식 OREO fourrés à la vanille 154g	€1.22	€1.39
맥주 캔 Leffe Blonde 25clx12병	€11.28	€12.50
보디 클렌저 Dove 400ml	€5.01	€4.99
무염버터 Président 250g	€2.68	€3.29
물 Evian 50clx6병	€2.74	€2.95
생리대 Always Ultra Day 26개입	€5.88	€5.99
올리브유 Puget Vierge extra 1L	€11.38	€11.90

* 같은 간판이라도 구역과 매장의 도매 규모에 따라 소소한 가격 차이는 있을 수 있다.
* 대부분의 슈퍼마켓에 들어가는 브랜드의 대표 제품을 선정해 비교했다. 평균 가격수준을 파악하도록 제시했을 뿐, 동일 브랜드의 다른 품목은 예외가 있을 수도 있다.
* www.monoprix.fr, www.intermarche.com, www.franprix.fr, www.supermarche-diagonal.fr 참고

파리의 슈퍼마켓들

파리에 대형 슈퍼마켓이 들어서지 못하는 대표적인 이유는 관광 도시의 미관을 고려한 점과 땅값 때문이다. 파리지앵들은 작은 슈퍼마켓과 주말 시장에서 장을 보지만 외국인이 물이나 군것질거리를 사려고 보면 막막할 때가 많다. 이럴 때 이런 슈퍼마켓을 익혀두면 편하다. 특히 인파가 밀리는 중심에서는 더욱더!

일반 프랑스 미니마켓
프랑프리 Fran Prix
25-27 Rue Montorgueil 75001 | 01 42 21 08 80 | franprix.fr

인터마르셰 Inter Marché
34 Rue de Rivoli 75004 | 01 44 61 95 10 | 08:00~23:59 | 휴무 일

콕시넬 Coccinelle
39 Rue de Bourgogne 75007 | 01 45 55 18 07 | 월~토 09:00~20:00 | 휴무 일

모노프리 Monoprix
52 Avenue des Champs Elysées 75008 | 01 53 77 65 65

카르푸 마켓 Carrefour Maret
15 - 17 Rue De Bucci 15 r Seine, 75006 Paris | www.carrefour.fr

한인마트
에이스 마트 ACE MART
3 Rue du Louvre 75001 | 01 42 36 00 35 | 10:00~21:00, 연중무휴
전형적인 한인 직영 슈퍼마켓. 한국의 유명한 제품은 거의 취급하고 있으며 김치도 판매한다.

에이스 마트 본점
63 Rue Sainte-Anne, 75002 | 10:00~21:00, 연중무휴

케이 마트 K-Mart
9-11 Bis Rue Robert de Flers, 75015(샹젤리제점 Avenue des Champs-Elysées, 75008 Paris | 01 53 76 46 72) | 01 40 59 42 72 | 월~일 10:00~20:00 | 휴무 1월 1일

* 제공된 모든 슈퍼마켓은 파리의 곳곳에 배치되어 있다. 한인마트 역시 각기 다른 구역에 2, 3호점을 운영하고 있으므로 스마트폰 앱을 이용하면 본인과 가장 가까운 마켓들을 검색할 수 있다.

닮은 듯 다른 식료품점

파리에서 대형마트를 찾는 일은 쉽지 않다. 부동산 시세에 비례한 건물 용도법 때문이다. 반면, 유명한 관광 구역일수록, 부자 동네일수록 소형 규모의 식료품 가게가 많다. 판매품이 아주 특이해 보이는가 하면, 서로 비슷한 것도 같다. 이런 곳에서는 대체 뭘 팔고 사는지, 이들은 어떻게 활용하는지 해부해 본다.

콩피스리 Confiserie

당과류와 과일을 이용한 가공 품을 주로 파는 곳.

드로그리 Droguerie

봉봉 종류(사탕, 젤리, 캐러멜, 건조 쿠키)만 전문으로 취급하 는 매장, 콩피스리와 함께 운영 하는 곳이 많다.

쇼콜라트리 Chocolaterie

초콜릿을 주재료로 하는 것은 무엇이건 판다. 프랑스에서만 보고 먹을 수 있는 봉봉 오 쇼콜 라, 판초콜릿, 가토 오 쇼콜라, 쇼콜라 쇼, 주물 초콜릿 등 다양 한 형태의 초콜릿 상품이 있다.

에피스리 Épicerie

각종 향신료, 허브, 이국의 식재 료 등 일반 마켓에서 세분화하 지 않은 귀한 사이드 식재료를 살 수 있는 곳.

티 숍 Boutique du thé

녹, 홍, 황, 백차와 인퓨저를 비 롯해 티타임을 즐길 만한 각종 도구를 구입할 수 있다.

크레므리 Crémerie

우유로 생산할 수 있는 모든 형 태의 상품을 체험할 수 있다. 소, 양, 염소 우유에 따라 요거 트, 크림, 프로마주의 이름과 맛 이 다르다.

부셰리 Boucherie

정육점. 소, 송아지, 돼지, 닭, 양 과 새끼 양은 기본 품목이고, 수 탉, 뿔 닭, 양식 토끼와 비둘기, 오리, 거위, 꿩, 타조, 칠면조와 그 밖의 가금류, 타조, 멧돼지 등의 재료는 주문 후 받아온다.

©francies.be

샤르퀴트리 Charcuterie

돼지고기만 선별 판매. 부위별 훈제 제품, 1일 1공급형 돼지고 기 가공식품들만 판매한다.

©le-bougnat.fr

트레티르 Traiteur

구입해서 뷔페처럼 바로 시식 할 수 있는 프랑스식 가공식품 점. 한국식 반찬가게.

©l.internaute.com

프랑스 역사학 개론

프랑스는 5세기에 최초의 왕국을 개창한 후 13세기 동안 수많은 왕조를 거치면서도,
단 한 번의 국호 개정(11세기경, 프랑에서 프랑스로)을 한 드문 나라다.
1,500여 년간 한 국호를 유지했다는 점에서 국가 정체성의 깊이를 반추해도 좋을 것이다.
그 세월 동안 어떤 일들을 겪었는지, 20세기 동안 프랑스가 지나온 역사를 한눈에 요약했다.

메로뱅지앵 2
카롤랑지앵 3
카페시앵 4
유럽의 소 빙하기 5
100년 전쟁 6

**고대
갈로·로망
시대**
기원전 약 1400년~5세기

**중세
봉건시대**
5~14세기

1 프랑스 영토 정착민인 골(골로아족)이 부족국으로
   존재하던 시대.

2 [약 5~8세기 중엽]
   한국어로는 메로빙거 왕조. 이전 부족 국가가 클로
   비스 1세(P.197 참고)에 의해 통합을 거쳐, 프랑스
   영토의 첫 왕국과 왕조 창시.

3 [768~987]
   한국어로는 카롤링거 왕조로 표기. 샤를마뉴 대제
   (768~814)가 영토 확장과 엘리트를 위한 대학 과
   정, 프랑스어의 통일을 이뤘다.

4 [987~1316]
   시조 위그 카페 Hugues Capet 에서 왕조명을 땄
   다. 봉건시대 첫 10세기 동안은 영주 가문의 영
   토 싸움이 한시도 멈춘 적이 없다. '프랑스의 국
   왕'이라는 서열이 피라미드의 꼭대기에 엄연히
   존재했으나, 영토 소유 면적이 큰 영주 가문이
   프랑스 왕보다 큰 권력을 가졌던 시대. 앙주 가
   문과 앙글르테르(영국령) 가문이 가장 대표적
   이다. 프랑→프랑스로 국호 변경(11세기경).

©pinterest.fr

5 8~14세기 경제와 사회의 파국. 더 이상 과전할 영토가 없을 정도로 대형 영주들의 세력이 팽팽하던 시기. 금광, 은광 채굴의 정체로 화폐 유통의 불균형을 맞았고, 농작물 수확이 인구 증가를 따라가지 못해 아사자 인구 기록을 갈아치웠다. 이 시기에 1347년의 페스트와 합세, 5년간 약 700만 명(프랑스 인구의 40%로 추정)의 사상자를 기록했다.

Pieter Brueghel l'Ancien(16세기 화가)   ©Yelkrokoyade

7 [1364~1589]
프랑스보다 1세기 먼저 문화 부흥기를 맞은 이탈리아를 중심으로 유럽 전역으로 퍼진 문화 사조. 6번의 100년 전쟁을 치르며 영국 왕가를 물리치는 과정에서

©blogspot.com

존재감을 높인 발루아 Valois 가문이 새로운 왕권을 계승했고 두 번째 왕 루이 11세 사망 후(100년 전쟁 30여 년 이후) 권력 유지 방책으로 다시 이탈리아 공국과 전쟁을 선포(1494년)한다. 발루아 왕조는 메디시스 왕비(P.198 참고)와 종교 전쟁을 일으켰고 여왕 마고와 함께 퇴장했다.

발루아 왕조 7
종교전쟁 8

르네상스 시대
14~16세기

6 [1346~1453]
프랑스-영국 국가전이라고 알려진 이 전쟁의 시작은 실제로는 왕관 계승 싸움에 결부된 두 가문 간의 충돌에서 비롯됐다. 필립 4세 르 벨의 왕자들이 차례대로 요절하자, 왕위는 유일한 상속자인 이자벨 드 프랑스 공주에게 위임될 상황. 그녀는 당시 영국왕 에드워드 2세의 왕비로 국위 계승법을 따르면 프랑스의 왕관이 영국 왕가로 넘어갈 위기였던 것. 이에 왕권은 가장 가까운 혈통인 필립 6세에게 위임되었고, 영국이 이 결정에 불복해 전쟁을 선포했다. 100년 동안 실제 전쟁 기간은 61년, 55번의 휴전으로 기록되어 있다.

©Mod DB

8 [1562~1598]
5세기부터 왕권을 옹호해 온 가톨릭 세력과 루터의 종교 개혁(1517년)에 영향을 받은 개신교도 사이에서 여덟 차례에 걸쳐 벌어진 내전. 이 중 화친을 명분으로 한 가톨릭의 마고 공주와 위그노파(개신교도 가문) 앙리 2세의 결혼 피로연 밤(1572년 8월)에 시작된 성 바르텔레미 학살이 대표적으로 알려져 있다. 일주일간 5,000~1만 명(현대 추정)에 달하는 개신교도들이 무자비하게 학살되었다.

©laportelatine.org

베르사유 축조 11
대혁명 12
공포정치 13
나폴레옹 등장 14

혁명의 시대
18~19세기

부르봉 왕조 9
전통/계몽주의 10

**절대
왕권시대**
16~18세기

10 [1715년~19세기 초]
총리와의 분권 없는 루이 14세의 단독 정치 선언으로 국왕 1인 절대통치 체제를 수립. 국권 안정화를 이뤘고, 유럽 영토 확장과 식민지 시장 개척

이라는 평가를 남긴다. 그 결과로 증손자인 루이 15세 시대에는 엘리트 문학가들의 계몽주의가 번창. '체제에서 벗어나 사회 구성원 각자 자아를 회복하자'는 모토는 이후 대혁명을 이끄는 국민 의식의 자양분이 된다.

11 부왕 루이 13세가 왕족만의 특권 취미인 사냥 때 머물렀던(1624년) 보잘것없던 성채에 불과했으나, 루이 14세가 본격적인 축조를 시작(1660년)하면서 '세계 최고로 화려하다는' 지금의 베르사유 궁전이 세워졌다. 베르사유 궁전은 프랑스 왕권과 루이 14세의 절대 위상을 천하에 과시하기 위한 일생일대 사업으로 기록되고 있다.

9 [1589~1824]
왕권을 잡기 위한 궁여일책으로 개종을 무릅쓴 앙리 나바르 2세가 결국 왕관을 계승, 부르봉 왕조의의 서막이 열린다. 그가 앙리 4세로 즉위하고 루이 13세~루이 16세로 왕통이 유지되었으나, 시대의 흐름인 대혁명과 함께 절대 왕권의 마지막을 장식.

©pinterest.fr

12 P.294 참고

산업 혁명 15
파리 코뮌 16
식민지 확장 가속 17

1,2차 세계 대전 18

벨에포크
19세기

근·현대
20세기 초

13 절대 왕정의 전복 후, 여전히 건재했던 유럽의 왕국 공동체 연합 세력에 대비해 대대적으로 거행된 단두대 숙청 정치. 몽타뉴파(급진 개혁가)의 주도로 왕족, 귀족을 포함해 과거 특권층에 대한 차별 언행이 발각된 민중들에게까지 숙청 권한 확산.

©www.revuedesdeuxmondes.fr

14 P.199 참고

15 벨 에포크는 번역하면 '아름다운 시절'이다. 1세기에 가깝던 공포 정치가 막을 내리고, 사회 저변에서 성장해 오던 문학, 예술, 철강 산업으로 유럽 경제가 호황을 맞는다. 기계 문명이 대세가 되고, 영국을 필두로 프랑스 철강 산업도 비약적으로 발전했다.

©fiveminutehistory.com

16 1871년 3월부터 약 두 달 반가량 봉기했던 프랑스 반란군 자치체. 남성 중심의 첫 참정권으로 선출된 제헌 국회를 부정하고 자유주의적 정부 설립을 주장. 파리 코뮌은 리옹과 마르세유 코뮌에도 영향을 주며, 공무를 집행하는 파리 시청, 대법원, 튈르리 궁전 등의 대방화로 이어졌다.

©bricolagekitchen.com

17 최초의 식민지 확보는 1534년의 신대륙, 더 정확하게 캐나다의 퀘벡 일대 상당 영토와 미국의 루이지애나주로부터 시작되었다. 루이지애나는 프랑스어로 '루이의 사람들'을 뜻하는 루이지앵에서 비롯된 지명. 19세기, 유럽 강대국의 식민지 확장 가속화 정책은 최절정에 이르고 프랑스는 아프리카 대륙의 중요국, 태평양 일대의 제도들, 베트남과 캄보디아 등을 식민지화했다.

©ontheworldmap.com

18 세계대전

1차 대전 대표 참전국

프랑스, 영국, 미국, 러시아, 중국, 벨기에, 일본, 이탈리아 외	⇨⇦	독일, 오스트리아, 헝가리, 오스만 제국 외

2차 대전 대표 참전국

프랑스, 영국, 미국, 캐나다, 러시아, 중국, 폴란드, 오스트리아, 벨기에, 네덜란드 외	⇨⇦	독일, 일본, 이탈리아, 헝가리 외

1,500년의 역사, 파리의 건축 스타일

파리는 프랑스 왕국이 건립된 5세기부터 지금까지, 유럽에 유행했던 모든 건축양식을 보존한 건축 자료소와도 같은 도시다. 다양한 건축 스타일을 따라가며 프랑스의 왕조와 특권층의 취향을 읽어보는 것도 재미있을 것이다.

고딕
약 10~13세기

르네상스
14~16세기

고딕

건물 내외에 아치를 이루는 꼭짓점이 꽃봉오리처럼 하늘을 향해 오르는 모습. 신에 대한 숭배가 내재된 양식이다.

📍 노트르담, 생트샤펠, 생퇴스타슈

르네상스

르네상스 건축의 가장 큰 특징 3가지는 궁륭형 아치, 기둥, 그리고 상인방(창문이나 벽 상단을 가로지르는 인방)이다. 건물 모서리를 탑으로 연결한 것도 빼놓을수 없다.

📍 샹보르 성, 파리 시청, 카르나발레, 샤틀레 이노센트 분수, 퐁텐블로 성

샤틀레 이노센트 분수

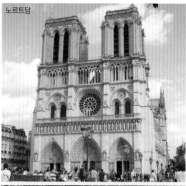
노트르담

카르나발레

생트샤펠

퐁텐블로 성

아르누보

자연적인 요소에서 영감을 받아 흐르는 듯한 곡선 처리가 눈에 띄는 형태. 바로크와의 차이점은 곡선이 정형적이지 않고 바람을 타는 듯 유연하다.

📍 기마르

아르누보
19세기 후반

전통주의 ·바로크
16~18세기

오스만
19세기 중후반

고전주의, 바로크

건물 중앙을 위주로 양쪽 날개 건물들의 완벽한 대칭 구조와 층마다 다른 장식을 한 기둥들의 서열이 바로크 양식을 결정짓는다.

📍 앵발리드 호텔, 뤽상부르 궁전, 팔레 루아얄

엠파이어, 신고전주의(19세기 초)

나폴레옹이 심취했던 신고전주의 건축은 높은 기둥에 세 가지 질서(도리크, 이오니아, 코린트식)를 대입한 형태로 구분. 파사드에 삼각합각 구조물을 이고 있는 건물도 있다.

📍 카루젤의 개선문 리볼리 대로 건물들, 팡테옹, 마들렌 대성당

철강주의, 절충주의, 오스만

에펠탑이 대표적인 철강주의 구조물이다. 말 그대로 강철을 주자재로 사용.

📍 사마리텐, 오페라 가르니에, 생미셀 분수, 팔레 루아얄 연극장, 모든 파리의 역들, 퐁데자르

앵발리드 호텔

리볼리 대로의 건물

사마리텐

뤽상부르 궁전

팡테옹

오페라 가르니에

팔레 루아얄

아르데코
19세기~
20세기 초

**1, 2차 대전
사이**
20세기 전반

아르데코

전반적인 기조는 신고전주의를 닮았지만, 기둥
등 장식에서 절제미가 돋보인다. 아르누보가 여
성적인 곡선을 강조했다면, 양립하며 나타난 아
르데코는 강직한 직선의 힘에 초점을 두었다.

📍 그랑 렉스, 사마리텐, 사요 궁전

사요 궁전

1, 2차 대전 사이

전쟁과 산업 발전으로 인해 이민
노동자들이 증가해 밀집 주거 건
물이 필요했던 시기였다. 오스만
식 석조물보다 건설 시간을 절약
할 수 있는 벽돌 건물이 대량 등
장했다.

📍 14구 벽돌 건물들

**전후~
1970년대**

전후~1970년대

정세가 안정되면서 더 다양한 나
라로부터 이민자들이 증가, 철강
과 시멘트 그리고 콘크리트에 의
존한 건물이 자리 잡았다.

📍 13구 중국촌

70~90년대

70~90년대

점점 우리에게 익숙한 현대식 건물이 들어선다. 이
때부터는 네오-오스만, 네오-클래식처럼 이전의
양식을 접목한 스타일이 반영된다.

📍 유네스코

현재

~현재

도시 전체가 유네스코 유형문화재로 지정된 파리
의 건축법은 건물 철거와 신축에 특별법을 적용한
다. 신축이 불가피한 경우는 대형 국책 사업 또는
지자체 프로젝트에 한하고 이조차 대부분은 수도
외곽에 건립한다. 개인 부동산은 내부만 개조하거
나 외관은 보수, 정비를 해야 하고 특별한 경우에
건물 정면만 남기고 안쪽을 새 공간으로 만들기도
한다. 고쳐쓰는 데 일가견이 있는 나라다.

📍 프랑스 국방부 신청사

파리에 가기 전 알아야 할 기본적인 정보

파리의 일 년

1

바람따라 우수수 소리를 내며 낙엽이 떨어지면 프랑스의 가장 바쁜 계절이 시작된다. 가을은 학교 및 프랑스의 모든 행정이 시작하는 시기로, 행정 분야의 봄과같다. 여전히 반팔 차림의 파리지앵도 눈에 띄지만 바람의 스산한 기운이 여름과 다르므로, 얇은 스웨터나 중간 두께의 겉옷을 준비하는 게 좋다. 10월의 마지막 일요일 02:00부터 서머타임이 해제되어 한국과 +8시간 차이가 생긴다.

9월 [Septembre]

최저 평균 기온 12.7℃
최고 평균 기온 21.1℃
일출시간 07:04
일몰시간 20:33

10월 [Octobre]

최저 평균 기온 9.6℃
최고 평균 기온 16.3℃
일출시간 07:48
일몰시간 19:29

11월 [Novembre]

최저 평균 기온 5.8℃
최고 평균 기온 10.8℃
일출시간 07:37
일몰시간 17:28

본격적으로 긴 밤이 시작되는 계절. 축축한 습기가 스멀거리고, 하늘이 온통 잿빛인 날이 허다하다. 영하의 기온은 아니지만 체감온도는 낮은 편. 외투 안에 두꺼운 스웨터 하나만 입는 것보다 레이어드 룩이 실용적이다. 숙소를 나설 때는추워도 이동을 하면서 체온이 올라가고, 실내에 들어서면 난방 때문에 금방 답답해지기 때문이다. 해가 금방 져서 파리를 여행하기에는 그다지 좋은 계절이아니지만, 굳이 간다면 야외 관광은 오전 중에, 오후에는 미술관을 방문하자.

12월 [Décembre]

최저 평균 기온 3.4℃
최고 평균 기온 7.5℃
일출시간 08:44
일몰시간 16:53

1월 [Janvier]

최저 평균 기온 2.7℃
최고 평균 기온 7.2℃
일출시간 08:23
일몰시간 16:53

2월 [Février]

최저 평균 기온 2.8℃
최고 평균 기온 8.3℃
일출시간 08:22
일몰시간 17:45

아직 찬 기운이 남아 있지만 일조량이 조금씩 늘어나는 시기다. 대부분의 관광지가 성수기 입장 시간을 적용한다. 하지만 프랑스의 봄은 변덕스럽기 짝이 없다. 구름 한 점 없이 파란 하늘에서 햇빛이 내리쬐다가도 우박, 진눈깨비, 소나기 등이 왔다 갔다 하기 때문에 봄옷을 입고 기분을 냈다가는 언제 감기에 걸릴지 모를 일. 가볍지만 따뜻한 겉옷을 준비하는 게 현명하다. 3월의 마지막 일요일 02:00부터 서머타임이 시작되어 한국과 +7시간 차이가 생긴다.

3월 [Mars]

최저 평균 기온 5.3℃
최고 평균 기온 12.2℃
일출시간 07:31
일몰시간 18:33

4월 [Avril]

최저 평균 기온 7.3℃
최고 평균 기온 15.6℃
일출시간 07:25
일몰시간 20:22

5월 [Mai]

최저 평균 기온 10.9℃
최고 평균 기온 19.6℃
일출시간 06:26
일몰시간 21:07

유럽을 여행하기 가장 좋은 시기. 아름드리나무가 우거진 거리에 시원한 산들바람이 불면 아무리 좋은 명작이 있어도 미술관에 들어가고 싶지 않다. 파리지앵들의 과감한 노출은 우울했던 지난 9개월에 대한 보상과도 같다. 낮에는 기온이 35℃ 이상 올라가지만 지중해성 기후의 영향으로 새벽과 아침에는 선선하기 때문에 얇은 카디건 하나쯤은 챙기는 게 좋다.

6월 [Juin]

최저 평균 기온 13.8℃
최고 평균 기온 22.7℃
일출시간 05:47
일몰시간 21:48

7월 [Juillet]

최저 평균 기온 20.5℃
최고 평균 기온 25.2℃
일출시간 05:47
일몰시간 21:59

8월 [Août]

최저 평균 기온 15.7℃
최고 평균 기온 25.0℃
일출시간 06:21
일몰시간 21:29

프랑스 기초 정보

2

정식 국명
- 프랑스 공화국 République Francaise

국기
- 삼색기
프랑스인들이 블뢰 Bleu·블랑 Blanc·루주 Rouge (파랑, 흰색, 빨강)로 일컫는 삼색기가 자유, 평등, 박애를 뜻한다는 말은 사실과 다르다. 자유를 뜻하는 파랑, 어디에도 치우치지 않는 평등(흰색), 남을 나처럼 생각하는 박애(빨강)로 비유할 수는 있으나 이는 공식 버전은 아니다. 프랑스 국기의 파란색은 파리를, 흰색은 왕정 시대의 국왕을, 빨간색은 혁명의 피를 의미한다는 것이 정론이다.

국가
- 라 마르세예즈 La Marseillaise
1792년의 프랑스와 오스트리아 전쟁 중, 병사들의 사기를 돋우기 위해 사령관 루제 드 릴 Rouget de Lisle이 쓴 소절을 기본으로 만들어졌고, 1879년에 정식 국가가 되었다.

면적
- 프랑스 면적/파리 면적 : 64만 3801㎢ / 105㎢

인구
- 프랑스/파리 : 약 6,800만 명/약 210만 명 (2023년 기준)

수도
- 파리 Paris

국가 원수
- 에마뉘엘 마크롱 Emmanuel Macron (2022년 5월 재당선)

정치 성향
- 2017년~ 중도 우파 집권
극우파, 우파, 중도파, 좌파, 극좌파, 녹색환경파 등 13개의 정당이 있다. 우파인 연합당 UMP과 좌파인 사회당 PS에서만 대통령을 배출해 온 전례를 깨고 2017년, 좌파 출신 중도 우파에서 마크롱 대통령을 배출했고 2022년부터 재임 중이다.

종교
- 가톨릭 29%/ 이슬람교 10%/ 그 외 개신교, 유대교, 불교 등 10%(국립 통계청 2023년, 18~59세 유신론자 기준)/ 51% 무신론자로 응답

공용 언어
- 프랑스어(브르타뉴, 코르시카, 알자스 등 각 지방마다 고유한 방언 사용)

통화
- 프랑스는 2002년부터 유럽연합 EU 27개국 함께 유로화(€)를 사용한다. 보조 단위로 동전인 상팀(¢)을 사용한다. 유로화는 12개국 모두 동일한 디자인

이지만 동전은 각국의 개성이 들어가 있다. 모든 유로화는 디자인과 상관없이 가맹국에서 똑같이 사용할 수 있다. 프랑스에서 발행하는 모든 주화에는 프랑스 공화국 République Francaise을 의미하는 RF가 새겨져 있다.

동전 ¢1, ¢2, ¢5, ¢10, ¢20, ¢50, €1, €2

지폐 €5, €10, €20, €50, €100, €200, €500

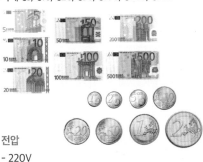

전압
- 220V

식수
- 수돗물은 석회질이 많이 섞였지만 식수로 마셔도 상관은 없다. 하지만 생수보다는 음식 조리에 더 많이 사용된다. 가장 보편적인 생수로는 볼빅 Volvic, 에비앙 Evian이 있으며, 탄산수 페리에 Perrier와 바두아 Badoit도 인기다. 콩트렉스 Contrex는 '다이어트 물'로 선전해서 여성들이 좋아하지만, 다이어트에 직접적인 영향을 주지는 않는다고.

한국과의 시차
- 한국보다 8시간 늦다. 서머타임을 적용하는 3월 마지막 주 일요일부터 10월 마지막 주 토요일까지는 1시간을 앞당기므로 시차도 7시간이 된다.

시내, 시외전화
- 파리는 지역번호 01로 시작한다. 같은 도시로 전화를 걸 때도 이 지역번호를 입력해야 한다. 예를 들어 파리 수신번호가 01 1234 5678인 경우, 파리 내에서 전화를 걸 때도 0번을 포함한 모든 번호를 다 눌러야 한다. 휴대폰은 06과 07로 시작하며, 이때도 0번을 함께 누른다.

국제전화
- 프랑스 국가번호 +33을 누르고 번호를 입력한다.

한국 → 파리	식별번호 사용 안 함

국가번호 0033

전화번호 01 1234 5678

거는 방법 0033 + 1 1234 5678

한국 → 파리	식별번호 001 또는 002

국가번호 0033

전화번호 01 1234 5678

거는 방법 001(2) +33 1 1234 5678

프랑스 → 한국	식별번호 사용 안 함

국가번호 0082

전화번호 02 3333 4444

거는 방법 0082 +2 3333 4444

국제로밍
- 국제로밍 서비스를 신청하면 한국에서 사용하던 본인의 휴대폰을 여행 중에도 사용할 수 있다. 공항의 로밍서비스 창구에서도 가능하지만, 본인의 통신사를 통해 온·오프라인으로 미리 신청하면 보다 많은 선택권이 있다. 최근에는 로밍 신청을 하지 않아도 자동로밍이 되기도 하므로, 모바일 데이터를 미리 차단해 놓지 않으면 데이터 요금 폭탄을 맞을 수 있다. 스마트폰은 직접 사용하지 않아도 앱 자동 업데이트, 이메일/메신저 수신 등으로 데이터가 사용된다는 점에 유의하자. 데이터를 차단해도 와이파이 수신이 가능한 곳에선 통화를 제외한 기본 앱들을 사용할 수 있다.

유럽 유심칩
- 유럽 통합으로 사용 가능한 유심칩 U-sim을 단말기에 끼워서 쓰는 방법이다. 파리는 통신사 네 곳(Orange, SFR, Free mobile, Bouygues)의 유심칩이 가장 보편적이다. 이 중 SFR과 Free mobile은 다른 두 곳에 비해 가격이 저렴한 반면, 온라인 사전 구

매가 불가능하고 해지하지 않으면 매달 요금이 인출되는 날벼락을 맞기 때문에 초보 여행객들에게는 추천하지 않는다. 나머지 두 곳은 온라인으로 구매해서 인천 공항과 드골 공항에서 픽업하거나 배송을 선택할 수 있는데, 수령 기간을 고려해 넉넉히 한 달 전에 주문하는 것을 추천한다. 각 통신사별로 2주 또는 한 달 기준으로 €40 내외의 상품이 있으며, 제공하는 데이터 용량, 기간, 통화 제한 등에 차이가 있으므로 후기를 찾아보고 결정하는 것이 좋다.

eSim 칩

- 홈페이지에서 eSim을 구입하고 메일로 QR코드를 전송해 코드만 입력하면 칩을 폰에 삽입하는 물리적인 번거로움에서 해방된다. 다만 구입자의 정보를 중간에서 갈취하기 위한 해커들의 활동이 증가하고 있고 실제로 피해자들이 속출하는 만 큼 신중한 결정이 요구된다. QR 코드를 찍고 Learn more를 클릭하면 원하는 eSim을 선택할 수 있다.

포켓 와이파이 단말기 사용

- 외부 단말기로 와이파이를 수신해 인터넷을 사용할 수 있는 방법이다. 여행지에서 인터넷 검색이나 지도 및 길찾기 등을 위한 충분한 데이터를 제공하며, 하나의 단말기로 여러 사람(최대 5명)이 동시 접속할 수도 있으므로 데이터 로밍이나 유럽 통합 유심칩보다 저렴하고 간편하게 사용할 수 있다. 2020년 이후로 포켓 단말기 시장이 확대되어 요금 면에서도 부담이 크지 않다. 이전에는 하루 사용량 초과 시 속도 저하의 불편함이 있었다면 최근에는 4G/LTE 기준 속도 저하가 없는 제품과 통신의 발달로 단점보다 장점이 많다. 일주일 이하의 여행이라면 단말기가 좋겠으나 평균 데이터 사용이 높을 경우에는 2주 치의 유심칩이 가성비가 높을 수 있으니 면밀히 따져볼 것.

현금 지급기

- 파리 시내 곳곳에 VISA, Maestro, Cirrus, Plus 등의 카드 사용이 가능한 현금 지급기가 있다. 대부분 €20 이하는 출금되지 않으며 카드 회사에 따라 건당 금액당 수수료가 다르니 미리 확인하자.

상점과 관공서 업무 시간

	업무/영업시간	휴무	예외
관공서	09:00 ~ 16:30	주말	토요일에 아침 업무를 보는 구청이 늘고 있다
은행	09:00 ~ 16:30	일요일, 월요일	토요일 오전 근무
우체국	08:00 ~ 18:00	일요일	파리 변두리나 외곽 지역의 사무실에서는 정오~13:30에 휴점할 수 있다
환전소	09:00 ~ 18:00	일요일	
백화점	09:30 ~ 20:00	없음	봉마르셰 일요일, BHV 토요일 휴무
일반 매장	10:00 ~ 19:00	일요일	마레, 몽마르트르 관광 구역은 일요일 오후부터 개점하는 곳이 많다.
프랜차이즈 제과점	08:00 ~ 19:30	일요일	
제과점	07:00 ~ 13:00, 18:00 ~ 20:00	일주일 중 하루	근처의 같은 업종과 연합해서 돌아가며 하루 휴무
구역별 개인 식료품점	09:00 ~ 20:30	연중무휴	Epicerie 라는 간판을 확인할 것
비스트로, 레스토랑	11:30 ~ 14:30, 19:00 ~ 22:00	일요일, 월요일	도심은 일요일 오후와 월요일 점심에도 영업하고 관광지 주변에는 연중무휴인 곳도 있다
카페	08:30 ~ 19:00	일요일	
관광지, 미술관	09:00 ~ 17:30	월요일 또는 화요일	각 해당 스폿에서 확인할 것

* 표기된 시각은 여름 휴가철을 제외한 평일의 평균 영업 시간이다. 평균 시간이지만 운영 시간은 30분에서 1시간 이상 차이가 날 수 있다. 레스토랑은 최종 주문 시간 기준이다.

환전

- 요즘은 바게트 1개도 카드 결제되는 곳이 많지만 여행기간에 따라 약간의 현금을 준비할 것을 권한다. 환전은 국내 은행의 온라인 환전과 서울역 환전 센터의 환전 우대가 가장 크다. 공항 은행은 환율이 높지만 현지는 그보다도 높으니 출국 전에 환전을 마칠 것을 권한다(P.77 환전법 참고). 여행자 수표는 발행 회사의 파리 지점에 가면 수수료가 면제된다. 국내 은행에서 발급한 여행자 수표는 샹젤리제에 있는 KEB하나은행을 찾아가면 기본 수수료만 제하고 현금으로 교환해 준다.

파리KEB하나은행 38 Avenue des Champs-Elysées 75008 | 01 53 67 12 00

팁

- 카페나 레스토랑 등에는 서비스가 포함된 요금이 적혀있다. 하지만 서비스가 특별히 마음에 들었다면 카페에서는 €1~2가, 식당에서는 총 금액의 3~4%가 적당하다. 서비스가 좋아 팁을 꼭 주고 싶을 때는 가르송 Garçon에게 잔돈으로 바꿔달라고 요청하면 된다.

이 돈을 잔돈으로 바꾸어 주시겠어요?
Pouvez-vous le changer en pièce, s'il vous plaît?
뿌베부 르 샹제 엉 삐에스 씰 부 쁠레?

화장실

- 파리의 길거리 화장실은 무료로 이용 가능하다. 화장실 입구에 'Libre'라는 표시를 확인하고 버튼을 누르면 문이 열린다. 사용 시간이 한정되어 있어 여유 시간이 충분한지 확인 후 사용하자. 사용 후에는 자동 청소가 되지만 무료인 만큼 청결에 한계는 있을 수 있다. €1 정도 팁을 주고 근처 카페에 들어가 위급 상황을 모면해도 된다.

흡연

- 프랑스는 2007년부터 공공장소에서 흡연을 금지하고 있다. 길, 카페, 레스토랑 테라스는 흡연이 가능해, 추운 겨울에도 담요를 덮고 앉아 있는 흡연가들을 볼 수 있다. 공공장소에서 흡연을 하면 무장한 경찰에게 제재를 받거나 벌금을 문다.

코인 로커 Consignes à Bagages

파리에 일찍 도착했거나 파리를 떠나기 전 마지막으로 들르고 싶은 곳이 있는데 체크인/아웃 시간이 안 맞아 짐 가방 위탁 고민을 한다면 이제 그럴 필요 없다. 역에 있는 코인 로커 위치를 확인하고 마지막 1분까지 가볍게 여행하자. 연중무휴로 운영하고 크기나 용량, 시즌별로 차등 요금을 받는다. 24시간 기준으로 요금을 징수하며 시간을 초과하면 24시간 단위로 평균 €5를 추가 징수한다.

요금(24시간 기준) 소 €5.50, 중 €7.50, 대 €9.50

코인 로커 위치
- **파리 동역**
  지하철 층, Paul 제과점 근처 | 08:00~20:00
- **리옹 역**
  지하 1층 3번 홀 | Rue de Bercy(베르시 길) 출구 | 06:15~22:00
- **몽파르나스 역**
  2층 1번 홀 | 24번 플랫폼 근처 | 07:00~23:00
- **파리 북역**
  지하 1층(계단, 에스컬레이터 이용) | 3번 플랫폼 맞은편의 Rue de Maubeuge(모뵈주 길) 출구 쪽 | 06:00~23:15
- **오스테를리츠 역**
  서비스 공간 | 1~7번 플랫폼 근처 | 06:00~22:00
- **드골 공항**
  T2 TGV | 4층 쉐라톤 호텔 맞은편 | 06:00~21:30
- **마른라발레-체시 역**
  1층 | 07:00~22:00
- **디즈니 공원**
  입구 근처 | 08:00~공원 폐장 후 45분까지
- **디즈니 스튜디오**
  입구 근처 | 10:00~17:00(성수기 기준)

파리 교통 정보

3

파리는 수도치고 면적이 아담하고 200m마다 볼거리가 넘치는 이유로 도보 여행에 최적화된 도시다. 하지만 시간이 곧 돈인 여행길에서 방향도 모르고 무작정 걷는 것이 최선은 아니다. 택시나 우버에 의존할 것이 아니라면 제일 먼저 메트로(파리 지하철) 노선부터 살펴야 한다. 가고자 하는 스폿과 가장 가까운 거리에 있는 역을 찾고 노선을 파악하면 복잡한 실타래가 금방 풀릴 것이다.

파리의 버스와 메트로는 RATP (Régie autonome des transports parisiens)에서 관리하는데, 수도권 구조상 RER 노선과 정차역이 겹칠 수 있다. 또한 RER, 트랑질리앵, TER, RATP, 프랑스의 고속 철도 TGV 등은 모두 프랑스 철도 관리 최상위국인 SNCF(Société Nationale des Chemins de Fer français)에서 통합 관리한다.

파리 구역 이해하기

– 파리의 행정구는 모두 20개지만, 면적 자체가 서울의 1/6(외곽을 제외한 파리 자체)에 불과하므로 작은 구역은 서울의 큰 동보다 크기가 작다. 가장 오래된 구역인 1구를 중심으로 시계 방향으로 달팽이 집 형태를 그리며 구역이 진행된다. 75로 시작하는 파리의 행정번호 뒤에 구역번호를 덧붙이면 우편번호가 된다. 예를 들면 파리 2구는 75002, 20구는 75020으로 표기한다. 파리 안의 모든 주소는 우편번호와 도시명 Paris로 끝난다.

파리의 1~5존

– 파리를 포함한 수도권(일드프랑스 Île-de-France)은 1~5존으로 나뉜다. 크게 보면 1~10구는 1존, 11~20구는 2존에 해당한다. 대부분의 2존이 'Porte~'를 경계로 하지만, Metro와 RER선을 공동 운영하는 정거장에서 나비고 이지 사용은 메트로 출입구에서만 유효하다. 즉, RER역 출입은 개찰되지 않으니 특히 파리 경계 구역 출입 시 유의하자.

예: La Défense, Porte de Maillot(1호선), Nation(2, 6호선), Gare de l'Est(4, 5, 7호선) 등

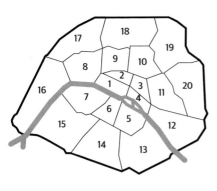

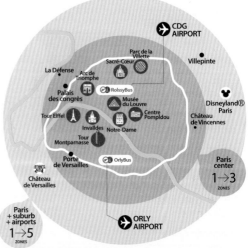

파리 대중교통 이용권

- 2023년 9월부터 시행된 파리 비지트, 나비고(Navigo)의 대폭적인 리뉴얼로 이전까지의 종이형 카르네 티켓은 나비고 이지로 대체됐다. 2024년 올림픽 기간 동안에는 예외적으로 나비고 이지가 회당 €4로 오른다.

나비고 패스는 지하철역 무인 충전기로 충전할 수 있고 앱으로 충전할 때는 휴대폰 설정에서 NFC 허용 후 사용 가능하다(QR 코드 스캔 후 오른쪽 상단의 메뉴 누르면 언어 변경 가능). 각종 교통 카드나 뮤지엄 패스 등의 한국 공식 판매처였던 소쿠리닷컴은 코로나 19 이후 판매를 잠정 중단 중이다.

나비고 데쿠베르트 Navigo Découverte 타깃층 1~2일 또는 한 달 미만 일정의 여행자들. 파리 외에 5존에 속하는 베르사유, 유로 디즈니 일정이 있는 여행객들 	1~2존	연령 구분 없음 1일 €8.65 7일 -- 한 달권 €20.60	· **추가 요금** 충전비 외 카드 구입비 €5 · **해당 교통수단** 메트로, RER, 트랑질리앵, 버스(심야 포함), 트램, 벨리브, 몽마르트르 케이블 카 · **환승 횟수** 무제한 · **구입/충전 장소** 관광 안내소, 유인 매표소 · **사전 준비** 증명 사진 1장 · **유효 기간** 매주 월~일요일/ 일주일권 매달 1~30(31)일/한 달권 · **구입 기간** 한 주 전 주말부터 해당 주의 수요일까지 판매
	1~5존	1일 €20.60 7일 €30.75 한 달권 €86.40	
		자유 충전이 안 되는 종이형 카드로 구입 시 판매원에게 충전 기간을 알려줘야 함. 7일권은 월요일 개찰이 기준, 해당 주의 일요일 자정까지만 유효하므로 수요일 이후 구입은 무의미. 단, 파리와 근교 일정 5일이면 타 교통권에 비해 가성비가 좋다.	
파리 비지트 Paris Visite 타깃층 1~3존 지역의 2일 체류 예정자와 11세 미만의 아동(3일 이상일 경우 나비고 데쿠베르트 5존이 경제적). 관광 일정이 수요일 이후 5일 미만인 자	1~3존	성인 1일 €13.95 2일 €22.65 3일 €30.90 5일 €44.45	· **추가 요금** 없음 · **해당 교통수단** 나비고와 동일 · **환승 횟수** 무제한 · **구입/충전 장소** 나비고와 동일 · **유효 기간** 1, 2, 3 또는 5일권 · **구입 기간** 없음(주중 구입 가능)
	1~5존	1일 €29.25 2일 €44.45 3일 €62.30 4일 €76.25	
		아동(4~12세) 성인 요금의 절반	
나비고 이지 Navigo Easy 타깃층 파리 내에서 3~5일 머물며 이동 횟수가 10번 미만인 여행자(그 이상은 나비고 데쿠베르트가 경제적) * 2023년 9월에 판매 중단된 Ticket t+와 카르네(10회권) 대체용 교통권		회당 €2.15 **10회 할인권** €17.35 **아동 10회 할인권** €8.65 카드 구입 후 원하는 횟수만큼 충전 가능 (1회~무제한) 한 패스 안에 Ticket t+, 공항 버스, 나비고 1일권을 동시 충전, 사용 가능(개찰 후 사용 범위에 따라 자동 차감). 타인에게 대여 가능하나 동시 탑승 시에는 각자 패스 소지해야 함.	· **추가 요금** 충전비 외 카드 구입비 €2 · **해당 교통수단** 메트로, 버스(심야 포함), 트램, 벨리브, 몽마르트르 케이블 카 · **환승 횟수** 동일 수단끼리만 가능 (버스-버스, 메트로-메트로) · **구입/충전 장소** 나비고와 동일 · **유효 기간** 원할 때 자유 충전, 반영구 사용 가능 · **유효 시간** 개찰 후 1시간 30분~2시

나비고 리베르테+ Navigo Liberté **타깃층** 기간 상관없이 파리 내에서 머무르는 조건, 하루 이용 횟수 5번 이상일 경우 가장 경제적 * 온라인 이용 시 일주일 전 가입, 신청 필수 현지 신청 시 최소 3일 소요 	회당 €1.73 1일 최대 결제액 €8.65 (하루 5회 이상 초과 사용해도 €8.65 이상은 결제되지 않음) Orly Bus 1회 €10.30 Roissy Bus 1회 €14.50 선 이용 후 결제 가입 시 지정한 계좌로 익월 결제	· **추가 요금** 카드 구입비 €2 · **해당 교통수단** 이지와 동일 · **예외** 11번 익스프레스 트램 · **환승 횟수** 무제한 · **구입 장소** 온라인, 유인 매표소 www.iledefrance-mobilites.fr/en/tickets-fares/detail/liberte-plus · **사전 준비** 수령할 곳의 프랑스 주소(방문 수령 시 불필요), 증명사진(온라인 가입 시 디지털 사진), 결제 대상 계좌의 SWIFT 또는 BIC 코드, 은행 주소 등의 정보 · **패스 유효 기간** 없음
나비고 쥔 위크엔드 Navigo Jeune **타깃층** 만 26세 미만의 학생 * 나비고 이지와 패스 동일	1~3존 €4.60 1~5존 €10.10	· **나비고 이지**와 모두 동일 · **유효 기간** 토, 일요일과 프랑스 공휴일 · 검표원 요구 시를 대비해 국제 학생증 지참
모빌리스 Mobilis **타깃층** 파리-외곽, 외곽-외곽 단발권이 필요한 자	판매 중단 나비고 비지트, 나비고 데쿠베르트로 대체	

메트로 Métro

좁은 통로와 승강장, 심한 악취 심지어 승강기가 없는 곳도 있는 지하철역들은 120여 년 파리 지하철 역사를 대변한다. 2024년에 개최될 파리 올림픽에 대비해 많은 역이 보수 공사 중이지만, 메트로는 파리의 첫 방문객 또는 여행 자금을 €1라도 따져야 하는 이에게 제일 쉬운 교통 수단이자 목적지 최단 거리의 역에 내렸을 때 300m 이상 걷는 일이 드물어 가장 빠른 이동 방법이다. 파리 안의 메트로는 16개의 노선이 380여 개의 역을 잇고 있다. 운영 시간은 평균 05:30~00:30(주말은 ~01:30)까지다.

비상 상황 시에는, 각 메트로 역에 비치된 비상 호출 단추를 눌러(Appuyez ici) 상황을 설명하면 된다.

티켓 구입 - 파리의 대중교통은 RATP란 이니셜로 표현되는 파리 교통 관리국에서 통합 관리하므로 지하철, RER, 버스(심야), 트램 모두 공용권을 사용한다. 기존 10회권(종이 티켓형)으로 우리에게 익숙했던 카르네가 폐지되고 나비고 패스에서 파생된 교통카드가 대폭 확대, 시행 중이다. 티켓 구입과 카드 충전은 시내의 관광 안내소, 각 승강장의 유인 매표소에서 현금과 카드 결제할 수 있다. 무인 자동 충전/발급기는 현금 결제가 불가한 경우도 있으니 잘 기억하자. 파리-교외 구간은 당분간 종이 티켓과 카르네 판매가 계속된다.

일 드 프랑스 모빌리테 Ile de france-mobilites 앱 이용 - 파리 철도청 공식 앱. 지하철 노선도, 모든 수단들의 출발, 연기, 도착을 포함한 최신 정보, 이동 장소로의 최적의 이용 수단 등을 제시해 준다. 나비고 패스 소지자라면 충전도 가능하다.
홈페이지 iledefrance-mobilites.fr

+ 주의! 파리의 수많은 소매치기들은 단번에 파리 지앵과 여행자를 알아보고, 여행자를 목표로 삼는다. 이들이 가장 많은 곳은 메트로 내부와 환승역 통로들. 좁은 공간에서 많은 이들이 떠밀려가다시피 이동하므로 소매치기에게는 가장 안전한 곳이기도 하다. 이들의 희생양이 되지 않으려면 우선 현금 소지를 줄이거나 분리하고, 메트로에서 서 있을 때 문 앞보다 좌석 사이 깊숙이 자리를 잡는 것이 좋다.

환승을 할 때는 표지판이 보일 때마다 방향과 환승역이 맞는지 확인한다. 또 환승역 통로와 개찰구 근처에서 검표원이 수시로 검표하니 출구로 나가기 전에는 표를 버리지 말고 보관하자. 설마하고 표를 버렸는데, 검표를 당하면 꼼짝없이 벌금을 물어야 한다.

메트로 파업 Grève - 파리 메트로의 파업은 에펠탑만큼 유명하다. 여러 가지 이유로 매년 연말부터 짧게는 2주일, 길게는 2달이나 파업이 계속되기도 한다. 이 시기에 여행을 계획한다면 14호선을 제외한 전 노선과 주요 RER, 최악의 경우 버스 노선까지 동참하는 파업을 각오해야 할 것이다. '전 노선 파업'이라는 의미는 운행 전면 중단이 아니고 배차 간격이 30분~1시간 30분으로 늘어난다는 의미지만, 사실상 이 기간에 제대로 철도를 이용하는 것은 불가능하다. 이때는 일정 내 동선을 짧게 잡고 무인 시스템으로 운행되는 1호선, 14호선 또는 앱으로 사용 가능한 벨리브(P.55 참고)를 이용하는 것을 권장한다. 버스 투어를 예약하는 것도 좋다. 요금이 높지만 파리의 주요 명소를 모두 이어주며 무제한 환승이 되기 때문에 무작정 대중교통을 기다리거나 걷는 것보다 결과적으로는 더 경제적일 수 있다(P.58 버스 투어편 참고).

메트로 이용 - 언어가 다를 뿐 한국의 메트로와 이용 방법은 거의 동일하다. 단, 음성안내를 하지 않는 노선이 있으니 출입문 상단에 부착된 노선도를 정차 시마다 확인하자. 책에 노선도가 첨부되어 있으니 참고하기 바란다.

지상에서 ⓜ이라는 메트로 표지판이 보이면 노선을 확인한다. 노선 2~3개가 겹치는 메트로 역이 있으니 지하에 내려가면 목적지에 가는 노선 팻말이나 바닥의 표식을 보고 따라간다.

개찰 자리 이동 한 노선당 상·하행선이 하나씩 있는 것이 보통이지만, 7, 10, 13번 노선은 종점 부근에서 갈림길이 생기니 '몇 번 선, 어느 방향'인지 숙지한다. 갈림 구간이 있는 노선은 한 플랫폼에서 격차 운행된다.

개찰

방향과 팻말을 따라 승강장 진입.

방향과 갈림 구간 재확인. 승강장 공간의 천장에 방향이 표기된 팻말과 열차 도착 시간이 걸려 있다. 열차가 들어오면 해당 방향의 남은 시간이 깜박거린다.

열차가 도착해 문이 열리면 승차. 수동 작동 손잡이가 남아 있는 2000년 이전 개통 열차도 있다. 경보음이 울리면 절대로 무리하게 승차를 시도하지 않는다.

목적지 명을 확인하고 하차.

출구 'Sortie' 표지판을 따라 나간다. 환승할 경우, 환승 Correspondance 표지판을 보고 따라간다.

RER, 트랑질리앵, TER

공통점 - (대)도시 고속 조직망. 파리와 수도권 외곽 도시들을 연결하는 가장 빠른 교통수단. 수도권의 구조상 세 열차군의 정차역이 겹칠 수 있다. 파리 출·도착 역 전광판을 확인할 때, 머릿자로 이 열차군을 기억하면 해당 열차를 찾는 데 도움이 된다.
RER(Réseau Express Régional) 파리를 관통, A, B, C, D, E선 해당
트랑질리앵 Transilien 파리가 출·도착역. H, J, K, L, N, P, R, U선 해당
TER(Train Express Régional) 파리를 (불)포함한 도시 간의 연결 열차

열차 보수 일정 - RER 노선들의 정기 보수 일정은 여름인 7~8월에 이뤄진다(2024년 여름만 제외). 주말과 밤 등 간헐적으로 잡히는 일정도 있으니 여행 중에는 반드시 모빌리테 앱을 적극 사용할 것.

트램 Trameway

파리 외곽에는 총 8개의 트램이 운영되고 있다. 이중 파리 경계선을 그대로 따라 도는 트램은 T3a와 T3b뿐이고, 나머지는 외곽과 다른 외곽 도시를 연결한다. 파리 13구역의 포르트 베르사유에서 20구역 끝의 포르트 뱅센으로 이동할 경우 트램 이용이 가장 쾌적하고 빠르다.

버스 BUS(RATP)

가까운 외곽 도시도 시내버스로 이동이 가능한데, 이들은 파리 경계 구역(2존)의 정류장에서만 탑승이 가능하며 요금은 시내와 동일하다. 이 정류장은 메트로 노선도의 가장자리 부분, 주로 'Porte'로 시작하는 지상 정거장에서 자주 볼 수 있다. 2023년 9월부터 버스 내 이용권 구입 제도가 폐지됐다. 사전에 나비고 패스(P.51~52 도표 참고)를 구입해야만 버스 이용이 가능하다.
파리버스 운영 구간 파리 전역~파리 경계구역(2존)
장점 아름다운 도시 감상
출·퇴근길 정체 구간 오페라, 생미셸, 마레, 피갈 구역

심야버스 Noctilien

노선 수 파리 내 2개, 파리-근교 37개, 근교-근교 8개
노선 출발점 리옹 역, 파리 동역, 생라자르와 몽파르나스 역에서 출발
요금 €2.20~5(탑승 전 기사에게 목적지 전달→미터기에 따라 요금 측정), 나비고, 모빌리스 또는 파리 비지트 소지자는 요금 무료
운영 시간 00:30~05:30(정류장별로 첫 차 시간 상이)
배차 간격 45분~1시간
버스 내 서비스 CCTV(안전한 편이나 되도록 앞자리 탑승을 추천)

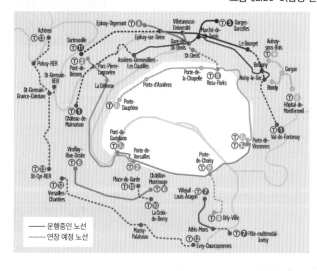

—— 운행중인 노선
········ 연장 예정 노선

야간버스 노선표 홈페이지 www.transilien.com/fr/page-editoriale/les-plans-du-reseau
야간 버스 이용 방법 모빌리테 앱에서 출발-도착 장소와 시간을 입력하면 최적의 심야 버스 정보를 볼 수 있다.

벨리브 Vélib'

2008년부터 시행된 무인 대여 자전거 시스템이며, 메일 정보 등록 후 약정 없이 1회용으로 사용하거나 등록 후 벨리브 카드 또는 나비고 패스와 호환해 사용이 가능하다. 약정 없는 1회용 사용을 기준으로 정보를 실었으나 자세한 튜토리얼과 내용은 홈페이지의 영어 서비스를 통해 확인할 수 있다.

요금	0~30분	그 이상
일반 자전거	€1	€1/30분
충전형 전기 자전거	€3	€2/30분

장점 친환경 파리 시책에 걸맞은 환경 보호 동참, 자유로운 파리시내 관광
단점 페달의 무게감, 도착점 근처의 거치대가 만차일 경우 다른 거치대로 이동해야 하는 경우 발생
특이사항 추적 장치 탑재, 반납이 늦어지면 첫 대여 시에 기입한 카드 정보를 통해 추가 요금이, 도난 시에는 보증금 €150 자동 반출
사용법 1회용과 나비고 소지자는 ④부터 동일
①벨리브 사이트에서 패스 신청 ②일주일 후 주소지에서 패스 수취 ③밸리브 거치대에서 패스 또는 나비고 인식 ④1회용은 메일로 수신한 코드와 비번 인식 ⑤자전거 반출 ⑥도착지 근처의 거치대에 카드 인식 후 반납(단기 이용 시: 거치대의 대여 기기에 바로 카드 결제 또는 인터넷으로 단기권을 구입 후 번호 발급, 인증 절차 ④부터 동일)
인터넷 결제 사이트 en.velib.paris.fr
공식 홈페이지 www.velib-metropole.fr/en

바토뷔스 Batobus

관광용 유람선과는 다른 교통수단인 뷔스 Bus를 말한다.
패스 구입 승선장 또는 홈페이지 www.batobus.com/fr/les-pass
운항 시간 보통 하절기와 동절기의 운항 시간이 다르고 요일별, 시기별로도 변수가 많으니 홈페이지에서 확인할 것
배선 간격 15~20분

요금	단일요금제	나비고 패스 소지자
1일권	€23	€15
2일권	€27	€17

바토뷔스 승선장(센 강변) 에펠탑, 오르세 미술관, 생제르망, 노트르담, 파리 식물원, 샹젤리제, 루브르 박물관, 파리 시청

> + 주의! 홈페이지에서 예매를 했더라도 실물 티켓을 꼭 발부 받아야 한다. 승선 시간보다 10분 미리 도착해 발부를 마친다. 나비고 할인 혜택을 받으려면 패스를 꼭 소지해야 한다.

택시 TAXI

택시 지정 승차 Taxi 표지판이 세워진 곳에서만 승차 가능. 정차된 순서대로 승차한다.
파리의 대표 택시 업체 Taxi Bleu, G7 Taxi, Taxi Alpha
기본 요금 €4.18 + €1.12/1km
추가 요금 €4/1인(4~5인 탑승 시)
예약 서비스 즉시 부를 때 €4, 1일 전 예약 €7
www.nav-eco.fr/en

nav-eco

app.nav-eco

G7 Taxi

파리 패스 정보

4

아무리 여행 정보를 찾고, 예습을 해도 현지 정보를 아는 데는 한계가 있다. 이동할 때마다, 입장할 때마다 '더 저렴하고 실용적으로 여행할 수 있지 않을까' 하는 의심에는 끝이 없다. 이 파트에 그 질문에 대한 답이 있다. 파리의 주요 관광지를 모두 아우르면서 고맙게도 가격까지 착한, 그 답을 공개한다.

뮤지엄 패스 PARIS MUSEUM PASS

이 패스 하나로 파리와 근교 도시의 중요 명소 60여 곳이 모두 무료. 시덥지 않은 장소들을 대충 섞어놓은 패스가 아니다. 인트로에 소개한 파리 Big 12의 9개 유료 입장 장소 중 무려 6곳을 포함, 생트샤펠, 콩시에르주리 등 여행자들이 꼭 보고 싶어 하는 파리와 주변의 명소 대다수를 담고 있다. 연일 사용해야 하는 규정이 있으나, 패스 기간 내 입장 횟수는 무제한이다.

홈페이지 - parismuseumpass.co.kr
패스 종류 - 2일권(48h)/4일권(96h)/6일권(144h)
요금 - €55/€70/€85

구입 방법 -
① **출국 전 구입** 홈페이지에서 E-billet를 선택하면 메일로 패스를 바로 전송 받으므로 미리 준비할 수 있다. 이때 홈페이지 상단 오른쪽의 서비스 언어를 영어로 변환해 구입하면 되는데, 패스를 프린트하거나 스마트폰 저장을 하면 된다.
② **현지 구입** 샤를드골 공항(4곳)과 오를리 공항(2곳)의 관광 안내소, 파리 북역(10구역)과 파리 관광

안내소(4구역), 베르사유와 디즈니 유럽의 매표소에서 구입 가능하다. 각 공항의 안내소 휴무일은 일요일이며, 개장 시간은 07:15, 폐장 시간은 20:45이니 입국 시간을 잘 체크하자.

사용 방법 - 현지 구입 패스는 아코디언처럼 접게 되어 있다. 뒷면에 패스 개시일과 이름을 기입하고 해당 명소 입장 시 제시하면 된다. E-billet는 결제 과정에 메일과 본인 이름을 기입한다. 두 경우 모두 패스 안에 입장 가능한 장소들이 표기되어 있다.

파리 쥬뗌므 패스 Paris Je t'aime

파리 쥬뗌므는 파리 공식 관광청에서 박물관뿐 아니라 보다 많은 도시 체험을 제공하기 위해 만든 패스 상품이다. 매진 속도가 빠르니 최소 한 달 전 구입을 추천한다. 구입 전에 패스로 입장 가능한 명소 리스트와 본인의 일정을 비교하기를 권한다.

특장점 - 파리 쥬뗌므는 뮤지엄 패스에 포함되지 않는 박물관, 미술관 입장 외에도 유람선 투어, 아틀리에 체험, 놀이 공원 등을 3±6가지 선택할 수 있다는 것이 차이점이다. 따라서 1주일 이상 체류시에 일정을 보다 화려하게 구성할 수 있다. 각 패스별 선정 가능한 장소들에 차이가 있으니 주의해 선택할 것.

구입 방법 - 홈페이지에서 패스를 구입하며 기입한 수령지(한국 주소 또는 현지 숙소)에서 수령한다. 파리 시청과 파리 북역에서 방문 수령도 가능하다.

패스 종류	패스리브 미니 Passlib' MINI	패스리브 시티 Passlib' CITY	패스리브 익스플로어 Passlib' EXPLORE	패스리브 익스플로어 +Passlib' EXPLORE+
공식 홈페이지 QR				
요금 (0~2세 무료)	€49 (해당 장소 3개 택일, 모든 패스 동일 적용)	€99 (기본 3개+2개 추가)	€169 (패스리브 시티 서비스 +1개 추가)	€249 (익스플로어 서비스 +2개 추가)

서비스 내역	**기본 사항**
	· 유람선
	· 관광지(7곳)
	· 미술관(16곳)
	· 현지 가이드
	· 놀이, 체험
	· 무인 대여 자전거
	  (반나절)
		추가 사항
		· 바토무슈
		· 루브르 미술관
		· 파리 수족관
		· 체험 8개(프라고나드
		  향수, 티타임 외 다수)
		· 버스 투어
		  (빅버스, 툿버스)
		· 자전거 투어
		· 공연(시즌별 변동)
			추가 사항
			· 유람선 점심 식사
			· 현지 가이드+
			· 3륜 자전거 투어
			· 체험(루브르 와이너
			  리, 라파예트 마카롱
			  굽기, 초콜릿 만들기)
			  외 다수
				추가 사항
				· 익스플로어와 동일

파리 시청 29 Rue de Rivoli (메트로 1, 11호선 Hôtel de Ville)

파리 북역 18 Rue de Dunkerque (메트로 4, 5호선 Gare du Nord)

수령 방법/수령 요금(배송비 포함)

출국 전 한국 수령	프랑스 내 숙소 수령	수도권 내 (Ile de France)	그 이상
호텔 수령	방문 수령		€1/30분
27.50 €	€12.50	€12	무료

* 구입한 패스는 환불이 불가하니 삽입된 QR코드를 통해 반드시 입장 가능한 장소의 리스트를 확인하고 구입해야 한다.

단품 입장권 예약 – 일정이 짧다면 패스 구입이 부담스럽다. 이럴 땐 명소별로 단품 입장권 예매를 권한다. 방문 당일 매표소에서 직접 구입하기보다 시간과 정신 소모를 절약할 수 있다. 한국어 포함, 가장 많은 서비스를 제공하는 홈페이지 2곳을 소개한다.

고우시티 gocity.com/paris/ko

티케츠 www.tiqets.com/ko/

파리의 무료 미술관

자드킨 미술관 Musée Zadkine (P.315 참고)

파리 시립 현대미술관 Musée d'Art Moderne de la Ville de Paris (P.235 참고)

발자크의 집 Maison de Balzac (P.244 참고)

부르델 미술관 Musée Bourdelle (P.314 참고)

카르나발레 박물관 Musée Carnavalet-Histoire de la ville de Paris (P.162 참고)

세르누치 박물관 Musée Cernuschi (P.94 참고)

프티 팔레, 파리 보자르 박물관 Petit Palais, Musée des Beaux-Arts de la Ville de Paris (P.91 참고)

빅토르 위고의 집 Maison de Victor Hugo (P.162 참고)

로맨틱 박물관 Musée de la vie Romantique 16 Rue Chaptal 75009 | 메트로 Pigalle 역 (P.328 참고)

버스 투어 패스

툿 버스 Toot Bus와 빅 버스 파리 Big Bus Paris가 가장 대표적인 버스 투어이며 노출 횟수가 많다. 이를 비교·분석해보자.

Toot Bus

Big Bus Paris

TOOT BUS		기준		BIG BUS PARIS	
연중무휴 매일 09 :30~18 :30 09:30~17:00(11월 6일~3월 31일)		운행 시간		연중무휴 매일 09:45~17:30	
약 2시간 15분		전체 투어 시간(승·하차 없이)		약 2시간 15분	
매 10분		운행(정차) 간격		매 7~15분	
무제한		승차 횟수		무제한	
○		인터넷 구입 할인 (시즌별 변동)		○	
○		버스 내 와이파이		○	
프랑스어, 영어, 스페인어, 이탈리아어, 독일어, 포르투갈어		오디오 가이드		프랑스어, 영어, 스페인어, 이탈리아어, 독일어	
프렝탕, 라파예트 백화점-오페라- 루브르 피라미드-노트르담- 오르세 미술관-콩코르드 광장- 상젤리제-트로카데로-에펠탑- 알렉상드르 3세 다리	10개	정류장	10개	루브르 피라미드-퐁데자르- 노트르담-오르세 미술관-상젤리제- 그랑팔레-트로카데로-에펠탑- 샹드마르스 공원-오페라	
1, 2, 3일 택일		상품 종류와 요금 (할인 전 공식 요금)		1, 2일 택일	
성인	4~12세	연령별 구분		성인	4~12세
€44부터	€24부터	① Découverte de Paris		€40.50부터	€22.50부터
€58부터	€32부터	② L'Essentiel de Paris (①+센 유람선)		€53.10부터	€31.50부터
		홈페이지			

프랑스어 실전 회화 및 기본 단어

5

이왕 파리에 왔으니, 간단한 말 정도는 프랑스어를 사용해 보자. 버벅거리면 어떤가, 우린 여행자인데. 인사가 입에 밴 프랑스 사람들처럼 상점에 들어갈 때 "안녕하세요", 나갈 때 "감사합니다" "안녕히 계세요", 발을 밟거나 부딪쳤을 때 "미안합니다"라고 말해 보자. K-컬처로 한국의 위상이 어느 때보다 높아진 지금, 한국인의 향기가 더 오래 남을 것이다.

* 문어체보다 문법에 맞는 구어체 위주로 구성
* F, V, Ph(f 발음과 동일) 등의 입술 발음에 주의, 강한 후두음으로 한국인들이 발음하기 어려운 R 발음은 무리한 ㅎ보다 ㄹ로 발음해야 더 잘 알아듣는다.

실전 회화

네. *Oui* 위
아니요. *Non* 농
(아닌 게) 맞아요. *Si* 씨(우리말에는 없는 표현이나, 부정형 문장을 긍정할 때 대답)
안녕하세요(아침). *Bonjour* 봉주르('르'를 약하게 발음)
안녕하세요(저녁). *Bonsoir* 봉수와르('르'를 약하게 발음)
(다음에 만날 때까지) 안녕. *Au Revoir / A la prochaine* 오르부아 / 아 라 프로쉔
(고인을 보낼 때나, 다시는 만날 일이 없을 때)
안녕히…. *A Dieu* 아 듀
미안합니다. *Pardon* 빠르동(빠르동? 하고 뒤를 올리면 잘못 들었을 때 한 번 더 설명해 달라는 표현이 된다)
실례합니다. *Excusez-moi* 엑스퀴제무와
(무척) 감사합니다. *Merci (beaucoup)* 메르씨 (보꾸)
아니, 괜찮습니다. *Non, merci* 농 메르씨
괜찮아요. *C'est pas grave* 쎄 빠 그라브
신경 쓰지 마세요. *Ce n'est rien* 쓰 네 리앙
부탁합니다. *S'il vous plait* 씰 부 쁠레(어떤 공간

이건 누군가에게 도움을 청할 때는 뒤에 S'il vous plait를 붙이는 것이 예의이며, 잘못 알아들었을 때 'Pardon'과 같은 의미로도 쓰인다. S'il vous plait와 Excusez-moi는 상점이나 카페에서 종업원을 부를 때도 자주 사용된다)
천만에요. *Je vous en prie* 주 부 장 프리(이외에 부탁해요, 여기 있습니다 등 다양하게 쓰이므로 상황에 따라 해석하면 좋다)
좋은 오후 보내세요. *Bon après-midi* 보나프레미디
좋은 저녁시간 보내세요. *Bonne soirée* 본 수와레

영어 할 줄 아세요? *Vous parlez anglais?* 부 빠를레 장글레?
프랑스어는 잘 못해요. *Je ne parle pas bien français.* 주 느 파르르 빠 비앙 프랑세
내 이름은 OO입니다. *Je m'appelle*(이름). 주 마뻴 (이름)
나는 한국인입니다. *Je suis coréen / Je suis coréenne* 주 쒸 코레앙, 주 쒸 코레엔(남성/여성)
당신의 이름은 무엇입니까? *Commet vous appelez-vous?* 꼬망 부 자플레부
만나서 반갑습니다. *Enchanté / Enchantée* 앙샹떼 (남성/여성)

~을 원합니다. *Je voidrais avoir~* 주 부드레 자부
와르~('르' 약하게 발음)

무척 맛있습니다. *Délicieux / C'est très bon*
델리씨유 / 쎄 트레 봉

계산서를 주세요. *L'addition, S'il vour plait*
라디씨옹 씰 부 쁠레

빈자리입니까? *Cette place est-il libre?* 쎄트 플라
스 에띨 리브르

앉으세요. *Prenez-la place* 프르네 라 쁠라스

사진을 찍어도 됩니까? *Puis-je prendre une photo?*
쀠주 프랑드르 윈느 포또?

사진 좀 찍어 주시겠어요? *Pouvez-vous nous
prendre une photo s'il vous plait?* 뿌베부 누 프랑
드르 윈느 포또, 씰 부 쁠레?

알겠습니다/좋아요. *D'accord* 다꼬르

얼마입니까? *Combien ça fait?* 꽁비앙 싸 페

그냥 보기만 하는 거예요. *Je ne fais que regarder*
주 느 페 크 르갸르데

너무 비싸요. *C'est trop cher* 세 트로 쉐르

미시오 / 당기시오. *poussez / tirez* 푸쎄 / 티레

호텔

(~명이 묵을) 빈방 있나요? *Avez-vous une
chamber libre pour ~personne(s)?* 아베부 윈
샹브르 리브르 뿌르 ~뻬르손?

하룻밤(OO일) 묵으려고 하는데, 가능한가요?
Pourrai-je prendre une chambre pour une~nuit
뿌레주 프랑드르 윈 샹브르 푸르 윈 (해당 날짜) 뉘

엘리베이터가 있습니까? *Avez-vous l'ascenseur*
아베부 라쌍쐬르

아침 식사를 주문하고 싶은데요. *J'aimerais
commander le petit déjeuner* 제므레 꼬망데 르 프
티 데죄네

욕실 *la salle de bain* 라 쌀 드 뱅

샤워 *la douche* 라 두슈

위급상황/분실과 도난

도와주세요! *A l'aide, s'il vous plait! / Au Secours!*
아 레드 씰 부 쁠레 / 오 스쿠르

도둑이야! *Au Voleur!* 오 볼뢰르

여기가 아픕니다. *J'ai mal ici* 제 말 이씨

의사를 불러주세요. *Appelez-un médicin, s'il vous
plait* 아쁠레 엉 메드생 씰 부 쁠레

처방전은 없습니다. *Je n'ai pas la préscription du
médecin* 주 네 빠 라 프레스크립시옹 뒤 메드생

분실 *le vol* 르 볼

도난 *la perte* 라 뻬르트

병원 *l'hôpital* 로삐딸

기침 *le toux* 르 투

두통 *le mal de tête* 르 말 드 떼뜨

열 *la fièvre* 라 피에브르

복통 *la colique* 라 꼴리끄

설사 *la diarrhée* 라 디아레

변비(변비에 걸리다) *la constipation(Je suis
constipé)* 라 콘스띠빠시옹(주 쒸 콘스띠페)

소독약 *la désinfection* 라 데쟁펙시옹

경찰 *la police* 라 폴리스

경찰서 *le commissariat de police* 르 꼬미싸리아
드 폴리스

소방관 *le pompier* 르 뽕삐에

대사관 *l'ambassade* 랑바싸드

기초 단어

남성 *l'homme* 롬므

여성 *la femme* 라 팜므

아가씨 *mademoiselle* 마드무아젤

부인 *madame* 마담

신사(아저씨) *monsieur* 무쓔

여기 *Ici* 이씨

저기 *là-bas* 라바

(출입)문 *la porte* 라 포르트

상점 *la boutique* 라 부띠끄

빵집 *la boulangerie* 라 불랑주리
서점 *la librairie* 라 리브레리
디저트 가게 *La Patisserie* 라 빠띠스리
아침 식사 *le petit déjeuner* 르 쁘띠 데죄네
점심 식사 *le déjeuner* 르 데죄네
저녁 식사 *le dîner* 르 디네
슈퍼마켓 *le supermaché* 르 쉬뻬르마르쉐
약국 *la pharmacie* 라 파르마씨
엘리베이터 *l'ascenseur* 라쌍쐬르
은행 *la banque* 라 방끄
전화 *le téléphone* 르 뗄레폰
화장실 *les toilettes* 레 뚜왈레뜨
영업 중 *Ouvert* 우베르
폐점 중 *Fermé* 페르메

여행 용어

지도 *le plan* 르 플랑
관광 안내소 *le bureau de tourisme*
르 뷔로 드 뚜리슴
구역 *le quartier* 르 꺄르티에
관광 *le tourisme* 르 뚜리슴
관광객 *les touristes* 레 투리스트
여행 *le voyage* 르 보아야주
박물관 *le musée* 르 뮈제
궁전 *le palais / le château* 르 팔레 / 르 샤또
광장 *la place* 라 쁠라스
교회 *l'église* 레글리즈
다리 *le pont* 르 퐁
성당 *la cathédrale* 라 까떼드랄
시청 *l'Hôtel de ville* 로텔 드 빌
정원 *le jardin* 르 자르댕
공원 *le parc* 르 파르끄
축제 *la fête* 라 페트
탑 *le tour* 르 뚜르

교통 용어

대중교통 *le Transport commun* 르 트랑스포르 꼬멍
환승역 *la correspondance* 라 꼬레스퐁당스
지하철 *le métro* 르 메트로
자동차 *la voiture* 라 부와뛰르
버스 *l'autobus* 로토뷔스
셔틀버스 *la navette* 라 나베트
택시 *le taxi* 르 탁시
기차 *le train* 르 트랑
기차역 *la gare* 라 갸르
환승역 *la correspondante* 라 코레스퐁당뜨
(다음) 역 *la (prochaine) station* 라 (프로쉔)
스타시옹
승강장 *le quai* 르 케
입구 *l'entrée* 랑트레
출구 *la sortie* 라 소르티
출발/출발하다 *le départ/partir* 르 데파르/파르티르
도착/(사람, 기차) 도착하다, 들어오다 *l'arrivée/
arriver* 라리베/아리베
예약(하기) *la réservation(réserver)*
라 레제르바시옹(레제르베)
매표소 *le guichet / la billetterie*
르 기쉐 / 라 비예트리
편도 *un aller*(갈 때) / *un retour*(올 때)
아 날레 / 앙 르투르
왕복 *un aller-retour* 아 날레르투르(A/R로 표기)
운행 시간표 *l'horaire* 로레르
멈추다 *arrêter le train* 아레테 르 트랑
타다 *monter* 몽테
내리다 *descendre* 데쌍드르
기다리다 *attendre* 아땅드르
연착되다 *retarder* 르타르데
사고 *un accident* 앙 낙시당
주의 *attention* 아땅시옹
유해물이 발견되다 *trouver un colis suspect*
트루베 앙 콜리 쉬스페(기차나 메트로의 연착 안내
방송에서 자주 언급됨)

출입구 *Accès* 악세
출입금지 *accès interdit* 악쎄 쟁테르디

시간, 요일, 계절, 날씨

오전 *l'avant-midi* 라방미디
아침 *le matin* 르 마탱
정오 *le midi* 르 미디
오후 *l'après-midi* 라프레미디
저녁 *le soir* 르 수와르
밤 *la nuit* 라 뉘
그저께 *Avant-hier* 아방티에르('르' 발음 약하게)
어제 *hier* 이에르('르' 발음 약하게)
오늘 *aujourd'hui* 오쥬으디
내일 *demain* 드맹
모레 *Après demain* 아프레 드맹

월요일 *lundi* 랑디
화요일 *mardi* 마르디
수요일 *mercredi* 메르크르디
목요일 *jeudi* 쥬디
금요일 *vendredi* 방드르디
토요일 *samedi* 쌈디
일요일 *dimanche* 디망쉬

하루 *jour* 주르
주일 *semaine* 스멘
월 *mois* 무아
년 *an(année)* 앙(아네)
지난주 *semaine précédente* 스멘 프레세당트
다음 달 *mois prochain* 무아 프로샹
금년 *cette année* 세뜨 아네

봄 *le printemps* 르 프렝탕
여름 *l'été* 레테
가을 *l'automne* 로톤
겨울 *l'hiver* 리베르('르' 발음 약하게)

날씨가 어떻습니까? *Quel temps fait-il?* 켈 텅 페틸
좋다 *Il fait beau!* 일 페 보
춥다 *Il fait frois* 일 페 프로아
덥다 *Il fait chaud* 일 페 쇼
비오다 *Il pleut* 일 쁠뢰
눈오다 *Il neige* 일 네주
구름이 있다 *Le ciel est couvert* 르 시엘 에 쿠베르
(날씨가) 나쁘다 *Il fait moche* 일 페 모슈

숫자

0 *zéro* 제로	1 *un* 엉
2 *deux* 되	3 *trois* 트루아
4 *quatre* 꺄트르	5 *cinq* 쌍크
6 *six* 시스	7 *sept* 세트
8 *huit* 위트	9 *neuf* 뇌프
10 *dix* 디스	11 *onze* 옹즈
12 *douze* 두즈	13 *treize* 트레즈
14 *quatorze* 꺄토르즈	15 *quize* 깡즈
16 *seize* 세즈	17 *dix-sept* 디세트
18 *diz-huit* 디즈위트	19 *dix-neuf* 디즈뇌프
20 *vingt* 방	

*20부터는 *Vingt* 뒤에 1~9를 추가하면 된다.
예) *Vingt-deux(32)*, *Vingt-neuf(39)*
예외) *Vingt-et-un(31)*
30 *trente* 트랑뜨
40 *quarante* 까랑뜨
50 *cinquante* 쌩깡뜨
60 *soixante* 수와쌍뜨
70 *soixante-dix* 수와쌍디스
80 *quatre-vingts* 까트르뱅
90 *quatre-vingt-dix* 까트르뱅디스
100 *cent* 쌍
1,000 *mille* 밀
10,000 *dix mille* 디 밀
100,000 *cent mille* 쌍 밀
1,000,000 *million* 밀리옹

앗! 프랑스 말이라고? 우리가 쓰는 프랑스어

6

우리가 일상에서 자주 쓰는 외래어 중에는 인지하지 못하고 사용하는 프랑스 단어도 많다.
영어인 줄 알았지만 프랑스어였던 외래어들에는 무엇이 있는지,
현지인들은 실제로 어떻게 발음하는지 관찰하면 재미있을 것 같다.

Pain

빵은 우리의 일상에서 사용하는 가장 대표적인 프랑스어 중 하나다. Pain, 프랑스 발음으로도 빵이라고 한다. 상식 하나! 프랑스 대표 빵 바게트는 명사 자체에 빵이라는 의미를 내포하므로 '바게트 빵'이라는 표현은 '역전 앞'과 동일한 언어 오용.

Dessert

디저트는 '서비스를 마친다(de+servir)'라는 프랑스 표현에서 유래했다. 프랑스에서 디저트가 발전한 것은 15세기부터지만, 서비스 단계에서는 식사 코스에 포함시키지 않았다. 본식사를 마친 후 즐기거나 다과용이어서 디저트로 부르게 된 것이다. 참고로, '공복을 마친다(de+jeuner:데주네)'라는 비슷한 조합이 있다. 먹거리가 풍부하지 않던 시기에 조식을 일컫는 말이었지만, 지금은 점심 식사를 지칭하고 아침 식사는 '작은 petit'이라는 형용사를 접두해서 프티데주네라고 부른다.

Chou Cream

슈크림을 사용하지 않는 제과점이 없을 정도로 자주 사용하는 슈크림도 프랑스 단어다. 배추를 뜻하는 슈와 크림의 합성어인데, 프랑스 표현은 크렘 오 슈. 크림을 넣지 않고 윗면에 조각 설탕, 초코칩을 올린 슈케트도 남녀노소 즐긴다.

Tous les jours

우리나라에서 고유명사처럼 굳어진 '뚜레쥬르'는 직역하면 '모든 날', 즉 '매일'이라는 뜻. 빵은 프랑스인들이 매일 먹는 음식이니 제과점 이름으로는 최적이다.

Wine

와인의 프랑스 발음은 뱅 Vin이다. 우리나라에서는 뱅보다 와인으로 발음하지만 이는 프랑스 국경국인 독일과 영국의 영향이 큰 것으로 본다. 뱅이 와인(Vin→Wine)으로 표기되고 세계 대전을 마친 후 기선을 잡은 영미권에서 프랑스의 와인이 유통되면서 와인으로 굳혀져 사용되는 단어. 따뜻하다는 접미사가 결합된 뱅 오 쇼 역시 겨울에 뜨겁게 마시는 와인이라는 프랑스어다.

Buffet

뷔페는 요리 분야의 전문 용어로 '프랑스식 서비스'를 지칭하는 단어다. 고전주의 시대의 화려한 만찬은 착석이 아니라 칵테일 파티와 비슷했는데, 프랑스 식문화가 무도회와 사교계 파티가 잦은 상류층으로부터 정착되었던 것을 이해하면 된다. 이런 행사는 '먹는 행위'보다 사교 댄스나 인맥 확장에 더 큰 의미가 있었다. 프랑스에서는 '식사 서비스를 가능하게 하는 가구'와 '그런 공간'을 지칭하는 단어로도 쓰인다.

Anti

안티 팬, 안티 국가 등 이 단어는 특정 인물이나 가치에 반한다는 뜻으로 언젠가부터 자주 사용하게 된 단어다. 프랑스의 궁전을 방문하면 역시 그 흔적을 찾을 수 있다. 베르사유나 노트르담 같은 대형 유적지의 안내를 들여다보면 앙티 살롱/샹브르(Anti Salon/Chambre)라는 말이 자주 등장한다. 그 공간에 반하는, 즉 그 공간 입장 직전에 배치된 장소(알현실, 대기실)를 뜻한다.

Apart

프랑스어 표기는 'Appartement'이고, 원래의 공간과 별개라는 뜻의 'A-Part-ment'의 합성어. 주로 대형 성 안에서 각 신분에 맞는 개인 아파르트망트를 접할수 있다. 왕족들의 아파트에는 침실, 살롱, 놀이방, 서재, 파우더룸이 구분되어 있었으므로 요즘 우리가 사는 주거 방식에 이를 적용시킨 단어다.

Coup d'Etat

세계 곳곳에서 쿠데타가 일어난다. 직역하면 Etat(정권)를 Couper(자른다)라는 말이지만 '정권에 한 방을 먹인다'라는 숙어가 더 자연스럽다. 단어 속에 이미 정권이라는 단어가 포함되어 있으므로 정치 쿠데타라는 말은 오용임을 상식화할 것!

Détente

세계대전 이후부터 1980년대까지 냉전일 때 등장한 데탕트도 프랑스어다. '팽팽하다'는 단어 'Tendre'에 반대 접두사 'De'가 붙어 냉전 이완이라는 정치 단어로 쓰였고, 지금도 기자들에 의해 언급된다.

Noir

우리나라에서는 홍콩 누아르, 누아르 필름 등 영화계에서 애용하는 단어. '검은, 어두운'이라는 프랑스어 형용사다.

Mise en scene

창작, 예술 분야에서 자주 언급되는 미장센이라는 말은 직역하면 '무대에 올린다'라는 뜻. 영화만큼이나 극공연의 인기가 대중화된 프랑스 연극계를 대변하는 말이기도 하다. 연극 감독을 일컫는 Maitre en scene이라는 말도 영화 Realisateur와는 구분해 사용한다.

Genre

우리가 주로 영화 분야에 국한해서 쓰는 장르라는 말은 프랑스인들이 대수롭지 않게 사용하는 일상용어다. 남녀, 직업군 등을 분류할 때 자주 쓴다.

Petit(e)

'작은'이란 뜻의 형용사. 귀엽고 사랑스러운 느낌을 표현할 때 쓴다.

Rendez-vous

'약속'이라는 의미를 담고 있지만, 의사 상담, 직업 미팅 등 대면 약속을 주로 뜻한다.

Terreur

테러라는 단어는 프랑스어에 계속 존재했으나 대혁명 이후 공화정에 반대하는 남녀노소 모두에게 단두대 숙청을 적용하면서 '공포 정치'라는 시대사별 대명사로 인식되었다. 이 어원으로 20세기 초반에 뮌헨 올림픽에서 독일 선수단을 납치한 무력 집단을 테러리스트로 규정하면서 현재까지 확장되어 쓰이는 중이다.

컬처 쇼크, 잘못 알고 있는 프랑스 상식

7

처음 여행하는 나라에서 사소한 언행으로 당황하거나 상처받는 일들이 있다. 그들이나 내가 잘못해서가 아니라 서로의 환경이 다르고 중요한 가치의 기준이 달라서 생기는 상황이 대부분이다. 프랑스에 처음 가면 궁금할 수밖에 없는 질문엔 뭐가 있을까? 저자가 책과 자료를 통해 습득한 지식과 오랜 현지 생활로 터득한 상식을 이야기하고자 한다. 자료의 도움을 토대로 실제로 체화하여 느낀 점까지 엮어 유쾌하게 전하는 의견임을 참고하기 바란다.

프랑스인은 영어를 할 줄 알아도 프랑스어로 답한다?

(지금은) 아니다. 20세기 초, 세계 대전으로 미국이 급부상하기 전까지 영국과 더불어 세계 최강국이었던 프랑스의 입지를 더듬어볼 필요가 있다. 유럽 내 영향력을 높이려던 귀족 가문에서는 프랑스 사교계 진출을 위해 프랑스어 수업을 필수적으로 받았다. 쉽게 말해 5세기 넘는 동안 유럽의 사교/공용어가 프랑스어였던 것. 패권이 영미권으로 넘어가며 이제껏 다른 나라가 배워야 했던 프랑스어 대신 프랑스인이 영어를 써야 하는 1980~1990년대의 3060세대에게는 이 변화가 어려웠을 것으로 보인다. 지금 미국인들이 OECD 국가 중 외국어 구사력이 가장 뒤처지는 것과도 유사한 맥락. 과거는 과거일 뿐, 현재 프랑스를 이끄는 20~30대들은 이런 편견이 무색할 만큼 영어 실력이 유창하다.

프랑스는 사데팡 Ca dépend(예외)의 나라다?

맞다. 무엇인가를 규정할 때 개입되는 잣대가 너무 많아 예외에 예외가 거듭된다. 이 책에 소개된 관광 스폿이나 매장의 운영시간이 가장 좋은 예시. 같은 운영시간을 찾기가 어려울 정도다. 심지어 외국인은 피할 수 없는 체류증 취득 자격마저 제각각. 프랑스인의 입에 사데팡이 붙은 이유다.

봉주르, 메르시, 실 부 플레가 기본이다?

맞다. 안녕하세요 Bonjour, 고맙습니다 Merci, 부탁합니다 S'il vous plaît를 프랑스인은 마법의 세 단어라고 말한다. 이 교육은 말할 줄 모르는 아기 때부터 시작한다. 같은 곳에서 다른 대접을 받고 싶다면 꼭 기억하자.

지인들이 소개팅을 주선하지 않는다?

맞다. 소개팅의 의미가 '연애-결혼'에 한정된 것이라면 지인이나 친구들이 굳이 끼지 않는다. 성인이라면 사생활은 각자가 정한다는 의식이 있기 때문. 연애가 하고 싶거나 결혼 상대를 꼭 찾아야 하면 온라인 커플 매칭 업체에 등록한다. 예상외로 이런 업체를 통해 맺어지는 커플이 꽤 많다.

계급 사회에 수긍한다?

맞다. 두드러지지 않을 뿐, 프랑스 사회에는 계층이 엄밀히 존재하고 계승되기까지 한다. 귀족-평민과 같은 태생적 타이틀보다 직업적인 의미라는 것이 과거와 다를 뿐이다. 법관 집안에서 법관을, 사업가 집안에서 사업가를, 와인 제조업자 집안에서 다음 제조업자를 배출하고 대부분 순순히 받아들인다. 가장 큰 이유는 선대에서부터 닦은 노하우와 그 직업군을 둘러싼 인맥 형성을 가정교육으로 물려받기 때문. 프랑스에 장인이 많은 이유와도 무관하지 않다. 다른 계급을 부러워하고 비교하는 경우는 극히 적다.

명품이나 외모 따위에 관심이 없다?
맞다. 앞내용과 연결해 보면, 본인의 재량과 의지에 따라 구입하되 대중의 소비 경향에 큰 영향을 받지 않는다. '재량'의 전반적인 의미는 결제 일시불 가능 여부로 보아도 좋다. 명품을 본격적으로 구입하는 프랑스인이 40대 중후반부터인 이유다. 상대를 선택할 때는 외모나 경제적 능력보다 서로의 성향과 의견 조율에 더 큰 비중을 둔다.

자녀들에게 과외 따위는 안 시킨다?
아니다. 결론부터 말하면 시킨다. 단, 학과별 경쟁 위주가 아니라 취미용 과외인 경우가 대부분. 핸드볼, 배드민턴, 색소폰, 연극 등 취미 활동 영역에 속한다. 사는 구역과 부모의 경제 능력에 따라 종목 차이는 있다. 승마, 테니스, 펜싱, 요트 등은 접근성이 좋은 종목은 아니다. 대부분의 과외 빈도는 과목당 일주일에 두 번을 넘지 않아 말 그대로 성과보다 즐기는 데 의의를 두는 편.

결혼식(입학식, 졸업식)을 잘 안 한다?
맞다. 18세 생일, 즉 성인식을 치른 후 직장, 차, 집 확보가 더 중요하기 때문. 좋은 상대가 나타나면 동거가 더 자연스럽다. 입학식, 졸업식은 따로 하지 않는다. 입학일은 학교에 따라 정해져 있지만 식을 따로 하지 않고, 졸업식은 학교 차원의 지정일이 없다. 본인 역량에 따라 졸업 논문(작품)이 통과되면 그날을 지인들과 모이는 졸업 파티날로 삼는다.

휴가 가려고 일한다?
맞다. 프랑스 표현 중에 메트로(지하철)-불로(일)-도도(취침)라는 말이 있다. 특히 하루 종일 시간 없이 바쁜 대도시인을 자각시키는 말인데, 그렇다 보니 휴가 계획을 잡는 것은 이들에게 인생 계획이나 다름없다. 프랑스의 법적 1년 유상 휴가 기간은 5주 정도. 본인이 원하는 기간에 자유롭게 쓸 수 있지만 주로 여름 휴가에 충분히 배당하고 연말과 3~5월 사이에 남은 날을 쓴다.

식사를 두 시간씩 한다?
사데팡. 19세기 이전에 굳어진 편견이다. 귀족이 존재했던 당시, 연일 성에서 벌어지는 연회 문화를 생각하면 이해가 쉽다. 단계별 뷔페 서비스를 한 번 교체하는 데는 양과 시간만 몇 십 분이 걸렸다. 연회(식사)의 목적은 먹는 행위보다 사교에 있었으므로 대화, 토론, 수다가 더 중요했다. 프랑스인들이 말이 많다는 또 다른 편견이 설명되는 대목.
현대에는 그러려고 작정한 이벤트성, 주말의 가족이나 지인 만찬, 명절 만찬 정도에나 3시간 넘는 식사 시간의 맥을 잇는다. 반면 일상식은 1시간 내외. 코스 서비스를 매번 다 챙기는 프랑스인은 거의 없고 혼밥족, 딩크족은 피자나 파스타 등 한 접시 요리와 요거트만으로 마치는 경우도 많다. 단, 저녁 식사는 가족이 모두 모여 대화로 채운다. 칼퇴근이 보장되고 직장인도 회식 문화가 없어서 가능한 일.

인종 차별을 한다?
사데팡. 주어를 '프랑스인들'이라는 한 단어로 일괄하는 것보다 지지하는 정치색에 따라 보는 것이 조금 더 명확하다. 민족 감정과 특권층을 옹호하는 당파라면 차별하기 쉬운 환경일 것이고, 이타적인 당파라면 차별하는 다른 프랑스인을 오히려 혐오할 것이다. 대부분의 프랑스인은 정치색을 떠나 면전에서 인종을 차별하는 언행은 피하고, 이런 일이 심하게 일어나면 위법으로 고소할 수 있다.

프랑스인들이 보는 한국인

프랑스인들은 한국(인)을 어떻게 생각할까? 5070세대들에게는 한국의 정치와 경제가 주요 관심거리다. 1030세대는 다르다. K-컬처의 영향으로 적극적으로 한국말을 배우고, 한국 식당, 한국 여행이 그들의 버킷리스트를 차지한다. 세계 3대 대표 신문인 르몽드지가 여덟 페이지 전면에 한국 문화를 다루는가 하면, 한국인을 알아보고 우리말로 인사를 건네는 프랑스 젊은이들이 증가하는 추세다. 40대 이하의 프랑스인들에게 한국은 가보고 싶은 나라, 알고 싶은 나라로 이미지 환복에 성공한 셈이다.

100% 만족스러운 여행을 위해 알아둘 것!

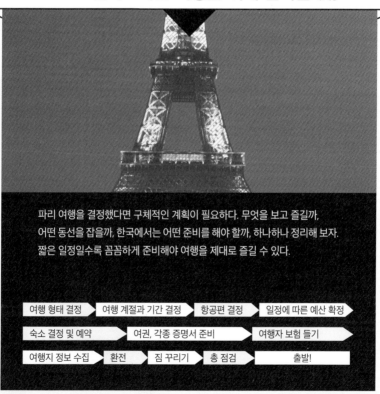

파리 여행을 결정했다면 구체적인 계획이 필요하다. 무엇을 보고 즐길까, 어떤 동선을 잡을까, 한국에서는 어떤 준비를 해야 할까, 하나하나 정리해 보자. 짧은 일정일수록 꼼꼼하게 준비해야 여행을 제대로 즐길 수 있다.

여행 형태 결정 ⟩ 여행 계절과 기간 결정 ⟩ 항공편 결정 ⟩ 일정에 따른 예산 확정 ⟩

숙소 결정 및 예약 ⟩ 여권, 각종 증명서 준비 ⟩ 여행자 보험 들기 ⟩

여행지 정보 수집 ⟩ 환전 ⟩ 짐 꾸리기 ⟩ 총 점검 ⟩ 출발! ⟩

어떻게 여행할까

1

패키지 여행이 아닌 자유여행은 본인이 직접 계획을 짜야 하기 때문에 동선, 비용, 시간 등 신경 쓸 것이 많다. 이번 챕터에서는 일정을 구성할 때 반드시 짚어야 할 내용들을 다루었으니 주의한다면 여행의 큰 흐름을 잡을 수 있을 것이다.

일정에 맞춰 방문지 확정

몇 군데의 랜드마크 앞에서 인증 사진을 찍는 것으로 만족한다면 하루도 충분하지만 밀도 있게 시내를 둘러보고 가까운 교외까지 간다면 한 달도 모자라는 것이 파리 여행이다. 이 애매한 기간을 확정하려면 가고자 하는 명소의 체크리스트를 만들어 거리를 확인하고 며칠이 필요할지 따져보면 대략의 일정이 나올 것이다.

1일 2랜드마크

파리의 많은 랜드마크 중 지나치면 평생 후회할 것 같은 장소 두 곳을 오전, 오후로 나누어 일정 구성을 하면 어떨까? 사이에 식사 시간을 배치하고 두 장소의 이동 거리를 최소화하면 오차 범위를 줄일 수 있을 것이다. 체력과 컨디션이 따라준다면 하루 정도는 야경, 유람선 투어를 넣을 수도 있다. 또는 이 책의 P.79부터 참고해도 좋다.

현지에서 이동 방법

가장 보편적인 메트로, 버스, 파리 시와 교외를 잇는 RER, 트랑질리앵 기차를 기본으로, 벨리브, 벨로 트랑스포르, 세그웨이(2륜 스케이트) 등 연료 없이 다리 힘을 이용하는 친환경 수단도 등장했다. 최근 벨리브가 반자동 에너지로도 이용 가능해졌다. 오르세 미술관에서 생마르탱 운하를 연결하는 바토뷔스도 있다. 제일 쉽고 저렴한 건 물론 도보지만 정해진 시간 안에 하나라도 더 보려면 무조건 걷는 것보다 알맞은 이동 수단을 알아두는 것이 중요하다.

언제 여행할까

파리는 파리 자체의 볼거리도 많지만 계절별 이벤트도 다양하다. 12월에는 샹젤리제 대로의 일루미나시옹과 튈르리 공원의 노엘 시장이 아름답고, 7~8월에는 파리의 해변이 이색적이며, 봄·가을의 게이 퍼레이드, 유럽 문화유산 방문의 기간도 놓치기 아까운 연간 행사 중 하나다. 학생은 학기가 없는 방학 위주로 계획을 잡겠지만, 연간 이벤트를 숙지하면 보다 풍부한 일정을 짤 수 있을 것이다.

1월

새해와 메트로 무료 탑승 Nouvel An

새해의 첫날인 1월 1일의 12:00까지는 파리 메트로가 무료. 전날인 12월 31일에 밤이 새도록 파티를 하고 귀가하는 파리지앵을 위한 배려로, 연말의 교통 혼잡을 줄이기 위한 파리 시의 결정이다.

2월

설날 Nouvel An Chinois

차이나타운이 있는 13구 포르트 드 슈아지 Porte de Choisy의 메세나 대로 Boulevard Massena 사이에서 우리처럼 음력설을 쇠는 중국인들의 설 퍼레이드를 볼 수 있다.

3월

시인들의 봄 Printemps des Poètes

시를 잊고 사는 현대인을 위해 마련된 행사. 각 구역의 시인이 일반인에게 다양한 방식으로 시를 소개한다. www.printempsdespoetes.com

책 박람회 Salon du Livre

프랑스의 주요 출판사들이 포르트 드 베르사유 Porte de Versailles에 모여 신간을 소개하는 박람회. www.festivaldulivredeparis.fr

4월

마라톤 대회 Marathon de Paris

마라톤은 올림픽에만 있는 게 아니다. 조깅을 즐기는 유럽인은 각 도시별 마라톤 대회에도 많이 출전한다. 2014년에 개최한 파리의 마라톤 대회에 참가한 5만여 명 중 33%가 외국인이었다.

www.schneiderelectricparismarathon.com

5월

미술관의 밤 Nuit des Muéses

바쁜 현대인을 위해 파리의 모든 미술관을 자정까지 개장한다.

nuitdesmusees.culture.gouv.fr

6월

게이 퍼레이드 Gay Pride

프랑스에서 동성애자 수가 가장 많은 수도 파리에서 이 세상의 모든 동성, 자유연애자의 해방을 외치는 날. 몽파르나스에서 바스티유 광장까지 퍼레이드 행렬이 이어진다. www.gaypride.fr

음악의 축제 Fête de la Musique

6월 23일을 전후해서 프랑스 전역, 도시 각 구역에서 크고 작은 음악 행사가 열린다. 가장 유명한 곳은 에펠탑 아래의 샹드마르스 공원. fetedelamusique.culture.gouv.fr

솔리데이즈 Solidays

세계 유명 가수들을 음악회에 초대해 공연을 열고 행사 모금액은 모두 에이즈 퇴치와 치료를 위해 사용한다. www.solidays.org

ⓒ Marylne Eytier

7월

영화의 날 Paris Cinéma

신작은 물론 지난 명작을 나흘 동안 재상영한다. 관람요금도 €4~5 안팎이니 시네필이라면 눈여겨보자. pariscinemaclub.com

보물찾기 Chasse au Térsor

출발선에서 수수께끼를 풀고 특정 장소에 도착하면 그곳에 숨은 힌트로 이동을 반복한다. 이 과정에서 도시의 유적 상식을 공부할 수 있으므로 가족 동반 참여자도 많다. 파리의 각 구청 앞에서 출발(1, 2, 5, 7, 8, 14, 16구 제외). 무료. www.tresoraparis.fr

혁명기념일 Fête Nationale

대혁명이 일어난 7월 14일로 날짜는 매년 불변이다. 샹젤리제의 반대편 그랑 아르메 대로 Avenue de la Grande Arme에서 시작해 개선문과 샹젤리제를 거쳐 콩코르드 광장까지 내려오는 프랑스 군대의 퍼레이드가 볼 만하다. 무료.

파리의 해변 Paris Plage

14년째 성황을 이루는 여름 행사. 센 강변의 도로를 차단하고 해변 모래와 시설을 설치해 완전한 해변 분위기로 변모시킨다. 파리 시청사 아래를 중심으로 2㎞에 걸쳐 연결된다. 무료. www.paris.fr/parisplages

파리의 여름 구역 Paris Quartier d'Été

튈르리 정원, 우르크 운하, 팔레 루아얄 등 인파로 넘치는 구역이라면 어디서나 볼 수 있는 여름 이벤트. 무료. www.parislete.fr/en/the-program

8월

록 앙 센 Rock en Seine

런던 로큰롤 콘서트의 파리 버전. 서쪽의 외곽 도시인 생클루 공원 Parc de Saint-Cloud에서 3일 밤낮 동안 개최된다. 유명 헤비메탈 그룹들이 국적을 불문하고 참여하는 프랑스 최대의 하드록 축제. 입장권은 6개월 전부터 홈페이지에서 구입 가능하다. €99~110. www.rockenseine.com

---

9월

문화유산 방문의 날 Journées du Patrimoine

9월의 세 번째 주말, 프랑스 국립 유형문화재로 지정된 모든 건물을 무료로 방문할 수 있다. 평상시에 관람이 가능한 곳보다 아예 일반인의 출입을 금했던 장소를 찾아 여행을 더 풍성하게 만들자.
https://journeesdupatrimoine.culture.gouv.fr/en

파리의 정원 축제 Fête des Jardin de Paris

파리 각 구역의 정원과 공원에서 펼쳐지는 축제. 공원마다 다른 이벤트를 준비하므로 숙소와 가까운 곳에서 즐길 수 있다. 무료.
www.paris.fr

10월

밤샘의 날 Nuits Blanches
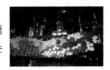
조명 디자이너들의 이름이 빛나는 날. 디자인된 조명을 반사시켜서 명소들의 또 다른 아름다움을 볼 수 있다. 밤샘 투어버스를 이용하는 것도 방법. 무료. www.paris.fr/nuit-blanche

국제 동시대 예술품 박람회 FIAC

전문가들에게는 예술의 상업화란 혹평을 받지만 일반인들에게는 동시대 예술과 좀 더 가까워질 수 있는 기회. 10월 넷째 주 목~주말, 그랑 팔레, 튈르리, 식물원, 방돔 광장, 센 산책길. €40.
www.fiac.com/paris

초콜릿 박람회 Salon du Chocolat

유럽은 물론 아시아와 아프리카 지역의 초콜릿 가공업자들이 대거 참여하는 거대한 초콜릿 박람회. 시식은 기본! €14, 10월 마지막 주 목 또는 금~주말. www.salonduchocolat.fr

---

11월

사진 박람회 Salon de la Photo

세계 유명 카메라 회사들의 신제품 전시회다. 포르트 드 베르사유 Porte de Versailles, €11, 11월 둘째 주 목~주말.
www.lesalondelaphoto.com

12월

크리스마스 기간 Priode de Noël

팬데믹을 기점으로 노엘 시장의 장소가 콩코르드 광장에서 튈르리 공원으로 이전했다. 프랑스 각 지방에서 특산품을 가지고 모인 상인들의 노엘 시장 또한 볼거리. 무료. 12월 한 달~새해 첫째 주.

어떤 비행기를 탈까

3

검색창에 인천-파리로 검색하면 해당 항공권을 판매하는 항공사, 여행사들의 요금 비교창이 무한대로 뜬다. 한국-파리 간 직항 항공권은 대한항공, 아시아나항공, 에어프랑스가 대부분이며, 직항 비행 시간은 12~14시간 정도다. 경유 항공권일 경우, 경유 횟수는 1~3번 정도로 상이한데, 직항이 경유 항공권보다 반드시 비싸기만 한 것은 아니다. 이는 시즌별, 국가별 경제 상황, 탑승객 수 변동 등에 따라 변하는 사항이므로 항공권 구입 시 여러 회사의 가격을 조사해 보고 구입하자. 국적기인 대한항공과 아시아나항공 그리고 에어프랑스의 경우 회원에게 얼리버드 특가 항공권을 수시로 제안하니 미리 가입해 두는 것도 좋다.

- 할인 항공권의 단점
· 할인 항공권은 보통 체류 기간이 정해져 있어 추후 일정을 연장하고 싶어도 불가능한 경우가 많음
· 경유편의 경우 본국 공항을 경유하기 때문에 5~10시간 정도 시간이 더 걸림
· 한국 귀국 때 프랑스가 아닌 다른 국가에서 출국하는 일정으로 변경하고 싶어도 불가능한 경우가 많음

- 항공사 vs. 여행사 요금 차이점
· 항공사는 이벤트 기간을 제외하면 요금 할인 없는 정가인 반면, 마일리지 적립이나 추가 화물 등의 혜택이 100%
· 여행사는 항공사 직구에 비해 20~30% 저렴하나 마일리지 적립, 날짜 변경, 화물 서비스 등의 추가 혜택에 인색. 예매 시 환불/취소 정책과 변경 수수료를 반드시 확인할 것

대한항공 유럽 서비스 센터
(유럽 유심칩 통화 전 국가 무료)
프랑스* 0805-98-79-21
독일* 0800-000-7482
영국 0800-0265-883
그리스 00800-4920-00847(무료)
네덜란드 0800-382-8280(무료)
노르웨이 800-620-12(무료)
덴마크 80-400-223(무료)
룩셈부르크 800-40168(무료)
오스트리아* 0800-943-623(무료)
벨기에* 0800-58-287(무료)
스웨덴 020-120-3081(무료)
스위스* 0800-140325(무료)
스페인* 800-000-219(무료)
슬로바키아 0800-500-826(무료)
아일랜드 1-800-832-378(무료)
이탈리아* 800-598-965(무료)
체코* 800-701-548(무료)
튀르키예 0800-621-2292(무료)
포르투갈 800-600-804(무료)
폴란드 800-149-971(무료)
핀란드 0800-526-634(무료)
헝가리 06-80-200-196(무료)
기타 유럽 지역 +33-1-5345-3177

+ 주의! 현재 거주 중인 국가가 아닌, 타 국가의 전화번호로 연결하는 경우 국제 전화 요금이 부가된다. 무료 또는 국내 전화번호를 이용하는 경우라도 통신사 요금 정책(로밍 서비스, 선불요금제 등)과 호텔의 사정에 따라 전화 요금이 청구되거나 연결이 제한될 수 있으니 확인 요망. 성수기 이용 폭주로 전화 연결이 안 되는 경우가 빈번하니 출국 전에 홈페이지 내에서 변경 가능 여부를 확인할 것.

얼마를 가져갈까

4

예산을 정하는 일은 불확실하고 난감한 해외여행에 현실적인 기준을 잡아주는 중요한 지표다. 일정, 방문지, 숙소 등 여러 가지 사정이 모두 다르기에 예산이 같다고 같은 여행을 할 수는 없다. 특히 최소의 비용으로 여행을 계획하는 경우라면, 꼭 예산을 확정해 놓고 그 안에서 지출 목록을 삭제해 나가는 것이 현명하다. 우선 예산에서 뺄 수 없는 4대 지출(항공, 숙식, 교통, 입장료)의 오차 범위를 최소화하는 것으로 시작하자. 이렇게 확정된 총예산에서 일정에 맞추어 지출 비용을 제하는 연습을 해보면 본인이 원하는 정확한 일정과 4차원처럼 느껴졌던 여행의 동선이 보다 선명해질 것이다.

어디에서 잘까

5

프랑스 공식 숙소는 크게 호텔 Hôtel과 호스텔 Hostel로 나뉜다. 프랑스 관광청의 규정을 준수하는 호텔은 별 개수로 등급이 나뉜다. 민박은 프랑스 공식 유스호스텔과 한국인들이 운영하는 한인 민박이 있다. 자세한 파리 내 숙소 정보는 P.435를 참고하자.

호텔 Hôtel
별이 많을수록 모든 서비스가 최고 수준에 가깝고, 별 5개 특급 호텔은 하루 숙박료가 €1,000를 호가하기도 한다. 3~4성급 호텔의 1박 요금은 최하 €180~400 정도인데, 구역 위치와 규모에 따라 변수가 많다. 파리는 유럽에서 가장 먼저 호텔업이 발달한 도시라는 특성상 역사와 헤리티지가 요금에 적용되기도 한다. 최신식, 미니멀리즘에 익숙한 한국 관광객의 취향과는 동떨어진 객실의 요금이 때로 과하게 높은 이유이기도 하다. 최고 관광 구역의 3성급 호텔 요금이 4성급 부티크 호텔 요금과 비슷하거나 더 비싼 경우도 있으니 별 개수보다 동선, 일정을 우선으로 두고 홈페이지를 방문해 분위기를 체크해 보는 것도 도움이 될 것이다.

성수기 5월~9월 초, 12월~1월 초
요금은 금~토요일에 가장 높고 일~월요일이 가장 낮다.

프티 호텔(부티크 호텔) Petit Hôtel

최소 7개 이상의 객실을 보유한, 말 그대로 규모가
작은 호텔이다. 파리처럼 부지 확보가 어려운 메트
로폴리탄 도시에서 이런 형태의 호텔이 점점 더 늘고
있다. 필립 스탁, 상탈 토마스, 크리스티앙 라크루아
등 프티 호텔 인테리어 디자인을 맡은 사람들의 면면
에서 알 수 있듯, 작고 아담한 대신 독특한 디자인을
선보이는 오트쿠튀르 같은 방이 많으며, 룸서비스도
좋다. 별로 등급이 매겨지는데 대부분은 4성급이며,
더블룸 1박 요금은 €400~500 정도.

오베르쥐(호스텔) Auberge

여인숙, 민박집을 뜻하는
오베르쥐는 영어로 호스
텔을 뜻한다. 최소의 서
비스만 갖추고 있지만

저렴한 장기여행을 원한다면 가장 좋은 방법이기도
하다. 젊은 여행자를 위한 호텔형 유스호스텔과 개
인이 운영하는 민박이 있고, 도미토리는 두 군데 모
두 있다. 도미토리 최저가는 €27(시즌별 상이)부터,
2~3인실, 가족실을 구비한 곳도 있다. 프랑스가 지
정한 공식 호스텔을 선호한다면 출국 전에 유스호스
텔증(학생 또는 그에 준한다는 증명서)을 미리 만들
어야 한다. 이런 곳들은 운영 규정을 잘 지켜 시설
이 쾌적하고 파리 곳곳에 분포하고 있어서 선택권도
높으나, 장소에 따라 남녀 혼숙인 곳도 있으니 확인
하고 예약하는 것이 좋겠다(P.443 참고).
www.hifrance.org
www.aubergesdejeunesse.com

레지당스 호텔(렌트하우스)
Résidence Hôtel

현지의 아파트 또는 작은 주택을 호텔식으로 개조해
빌려주는 형태의 숙소로, 21세기형 민박이라고 해도
무관하다. 최근 5년 사이에 떠오른 숙박 개념이다.
한국의 펜션처럼 필수 시설을 다 갖춘 집 전체 또는
현지인 아파트의 방 하나를 빌려주기도 한다. 1인용
스튜디오부터 4인용 아파트, 워크숍용 장소가 파리
중심부에 다양하게 있어, 원하는 공간을 고르기만
하면 된다. 1인당 하룻밤에 €80 이상의 가격대가 부
담스럽지만 내 집처럼 편안하다는 장점이 있다. 파
리에서 일주일 이상 파리지앵처럼 여유롭게 머무르
고 싶다면 최고의 선택지다.
한국어 서비스 chezparisien.com
www.airbnb.co.kr

한인 민박

말이 통하고, 한국 음식을 먹을 수 있으며, 가격이 저
렴해서 많은 여행자들이 몰리는 숙소다. 관청에 정
식 등록한 민박업체가 대부분이지만, 등록하지 않은
곳에서는 만일의 사건을 당했을 때 경찰의 도움을
제대로 받지 못하므로 예약 시 꼭 확인하자. 성수기
에는 청결도와 서비스가 떨어지기도 한다. 인터넷에
서 파리 한인 민박으로 검색하면 다양한 곳이 나온
다. 리뷰를 보고 결정하자.

무엇을 준비해야 할까 −여권, 각종 증명서 준비−

6

여권 여권은 신청 후 발급일까지 1~2주일이 소요된다. 한국 외교부에서 자세한 여권 신청 안내를 하고 있으니, 해외여행을 결정했다면 제일 먼저 여권부터 만들자. 여권을 가지고 있다면 유효기간이 6개월 이상 남았는지도 확인할 것. 미성년자는 준비물이 다르고 군미필자는 출국 전 공항에서 신고를 해야 한다. www.passport.go.kr

국제 학생증 파리를 포함, 유럽 각 지역의 관광지에서 할인 또는 무료입장 혜택을 누리려면 국제 학생증 소지가 필수다. 발급비는 1년 1만 4,000원, 2년 2만 원. 신분증과 학생증만 있으면 쉽게 발급받을 수 있다. www.isecard.co.kr

국제 유스증 국제 학생증을 발급 받을 수 없는 청소년이 발급 받을 수 있다. 역시 관광지 입장, 투어버스, 현지 숙소 예약 시 할인 혜택을 받을 수 있다. www.isecard.co.kr 국제 유스증 부분 참고

국제 운전면허증 4~5명이 장기 여행을 계획한다면 자동차 렌트를 고려할 수 있다. 특히 파리에서 3~4시간 거리인 루아르 고성 지역, 노르망디와 브르타뉴 지방은 자동차로 여행하면 여유로움이 200%! 국제면허증의 수수료는 8,500원이고 홈페이지에서 신청해 우편으로 받으면 등기 요금이 추가된다.

그 외 유네스코 세계 문화재와 프랑스의 국립 유적지에서는 기자, 예술과목 교사, 예술 관련 종사자에게도 할인을 적용해 준다. 사립 박물관은 예외인 경우도 있지만, 소지하고 있으면 실보다는 득이 많다. 프랑스어 번역본이 아니라도 영문 서류면 충분하다. 부모 2명과 자녀 2~4명일 경우에는 가족 요금으로 입장이 가능하다. 가족 증명서(영문)를 준비해 두자.

해외여행자 보험

해외여행자 보험은 해외여행에 있어 선택이 아니라 필수다. '설마 무슨 일이 있을까'라는 태만한 생각은 접는 게 좋다. 상해나 큰 사고를 당하지 않는다 해도 카메라, 휴대폰 같은 귀중품 분실 사건이 하루에도 수십 건씩 파리 경찰청에 접수된다.

보상 내역 따지기
보험회사에서 내거는 '보상금액 최고 1억 원'은 여행자가 사망했을 때 지급하는 액수다. 도난사고, 상해 시의 보상은 금액이 다르다. 예를 들어 휴대품 도난 시 보상금액이 최고 100만 원이라면, 이는 휴대폰 자체 보상액이 아니라 모든 분실품의 최고 보상 금액을 말한다. 다시 말해 휴대폰 보상 20만 원, 카메라 보상 30만 원, 지갑 20만 원 등을 합산해 최고 100만 원만 지불한다는 것이니, 눈을 크게 뜨고 의문점을 체크한 후 가입하도록 한다.

미리 가입하기
이왕 여행자 보험에 가입한다면 공항에 도착하기 전에 오프라인이나 인터넷으로 미리 가입해 두자. 공항에서도 보험을 들 수 있지만, 여행자의 다급함을 이용한 상품은 비싸기 마련이다.

증빙 서류 요청, 챙기기
물건을 도난 당했다면 현지 경찰서에 도난 사실을 알리고 도난 증명서(Déclaration de Perte 또는 Main courante)를 요구해야 한다. 이 증명서는 귀국 후 보상절차를 진행할 때 보험회사에 제출해야 하니 잘 보관해 두자. 또 상해를 당하거나 질병에 걸려 병원, 약국에서 치료비를 지불했다면, 이 또한 증명서나 영수증을 요구해서 잘 챙겨오자 (P.451 참고).

귀국 후 보상요구
귀국 후에는 챙겨온 모든 증명서와 서류를 기반으로 보상금 신청절차를 밟으면 된다.

여행지 정보를 수집하자!

7

여행 책자 파리 여행 후기가 넘치는 시대다. 하지만 'A가 입장권을 가장 싸게 샀고, B가 어디에서 인종차별을 받았으며, C의 호텔이 실망스러웠다' 등의 단편적인 내용이 대부분이다. 물론 두루 살피면 디테일한 상황을 대비할 수 있지만 전문 여행서 작가가 쓴 여행 책자를 구비하고 객관적인 정보 수집이 선행된 후에 해도 될 일이다. 명소는 기본, 도시에 대한 정보와 현지 비상 연락처 등을 집약한 가이드북은 파리와 프랑스에 대한 전반적인 정보를 숙지하는 데 큰 도움이 된다. 중요한 명소는 모든 책에서 다루고 있으니 포커스와 깨알 정보 등의 차이를 보고 선택하자.

TV, 신문, 잡지 트렌드 변화 속도와 SNS의 익명성이 무서운 요즘이지만 공식 언론사와 잡지의 정보가 아직은 공신력이 있는 편. 파리는 유럽에서 가장 중요한 도시이다 보니 국내외 대표 신문사 중 파리 지사가 없는 곳이 드물 정도다. 크게는 국정 관련 사건과 작게는 뜨는 현지 맛집 등의 트렌드를 시시각각 반영하므로 신문의 파리 기사를 눈여겨볼 것. 또한 20~30대를 주요 독자층으로 둔 패션, 요리 잡지의 글로벌 기사도 눈여겨볼 만하다. 신선함이 생명인 쇼핑, 맛집 정보는 현지 통신원이 매달 업로드한다. 마음에 드는 곳을 미리 체크해서 남들과 다른 특별한 정보력을 기르자.

해당 장소 공식 홈페이지 각 명소의 기본 정보는 대부분의 가이드북에 상세하게 설명되어 있지만 시즌별 또는 행사나 파업 등의 여러 변수에 따라 운영 시간 등의 일정이 변동될 수 있으므로 출발 일주일 전에 공식 홈페이지 방문을 권한다. 일례로 2023년 봄, 연금과 관련된 파업이 프랑스 전역에서 4개월가량 지속되었는데, 지하철 이용은 물론 중요 명소에서도 동참하는 사태가 있었다. 이에 따라 해당 홈페이지에 개관 제한/금지 등의 공지가 올라왔다. 이처럼 일정에 영향을 줄 수 있는 상황이 일어날 수 있으니 반드시 출국 전 일주일부터 홈페이지를 확인하는 것이 좋다. 또한 책에서는 지면상의 제약으로 모두 옮기지 못한 그곳만의 매력을 홈페이지를 통해 보다 입체적으로 만날 수 있다.

(부분별) 인터넷 검색 가장 쉽고, 가장 많지만 가장 무책임하기도 한 인터넷 검색은 공신력에서는 신뢰도가 떨어진다. 작성자의 자격을 판단할 수 없기 때문에 '나는 언제 가서 어디를 보고 얼마를 쓰고 왔다'라는 말을 전적으로 믿을 수 없다. 작성자가 간 장소의 특색과 당시의 날씨, 운 좋은 할인 등을 부분적으로 간접 체험할 수 있다는 심정으로 가볍게 보는 게 현지에서의 낭패를 줄이는 방법이다. 이런 검색을 할 때는 기본을 갖추고 있으며 관리가 잘 되는 여행 카페를 참고할 것을 권한다. 특히 이 카페들은 은행, 유레일패스, 유스호스텔의 할인 구매 등 믿을 만한 여행 이벤트를 진행하기 때문에 잘 이용하면 득이 된다.

네이버 여행카페 유랑 cafe.naver.com/firenze
네이버 여행카페 스사사 cafe.naver.com/hotellife

현지 여행 플랫폼 이용 관광은 '스마트폰 앱으로도 충분해'라고 자신있는 사람이라면 현지에서의 특별한 체험을 계획해볼 수 있겠다. 자유여행이라도 반나절~하루 또는 몇 시간만 쪼개서 현지인들의 도움을 받으면 혼자하기에 부담스러운 여행이 더 풍부해지기도 한다. 작가가 진행하는 마레/미슐랭 스타 레스토랑 식사를 추천한다. 합리적인 가격에 프랑스의 고급 식문화를 경험해볼 수 있는 좋은 상품이다 (P.3 QR 참고).

유레카! 외칠 만한 환전법

8

'환전을 잘 했다'의 실질적 의미는 환전 수수료 혜택(우대)을 입었다는 말이다. 이 혜택은 실제 환전액의 퍼센티지가 아닌, 은행이 외화를 매각, 매입하는 과정에서 생기는 차액(은행 마진)의 최대치라는 점을 유의하자. 환전(우대)율 70%인 은행이 외국환중개소에서 1달러를 살 때와 팔 때가 각 각 1,010원, 990원이라면 차액(마진), 즉 ±20원에 대한 70%를 우대받는다는 말이다. 매입, 매각액과 환전율은 각 은행별로 상이하다.

* 환전율=환전 우대율=환전 수수료 우대=환전율 혜택

[우대율 1위] 거래 은행 인터넷 예약 은행별로 차이가 있으나, 인터넷으로 환전을 신청하고 원하는 지점(인천공항 등)에서 외화를 수령하는 경우 수수료 우대치가 가장 높은 편. 계좌의 유무, 최근 외화 환전 실적과 환전 금액이 상한선 이상일 경우 많게는 90%까지도 우대받을 수 있다.

은행 지점 방문 환전 시 이하의 행정 단위에서는 예약을 해야 하지만 어떤 은행이건 계좌의 유무에 상관없이 환전해 준다. 자사에 계좌를 가진 고객에게는 기본 환전 우대 60%를 제공한다.

환전 우대 쿠폰 이용 각 신용카드의 가맹점 또는 여행 관련 홈페이지에서 받을 수 있는 환전 우대 쿠폰을 잘 보관해 두자. 여행 기간과 쿠폰의 유효 기간만 일치하면 최대 70%까지 우대받을 수 있다. 다만 지정된 은행에서만 우대율이 적용되므로 직접 방문해야 하는 번거로움을 감안해야 한다.

서울역 국민, 우리, IBK은행 세 곳에서 환전할 수 있는데, 유로화로만 국한하면 국민은행 환전율이 90%, 우리은행 80%, IBK은행 50%다. 참고로 미국 달러는 동일하게 90%. 환전액 상한선은 순서대로 500만 원, 500만 원, 100만 원이다. 단점은 현금(방문) 거래만 가능해서 고액을 환전할 때 안전 대비에 신경 써야 한다는 점. 세 곳 모두 신분증 지참이 필수다.

인천공항 환전 우리나라에서 가장 비싼 환전 수수료를 적용함에도 불구하고, 출국 전에 거치는 마지막 장소이다 보니 이용객이 많다. 공항에서는 피치 못할 때만 환전하자.

특정 기간 환전
명절을 이용해 해외여행을 계획하는 사람들이 늘어나면서 국내 주요 은행에서 명절을 전후해 특별 환전 우대를 제안한다.

On n'a qu'a! 이제 가는 일만!

9

최소한의 짐이 여행의 즐거움을 최대화한다는 것은 해외 여행 절대 수칙! 특히 목적지가 파리라면 이것저것 쇼핑하는 재미를 뺄 수 없다. 가장 중요한 것은 각 항공사별 홈페이지에서 수하물 규정, 항공기 반입 금지 품목, 수하물 초과금 등을 명확히 확인하는 것이다. 체크인 시 규정에 어긋나 당황하게 되면 즐거워야 할 여행 첫걸음을 망치게 된다.

PARIS
BEST COURSE

파리 베스트 코스
- 파리, 알뜰하게 여행하기 -

파리는 서울의 1/3 크기지만 '볼거리는 100m에 하나씩'이라는 말이 있는 만큼 수백 가지의 동선과 계획이 가능하다. 이런 파리를 각각 다른 계획과 예산, 일정을 가진 사람들이 하나의 코스로만 여행할 수는 없는 법. 이 파트에서는 여행자들이 효과적으로 파리를 여행할 수 있도록 일정별, 테마별로 베스트 코스를 나누어 보았다.

* 해당 스폿의 외부 관광을 위주로 구성된 일정입니다.
* 원하는 코스 내에 있는 명소 정보는 책 뒤쪽 인덱스를 통해 정확히 찾을 수 있습니다.

일정별 | 1초도 아쉬워 경유/하루 출장형

준비물 <프렌즈 파리>, 편한 워킹화, 파리 버스 투어 지도

버스 투어
P.58 참고

반나절 크루즈 투어
에펠탑 출발(바토무슈 승선) ▶ 오르세 미술관 ▶ 프랑스 연구원 ▶
노트르담 대성당 ▶ 생트샤펠 성당 ▶ 루브르 박물관 ▶
콩코르드 광장 ▶ 그랑·프티 팔레 ▶ 샤요 궁전 도착

일정별 | 하나도 안 놓쳐 첫 파리/신혼여행/화보 촬영/3박 4일형

준비물 <프렌즈 파리>, 파리 뮤지엄 패스 2권(P.56 참고), 편한 워킹화, 파리 버스 투어 지도

1일
(09:00)마들렌 대성당과 광장 ▶ 방돔 광장 ▶ 오페라 가르니에 내
부 관광 ▶ (12:00)점심 식사 ▶ (13:30~)**루브르 투어** ▶ 튈르리 정
원 ▶ 오랑주리 미술관 관람 ▶ 콩코르드 광장 ▶ 샹젤리제 쇼핑 ▶
(19:00~)저녁 식사 ▶ 저녁 유람선 투어

2일
(10:00~)**에펠탑(화보 또는 에펠탑 올라가기)** ▶ (12:00)미슐랭 점
심 식사 ▶ (14:00~) 오르세/로댕 미술관 투어 ▶ 센 강변과 알렉상
드르 3세 다리 ▶ 그랑 팔레, 프티 팔레 ▶ (17:00~)샹젤리제, 몽테
뉴 명품 거리 쇼핑 ▶ 개선문 오르기 ▶ 저녁 식사

3일 A 몽마르트르 지구
(09:00~)몽마르트르 구역 관광 ▶ (12:00)점심 식사 ▶ (13:30~)
프렝탕 백화점과 라파예트 백화점 쇼핑 ▶ 뤽상부르 정원 ▶ 시테
섬과 노트르담

3일 B 마레 지구
(09:00~)시테 섬과 파리 시청 ▶ **보주 광장** ▶ **카르나발레 박물관**
관람 ▶ (12:00)점심 식사 ▶ (13:30)마레 재래 시장 ▶ **피카소 미
술관 관람** ▶ 쇼핑, 노천 카페 즐기기 ▶ 바스티유 광장

* 야외 화보 촬영이나 박물관/미슐랭 점심 투어 예약 시에는 하루 일정에 맞
  도록 시간 조정 필수!

파리하면 쇼핑 잘 샀다 파리 아이템, 일주일 여행

준비물 <프렌즈 파리>, 신용카드, 나비고(P.51~52 참고), 편한 워킹화

직구가 발달한 요즘이지만 세상의 유행과 명품 메종이 집결된 도시, 파리에 가서 쇼핑 없이 귀국하는 게 뭔가 억울할 것 같다면 주목! 이 일정에서는 구입 자체보다 파리의 유명한 쇼핑지를 모두 둘러본 후, 본인의 예산 내에서 경제적인 소비를 할 수 있는 기준을 제시했다. 명품 메종들과 백화점들을 일정 앞에 두었고, 쇼핑 구역 순서로 구성했으니 일정이 일주일 미만이라도 상황에 맞춰 선택할 수 있을 것이다.

명품 메종 쇼핑 집결일

몽테뉴Montaigne, 조르주 생크Georges V, 샹젤리제 거리/라파예트 샹젤리제

1일

(09:00 출발, 10:00 입장) 몽테뉴 ▶ 점심 식사 ▶ (오후)샹젤리제 ▶ 카페 티타임 ▶ 조르주 생크 ▶ 유람선 ▶ 저녁 식사

* 파리 명품 메종들의 대명사인 몽테뉴 거리에서 시작, 샹젤리제의 유니크한 분위기를 즐기고 조르주 생크 거리를 따라서 센에 도착, 유람선으로 마감하는 가장 화려한 일정

파리 최고 백화점 접수일

프렝탕·갈르리 라파예트 백화점, 방돔 지구

2일

(10:00 입장) 프렝탕 백화점 ▶ 점심 식사 ▶ (오후)라파예트 백화점 ▶ 카페 티타임 ▶ 방돔 예물, 보석 숍 지구

* 1일에는 명품 메종을 한 곳씩 방문하고 2일에는 내로라하는 세상 모든 명품의 집결지 파리의 대표 백화점 두 곳에서 효율성을 높이는 일정. 두 백화점이 한 거리에 붙어 있어 동선 확보도 용이하다. 단, 백화점이라는 한정된 면적 때문에 메종에 비해 재고 수량이 적을 수 있다는 점을 감안할 것! 시간이 된다면 파리 최고 보석상의 성지, 방돔 광장에서 충만한 하루 구경 완성.

©www.reddit.com

엘리트 파리지앵들이 사랑하는 쇼핑지

에르메스, 봉 마르셰 백화점, 생제르망데프레

©www.courir.com

3일

(10:30 입장) 에르메스 ▶ 근처 트렌드 숍 쇼핑 ▶ 점심 식사 ▶ (오후)봉 마르셰 ▶ 코란 숍 ▶ 카페 티타임 ▶ 생제르망 데프레 ▶ 저녁 식사

* 에르메스에서 꼭 구입할 상품이 있다면 대기를 예상하고 첫 방문지로 잡을 것을 추천! 그게 아니라면 제안한 순서와 반대로 쇼핑해도 무관하다. 봉 마르셰 백화점 내에도 카페가 있지만 좌석 확보가 어려울 수 있으므로 근처 멋진 노천 카페를 눈여겨볼 것.

패션 잘 아는 사람들의 성지 BHV, 마레 지구

©www.bhv.fr

4일

(10:00 입장) BHV ▶ 마레 구역으로 이동 ▶ 점심식사 ▶ (오후)마레 쇼핑 ⋯▶ 카페 티타임 ⋯▶ 일정 마감

* BHV는 파리의 다른 백화점과 비교했을 때 가장 서민적인 백화점이다. 앞선 일정으로 백화점에 대한 미련이 없다면 BHV는 스킵할 것. 마레 구역 탐방에만 집중해도 충분히 재미있다. 마레 구역에는 감성적이고 멋진 노천 레스토랑이 즐비하니, 점심 식사는 마레에서 할 것을 추천! 쇼핑 포인트는 마레에만 있는 세컨드 숍과 메이드 인 프랑스, 디자인 인 프랑스 숍을 위주로 구경할 것.

파리 아웃렛 라발레 빌라주, 원네이션

©www.touristsboard.com

5일

(10:00 입장) RER 또는 셔틀버스로 아웃렛 도착 ▶ 오전 쇼핑 ▶ 점심 식사 ▶ 파리 귀가/오후 쇼핑 중 택일

* 라발레는 시간과 발품을 아낄 수 있는 퍼스널 쇼핑 서비스를 제공하니, 관심이 있다면 예약해서 보다 여유로운 쇼핑을 해볼 것.

선물템, 서민적인 프리 쇼핑

6일

(08:00 입장) 몽주 약국 ▶ 간단한 아침 식사 ▶ 센 강변 산책 ▶ 사마리텐 도착, 쇼핑 ▶ 브런치 ▶ 레 알 지구

* 쇼핑 막바지, 앞서 큰 지출이 있었다면 이날만큼은 부담 없는 날로 잡아도 될 것이다. 뷰티템을 좋아하는 지인 선물을 위해 몽주 약국에서 시작하는 것은 어떨까? 센을 따라 천천히 걷다 보면 노트르담 대성당을 지나 사마리텐과 레 알 지구에 도착한다.

점검의 날

7일

1~6일에 둘러본 장소에서 끝까지 아른거리는 상품이 있다면 오늘이 구입할 수 있는 마지막 기회다. 원하는 쇼핑을 완료한 경우, 미술관이나 공원 산책 등 여유로운 하루를 보내면 완벽한 일정이다!

예술 애호가들의 일주일 여행

준비물 <프렌즈 파리>, 파리 뮤지엄 패스 4일권(P.56 참고), 나비고 패스(P.51~52 참고)

1일

자크마르앙드레 미술관 ▶ 장식 예술 박물관 ▶ 센 강 산책

* 보티첼리, 렘브란트의 작품과 나폴레옹 시대의 가구를 볼 수 있는 자크마르앙드레 미술관과 20세기 이후 장식미술이 산업 분야와 함께 발전해 온 과정을 연관 지어 설명한 장식 예술 박물관은 특별한 관람이 될 것이다.

2일

[오전] 퐁피두 현대 예술 센터 ▶ [오후] 피카소 미술관(마레)

* 프랑스 현대 미술의 가교 역할을 하는 퐁피두 현대 예술 센터에서 시작해 피카소까지 짚어보는 날이다. 이 동선을 따르면 레 알과 마레 지구에서의 간단 쇼핑은 덤으로 따라온다. 현대 미술과 파리 구시가지 구경으로 하루가 충만해질 것이다.

3일

[오전] 루브르 박물관, 오르세 미술관 ▶ [오후] 튈르리 정원 산책 ▶ 오랑주리 미술관, 쥐 드 폼 미술관

* 파리까지 가서 못 보면 가장 후회할 스폿 중 한 곳, 루브르 박물관을 시작으로 오후에는 모네와 인상파 화가를 만날 수 있는 오랑주리 미술관을 방문한다. 루브르에서 퇴장해 튈르리 정원을 산책하면 그 끝 왼쪽에는 오랑주리 미술관, 오른쪽에는 쥐 드 폼 미술관이 있다. 사진을 좋아한다면 오랑주리 대신 쥐 드 폼을 방문하는 것도 인상적일 것이다.

4일

[오전] 아랍 문화원 ▶ [오후] 그랑 모스케 드 파리(사원) ▶ 국립 진화 역사박물관(파리 동식물 진화관)

* 프랑스 인구의 30%에 달하는 아랍의 문화권을 아주 살짝 엿볼 수 있는 일정이다. 장 누벨이 설계한 아랍 문화원을 둘러보고 그 기운을 지닌 채 아랍 사원에서 차 한잔을 마시며 경건함을 경험해 보자. 은삼각자상을 수상한 장 누벨의 건축을 감상하는 것만으로도 큰 의미가 있다. 바깥보다는 입장해 내부에서 건물을 볼 것을 추천한다. 자연광이 있는 날이면 금상첨화. 날씨가 좋거나 자녀와 함께라면 국립 진화 역사박물관과 그 정원을 관람해도 후회 없을 것이다.

5일

[오전] 카타콩브 ▶ [오후] 카르티에 재단 ▶ 뤽상부르 정원

* 지하 20m에 전시된 6,000~7,000만 명의 뼈와 유리 파사드로 화려함을 드러낸 카르티에 재단의 조합이 기다리는 날이다. 과거 속으로 사라진 인물들의 흔적을 느끼고 나와 현재를 만들어 가는 사람들의 자취를 둘러보며 여행의 극적 대비를 노려보자. 앞선 두 장소의 대비를 뤽상부르 정원에서 천천히 소화하는 것도 나쁘지 않을 것.

6일

[오전] 프티 팔레, 그랑 팔레 ▶ [오후] 루이비통 재단

* 세 곳 모두 전시품만큼 건물 자체로 대화거리가 충분한 장소다. 프티 팔레에는 상설 전시, 그랑 팔레는 굵직한 국제 기획전이 많이 열린다. 루이비통 재단은 예술과 건축을 사랑하는 사람이라면 발품 팔 가치가 충분한 곳이다. 초등학생 자녀와 함께라면 재단과 인접한 아클리마타시옹 정원으로 일정을 변경해도 무관하다. 동물과 놀이공원이 있어 아이들과 오후 한때를 즐기기에 이만한 곳이 없다.

어린 자녀와 함께하는 7가지 아이디어

아틀리에 데 뤼미에르 Atelier des Lumieres

19세기의 철강소를 개조해 디지털 미술관으로 부활시킨 곳. 대다수가 들어본 예술가의 작품을 디지털 시대에 맞춰 시청각적 효과를 극대화한 전시가 특징이다. 프로젝터로 연사되어 천장, 벽, 바닥에서 동적으로 움직이는 작품에 남녀노소를 막론하고 압도된다. 클래식한 예술 관람 방식이 조금 지겹다면 적극 추천하는 장소.

디즈니랜드 파리

비싼 입장료와 거리, 부대시설의 가격이 상당히 부담스럽지만 디즈니와 픽사를 대표하는 애니메이션 주인공을 가까이서 보고 즐길 수 있는 장소임에 틀림없다. 폐장 45분 전에 시작하는 퍼레이드가 이 장소의 하이라이트이니 반드시 챙겨보자.

그레뱅 박물관

유명 인사들의 실물 크기 밀랍 인형을 전시하는 박물관. 최근 사르코지 전 대통령과 레이디 가가의 인형이 추가되었다. 이 외에도 캐릭터 인물인 어린 왕자와 밀랍 인형 제작 과정을 소개하는 코너가 마련되어 있다.

아클리마타시옹 공원 Jardin d'Acclimatation

불로뉴 숲과 연결된 정원. 동물원과 놀이공원이 있어 가족과 시간을 보내기에 좋다. 우정의 선물로 서울시에서 꾸민 서울 정원 Jardin de Seoul이 있어 한국인들에게는 더 정다운 곳이니 여유로운 마음으로 둘러보기를 추천한다.

국립 진화 역사박물관

실제 크기의 동물을 한자리에 모은 전시가 인상적이다. 자연과 진화에 관심이 없었던 사람에게도 흥미로운 장소이니 자녀들과 함께라면 반드시 방문해 보자. 바로 옆의 파리 식물원에서 간단한 점심 피크닉을 한다면 더욱 금상첨화.

라 빌레트 공원

공원의 남북을 연결하는 물결무늬 갤러리를 걷다 보면 유명한 음악관과 과학산업관, 우르크 운하와 만난다. 운하에 마련된 놀이동산, 대형 놀이터, 넓은 잔디 등이 아이들뿐 아니라 부모나 연인들에게도 쉼터를 만들어 준다.

중세 마을 프로뱅

앞이 보이지 않는 인파와의 싸움에 지쳤다면 이곳을 추천한다. 중세의 역사를 간직한 도시 중 하나로, 파리 근교에서는 유일하다. 기차 투어, 중세 기사 쇼뿐만 아니라 특산품 매장, 레스토랑 등이 있어 유익한 하루를 보내기에 손색없다.

84

테마별	파리식 코스 요리, 미식, 미각에 진심인 미슐랭 여행

프랑스 코스 요리, 파리 미슐랭 체험 등이 여행자들의 'to do list'가 되는 이유 중 하나는 현장이 아니면 절대 느낄 수가 없기 때문일 것. 직구의 시대, 그 물건이 무엇이든, 생산지가 어디든 일주일 안에 집으로 배송받을 수 있지만 레스토랑 체험만은 그럴 수가 없다. 프랑스 미슐랭은 요리뿐만 아니라 식탁의 예술 Arts du table과 전문 인력 서비스가 삼위일체되었을 때 제대로 즐겼다고 할 수 있기 때문이다. 저자가 4년간 10번 이상 직접 체험하며 검증된 장소들을 소개한다. 소개한 요리들은 시즌에 맞춰 달라질 수 있음을 참고할 것 (사전 예약 필수, P.3 QR 참고).

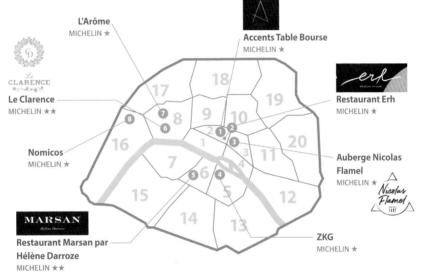

❶ Accents Table Bourse

주소 As Bourse 24 Rue Feydeau 75002
홈페이지 accents-restaurant.com
영업시간 화~토 12:00~14:00, 19:00~21:00

❷ Restaurant Erh

주소 11 Rue Tiquetonne 75002
홈페이지 www.restaurant-erh.com
영업시간 월~토 19:00~21:30 휴무 일

❸ Auberge Nicolas Flamel

주소 51 Rue de Montmorency 75003
홈페이지 auberge.nicolas-flamel.fr

❹ ZKG

주소 26 Boulevard Saint Germain 75005
홈페이지 zekitchengalerie.fr/en

❺ Restaurant Marsan par Hélène Darroze

주소 4 Rue d'Assas 75006
홈페이지 www.marsanhelenedarroze.com 영업시간
월~금 12:00~14:00, 19:30~22:00 휴무 토, 일

❻ Le Clarence

주소 31 Avenue Franklin D Roosevelt 75008
홈페이지 www.le-clarence.paris 영업시간 화~토
12:30~14:00, 19:30~21:30 휴무 일, 월

❼ L'Arôme

주소 3 Rue St Philippe du Roule 75008
홈페이지 larome-paris.com
영업시간 월~금 12:00~14:00, 19:30~21:00

❽ Nomicos

주소 16 Avenue Bugeaud, 75016
홈페이지 www.nomicos.fr/lieu 영업시간 화~토
12:00~14:30, 19:30~22:30 휴무 일, 월

LES CHAMPS -ELYSÉES

샹젤리제·개선문 구역

'세상에서 가장 아름다운 거리'라는 노골적인 찬사에 동의하지 않아도 좋다. 오늘도 프랑스 최고 명품 메종들이 화려한 간판을 뽐내는 이곳 어딘가에서 세계 셀럽들의 (비)공식 행사가 일어나고 있다. 그뿐인가? 프랑스 역사에서의 중요도는 나폴레옹이 오스테를리츠 승전의 기념물로 개선문을 어디에 축조했는지로 일축된다. 초대 대통령 드골 장군이 종전 선언을 한 것도, 세계 민주주의 역사에 새 획을 그은 대혁명일 기념 퍼레이드(매년 7월 14일)의 주무대도 바로 이곳, 샹젤리제다. 장황한 설명은 여기까지! 루브르 피라미드에서 개선문까지 4km로 곧게 뻗은 대로는 그 자체로 장관이다. 직선 거리를 따라 걷다 보면 파리 BIG 12 중 네 곳과 파리의 가장 고급 쇼핑로들과 마주치니 이보다 더 호화로운 동선은 또 없을 것!

샹젤리제·개선문 구역 Les Champs-Elysées

★ ★ ★

- 출발장소   콩코르드 광장 Place de la Concorde
- 메트로   1, 8, 12호선 Concorde 역
- 소요시간   2~3일
- 놓치지 말 것   개선문 전망대에서 보는 파리, 콩코르드 광장에서 개선문까지 꼭 걸어보기!
- 장점   해당 동선에 밀집한 메트로
- 단점   여행자를 노리는 소매치기와 명품 구입 대행을 종용하는 호객꾼

쇼핑꾼은 대로 오른쪽, 미식꾼은 대로 왼쪽에서 시작할 것!

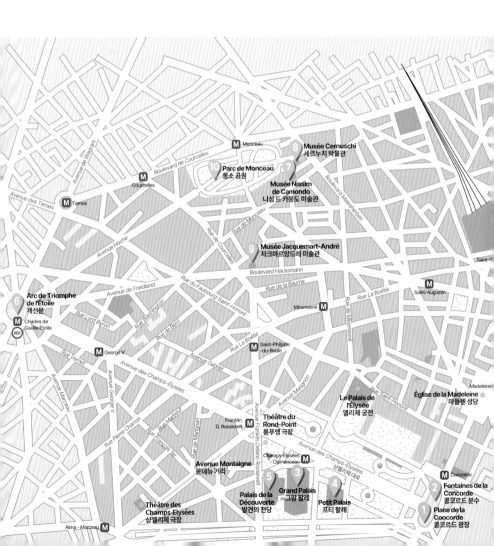

콩코르드 광장 Place de la Concorde
쁠라스 드 라 콩꼬르드 ★★★

주소 Place de la Concorde 가는 방법 메트로 1, 8, 12호선 Concorde 역

프랑스에서 가장 역사적인 광장. 오랜 병고 끝에 회복한 루이 15세를 축원하기 위해 그의 기마상이 제작되었고, 루브르 궁전을 막 나와 베르사유로 가는 지점에 상을 세웠다. 당시의 명칭 또한 '루이 15세 광장'이었으나, 혁명과 함께 상도 철거되었다. 서북쪽의 샹젤리제와 동남쪽의 튈르리 정원을 가로로 이을 뿐 아니라, 마들렌 대성당과 국회의사당을 세로로 연결하는 광장이다. 광장 중심에 있는 오벨리스크 석탑 Obélisque de Louxor은 1836년에 이집트에서 선물받은 것으로, 한 쌍의 오벨리스크지만 운반의 문제로 하나만 옮겨왔다. 매년 열리는 프랑스 대혁명 기념일에 참석하는 대통령과 국내외 귀빈들의 관람석이 이 자리에 조성된다.

PLUS STORY 역사의 광장, 콩코르드

©Paris Tourist Office

콩코르드 광장은 그 명칭의 변화만으로도 프랑스 근대 역사의 흐름을 보여준다. 혁명 이후, 자유의 여신상과 단두대를 세워 '혁명의 광장'으로 불렸으나, 대학살을 연상시키는 것을 우려해 1800년에 콩코르드(화합, 조화)로 개칭했다. 공포정치가 잠잠해진 틈을 타서 망명했던 루이 16세의 동생이 루이 18세로 즉위하면서 잠시 '루이 16세 광장'으로 정정되지만, 1830년의 7월 혁명을 지나며 '콩코르드 광장'으로 이름을 굳혔다. 이곳에 설치된 단두대에 목숨을 잃은 사람은 약 8년간 1,119명이었으며 그중에는 루이 16세를 비롯해 마리 앙투아네트와 왕가 일족, 혁명가 당통과 로베스피에르가 있다.

잠시 단두대에 관한 일화를 소개하자면, 우리가 단두대라고 부르는 기요틴은 이를 만든 조제프 기요탱 Joseph Guillotin이란 프랑스인의 이름에서 따온 것이다. 기요탱은 혁명 시대의 의사이자 정치가였는데, 고통 없이 생명을 끊는 방법을 생각하다가 기요틴을 발명하게 된다. 재밌는 것은 기요탱이 자신의 발명품인 기요틴에서 처형당했다는 루머다. 혁명 기간 동안 처형된 인물 중에 우연히도 리옹에 동명이인이 있었는데, 그 이름에서 온 오해일 뿐, 실제로 기요탱은 자연사했다고 한다.

2 콩코르드 분수 Fontaines de la Concorde
퐁텐 드 라 콩꼬르드

주소 Place de la Concorde 가는 방법 메트로 1, 8, 12호선 Concorde 역

콩코르드 광장의 재정비를 맡은 건축가 이토르프 Jacques-Ignace Hittorff가 프랑스 해군을 칭송하기 위해 청동 분수를 설계하고 1840년에 설치했다(정식 명칭은 강, 바다의 분수). 프랑스인은 자국을 8각형이라는 애칭으로 부르는데, 분수를 에워싼 청동 가로등과 광장 주변을 돌며 서 있는 기둥 개수를 숫자 8에 맞췄다. 이들은 8각형을 이루는 꼭짓점 도시들을 상징한다.

©Paris Tourist Office

⚬⚬⚬ 2024 올림픽 공사 중

파리
BIG 12

3 그랑 팔레 Grand Palais
그랑 빨레   ★★

주소 3 Avenue du Général Eisenhower 가는 방법 메트로 1, 13호선 Champs-Elysées-Clémenceau 역 홈페이지 www.grandpalais.fr/en 운영 2024년 올림픽을 위한 내부 공사 중, 일~월 10:00~20:00, 수~금 10:00~22:00, 12월 24, 31일 10:00~18:00 휴무 화, 12월 25일(예외 12월 24일, 31일 오후) 입장료 기획 전시는 일반 €15 *돔/전시회 입장 별개. 사이트 구입 시 대기줄 면제

1896년, 파리시는 만국 박람회를 준비하며 두 개의 건축 프로젝트를 주관한다. 그리하여 완성된 곳이 샤를 지로 Charles Girault가 총책임을 맡은 그랑, 프티 팔레다. 그랑 팔레의 하이라이트는 '투명 우산 천장'으로 불리는 대형 유리돔이다. 1만 3,500㎡의 유리 돔이 철골과 그 사이를 채우는 유리만으로 이루어져 있다. 산업 기술의 노하우와 아르누보의 결합이 절정에 이른 대작이라는 평가에 걸맞다. 2024년 파리 올림픽을 앞두고 내부 공사 중이라 현재는 일부만 오픈한 상태다. 올림픽 기간 동안에는 펜싱과 태권도 경기장으로 활용될 예정이다. 2024년 가을까지는 지하철 6, 8, 10호선 Ecole Militaire 역, La Motte Piquet Grenelle 역 근처에 있는 에콜 밀리테르 Ecole Militaire에서 전시를 관람할 수 있다.

4 프티 팔레 Petit Palais, Musée des Beaux-Arts de la Ville de Paris
쁘띠 빨레, 뮈제 데 보자르 드 라 빌 드 빠리 ★★

주소 Avenue Winston-Churchill 가는 방법 메트로 1, 13호선 Champs-Elysées-Clémenceau 역
홈페이지 www.petitpalais.paris.fr 운영 화~일 10:00~18:00, 목요일 10:00~20:00, 금요일
10:00~21:00 휴무 월, 1월 1일, 5월 1일, 7월 14일, 12월 25일 입장료 기획전시 €10~(18세 미만 무
료), 상설전시 무료(방문 시간 설정 필수)

중앙의 반달형 정원을 감싸는 주랑은 루브르 궁전을, 입구 중앙의 돔은 앵발리드를, 그리고 전시회장 갤러리는 베르사유 성의 거울의 방을 모델로 만들었다. 또한 바닥의 모자이크, 천장 벽화, 아르누보를 결집시킨 입구의 철창문과 철강 예술의 명장으로 손꼽히는 원형 계단 난간 Charles Girault에까지 파리 시가 요구하는 성의 위엄을 성실하게 반영했다.

프티 팔레에는 1880~1914년에 활동한 화가들의 작품이 대거 전시되어 있다. 렘브란트, 쿠르베, 들라크루아의 작품을 놓치지 말자. 특히 프랑스 아르누보 미술의 대명사인 건축가 엑토르 기마르 Hector Guimard의 디너룸을 재현한 20번 방을 추천한다. 반달 모양의 내부 정원 역시 놓치기 아깝다.

©SORTIRAPARIS

🏅 2024 올림픽 공사 중

5 발견의 전당 Palais de la Découverte
팔레 드 라 데쿠베르트 ★★

주소 Avenue Franklin Delano Roosevelt 75008 가는 방법 메트로 1, 13호선 Champs Elysées-Clemenceau 역
RER C선 Invalides 역 홈페이지 www.palais-decouverte.fr 운영 2024년 올림픽을 위한 내부 공사 중, 화~토
09:30~18:00(마지막 입장 폐장 45분전), 일·공휴일 10:00~19:00 휴무 월, 1월 1일, 5월 4일, 7월 14일, 12월 25
일 입장료 일반 €9

건축가 페랑 Jean Perrin이 1937년의 박람회를 위해 그랑 팔레 바로 뒤편에 신축한 건물. 연구실 내로 국한된 과학과 발명의 영역을 일반인들에게 공개하고자 하는 의도였다. 박람회 이후에 철거될 예정이었으나 관람객들의 열렬한 반응에 힘입어 국립 과학기술원에 편입되었다가 2010년부터 라 빌레트 과학산업관과 함께 관리되고 있다. 인류와 지구의 역사를 쉽게 다루고 있어 자녀들과 함께 찾아도 유익하다.

파리
BIG 12

6 **개선문** Arc de Triomphe de l'Étoile
마르크 드 트리옹프 드 레투왈

★★★

주소 Place de l'Étoile 가는 방법 메트로 1, 2, 6호선, RER A선 Charles de Gaulle-Étoile 역 홈페이지
www.paris-arc-de-triomphe.fr/en 운영 10~3월 10:00~22:30, 4~9월 10:00~23:00, 폐장 45분
전까지 입장 가능 휴무 1월 1일, 5월 1일, 5월 8일 오전, 7월 14일 오전, 11월 11일 오전, 12월 25일 입
장료 일반 €13, 13~18세 무료(국제학생증 지참), 예매 권장 *샹젤리제 대로 끝 오른쪽 인도의 지하도
로 진입

나폴레옹 1세는 그의 군대에게 승리의 영광을 돌
리기 위해 개선문을 건립했다. 체코의 오스테를리
츠 전투에서 오스트리아, 러시아, 스웨덴의 연맹 군
대를 맞아 9시간의 혈전 끝에 승리를 거둔 병사들
을 치하하기 위함이었다. 높이 50m, 너비 45m, 폭
22m에 대형 아치 29.19m, 소형 아치 18.68m의
이 엄숙하며 장엄한 구조물은 건축가 샬그랭 Jean
François Chalgrin의 작품이다.
앤티크 예술에 도취되어 있던 황제의 취향에 따라
로마 예술 양식에 충실하게 설계했다. 1806년에 기
공식을 올리고 1836년에 완공했지만 당시 유배 중
이던 나폴레옹은 완성작을 보지 못했고, 그의 유골
만이 개선문 아래를 지나 앵발리드의 돔에 안치되
었다. 이후 대문호 빅토르 위고의 시신이 팡테옹에
안장되기 전날 밤 개선문 아래에서 애도의 불길을
밝혔고, 1차 대전 승전 퍼레이드가 이곳을 지났다.

드골 장군이 2차 대전의 종전을 일 년 앞두고 파리
의 탈환과 프랑스의 해방을 선언한 곳도 바로 개선
문이다.
개선문은 12개의 대로로 둘러싸여 있는데, 이 중 가
장 유명한 거리는 단연 샹젤리제. 상공에서 본 개
선문이 12꼭지의 별을 닮았다고 해서 '별의 개선문'
이라고도 부른다. 주변을 통칭해 에투알 광장,
또는 프랑스 18대 대통령의 이름을 따 드
골 광장이라 한다. 이곳은 파리에서 차
가 가장 많이 얽히는 로터리이므로 문
아래로 접근하기 위해서는 반드시 지
하도를 이용해야 한다.
개선문 외관은 대형 양각 부조 4개,
액자형 음각 부조 6개로 이루어져 있
다. 모두 프랑스 군대와 프랑스인들의 혁
명 의지를 다룬 것인데, 가장 유명한 것

은 뤼드 François Rude의 '1792년 의용병의 출정'으로 '라 마르세예즈'라고도 부른다. 이 조각에서 의용병을 이끄는 인물은 승리를 상징한다. 샹젤리제에서 개선문을 마주 보았을 때 오른쪽의 부조다. 아치 내부에 새겨진 이름들은 프랑스 대혁명부터 나폴레옹 1세 섭정 기간 중에 일어났던 혁명, 전투명과 그때 사망한 장교의 이름이다. 문 지하에는 1차 대전 참전 무명용사들이 안치되어 있으며, 매일 18:30에 이들을 기리는 기념의식이 거행된다.

©Garat Henri

Point!

매년 5월 10일, 8월 1일 전후에 샹젤리제 대로 중간에서 개선문을 바라보면 아치 안에 일몰이 몇 분간 머무는 장관을 목격할 수 있다.

한국전쟁에 참전한 병사들의 박애정신을 기리는 기념판

Do you know? 파리의 만국박람회

에펠탑, 그랑 팔레, 프티 팔레. 모두 파리의 만국박람회 Exposition Universelle de Paris 출품작이라는 것을 아는가? 국내에서는 1993년 대전에서 처음으로 개최되어 유명해졌지만 만국박람회의 역사는 150년이 넘는다. 19세기 중반 유럽은 산업 발전의 급물살을 탔고 새로운 자재, 철강, 기술력을 전시할 수단으로 만국박람회를 기획했다. 실제 참가국은 유럽의 열강이 대부분이었다. 1851년 영국에서의 첫 개최를 시작으로 19세기 하반기에만 24번의 박람회가 영국, 스페인, 오스트리아, 미국, 프랑스 등에서 열렸다. 참가국 모두 아시아와 아프리카로의 영토 확장에 힘을 쏟던 시절이었으므로, 박람회에 자국의 자존심이 걸려 있었다. 프랑스는 이 기간 중에만 11번을 유치했는데, 그중 대혁명 100주년 기념으로 준비한 1889년의 전시는 역사에 길이 남아 있다. 에펠탑과 그랑 팔레, 프티 팔레는 물론, 알렉상드르 3세 다리 등 다섯 개의 다리, 리옹 역, 오르세 역(현 오르세 미술관)이 건립되었고, 뤼미에르 형제에 의해 세계 최초의 영화가 파리에서 첫 상영되었으며, 파리 최초의 메트로가 개통되었다. 이들은 6개월간의 전시가 끝나면 대부분 철수, 철거한다는 박람회의 규정을 깨고 현재까지 남아 파리를 파리답게 만드는 명물이 되었다.

7 니심 드 카몽도 미술관 Musée Nissim de Camondo
뮈제 니심 드 카몽도 ★

주소 63 Rue Monceau 가는 방법 메트로 2호선 Monceau 역, 2, 3호선 Villiers 역 홈페이지 madparis.fr 운영 수~일 10:00~17:30, 폐장 30분 전까지 입장 가능 휴무 월, 화, 1월 1일, 5월 1일, 12월 25일 입장료 일반 €12, 장식예술 박물관 포함 €20(P.111 참고), 18세 미만 무료, 예매 권장

몽소 공원과 맞닿은 니심 드 카몽도 미술관은 은행가이자 예술 수집가였던 카몽도 Moïse de Camondo의 저택을 개조한 미술관이다. 건축가 세르장 René Sergent이 베르사유의 프티 트리아농에서 영감을 받아 설계했다. 19세기 후반의 아르데코에 심취한 카몽도는 가구, 카펫, 자기 등 많은 예술품을 수집했고, 이 전시품들은 당시 부르주아 사회를 잘 보여준다. 아르데코협회에서는 전쟁이 끝난 뒤 보수를 거쳐, 그가 위탁한 저택과 소장품들을 그대로 재현해 전시했다. 몽소 공원과 함께 관람하기 좋다.

8 세르누치 박물관 Musée Cernuschi
뮈제 세르누치 ★

주소 7 Avenue Velasquez 가는 방법 메트로 2호선 Monceau 역, 2, 3호선 Villiers 역 홈페이지 www.cernuschi.paris.fr 운영 화~일 10:00~18:00, 폐장 30분 전까지 입장 가능 휴무 월, 국경일 입장료 무료

1898년에 개장한 이 박물관은 파리 시가 자본가 세르누치 Henri Cernuschi의 개인 소장 예술품을 유증 받아 보관할 목적으로 건립한 곳이다. 중국 명·청나라의 문화를 읽을 수 있는 귀한 자료 900여 점이 상설전시되어 있는데, 중국과 아시아의 유적을 이 정도 규모로 소장하는 장소로는 유럽에서 유일하다. 특히 5번 방의 대형 청동 부처상은 세르누치가 동아시아를 여행하다 구입한 유적으로 18세기 일본 미술을 이해하는 데 중요한 역할을 한다. 파리 시가 소유한 14개의 미술관 중 여섯 번째로 중요한 곳이며, 해마다 6만 명 이상의 관람자가 찾는다.

9 자크마르앙드레 미술관 Musée Jacquemart-André
위제 자끄마르앙드레

★★

주소 158 Boulevard Haussmann 가는 방법 메트로 9, 14호선 Saint-Augustin 역, 13호선 Miromesnil 역, 9호선 Saint-Philippe du Roule 역 홈페이지 www.musee-jacquemart-andre.com 운영 월 10:00~20:30, 화~일 10:00~18:00 입장료 €10~, 예매 권장

미술 애호가 앙드레 Édouard André가 개인 컬렉션을 파리 시에 기증함으로써 만들어진 미술관이다. 그는 나폴레옹 3세 섭정기 때 활동한, 프랑스 최고 부호 중 한 사람으로 잡지 보자르를 인수하고 아르데코협회장을 맡으면서 미술품 수집을 시작했다. 화가 자크마르 Nélie Jacquemart와 결혼한 이후에는 수집 영역을 이탈리아 르네상스와 15세기까지 확대했다. 보티첼리, 렘브란트, 나티에 등 시대를 대표한 미술가들의 작품을 관람할 수 있다. 프티 트리아농을 본떠 지은 본관 홀과 나폴레옹 시대의 가구들이 진열된 내부도 놓치지 말 것.

10 몽소 공원 Parc de Monceau
빠르끄 드 몽소

주소 35 Boulevard de Courcelles 가는 방법 메트로 2호선 Monceau 역

파리의 문화·경제 부촌인 8구에 위치한 공원. 파리의 세련된 여유가 곳곳에 스민 곳이다. 18세기 프랑스 왕족 루이 필리프 2세는 조경사 카르몽텔 Carmontelle에게 '환각의 나라'를 그려달라고 요청했고 이를 기초로 공원을 만들었다. 공원 입구에 둥근 돌 누각이 서 있는데, 혁명 직전에 세금 징수를 목적으로 파리 시 관할을 구분 짓던 당시의 파리 경계 초소 자리다. 약 1㎞ 거리의 공원을 따라 걷다 보면 타원형의 호수와 일본 정원, 모파상과 쇼팽 등 여러 위인의 조각상을 감상할 수 있다. 호수에 방치된 듯 서 있는 코린트식의 열주는 1719년에 폐허가 된 생드니 교회에서 가져온 것들로 몽소 공원의 낭만을 극대화시킨다. 바로 옆, 르네상스 양식의 아케이드는 1871년에 화재로 전소된 파리 시청의 잔재라고 한다.

/ FOCUS /

샹젤리제와 황금의 삼각지대

CHAMPS-ÉLYSÉES/TRIANGLE D'OR

모든 사람들이 파리 최고의 쇼핑로로 알고 있는 샹젤리제는 황금의 삼각지대 Triangle d'or를 이루는 세 길 중 한 곳이다. 누구나 황홀해 할 세계 최고 명품 브랜드 메종(본사)이 늘어선 나머지 대로 두 개가 더 해져야 비로소 황금 삼각형이 완성된다. 18세기에 산책길로 축조되어 지금까지 여유와 고풍스러운 분위기를 지니고 있는 삼각 구역을 걸으며 세계 최고의 쇼핑 메카를 즐겨보자.

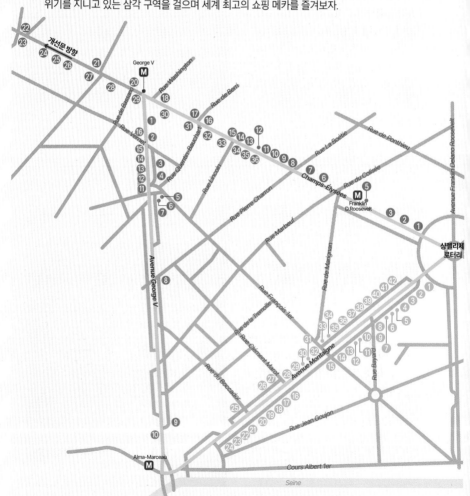

몽테뉴 거리 Avenue Montaigne
아브뉘 몽테뉴 ★

가는 방법 메트로 1, 9호선 Franklin Roosevelt 역, George V 역, 9호선 Alma Marceau 역

세계 최고 명품 브랜드가 거리를 채운 몽테뉴 거리는 2세기 전, 명문가의 정조 있는 과부들이 마음을 달래기 위해 산책했다고 '과부들의 길'이라고 불렸다. 1855년의 박람회를 계기로 저택 건립이 늘어나면서 지금과 같은 면모를 조금씩 갖추기 시작했다. 저택 주인들은 거의 매일 무희를 초청해서 화려한 밤을 즐겼는데, 이때 무희들의 춤이 프렌치 캉캉의 시초라고 한다. 구찌 매장 맞은편에 있는 롱푸앵 극장 Théâtre du Rond-Point은 그 연회를 베풀던 장소들 중에 유일하게 남은 곳이다. 1913년에 보수 공사를 마치고 지금은 서사시 낭독회관으로 사용된다.

Avenue Montaigne 아브뉴 몽테뉴
1. Gucci
2. JACQUEMUS
3. JIL SANDER
4. Dolce & Gabbana
5. Chloe
6. Ralph Laurent
7. Loewe
8. Fendi
9. APOSTROPHE (두 길 사이)
10. Chanel
11. Loro Piana
12. Givenchy
13. Jimmy Choo
14. Tiffany & Co.
15. Dior, Dior Enfant
16. Louis Vuitton
17. Giorgio Armani
18. Brunello Cucinelli
19. Bottega Veneta (오픈 예정)
20. Prada
21. Bottega Veneta
22. Emsnuel Ungaro
23. Armani
24. Henry Jacque 향수
25. Valentino
26. Hôtel Plaza Athénée
27. Harry Winston
28. MaxMara
29. Maison Margiela
30. Valentino(오픈 예정)
31. Saint Laurent (오픈 예정)
32. Paco Rabanne
33. Jimmy Choo
34. Versace
35. Ferragamo
36. Bonpoint
37. Chanel
38. Fendi
39. Saint Laurent
40. Celine
41. Balenciaga
42. Marni

Avenue des Champs-Elysées 아브뉴 데 샹젤리제
1. Adidas
2. lululemon
3. Disney
4. Lacoste
5. Lancôme
6. Galerie Lafayette
7. Monoprix
8. Tiffany & Co.
9. Mauboussin
10. Sephora
11. Guerlain
12. 아르케이트 데 샹
13. 갤러리 데 샹
14. L'OCCITANE-Pierre Herme
15. ZARA
16. Louis Vuitton
17. Swatch
18. Apple
19. Massimo Dutti
20. Bvlgari
21. Cartier
22. Drug Store(Jérôme Dreyfuss / Gravdon / Kiel / Tammy benjamin / A.p.c. / Goutal / 서점)
23. Dior
24. Yves Saint Laurent
25. Moncler
26. Hugo Boss
27. Dior(Open soon)
28. LVMH
29. Oméga
30. Sandro
31. Nike
32. La Duree
33. Tara Jarmon
34. Rolex
35. Citadium Commentaire 3

Avenue George V 아브뉴 조르주 생크
1. Balenciaga
2. Stefano Ricci
3. The harmoniste 향수
4. Hermès
5. Piaget
6. Bvlgari
7. Santoni
8. Bvlgari
9. Balenciaga
10. Givenchy
11. Elie SAAB
12. icicle
13. zegna
14. Emporio Armani
15. the kooples
16. Kenzo

* Fondation Yves Saint-Laurent 이브 생-로랑 재단(전시관)

라 센텔렘 La Scène Thélème 🍽️

주소 18 Rue Troyon, 75017 홈페이지 www.lascen theleme.fr 영업시간 수~금 12:00~14:30, 토~화 19:30~20:30 요금 €68~, 예약 필수

세계의 어떤 요리도 일본인 셰프의 손에서 재탄생한다는 어록에 오를 만한 요리들, 해산물과 육지 재료의 정교한 콘타빌레. 지금까지의 모든 생선 요리를 잊으라고 감히 선언할 수 있는 정확한 조리법과 상큼하고 가벼운 디저트에 깃든 정교한 아이디어가 탄성을 자아낼 것이다.

드그렌 Degrenne

주소 9 Avenue Niel 75017 홈페이지 degrenne.fr 영업시간 11:00~19:00 브레이크 타임 14:00~15:00 휴무일 월

식사와 요리에 대한 한국인들의 관심이 여느 때보다 높아지는 지금, 미식가라면 식기에도 흥미를 가질 것이다. 식기 좋아하는 사람이라면 프랑스 브랜드 드그렌을 지나치지 말자. 메종 장인들의 터치로 포셀린과 이녹스 두 가지의 재료를 단아한 품격으로 만들어 내는 브랜드. 커트러리, 그릇, 테이블 웨어 모두 메이드 인 프랑스.

엑스키 EXKI 🍽

주소 8 Avenue Kléber 75116 홈페이지 exki.com/fr
영업시간 08:00~16:00 휴무 토, 일

샹젤리제에서 맛집을 찾는다는 것은 상황에 따라
쉬울 수도, 아주 어려울 수도 있다. 근사한 코스 요
리는 부담스럽고 흔하디흔한 비스트로 음식이 내키
지도 않는다면 자율 레스토랑은 어떨까? 음식이 모
두 만들어진 상태로 손님의 선택만 기다리고 있어
메뉴판도 필요 없다. 차갑고 따뜻한 음식을 모두 온
도에 맞춰 골라 먹을 수 있는 장점이 있다.

퐁슬레 시장 Marche de Poncelet 🍽

주소 Rue Poncelet 75017 개장시간 09:00~13:00 휴
무 월, 일 오후

최신 트렌드를 선도하는 샹젤리제의 지척에 있는
재래식 시장이라니, 비교해 볼 만하지 않은가? 큰
규모는 아니지만 매일 사 먹는 신선한 재료를 선호
하는 파리 부르주아의 문화를 엿볼 수 있는 장소로
추천.

아르튀스 베르트랑 Arthus Bertrand 🛍

주소 59 Avenue Victor Hugo 75016 홈페이지 fr.ar
thusbertrand.com 영업시간 10:30~19:00 휴무 일

아르튀스 베르트랑의 모든 보석은 '메이드 인 프랑
스'를 자랑한다. 파리에서 2~3시간 거리인 소뮈르
와 팔레소에서 90여 명의 장인들에 의해 제작된다.
1803년부터 6대를 이어오며 쌓인 광택, 세공, 조립,
전기 성형, 에나멜 가공, 접합 및 품질 관리 기술 등
에 자부심이 있는 브랜드다.

로디에 Rodier 🛍

주소 15 Avenue Victor Hugo 75116 홈페이지 www.
rodier.fr 영업시간 10:30~19:00 휴무 일

로디에는 40대 이상 연령대를 타깃층으로 한 브랜
드다. 중년의 넉넉하고 우아한 느낌을 제대로 살릴
수 있는 천연 소재를 주로 사용한다. 부담스럽지 않
고 질 좋은 중가 제품을 찾는다면 밑줄 긋기. 대형
백화점에서 빙빙 돌지 않아도 되는 플래그십의 장
점을 살려 쇼핑할 수 있다.

자라 홈 Zara Home 🛍

주소 54 Avenue Victor Hugo 75116 홈페이지 www.
zarahome.com/fr 영업시간 10:30~19:30 휴무 일

이곳의 자라 홈이 특별한 것은 관광객 중심의 번화
한 거리가 아니라는 것 때문이다. 17구 부르주아 주
민들의 취향을 고려해 단아하고 코지하다. 오늘 저
녁 상차림에 바로 낼 수 있을 것 같은 주방용 소도구
들이 1층에, 침실용품과 어린 자녀를 위한 상품이 2
층에 있다.

르노 펠그리노 Renaud Pellegrino 🛍

주소 8 Avenue Victor Hugo 75116 영업시간 10:00~
18:00, 화요일 10:30~19:00 휴무 일, 월

명품 브랜드의 예상할 수 없는 대기줄에서 벗어나
퀄리티에 승부를 건 합리적인 가방들을 찾아보자.
르노 펠그리노가 그중 하나. 1970년대 생로랑 메종
과 협업을 시작해 1983년 첫 번째 플래그십 스토어
를 열고 지금까지 단호한 장인 정신을 계승해 오는
브랜드. 이번 시즌 새 컬렉션인 카르디날, 준 그리고
라나 등 본체 가죽 위에 이색적인 소재를 덧댄 완벽
한 마무리의 모델들이 100만 원 정도.

프라텔리 로세티 Fratelli Rosetti 🛍

주소 11 Bis Avenue Victor Hugo 75116 홈페이지
www.pagesmode.com 영업시간 11:00~19:00 휴무 일

이름으로 짐작되는 프라텔리 로세티는 1953년에
창업한 이탈리아 기업 브랜드. 창업주 렌초 로세티
에 이어 구두와 패션 분야에서 2대째 가업을 이어오
고 있다.

카페 주아이유 Café Joyeux 🍽️

주소 144 Avenue Champs Elysées 75008 홈페이지 www.cafejoyeux.com 영업시간 12:00~22:00, 연중무휴

카페 주아이유의 간판에는 순진한 얼굴이 하나 그려져 있다. 프랑스에 있는 약 76만 명의 자폐 스펙트럼과 다운증후군을 대표하는 아이콘이다. 주아이유에서는 2017년 첫 론칭 때부터 장애인을 10~20% 고용해 학습과 훈련을 통해 서비스를 제공하는데, 반응이 좋아 브뤼셀, 리스본까지 확장하는 중이다. 샹젤리제 지점은 브런치 카페로, 간단한 식사가 가능하다. 전문가들이 파악한 품질 기준을 충족하는 원두는 전 세계 카페의 4%만 부여받는 최상급 품질이다.

모노그람 Monogram 🛍️

주소 14 Avenue Victor Hugo 75016 홈페이지 www.monogramparis.com 영업시간 월~토 11:00~19:00 휴무 일

언뜻 보면 명품 메종으로 착각할 정도. 명품 중고숍이니 아주 틀린 것은 아니지만 다른 중고숍과 차별점은 차갑고 세련된 인테리어에 판매하는 상품 중 새 상품이 대다수라는 점. 메종의 직원이나 선물받은 상품을 개봉만 한 채 그대로 되파는 물건만 모은, 능력이 남다른 가게다. Dior, LV, Chanel, Hermes, Celine의 상품들이 기본이며, 그 외 명품들과 Jaquemus 등의 디자이너 브랜드로 구색을 맞췄다.

퍼블리시스드러그스토어 🍽 🛍
Publicisdrugstore

주소 133 Avenue des Champs-Élysées 75008 홈페이지 www.publicisdrugstore.com 영업시간 월~금 09:00~02:00, 토·일 10:00~02:00

샹젤리제에서 개선문을 바라보았을 때 왼쪽에 있는 현대식 건물. 개선문과 가깝고 전면에 비스트로 바가 있어 언제나 사람들로 붐빈다. 파리 디자인 위크나 대내외 행사 때 많은 스타들이 드나드는 곳으로도 유명하다. 2층에는 레스토랑이 있고 전면의 비스트로 역시 시즌별 메뉴가 있어 정식이 부럽지 않다. 안쪽에는 서점, 디자인 기념품, 명품 잡화, 피에르 에르메와 마리아주 프레르 제품이 입점해 있다. 특이한 생수 브랜드나 디자인이 독특한 선물용 기념품들이 진열되어 있으니 눈요기 겸 둘러보면 좋다.

서 윈스턴 Sir. Winston 🍽

주소 5 Rue Presbourg 75116 홈페이지 www.sirwinston.fr 영업시간 08:00~02:00 브런치 매주 일, 연중무휴

샹젤리제에 있는 영국식 브런치 레스토랑은 어떤 모습일까? 서 윈스턴을 찾아가 보자. 프랑스식 간단 조식, 영국식 브런치, 정식 식사, 칵테일, 차를 모두 갖춘 종합 선물 세트 같은 공간이다. 테라스에서는 샹젤리제보다 비교적 덜 번잡하게, 하지만 개선문을 관망하는 호사를 누릴 수도 있다. 브런치 €35, 프랑스식 조식은 €8.50부터.

르 바롱 Le Baron 🍽️

주소 3 Rue Washington 75008 영업시간 11:45~
01:30, 연중무휴

케밥을 꼭 테이크아웃으로 먹을 필요도, 맛있는 곳을 찾아 아랍까지 갈 필요도 없다. 조 다상의 노래처럼 샹젤리제에 다 있으니까. 흔하디흔한 케밥 샌드위치도 쇼핑 중에 잠시 앉아서, 식욕이 사라지는 네온 조명 없이 조금은 멋지게 먹을 수 있는 곳.

미니 팔레 Minipalais 🍽️

주소 3 Avenue Winston Churchill 75008 홈페이지
www.minipalais.com 영업시간 잠정 휴업

미슐랭 가이드 별 3개에 빛나는 셰프 에릭 프레숑 Eric Frechon이 '기본이 고수다'라는 철학으로 프랑스 정통식을 '예술'로 변신시킨다. 예술 애호가들이라면 미니 팔레의 격조 있는 아우라와 그에 걸맞은 서비스에 실망하지 않을 것이다. 점심 코스 €28(월~금), 저녁 단품요리 €11~39.

©Valéry Guédés

플로라 다니카-코펜하그 🍽️
Flora Danica-Copenhague

주소 142, Avenue des Champs-Elysées 75008 홈페이지 www.floradanica.fr 영업시간 12:00~14:30,
19:00~23:00, 연중무휴

가구와 인테리어만 스칸디나비아 스타일이 유행은 아니다. 2016년 12월에 새롭게 개장한 플로라 다니카-코펜하그는 파리에서 보기 드문 덴마크식 레스토랑이다. 테라스와 파티션으로 나눈 공간들이 각기 전혀 다른 분위기를 선사한다. 34세의 젊은 덴마크 셰프 안드레아스 몰러가 심사숙고 끝에 내놓는 계절별, 시간대별 메뉴가 매력적이다.

©Yann Deret

랑트락트 L'ENTRACTE 🍽️

주소 6 Avenue Montaigne 75008 영업시간 07:00~
23:00, 연중무휴

맞은편의 샹젤리제 극장을 의식한 이름 Entracte(연극 등의 막간)을 가진 호텔식 레스토랑. 새로 단장한 호텔에 맞춰 요리가 꽤 고급스럽다. 점심 식사가 €12~32 정도라 마음 편히 가볼 만하다. 연인과 로맨틱한 시간을 가지고 싶을 때 잘 어울리는 곳이다.

미스 고 MISS KO

주소 51 Avenue George V 75008 홈페이지 www.
miss-ko.com 영업시간 12:00~02:00, 연중무휴

한국어로 쓴 간판이 우선 눈에 들어온다. 실내는 세
계적인 프랑스 디자이너 필립 스탁이 '한계 없는 미
친 창작의 공간'을 콘셉트로 인테리어했다. 서양에서
스시나 중국식 오리 요리로 국한되는 동양의 요리를
유로라지안(유러피안+아시안)이란 이름으로 다양
하게 소개하는 레스토랑이다. 한국의 비빔밥이 어떻
게 퓨전화되었는지 궁금하다면 주저 말고 찾아보길.
저녁에는 재즈바로 변신한다. 점심 세트 €24부터.

아르카드 데 샹젤리제
Arcades des Champs-Elysées

주소 78 Av. des Champs-Élysées 75008

샹젤리제의 매장들이 지금처럼 대로에 간판을 걸
기 전인 1920년대에 세워진 중형 백화점. 스타벅스,
맥, 레오, 비옹디니 같
은 매장과 카페 그리고
기념품점 등 40여 종
의 다양한 상점이 입점
해 있다. 유료 화장실
도 설치되어 있으니 참
고해두면 좋을 것.

리나스 LINA'S

주소 8 Rue Marboeuf 75008 영업시간 월~토 09:30~
16:30 휴무 일

샌드위치 도시락 전문점. 기본 빵에 원하는 재료를
넣어서 본인 취향의 샌드위치를 만들 수 있는 곳이
다. 음료, 디저트가 포함된 알뜰형 점심 세트 메뉴가
있고 포장하지 않고 자리에서 먹을 수도 있다. 샹젤

리제와 멀지 않지만 상
대적으로 인파가 적어
줄 서지 않아도 되는 장
점도 있다. €8.50부터.

르 파라디 뒤 프뤼
LE PARADIS DU FRUIT

주소 47 Avenue George V 75008 홈페이지 www.
leparadisdufruit.fr 영업시간 일~목 12:00~00:45,
금·토 12:00~01:15

이슬만 먹을 것 같은 날씬한 파리지앵들이 찾는 칵테
일 바. 과일을 모티프로 한 천장의 샹들리에가 그로테
스크하면서도 무겁지 않게 매장의 분위기를 살린다.
프랜차이즈지만 의외로 신선한 재료만을 이용한다.
가벼운 샐러드 메뉴와 수제 버거, 과일을 이용한 칵테
일로 근처의 젊은이들에게 인기를 얻고 있다. 칵테일
€9.50 정도, 간단한 토스트와 샐러드 €6.90 정도.

틸르리 정원 서점 🛍
La librairie du jardin des Tuileries

주소 Place de la Concorde 75008 영업시간 잠정 휴업
콩코르드 광장을 뒤로하고 틸르리 정원 철장문을 들
어서서 곧바로 왼쪽에 위치한 서점. 햇빛 좋은 날 공
원에서 독서하기 좋아하는 파리지앵에게는 순례지 같
은 곳이다. 베스트셀러를 비롯해 틸르리라는 위치와
어울리게 정원, 녹지
대와 관련된 서적만
4,000여 권을 다루
고 있는 특별한 서점
이다.

©Paris Tourist Office

옐 YEEELS 🍽

주소 24 Avenue George V 75008 홈페이지 yeeels.
com 영업시간 07:00~23:00, 연중무휴

호텔식 레스토랑 겸 바. 지금 막 런웨이에서 퇴장한
모델과 관계자를 만날 것만 같은 장소다. 조용한 정
식은 안쪽에서, 뉴요커처럼 세련된 밤을 보내고 싶다
면 테라스나 바 카운터에서 음료 한 잔을 청해보자.

로루아얄 몽소 호텔 레스토랑 🍽
Restaurant Royal Monceau

주소 37 Avenue Hoche 75008 홈페이지 raffles.com
영업시간 12:30~14:30, 19:00~22:30, 연중무휴, 예약
및 정장 필수

모나코 왕족이 부럽지 않은 파리 최고의 호텔 & 레
스토랑. 저녁 풀코스는 1인당 €150부터 시작한다. 한
끼 식사로는 매우 비싸지만 한 번 정도 기분을 내고
싶다면 강력하게 추천한다. 아침 뷔페(€58)와 오후
의 쇼콜라 타임(€36 안팎)도 괜찮다. 매년 10월 중순
부터 다음 해 3월까지 최고의 파티시에 피에르 에르
메의 시그니처로 티-쇼콜라 타임이 따로 마련된다.

라뒤레 LADURÉE 🍽

주소 75 Avenue des Champs-Élysées 75008 홈페
이지 www.laduree.com 영업시간 월~금 07:30~
23:00, 토 7:30~자정, 일 07:30~22:00

마카롱으로 시작해 마카롱으로 끝나는 마카롱 백화
점. 패키지까지 모두 모으고 싶을 정도로 디자인이
예쁘다. 마카롱의 유명세에 밀려 알아보는 사람이
많지 않지만 라뒤레는 를리지외즈 Relisieuse(두 개
의 슈를 쌓은 모양의 디저트)가 특
히 맛있다. 마카롱은 커피와, 를
리지외즈는 홍차와 마셔야
제맛을 음미할 수 있다.

LOUVRE

루브르 구역

1682년, 태양왕 루이 14세가 베르사유로 왕정 이전을 하기 전까지 14~17세기의 루브르 궁전은 프랑스 왕권의 중심이었다. 18~19세기의 대혁명이라는 거대한 혼란, 폭동, 테러를 겪으면서도 프랑스 역사와 문화의 축을 이끈 구역이며, 센 강을 낀 위치와 쇼핑센터들의 밀집까지 더해져 명실공히 파리의 심장 구실을 해내고 있다.

루브르 박물관은 그 자체로 파리의 역사를 대변한다. 소장품도 눈부시지만 5세기에 걸쳐 축조, 증축된 건축 자체가 파리의 역사다.

팔레 루아얄의 정원과 루브르 궁전 뜰 중심에 우뚝 선 현대식 유리 피라미드를 거쳐 튈르리 정원을 거닐며 역사상 가장 빛났던 프랑스의 한때를 음미해 보자.

루브르 구역 Louvre

- 출발장소   쥐 드 폼 미술관 Jeu de Paume
- 메트로   1, 8, 12호 Concorde 역
- 소요시간   2~3일
- 놓치지 말 것   루브르 박물관, 팔레 루아얄 정원 그리고 노트르담
- 장점   한 치의 여유 없이 다닥다닥 붙은 유적지, 낭만적인 명소들
- 단점   리볼리 대로를 위시한 관광지 근처의 만원 인파와 공해

★ ★ ★

루브르 박물관,
오랑주리 미술관의
입장 시간을 아끼려면
미리 인터넷에서
입장권을 구매하자!

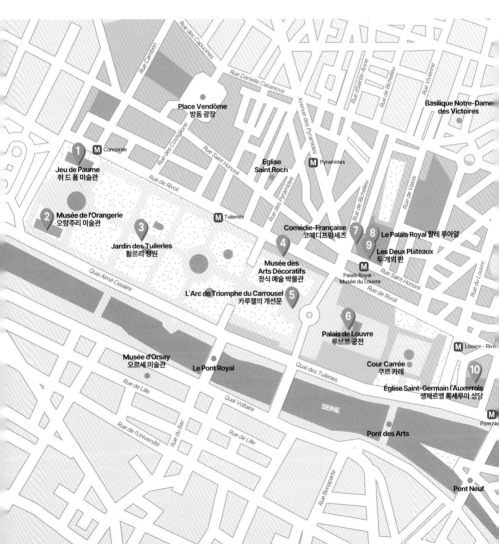

① 쥐 드 폼 미술관 Jeu de Paume
쥐 드 뽐므 ★★

주소 1 Place de la Concorde 가는 방법 메트로 1, 8, 12호선 Concorde 역 홈페이지 www.jeude
paume.org 운영 화 11:00~21:00, 수~일 11:00~19:00 휴무 월, 공휴일 입장료 €12, 25세 미만
€7.50(국제학생증 지참)

주로 사진, 영상예술 작품을 유치하는 이 장소는 1861년 완공 당시에는 테니스의 원형이 된 '손으로 공을 치는 놀이' 경기장이었다. 건물 전면에는 나치가 강탈해 간 예술품 4만 5,000여 점의 탈환 프로젝트에 앞장섰던 로즈 발랑 Rose Valland을 추모하는 기념판이 붙어 있다. 그녀의 이야기는 조지 클루니가 감독한 영화 '모뉴먼츠 맨 Monuments Man'에서도 다루었다.

② 오랑주리 미술관 Musée de l'Orangerie
뮈제 드 로랑주리 ★★★

주소 Jardin Tuileries 가는 방법 메트로 1, 8, 12호선 Concorde 역 홈페이지 www.musee-orange
rie.fr 운영 수~월 09:00~18:00, 폐장 45분 전까지 입장 가능 휴무 화, 5월 1일, 7월 14일(오전), 12
월 25일 입장료 일반 €12.50, 18세 미만과 동행 시 €10, 매주 금요일 18:00 입장 €10 패키지 오르
세 미술관 패키지 €16, 클로드 모네 재단 패키지 €18,50 | 패키지 입장권 사이 유효기간 3개월

틸르리 정원과 콩코르드 광장을 잇는 명소이자 모네의 '수련' 연작을 소장하고 있는 장소로 유명한 미술관. 미술관의 이름은 오랑제(오렌지 나무)에서 따왔다. 원래 이 자리는 정원에서 키우던 오렌지 나무 화분을 겨울이면 안으로 들여서 재배했던 온실이었고, 1921년 정원을 재정비하면서 미술관으로 개조했다. 미술관의 1층은 두 단으로 나뉘는데, 위층에는 피사로, 르누아르 등 인상파 화가들이 1, 2차 세계대전 사이에 완성한 작품이 전시되어 있다. 아래층의 타원형 전시실에는 그 유명한 모네의 '수련'이 있다. 처음부터 연작으로 기획된 작품이 아니라, 먼저 완성했던 8개의 대형 수련 작품을 연결한 후 더 유명해졌다. 지베르니에 있는 모네의 일본식 정원을 묘사한 작품으로 1차 세계대전의 휴전이 공표된 다음 날 화가가 직접 국가에 기증했다고 한다.

©Marc Bertrand

③ 튈르리 정원 Jardin des Tuileries
자르댕 데 튈르리

공사중
★★★

주소 Place de la Concorde 가는 방법 메트로 1호선 Tuileries 역, 1, 8, 12호선 Concorde 역

루브르 궁전과 콩코르드 광장을 잇는 정원. 왕실 정원사 르 노트르 André Le Nôtre가 설계와 조성을 맡았다. '튈 tuile'은 기와란 뜻으로 정원 바로 옆 센 강에 밀집해 있던 중세의 기와 공장에서 이름을 따왔다. 4세기 반을 거치는 동안 왕정 시대 때 있던 승마, 마술장이 철거되고 큰 산책로를 중심으로 두 개의 연못이 들어섰다. 튈르리 정원은 여행자뿐만 아니라 독서와 산책을 좋아하는 파리지앵도 무척 선호하는 장소다. 정원을 찬찬히 둘러보면서 이 주변을 장식하는 로댕과 마욜의 조각 작품을 감상하는 재미도 잊지 말자.

Do you know? 생소한 프랑스어 이름

파리의 유적지와 유명한 관광지를 다니다 보면 그 이름의 유래가 궁금해진다. 에펠탑처럼 건설자와 직접적인 연관이 있는 이름은 알겠지만, 아무 의미도 없어 보이는 이름은 어렵기만 하다. 이 문제는 프랑스 문화를 조금만 들여다보면 해결된다. 명소 이름은 원래의 지명, 건축주 이름, 건립 의도, 원래의 용도, 현재 활용도 등 5개 범주에서 벗어나는 일이 극히 드물다. 너무나 유명한 샹젤리제 Champs-Elysées, 마레 Marais, 보부르 Beaubourg는 원래 지명이다. 예술 애호가들이 시에 환원하는 작품을 모은 사립 미술관은 주로 그 기증자의 이름을 빌려온다. 세르누치 Cernuschi, 자크마르앙드레 Jacquemart-André 미술관 등이 대표적이다. 이에 반해 국립 건물은 프로젝트를 추진한 국가 원수의 이름을 쓴다. 퐁피두 센터 Centre de Pompidou, 프랑수아 미테랑 국립 도서관 Bibliothèque National François Mitterrand, 샤를드골 국제공항 Aéroport de Charles-de-Gaulle 등이 이에 속한다.

개선문, 콩코르드 광장은 어떨까? 건축 의도가 확실하거나 큰 사건이 일어난 장소를 기념하며 붙여진 경우다. 오랑주리, 튈르리, 죄 드 폼, 레 알 등은 보통명사가 고유명사화된 경우. 이들은 각각 오렌지 나무, 기와 공장, 공놀이 장, 천장 있는 실내 시장이라는 뜻의 일반명사다. 반면 국립 기술 공예 박물관, 패션과 섬유 박물관, 진화의 전당, 발견의 전당 등은 현재 활용도를 그대로 반영한 장소다. 이 외, 드물게 건축가의 이름을 딴 오페라 가르니에 Opéra Garnier가 있고, 성당의 이름은 성자나 성녀를 지칭하는 생(트) Saint(e)으로 시작하는 것이 대부분이다. 생소한 발음 때문에 제대로 읽기도 어려운 말이 많지만 먼저 그 유래를 이해하면 조금 쉬워진다. 스마트폰에 프랑스 사전 앱을 다운 받아 활용하면 보다 똑똑하게 여행할 수 있다.

4 📍 장식 예술, 패션과 섬유, 출판과 광고 박물관
Musée des Arts décoratifs, de la Mode, de la Publicité
레 뮈제 데 자르 데코라티프 드 라 모드 드 라 퓌블리시떼 ★

주소 107 Rue de Rivolie 가는 방법 메트로 1호선 Tuileries 역, 1, 7호선 Palais Royal-Musée du Louvre 역 홈페이지 www.lesartsdecoratifs.fr 운영 화~일 11:00~18:00, 목 11:00~21:00 휴무 월, 1월 1일, 5월 1일, 12월 25일 입장료 일반 €14, 니심 드 카몽도 미술관 포함 €20(P.94 참고), 사전 예매 권장

장식 예술 분야는 프랑스에서 단순한 인테리어 소품의 수준이 아니다. 프랑스 건축의 3대 요소인 건물, 정원 그리고 내부 장식에 포함되는 하나의 큰 섹션이다. 이런 관점에서 본다면 중세 시대부터 현재에 이르기까지의 장식 예술 작품을 6,000여 점 소장하고 있는 이 미술관은 그 자체가 문화유산인 셈이다. 카펫, 장롱, 목재 세공, 아르데코와 아르누보 양식의 예술품을 망라해 랑방의 방에 전시해 놓았다. 각국에서 수집한 장신구도 흥미롭다. 그런가 하면 광고와 홍보를 위해 기획된 작품들, 플레이 모빌이나 스타워즈 팬들이 흥분할 만할 작품도 있으니 체크하자.

🏅 2024 올림픽 공사 중

5 📍 카루젤의 개선문
L'Arc de Triomphe du Carrousel
라르크 드 트리옹프 뒤 카루젤 ★

주소 Place Arc de Triomphe du Carrousel 가는 방법 메트로 1, 7호선 Palais Royal-Musée du Louvre 역

1662년, 루이 14세는 왕세자의 탄생을 축하하기 위해 성대한 카루젤, 즉 기마 곡예 행진을 기획했고 그날의 화려한 행진 이후 카루젤의 개선문이 서 있는 광장의 정식 명칭이 되었다. 작은 개선문으로 알려진 카루젤의 개선문 역시 나폴레옹의 군대를 칭송하기 위해 건립되었다. 최상단에서 문을 장식하는 청동상은 오스트리아의 한 영역을 두고 이탈리아와 싸워 승리한 후, 베네치아 산 마르코 대성당의 현관 장식품을 가져와 올렸던 것이다. 이후 나폴레옹이 유배되고 당시 베네치아가 오스트리아에 합병되면서 조각 원형도 오스트리아에 반환되었다. 현재 보이는 청동상은 보시오 François Joseph Bosio의 1828년 작품으로 원형의 복제본이다.

⑥ **루브르 박물관** Musee de Louvre
위제 드 루브르 ★★★

주소 Musée du Louvre 가는 방법 메트로 1호선 Palais Royal-Musée du Louvre 역 홈페이지 www.louvre.fr 운영 월·수·목·토·일 09:00~18:00, 금 09:00~21:45 휴무 화, 1월 1일, 5월 1일, 12월 25일 입장료 현지 구매 €15, 온라인 구매 €17(대기줄 면제), 오디오 가이드 €5(사전 예매 권장)

세계에서 가장 유명한 루브르 박물관은 루브르 궁전 Palais de Louvre에 있다. 루이 14세가 17세기 말에 왕권을 베르사유로 옮기기 전까지 루브르 궁전은 프랑스 절대 왕권의 상징이었다. 약 800여 년 동안 이어진 증축 공사의 결과는 건축양식에서 잘 드러난다. 피라미드를 축으로 틸르리 정원 맞은편에 있는 정사각형 건물 쿠르 카레 Cour Carrée는 중세·르네상스 양식, 센 강과 리볼리 대로 쪽의 두 날개 건물은 로맨틱 바로크 양식이며, 대로를 평형하게 따르는 파사드의 주랑은 로마 양식을 반영하고 있다.

최초의 루브르는 12세기 말, 늑대로부터 시가지를 보호하기 위해 필리프 오귀스트가 축조를 단행했다. 늑대를 뜻하는 라틴어 Lupus, 즉 프랑스어 Loup가 그 유래를 입증하는데, 당시에는 쿠르 카레의 한 쪽일 뿐이었다. 감옥과 문지기의 숙소에 불과했던 이곳이 왕족의 거처로 거듭난 것은 14세기 때였다. 궁전의 확장은 센 강을 따라 시작되었고, 현재의 틸르리 정원이 시작되는 지점에서 가로질러 계속되었다. 이후 루이 14세가 리볼리 대로 쪽 확장 공사를

재개하면서 현재의 쿠르 카레가 완공되었다. 궁전이 베르사유로 옮겨간 후, 아카데미 회원들의 사무실과 유명 예술가들의 거처로 쓰이다가 1793년에 박물관으로 용도가 변경되었다. 왕족들이 남겨둔 예술품과 혁명 기간 동안 압수한 귀족들의 재물 660여 점을 전시하기 위해서였다. 이후에도 계속된 궁전의 확장, 재정비는 나폴레옹 3세의 섭정 기간인 1880년에서야 마무리되었다.

PLUS STORY   루브르의 피라미드

루브르 박물관의 정문이자 나폴레옹 뜰의 중앙에 세워진 유리 피라미드 Pyramide du Louvre는 건축가 이오 밍 페이 Ieoh Ming Pei의 작품으로 1989년에 완공되었다. 1981년 당시 대통령이었던 프랑수아 미테랑이 국제 콩쿠르 과정을 생략하고 건축가를 직접 선정한 것으로 화제가 되었다. 루브르 궁전의 정문보다 더 많은 사람들이 왕래하는 피라미드는 꼭짓점까지의 직선 높이가 21.64m, 정사각형인 바닥면은 35.42m를 이룬다. 전체는 95톤에 달하는 철근이 지탱하고 있으며, 그 사이는 603개의 마름모와 70개의 삼각유리로 구성된다. 루브르 궁전은 1970년대까지 경제부처와 미술관으로 나뉘어 사용됐는데, 1981년 대통령직에 오른 미테랑 대통령의 의지

로 궁전 전체가 미술관이 되었다. 그는 역대 프랑스 대통령 중 가장 예술에 조예가 깊었던 인물로, 루브르를 세계 최고, 최대 박물관으로 승격시키기 위해 대대적인 프로젝트를 추진했다. 피라미드 역시 이에 속했는데, 실질적으로는 많은 관람객을 효과적으로 입장시키기 위한 목적이 있었다. 영화 '다빈치코드'에 등장했던 역 피라미드 역시 같은 시기에 건립되었다. 꼭지각이 땅을 향하는 도형의 특성상 안에 빗물이 고일 것을 고려해 상부에 자연조건을 견딜 수 있는 견고한 유리판을 덮었고, 크기에 차이가 있을 뿐, 큰 피라미드와 설계는 동일하다. 역 피라미드는 박물관과 연결되는 카루젤 쇼핑관 Carrousel du Louvre에 설치되어 기분 좋은 채광까지 만들어준다.

7 코메디 프랑세즈 Comédie-Française
꼬메디프랑세즈

주소 1 Place Colette 가는 방법 메트로 1, 7호선 Palais Royal-Musée du Louvre 역, 1호선 Tuileries 역 홈페이지 www.comedie-francaise.fr 가이드 01 44 54 19 30 | 일요일 10:00경 시작

프랑스 극장이라고도 부르는 이 명문 국립 극장은 루이 14세의 명으로 1680년에 건립되었다. 극작가 몰리에르 Molière가 운영하던 희극단체와 부르고뉴파라고 불리던 비극단체를 하나로 통합해 운영하기 위해서였다. 위엄 있는 팔레 루아알의 한 부분을 배당받아 빅토르 루이 Victor Louis가 1799년에 극장을 지었고 이탈리아 양식을 그대로 고수한 극장은 그 후로 여러 번의 보수공사를 거쳤다. 극장 내부는 전문 가이드와 함께 관람이 가능하고, 전통 무대와 대기실, 몰리에르가 마지막으로 앉았던 암체어 등을 관람할 수 있다.

⑧ 팔레 루아얄 Le Palais Royal
르 빨레 루아얄 ★★

주소 8 Rue de Montpensier 가는 방법 메트로 1, 7호선 Palais Royal-Musée du Louvre 역 홈페이지 palais-roy al.monuments-nationaux.fr 운영 정원 10~3월 07:30~20:00, 4~5월 07:00~22:15, 6~8월 07:00~23:00, 9월 07:00~21:30 입장료 무료

말 그대로 '왕의 성'인 팔레 루아얄은 원래 평범한 저택이었으나, 1628년 리슐리외 추기경 Cardinal Richelieu이 루브르 궁전과 인접하다는 이유로 매입해서 성 모양을 갖추어 지었다. 이후 오를레앙 가문과 나폴레옹 집정 시대의 사유화를 거쳐 현재는 행정재판소, 헌법재판소 그리고 프랑스 문화부처로 나누어 사용한다. 성은 영광의 뜰, 정원, 화랑 그리고 극장으로 구분된다. 1780년 코메디프랑세즈를 건립한 건축가 빅토르 루이가 정원을 둘러싼 갤러리를 완성했을 당시에 귀족을 위한 레스토랑과 카페, 살롱 등이 만들어졌는데 아직 남아 있는 곳도 있다. 추기경의 사유 극장은 1660년에 극작가 몰리에르가 잠시 인수했다가 그의 사후 파리 시에서 오페라 극장으로 사용했고, 이후 코메디프랑세즈의 효시가 되었다.

> **PLUS STORY** 리슐리외 추기경과 팔레 루아얄

파리의 종교, 문화, 역사에서 리슐리외 추기경의 영향은 막대하다. 종교적으로는 추기경이었으나, 정치와 종교가 불가분의 관계였던 프랑스에서 최고 총리직을 수행한 막강한 권력자였다. 귀족 출신으로, 신앙과 지식을 더해 추기경에 올랐으므로 그의 학식, 교양, 정치력에 대해서는 굳이 언급할 필요가 없다. 알렉상드르 뒤마 Alexandre Dumas의 유명한 소설 <삼총사 Les Trois Mousquetaires>에서 그려진 추기경의 교묘함과 책략도 그의 비상한 두뇌를 픽션화한 것.
팔레 루아얄은 지금의 국무총리와 대등한 직책을 맡고 있던 추기경이 관저를 빙자한 사가로 쓰기 위해 개조한 장소로, 당시 그의 이름을 따서 '팔레 드 리슐리외'로 불렸다. 그의 사망 후에 루이 13세의 왕비이자, 루이 14세의 어머니인 안 도트리슈 Anne d'Autriche가 이곳으로 옮겨왔는데 거대한 루브르 궁전에 비해 왕자, 공주들이 뜰에서 노는 모습을 내실에서 관찰하기 좋은 아담한 구조였기 때문이라고 한다. 태양왕 루이 14세가 소년에서 청년 시절을 보내면서 왕가의 성, 팔레 루아얄로 개칭되었다.

필리프 드 샹파뉴 Philippe de Champaigne의 '리슐리외 추기경 Le Cardinal de Richelieu'

9 두 개의 판 Les Deux Plateaux
레 되 쁠라또

주소 8 Rue de Montpensier 가는 방법 메트로 1, 7호선 Palais Royal-Musée du Louvre 역

영광의 뜰을 통해 팔레 루아얄 안으로 입장하면 뷔랑 Daniel Buren의 설치미술 '두 개의 판(1985년)'을 볼 수 있다. 체스판을 연상시키는 이 기둥은 18세기에 정원을 둘러싸고 운영되던 놀이 살롱을 현대식으로 반영하고자 했다. 남녀노소를 가리지 않고 기둥을 오르거나 주변에서 술래잡기를 하는 사람들을 보면 예술가의 의도에 공감하게 된다.

10 생제르맹 록세루아 성당 Église Saint-Germain-l'Auxerrois
레글리즈 쌩제르맹 록세루와

주소 2 Place du Louvre 가는 방법 메트로 1호선 Louvre-Rivoli 역, 7호선 Pont Neuf 역 홈페이지 www.saintger
mainauxerrois.fr 운영 월~토 08:00~19:00, 일 09:00~20:00

루브르 동쪽, 궁전 정문의 맞은편에 있는 성당으로, 제르맹 성자의 성지에 세워져 이 이름이 붙었다. 파리에서 가장 오래된 성당이며, 궁전과 가깝다는 이유로 18세기에 왕실의 예배당으로 사용되기도 했다. 최초 완공 시기는 12세기로 추정되지만, 현재 보이는 건물은 15세기에 거의 새로 짓다시피 했고 그나마도 수차례 보수한 것. 5세기에 걸쳐 확장, 보수를 거듭했으므로 그동안의 건축양식을 조금씩 내포하고 있다. 종탑은 로마 양식, 중앙 홀은 레요낭 양식 Style Rayonnant, 현관은 플랑부아양 양식 Flamboyant Style, 현관문은 르네상스 양식을 드러낸다. 성당 내, 홀 뒤편의 유리 공예는 생트샤펠을 모방했다고 하니 비교하며 감상해 보자.

/ FOCUS /

쇼핑의 대명사, 생토노레 거리

RUE SAINT HONORÉ ET RUE DU FAUBOURG SAINT-HONORÉ

트렌드를 이끄는 유명한 쇼핑 구역들이 있지만, 그중에서도 파리 유행의 발원지는 세 장소로 요약된다. 몽테뉴 대로 Avenue Montaigne에서 시작하는 '황금의 삼각지대 Triangle d'Or' 구역(P.96 참고), 부아시 당글라 Boissy d'Anglas를 위시한 포부르 생토노레 거리 Rue du Faubourg Saint-Honoré, 그리고 콩코르드 광장을 중심으로 한 생토노레 거리 Rue Saint-Honoré가 그곳들. 서민보다 상류층을 겨냥하고 있으므로 가격대가 하늘을 찌르는 것이 아쉽지만 현재 파리의 유행을 엿볼 수 있다는 데 의의가 있다. 구입하지 않더라도 자유롭게 입장해 구경할 수 있으니 부담 갖지 말고 들러보자.

생토노레는 긴 쇼핑로로, 자세히 본다면 하루도 모자란다. 중요 매장의 위치를 대략이라도 익히고 가는 게 좋다. 콩코르드 광장에서 마들렌 성당을 직선으로 잇는 루아얄 거리 Rue Royale를 중심으로 왼쪽이 포부르 생토노레, 오른쪽이 생토노레다.

Rue du Faubourg Saint-Honoré

1. Gucci
2. Pinko
3. Prada
4. Longines
5. Bottega Veneta
6. Ermanno Scervîno
7. Lanvan
8. Hermès
9. Givenchy
10. Yves Salonmon
11. Saint Laurent
12. Leonard
13. Brunello Cucinelle
14. Comme des Garcon
15. Heurgon
16. Jacob Cohen
17. Art Galerie
18. Etro
19. Micheal Vivienne
20. APOSTROPHE
21. Alberta Ferretti
22. Chanel
23. Tod's
24. Cartier
25. Sergio Rossi
26. Berluti
27. Moncler
28. Dolce & Gabbana
29. Miumiu

Rue Saint-Honoré

1. Furla
2. Tory Burch
3. MaxMara
4. Longchamp
5. Louboutin
6. Anne Fontaine
7. Loewe
8. Celine
9. Chanel Cambon
10. Burberry
11. Jimmy choo
12. Balman
13. Alexandre Mcqueen
14. Georgio Armani
15. Delvaux
16. Omega
17. Zegna
18. Chaupard
19. Louis Vuitton
20. Guerlin*
21. Isabelle Marran
22. Goyard
23. Maje
24. Balenciaga
25. Diptyque*
26. Dior cosmetique*
27. Serge Lutens*
28. Initio*
29. Stone Island
30. Aesop*

31. Verlet
32. Vivienne Westwood
33. the kooples
34. roger gallet*
35. L'artisan Parfumeur
36. Cosmoparis
37. Paule ka
38. YSL rive gauche*
39. theory
40. bash
41. Palm Angelo
42. Acne Studio
43. P. Smith
44. Gucci
45. Marni
46. Stella Mccarteney
47. Goyard
48. Buccellati
49. Yves Salomon
50. David Yurman
51. Versace
52. Chloe
53. Dior
54. Fendi
55. maje
56. Sandro
57. longchamp
58. Valentino
59. Alexandre Mcqueen
60. Michael Kors
61. Canada Goose

Place Vendôme
방돔 광장

Place du Marché St-Honoré
생토노레 시장 광장

Rue Saint-Honoré
생토노레 거리

Rue de Castiglione
Rue Saint-Honoré
Rue de Mont Thabor
Rue de la Sourdière
Rue Saint-Roch
Rue des Pyramides
Avenue de l'Opéra
Rue de Richelieu

M Pyramides
M Tuileries
Rue de Rivoli
M Palais Royal Musée du Louvre

로랑스 부아송 Laurence Boisson

주소 10 Rue Saint Roch 75001 홈페이지 www.laurencebossion.com 영업시간 화~토 11:00~19:00

그냥 모자 가게라고 넘어가기엔 로랑스 부아송의 이력이 심상치 않다. 들으면 알 만한 오트쿠튀르 메종에서 오랫동안 모자와 액세서리를 제작해왔던 이력을 살려 본인의 이름으로 매장을 론칭한 것. 샤넬의 시작도 모자였던 것을 기억하자. 이곳은 부아송의 첫 매장이자 아틀리에를 겸하는데, 모든 모자를 수작업으로 제작한다. 결혼식이나 세례 같은 특별한 행사용부터 데일리 모자까지 가능하다. 원하는 모델만 정하면 챙 너비, 색상, 둘레 등 손님의 요구에 맞춰 100% 맞춤 제작해 자국으로 배송까지 해준다. 파리지앵의 아이콘이 된 베레모는 €70, 이벤트 모자는 €250부터.

세르주 뤼텐 Serge Lutens

주소 142 GAL de Valois 75001 홈페이지 www.sergelutens.fr 영업시간 11:00~19:00, 연중무휴

올리브영에서만 세르주 루텐을 접한 사람이라면 이 브랜드가 현존하는 뷰티 아트 디렉터계의 거장으로 칭송받는 메종임을 모를 수도 있다. 창조, 감각, 고혹의 정수를 찾는다면 세르주 뤼텐의 본점을 방문해 파리점에서만 판매되는 '파리지앵'을 꼭 시향해 볼 것을 권한다.

페랑 Perrin

주소 3 Rue Alger 75001 홈페이지 perrinparis.com 영업시간 화~토 10:30~19:00

무려 1893년에 설립된 메종은 파리의 오트쿠튀르 하우스를 위한 가죽 장갑 공급업체로 시작, 21세기에는 그들만의 기술력과 장인력으로 잡화와 액세서리 컬렉션으로 전문성을 확장하고 있다. 페랑의 선글라스는 쥐라 지방, 핸드메이드 장갑은 창업자 페랑의 고향인 생쥐니앵, 실크 스카프는 이탈리아 코모, 가방은 프랑스 제혁 장인의 지도 아래 베트남의 아틀리에에서 수공업으로 생산된다.

메종 파브르 Maison Fabre

주소 128 GAL de Valois 75001 홈페이지 www.maisonfabre.com/en 영업시간 월~토 11:00~19:00

전통 수공법으로 만든 장인정신이 느껴지는 장갑 한 컬레를 찾는 사람에게 메종 파브르를 소개한다. 퀄리티는 높지만 가격대는 합리적이어서 외국 단골까지 생길 정도. 이 브랜드는 사라져가는 장갑 장인들을 육성하기 위해 끊임없이 젊은 인재들을 교육시키는 곳으로 식용으로도 가능한 유기농 라벨 소가죽을 이탈리아에서 공수받아 사용하고, 남은 조각은 액세서리, 패치워크 장갑 등으로 100% 재활용한다.

코르토 몰테도 Corto Moltedo

주소 Galerie de Valois Colonnes 146 à 148 75001 영업시간 화~토 11:00~19:00

'어디서 샀어?' '어디 브랜드야?'라는 질문을 받고 싶은 멋쟁이라면 주목! 클러치와 토트백이 눈을 사로잡는다. 코르토의 제품은 최고의 토스카나 재료로 최고의 이탈리아 장인들이 전통 기법을 활용해 제작한다. 모든 품목이 한정 수량으로 생산된다는 점에서 가치가 탁월하다. 환경 문제 해결을 위해 폐기물 역시 최소화한다고.

카페 베를레 Café Verlet

주소 256 Rue Saint-Honoré 75001 홈페이지 www.verlet.fr 영업시간 월~토 09:30~18:30 휴무 일

파리에서 카페를 좋아하는 사람 중에 카페 베를레를 모르는 사람은 없을 것이다. 창업주 보엘레는 20세기 초에 세계 각지의 특산품을 찾아다녔고 그의 손자는 1956년에 같은 장소에서 최고급 원두를 대중에게 공급하게 되었다. 현재 그 열정을 이어받은 오너가 다양한 커피를 제안하고 있다. 호주, 미얀마, 파나마 등에서 친환경으로 생산된 원두를 구입할 수 있다. 250g의 가격은 €7부터 €65까지 다양하다.

젬 JEM

주소 10 Rue Alger 75001　홈페이지 jem-paris.com
영업시간 월~토 11:00~20:00

기하학적이고도 동시대적
감각이 살아 있는 보석상.
특이한 약혼반지나 결혼
반지도 찾을 수 있다.

메종 가브리엘 Maison Gabriel

주소 26 Rue du Mont Thabor 75001　홈페이지 www.
maisongabrielparis.com　영업시간 월~토 11:00~
19:00

샤넬의 본명과 같은 간판명을 썼지만 실제 관련은
없는 남성 시크 패션 매장이다. 이곳이 특별한 이유
는 모든 슈트가 홑겹 핸드메이드 마무리이기 때문.
딱 봐도 대형 공장에서 영혼 없이 찍혀 나오는 제품
과는 재질이 다르다. 여름에는 고급 리넨, 겨울에는
최상급 울 소재를 사용하지만 마감은 늘 홑겹을 고
집한다. 감성적인 티셔츠, 남성 액세서리 등이 유니
크해서 선물용으로도
좋을 듯.

25 장비에르 팔레 루아얄
25 Janvier Palais-Royal

주소 41 Galerie de Montpensier 75001　홈페이지
www.25janvier.com 영업시간 월~토 11:30~19:30

디자이너 제품, 빈티지 명품 그리고 25 Janvier 제
품을 디스플레이해서
머리에서 발끝까지 독
특한 스타일로 쇼핑할
수 있는 매장이다.

디스트리 Destree

주소 3 Rue du 29 Juillet 75001　홈페이지 www.de-
stree.com 영업시간 월~토 11:00~19:00

우리나라 재벌이 든 모습이 파파라치에게 찍혀 수
혜를 본 브랜드다. 가방 외에도 메이드 인 프랑스 모
자, 벨트, 액세서리에 브랜드만의 디테일이 담겨 있
다. 가방은 이탈리아 가죽으로 동유럽에서 제작해
온다.

르 라보 Le Labo

주소 203 Rue Saint-Honoré 75001 홈페이지 lelabo
fragrances.com 영업시간 10:30~19:30, 일 09:00~
18:00

개성 있는 향으로 주목받는 브랜드. 매년 9월에는
각 나라의 주요 도시 이름을 딴 향수를 해당국에서
만 판매하는 마케팅을 펼치기도 한다. 흔하디흔한
향에 싫증이 났고, 어처구니없이 비싸지 않으면서
개성이 살아 있는 향수를 원하는 이들에게 추천.

프라고나르 Fragonard

주소 207 Rue St Honoré 75001 홈페이지 www-us.
fragonard.com 영업시간 10:00~19:00 휴무 금, 일

파리에 향수 박물관까지 설립해 프랑스 향수를 대
중에 보급한 메종. 향수뿐 아니라 디퓨저, 테이블 웨
어, 인테리어 소품 등을 다양하게 구경할 수 있다.

메드모아젤 Mes Demoiselles

주소 5 Rue Cambon 75001 홈페이지 mesdemoisel
lesparis.com 영업시간 월~토 10:00~19:00

메드모아젤 제품의 특징은 몸을 타고 흐르는 듯한
우아한 실루엣이다. 여름은 여름대로, 겨울은 겨울
용 고급 소재로 실루엣을 살린다. 이런 유연한 특징
때문에 스트리트 패션보다 우아하고 드레시한 스타
일을 선호하는 사람에게 더 잘 맞는 브랜드.

프란시스 퀴르크지안
Francis Kurkdjian

주소 5 Rue Alger 75001 홈페이지 franciskurkdjian.
com 영업시간 월~토 11:00~13:30, 14:30~19:00

이브 생 로랑과 여러 유명한 향수 메종에서 조향사
로 승승장구하던 퀴르크지안의 플래그숍. 출시 후
스테디셀러로 이름 올린 바카라는 짙은 계피, 과일,
바닐라 등이 조합돼 유일하고 고혹적이다. 이 메종
향수들은 대부분 유니섹스용이지만 여자는 여자대
로, 남자는 남자대로 잔향의 우아함이 달라지니 시
향해 보기를 추천한다.

스미스 앤 선 Smith&Son

주소 248 Rue Rivoli 75001 홈페이지 smithandson. com 영업시간 화~금 12:00~19:00, 주말, 공휴일 12:30~18:30, 브레이크 타임 14:30~15:30

코로나19 직전에 생긴 스미스 앤 선 서점은 루브르 구역을 얼마나 많은 영미권 사람들이 찾는지를 반영한다. 모든 서적은 영문, 나머지 품목도 영국을 대표하는 제품들이다. 파리에 와서 영어권 서점에 굳이 갈 일인가 싶지만 2층에 위치한 티 숍은 오후에 잠시 들러 영국식 티타임을 갖기에 그만이다. 다만 방문객이 많아 만석이 빠르고 브레이크 타임을 피해야 한다는 단점도 있다.

카페 메시 Maisie Café

주소 32 Rue Mont Thabor 75001 홈페이지 www. maisiecafe.com 영업시간 월~금 10:00~17:00

맛있는 요리를 먹고 싶은 글루텐 프리, 베지테리언에게 루브르 구역의 이곳을 추천한다 현지인들이 키쉬나 샌드위치 등 'Casse-croute'라고 표현하는 간단식을 작은 부엌에서 직접 만드는데, 재료도 신선하다. 디톡스 주스 역시 직접 착즙해 건강하다.

가니 Ganni

주소 1 Rue du 29 Juillet 홈페이지 ganni.com 영업시간 월~토 11:00~19:00, 일 12:00~18:00

가니의 아티스틱 디렉터가 가장 좋아하는 도시 중하나라는 파리에 첫 매장(마레)을 오픈한 후, 명품 메종들의 데필레 구역에 문을 연 루브르 매장이다. 코지하게 꾸며 바깥 세상과 단절된 분위기가 콘셉트라고 한다.

마도 아 파리 Mado à Paris

주소 252 Rue Rivoli 75001 홈페이지 madoaparis. com 영업시간 10:00~19:00, 연중무휴

리볼리 대로에서 크루아상과 마들렌이 포함된 간단 브런치, 오후 티타임, 수제 아이스크림 등을 1시간 넘게 걸리는 대기줄 없이 제대로 즐기려면 마도로 갈 것. 공간은 작지만 프랑스 파티시에가 맛있게, 정성스럽게 서비스해 준다.

앙젤리나 Angélina (Salon du Thé)

주소 226 Rue de Rivoli 75001 홈페이지 www.angelina-paris.fr 영업시간 월~목 07:30~19:00, 금 07:30~19:30, 토 08:30~19:30

몽블랑 덕분에 유명해진 곳으로 제과점과 브런치숍을 함께 운영하고 있다. 저녁 식사도 괜찮지만 상대적으로 가격이 저렴한 브런치나, 차를 곁들인 티 푸드를 추천한다. 연어나 닭가슴살 샐러드, 클럽 샌드위치는 부담 없이 즐기기에 좋다. 하루에 300여 개가 팔린다는 몽블랑은 꼭 맛볼 것! 바삭함이 살아 있는 머랭과 과할 정도로 넉넉히 올려진 달콤쌉싸름한 밤 크림의 조화는 입안에 황홀함을 선사할 것이다. 몽블랑이 €9.20, 쇼콜라 쇼는 €8.20.

랭페리알 L'Impérial

주소 240 Rue de Rivoli 75001 홈페이지 www.limperialrivoli.com 영업시간 연중무휴, 주말 예약 필수

루브르를 지척에 둔 근사한 프랑스 요리 레스토랑. 튈르리 정원을 접한 입지조건도 훌륭하지만 스테이크와 클럽 샌드위치 등의 메뉴 역시 뒤지지 않는다. 파리 패션 위크에 모델들의 무대가 되는 곳으로도 유명하다. 프랑스 고급 요리로 유명한 푸아그라를 €21에 맛볼 수 있으며 식사 시간 외에는 차와 커피, 칵테일 등을 마실 수 있다.

부다 바, 라운지 Buddha-Bar

주소 8/12 rue Boissy d'Anglas 75008 홈페이지 www.buddhabar.com/fr 영업시간 18:00~02:00(바), 19:00~02:00(레스토랑), 12:00~16:00(여름 기간 제외한 브런치), 연중무휴 예약 한 달 전 필수

동서양을 믹스한 천외하고도 은밀한 인테리어가 돋보이는 콘셉트는 여행. 매주 전 세계의 요리를 특색 있게 선보인다. 주말에는 파리 최고의 DJ를 상주시켜 한 주간의 긴장을 녹이는데, 부다 바만의 특성을 살린 오리엔탈 일렉트로닉 음향은 색다른 경험을 선사한다. 호텔, 스파 등을 겸비하고 있으며, 홈페이지에서 패키지 경험권을 구매할 수 있다.

©Yvan Moreau

피에르 마르콜리니
PIERRE MARCOLINI

주소 89 Rue Seine 75006 영업시간 월~토 10:15~19:30

프랑스 공영방송의 디저트 쇼에 고문으로 출연하기도 하는 벨기에 출신 스타 쇼콜라티에 피에르 마르콜리니가 운영하는 초콜릿 매장이다. 현대 건축의 거장 미즈 반 데로에의 'Less is more'란 어록을 초콜릿의 맛과 매장의 가치로 여기는 곳. 25개의 하트 모양 초콜릿 한 상자가 €25부터, 4단 보석함에 빼곡히 담긴 초콜릿은 €95에 판매한다.

다 로사 Da Rosa

주소 19bis Rue du Mont Thabor 75001 홈페이지 darosa.fr 영업시간 11:00~23:30(토, 일 제외한 공휴일은 사정에 따라 변경될 수 있음), 연중무휴

이탈리아 카페 원조의 기품과 꾸밈없는 자연스러움을 느낄 수 있는 곳이다. 아틀리에에서는 이탈리아 화덕에서 구워내는 포카치아를 곁들인 식사를 제공한다. 함께 있는 식료품점에선 이탈리아산 훈제 식품과 커피 원두 등을 쇼핑할 수 있다. 여름에 찾는다면 미리 예약하고 테라스의 여유를 즐길 것을 추천한다.

체 앤 체 아소시에
Tsé & Tsé Associées

주소 7 Rue Saint-Roch 75001 홈페이지 www.tse-tse.com 영업시간 월~토 11:00~14:00, 14:30~19:00 휴무 일

두 명의 디자이너가 일상 속의 작은 디자인에 주목하며 시작한 체 앤 체는 '신상'을 물색하러 다니는 파리지앵의 첫 번째 리스트다. 체 앤 체는 '사월의 꽃병'이라는 특이한 소품이 인테리어 전문잡지에 소개되면서 단번에 유명해졌다. 전문 디자이너들이 아니기에 일반인이 공감할 만한 디자인으로 더 인기를 끄는지도 모른다. 이 외에 인도 등에서 직수입하는 특이한 인테리어 아이템들은 구경만으로도 눈이 즐겁다. 수없이 카피된 체 앤 체의 '사월의 꽃병 Vase d'Avril' 가격은 €145부터. 크기에 따라 가격이 다르다.

장 폴 에방 Jean-Paul Hévin

주소 231 Rue Saint-Honoré 75001 홈페이지 www.
jeanpaulhevin.com 영업시간 월~토 10:00~19:30
휴무 일

마카롱의 대부가 피에르 에르메라면 프랑스 고급 초
콜릿의 대부는 단연코 에방이다. 쇼콜라티에 장인이
자 창업주 에방은 지난 25년 동안 최고의 초콜릿 원두
를 찾아 직접 세계를 누빈 열정가로도 유명하다. 최근
에는 친환경 초콜릿 원두에 관심을 보이며 제품을 내
놓고 있다. 초콜릿 전문점인 만큼 이를 원료로 한 고
급 디저트도 꼭 맛보기를 권한다. 파리에 이어 일본,
중국, 홍콩, 대만에서도 이 정열의 매장을 오픈했다.

아스티에 드 빌라트 Astier de Villatte

주소 173 Rue Saint-Honoré 75001 홈페이지 www.
astierdevilatte.com 영업시간 월~토 11:00~19:30 휴
무 일

수공 도자기 제품 매장. 프랑스식 디자인과 중국 장
인의 섬세함이 그대로 전해지는 제품이 많다. 자기
지만 현대식으로 해석한 제품 덕분에 은근히 오랫
동안 기억에 남는 장소다.

세실 잔 Cécile Jeanne

주소 270 Rue Saint-Honoré 75001 홈페이지 www.
cecilejeanne.com 영업시간 월~토 11:00~19:00

문을 연 지 20년이 된 중견 보석, 액세서리 매장. 2
년 전부터 가죽 가방, 파우치, 신발 등으로 디자인
영역을 넓혀가고 있는
데, 심벌인 새 한 마리
가 제품 내에 종종 숨
어 있다. 주로 동식물
의 형태에서 모티프를
따와 디자인에 굴곡이
많고 여성스러운 것이
특징이다.

라 메종 노르딕
LA MAISON NORDIQUE

주소 221 Rue du Faubourg Saint-Honoré 75008
홈페이지 lamaisonnordique.com 영업시간 월~토
10:00~19:30

입맛 까다롭기로 유명한 파리지앵에게 인정받은
고급 식료품점이자 레스토랑. 북유럽 바다를 원산
지로 하는 어패류를 취급하는 매장으로 최상의 캐
비아와 연어알 그리고 어패류 가공식품도 맛볼 수
있다. 프랑스 전역 350여 명의 스타 셰프 레스토랑
에 공수하는 퀄리티 보증 명품점. 클럽 샌드위치의
랍스터 버전인 Club
Homard, 연어 회와
타라마(생선알)의 조
화가 신선한 메밀 버
거로 직접 식사를 해
보는 것도 좋다. 단
품요리 €40~85.

©Anne-Emmanuelle
Thion

/ FOCUS /

파리에서 레스토랑 이용하기

루이 14세 때 전성기를 맞달던 왕정 문화와 유럽 최대의 곡창지대를 보유한 나라답게 프랑스의 음식 문화는 세계 어느 나라에서도 넘볼 수 없는 수준이다. 음식 문화가 발달한 만큼, 종류와 즐기는 방법 또한 각양각색이다. 한 끼에 €300가 넘는 최고급 레스토랑부터 €20 안팎의 비스트로 요리까지. 참고로 프랑스의 모든 음식점은 테라스(노천)를 제외하면 금연석이다.

음식점의 종류

고급 레스토랑 Restaurant

제대로 된 프랑스 요리나 코스 요리를 원한다면 레스토랑을 정하고 반드시 예약하도록 한다. 시간대에 따라 메뉴와 요금이 달라진다. 메뉴판은 코스 요리 또는 전채, 메인 요리, 디저트로 구분된다. 미슐랭 레스토랑이라면 프로마주(프랑스 치즈) 서비스를 추가하는 것도 좋다. 어디에서도 맛보지 못한 훌륭한 프랑스 치즈의 풍미를 느낄 수 있다. 뭘 먹어야 할지 고민이라면 '오늘의 요리 Plat du jour'를 택하는 것도 방법이다. 오늘의 요리는 당일 아침에 공수받은 식재료일 가능성이 높다.

출장이나 경유지로 파리에 왔더라도 한 끼 정도는 파리지앵처럼 여유롭게 식사해 볼 것을 권한다. 단품을 주문할 수 있지만 미슐랭 레스토랑은 코스 요리가 기본이다. 코스를 즐기기에 일정이 빠듯하다면 한 시간 범위 내에서 식사를 끝마치고 싶은 시간을 미리 알려주면 직원이 최대한 맞춰준다. 어느 장소든 디저트까지 먹고 나면 커피나 따뜻한 음료를 원하는지 물어보는데 원치 않으면 거절하자. 에스프레소나 카페 알롱제(아메리카노)로 식사를 마무리하는 것이 프랑스인들의 에티켓이지만 추가 요금이 발생한다.

특징 예약 필수 예산 미슐랭 레스토랑 점심 코스 €48~90 정도, 저녁 코스 €130 정도/1인(음료 제외)
코스 시간 점심 1시간 30분, 저녁 1시간 30분~2시간 이상
영업시간 점심 12:00~15:00, 저녁 19:00~22:00, 브레이크 타임 있음
드레스 코드 일반 미슐랭 레스토랑 운동화(운동복) 사절, 호텔 미슐랭 레스토랑 정장 또는 캐주얼 시크(남성은 블레이저, 캐주얼화 가능, 남녀 모두 반바지, 숏팬츠 사절), 없을 경우 무료 대여

비스트로, 일반 레스토랑 Bistrot

전채, 메인 요리, 디저트로 코스 요리처럼 주문 가능하나 고급 서비스보다 서민적인 가정식에 가깝다. 식탁 사이가 좁아서 옆자리 대화 내용이 다 들리니 목소리를 낮추어 말하자. 식탁 크기가 80cm 내외라서 음식을 다 올릴 수 있을까 싶지만, 비싼 임대료 때문이라는 뻔한 이유보다 더 파리지앵스러운 해석이 있다. 이 거리에서 연인 간의 눈빛 교감이 가장 증폭된다는 것. 꿈보다 해몽이지만 파리답다.

특징 레스토랑보다 아담하고 서민적인 분위기
예산 €20~50/1인 **식사 시간** 약 1시간
영업시간 브레이크 타임 없는 곳이 대부분

브라스리 Brasserie

'양조하다'라는 뜻의 브라세 Brasser에서 기원한 단어로, 간단하게 주점이다. 간단한 요리와 음료 서비스를 겸하지만 맥주가 메인인 만큼 정식 식사를 기대하기는 어렵다. 메뉴는 크로크무슈, 클럽 샌드위치, 샤퀴테리(육고기 훈제)가 일반적인데 안주 느낌이다. 식사에 비해 주류가 다양해서 간단히 음료만 시키거나 식사 시간을 놓쳤을 때 가면 좋다. 파리지앵 중에는 이렇게만 저녁 식사를 마치는 경우도 흔하다.

특징 식사보다 술인 사람에게 맞춤형
예산 €8~50 선/1인(안주 포함)
영업시간 12:00 전후, 17:00부터

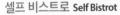

셀프 비스트로 Self Bistrot

편의점 진열장 같은 곳에서 개별 포장된 음식을 취향대로 골라 먹을 수 있는 장소. 이런 곳도 전채, 메인 요리, 디저트 코스를 갖추고 있다. 미리 요리했지만 대부분 당일에 만든 음식이므로 신선도에는 큰 하자가 없다. 따뜻한 요리를 즉석에서 먹고 싶을 땐 데워달라고 하면 된다.

특징 매장 내 식사, 테이크아웃 모두 가능
예산 €8~30/1인(음료 포함)
영업시간 11:00부터, 대부분 브레이크 타임 없음

미슐랭 스타 등 고급 레스토랑 기본 이용 순서

1 예약 필수(인지도 있는 셰프나 대세인 레스토랑은 최소 한 달 전 예약 권장), 취소 필수(최소 24~48시간 전)

2 레스토랑에 도착하면 예약 여부를 확인하고 반드시 직원의 안내에 따라 내정된 자리에 착석한다.

3 식사 메뉴 카드와 와인 리스트를 전달 받는다.

4 물 또는 식전주(요금 발생) 주문 여부를 결정한다. 식전주와 탄산수, 미네랄워터는 요금이 별도이고 원치 않는 경우는 카라프도 Carafe d'eau(무료 물)를 시켜도 무방하다.

5 메뉴 설명을 듣고 알레르기나 피하는 식재료가 있으면 반드시 알린다.

6 기본 코스(3~4코스), 시그니처 코스(5~7코스) 중 선택할 것. 본식에서 생선, 육류로 나뉠 경우 택일한다. 결정 후에는 메뉴 카드를 접어 테이블에 올려둔다. 계속 보고 있거나 펼친 상태로 두면 결정 전이라고 여기고 주문을 받지 않는다.

7 아뮤즈 부쉬(애피타이저) 서비스+와인(페어링) 주문 여부를 결정한다.

8 빵과 (버터는 장소에 따라 다름) 주문한 음료가 서브된다.

9 순서대로 코스가 서브된다. 각 서비스 간격은 약 30분. 일행이 있을 경우 한 사람이라도 코스를 마치지 않으면 다음 코스 서브 시간이 지연된다. 요리 사진을 촬영하기 원한다면 가르송에게 양해를 구한다. 일반적으로 촬영이 허락되지만 장소의 수준이 높을수록 까다로운 곳도 있다. 와인에 관심이 있어 촬영을 원한다면 역시 사전에 협조를 구해야 한다.

10 디저트 후에 따뜻한 음료를 선택한다(생략 가능).

11 계산서를 요청한다(현금, 카드, 더치 페이 결제 가능).

코스 요리 우아하게 즐기는 팁

· 와인이 필수는 아니지만 코스 요리에 풍미를 더하므로 한 잔 정도 권장한다. 와인에 대해 잘 모른다면 소믈리에에게 잔으로 권해달라고 부탁한다.

· 식간에 요청 사항이 있을 때 큰소리로 직원을 부르는 것은 주의! 직원을 주시하다가 눈이 마주치면 손을 들어 부른다.

· 빵은 칼과 포크를 사용하지 않는 것이 기본. 입으로 뜯어 먹지도 않는다. 한입 크기로 찢어서 조금씩 먹는 것이 예의다. 빵은 무한 리필이지만 맛있는 빵 맛에 취해 위를 채우면 정작 코스 요리를 제대로 즐길 수 없으니 필히 주의할 것!

· 커트러리나 냅킨을 떨어뜨리거나 음료잔을 엎지르거나 깨트렸을 때 당황할 필요 없다. 손을 들어 사고를 설명하고 미안하다는 한마디만 덧붙이면 된다.

· 프랑스인은 식후 디저트와 따뜻한 음료(카페, 차) 시식에 시간차를 둔다. 디저트와 카페를 함께 먹으려면 메인 요리 후에(또는 디저트 주문 때) 요청하면 된다.

· 고급 레스토랑에서는 손을 들어 요청해야 계산서를 가지고 온다. 다음 일정이 임박하면 메뉴 주문을 할 때 몇 시까지 마치기를 원한다는 내용을 전달한다.

· 팁은 전체 요금의 4~5% 정도. 서비스와 식사가 훌륭했다면 팁은 카드 결제 시 추가하는 것보다 현금으로 식탁 위에 올려놓고 나오는 게 좋다. 현금이 없지만 팁을 주고 싶다면, 카드 결제 때 원하는 액수만큼 팁으로 처리해 달라고 해도 된다. 좋은 시간을 만들어줘서 고맙다는 인사는 여행자가 머문 자리를 향기롭게 할 것이다.

* 파리의 모든 미슐랭 레스토랑에서는 영어가 통용된다.

레스토랑 필수 회화

OO으로 예약을 했습니다.
J'ai réservé au nom de OO. 줴 레제으베 오 농 드 OO

취소하고 싶습니다.
Je souhaite d'annuler ma réservation, s'il vous plait. 주 수에트 다뉠레 마 레제르바시옹 씰부플레

두 사람입니다.
Deux personnes, s'il vous plait. 되 뻬르손느 씰 부 쁠레

종업원을 부를 때 *S'il vous plait.* 씰 부 쁠레

메뉴판을 주세요.
La carte, s'il vous plait. 라 까르트 씰 부 쁠레

요리를 추천해 주시겠어요?
Qu'est-ce que proposeriez-vous pour moi? 께스끄 프로포즈리에부 뿌르 무아

고기는 어느 정도로 익힐까요?
Quelle cuisson (voulez-vous) pour la viande? 껠 뀌송 (불레부) 뿌르 라 비앙드

살짝(핏기를 머금은 정도)만 익혀 주세요.
Saignant, s'il vous plait. 세냥 씰 부 쁠레

적당히 익혀 주세요.
A point, s'il vous plait. 아 푸앙 씰 부 쁠레

완전히 익혀 주세요.
Bien cuit, s'il vous plait. 비엥 뀌 씰 부 쁠레

이 음식에 어울리는 와인을 부탁합니다.
Pouvez-vous me conseiller un vin qui va bien avec ce plat? 뿌베부 므 콩세이옹 앙 뱅 키 바 비엥 아베크 스 쁠라

맛있게 드세요. *Bon appétit!* 보나페띠

음식이 어땠습니까(끝을 올리며)?
Ça été? 사 에테

최고입니다. *Excellent!* 엑셀렁

맛있었습니다. *C'était très bon.* 쎄테 트레 봉

괜찮았어요(끝을 내리며). *Ça été.* 사 에테

영수증을 주세요.
L'addition, s'il vous plait. 라디시옹 씰 부 쁠레

카드로 계산할게요.
Je paye par la carte. 쥬 페 파르 라 까르트

각자 결제하고 싶습니다.
Je souhaite d'en régler séparémment.
주 수에트 덩 레글레 세파레멍

저자 투어

저자 인스타그램

* 이상의 내용에도 불구하고 용기가 부족하다면 저자의 미슐랭 레스토랑 현지 투어를 추천한다.

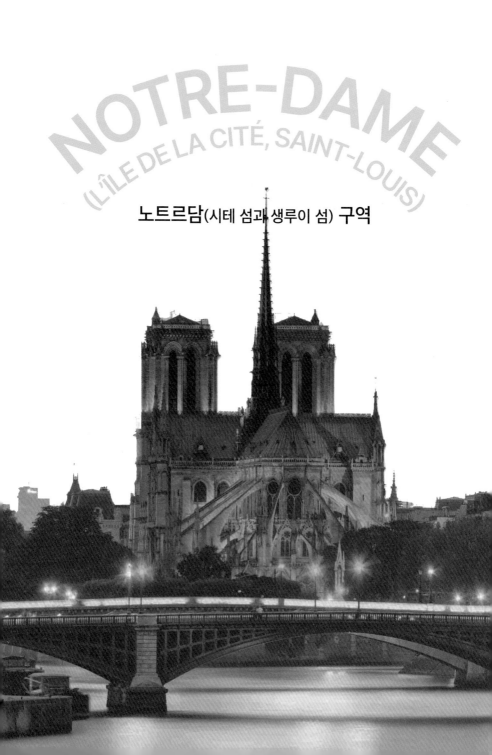

NOTRE-DAME
(L'ÎLE DE LA CITÉ, SAINT-LOUIS)

노트르담(시테 섬과 생루이 섬) 구역

시테 섬과 생루이 섬은 파리를 흐르는 센의 중심에 위치한 두 개의 작은 섬에 불과하지만 바로 이곳에서 기원전 첫 파리지(파리지앵)의 흔적을 찾았다. 노트르담이 수세기에 걸쳐 중세의 왕권, 대주교관, 행정기관으로 밀집된 구역에 세워진 것은 우연이 아니다. 시테 섬 중앙에 위치한 노트르담 대성당은 10세기부터 400여 년 동안 프랑스의 왕권을 장악했던 시테 궁전과 주교좌 성당의 참사원으로 사용되었다. 파리의 첫 광장인 앙리 4세 광장 역시 시테 섬의 명물인 퐁 뇌프 다리 가운데에 위치한다.

노트르담(시테 섬과 생루이 섬) 구역
Notre-Dame(L'Île de la Cité, Saint-Louis)

★ ★ ★

사람이 많으니
노트르담 전망대에
입장하려면 아침
일찍 서두를 것!

- 출발장소   퐁 뇌프 Pont Neuf
- 메트로   1, 7호선 Pont Neuf 역 또는 Louvre Rivoli 역
- 소요시간   1~2일
- 놓치지 말 것   생트샤펠과 노트르담 대성당 방문
- 장점   파리 역사의 기원인 구역
- 단점   노트르담 대성당 광장의 인파와 멋진 셀렉트 숍의 부재

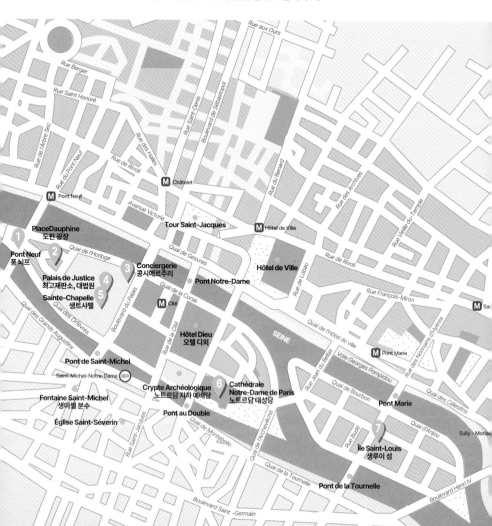

① 퐁 뇌프 Pont Neuf
퐁 뇌프 ★★

주소 Île de la Cité 가는 방법 메트로 7호선 Pont Neuf 역

파리에 있는 다리 중 축조 기간이 가장 길고(1578~1604), 가장 오래된 다리. 앙리 4세가 지시하고 그 아들 루이 13세 때 완공되었다. 길이 238m, 폭 20.5m의 퐁 뇌프는 12개의 아치와 둥근 난간으로 이루어져 있다. 난간에는 필롱 Germain Pilon이 만든 385개의 기괴한 돌조각 얼굴이 조각되어 있다. 프랑스 영화 '퐁뇌프의 연인들'의 배경이 된 곳이며 19, 20세기 예술가들이 가장 사랑한 낭만적인 다리로 꼽혔다.

PLUS STORY 가장 특별한 다리, 퐁 뇌프

지금은 파리에서 가장 오래된 다리인 '퐁 뇌프(새로운 다리)'이지만 축조 당시에는 그렇게 부를 이유가 있었다. 센 강을 한 번에 잇는 최초의 다리라는 점, 다리 위에 집이 없다는 점 그리고 인도 人道가 있다는 점 때문이었다. 시테 섬을 중심으로 북쪽 또는 남쪽, 한 방향으로만 설치되었던 그전의 다리와 달리, 퐁 뇌프는 시테를 거쳐 센 강을 한 번에 가로지른다. 그전까지는 빈민들이 다리 난간을 따라 3~4층의 판잣집을 짓고 살았는데 퐁 뇌프는 그 자리에 인도를 내어준 최초의 럭셔리 다리였다. 영화 '향수'에서 이 기이한 형태의 주거지를 확인할 수 있다. 집 건설을 규제한 자리에 보행로를 만들어서 마차와 말의 흙먼지, 진흙탕으로부터 자유로워졌다. '새로운 다리'란 이름이 어울릴 만했다.

르누아르 Renoir의 '퐁 뇌프 Le Pont Neuf', 워싱턴 DC 내셔널 갤러리 소장

2 도핀 광장 Place Dauphine
플라스 도핀 ★

주소 Quai de l'Horloge, Quai des Orfèvres, Rue de Harlay가 이루는 삼면 가는 방법 메트로 7호선 Pont Neuf 역

최고재판소 뒤쪽과 퐁 뇌프 다리 사이에 위치한 삼각형의 작은 흙 광장. 퐁 뇌프가 완공된 후, 왕세자(루이 13세)를 위해 광장을 만들고자 한 앙리 4세가 선택한 장소다. 이 광장을 형성하고 있던 32채의 건물 중 현존하는 두 채는 앙리로베르 거리 Rue Henri-Robert와 퐁 뇌프 광장이 만나는 곳에서 볼 수 있다. 초현실주의 작가 앙드레 브르통 André Breton은 도핀 광장을 여자의 음부에 빗대어 '파리의 태초가 시작된 곳'이라는 몽환적인 표현을 쓰기도 했다. 작은 광장이지만 둘레에 자리 잡은 멋진 맛집에서 호젓한 여유를 가질 수 있다.

3 콩시에르주리 Conciergerie
꽁씨에르주리 ★★

주소 2 Boulevard du Palais 가는 방법 메트로 4호선 Cité 역 홈페이지 www.paris-conciergerie.fr/en 운영 월~일 09:30~18:00 휴무 5월 1일, 12월 25일 입장료 일반 €11.50, 생트 샤펠 포함 €18.50, 사전 예매 권장

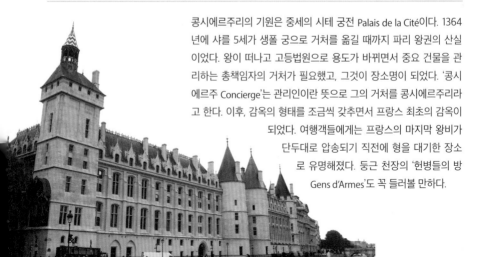

콩시에르주리의 기원은 중세의 시테 궁전 Palais de la Cité이다. 1364년에 샤를 5세가 생폴 궁으로 거처를 옮길 때까지 파리 왕권의 산실이었다. 왕이 떠나고 고등법원으로 용도가 바뀌면서 중요 건물을 관리하는 총책임자의 거처가 필요했고, 그것이 장소명이 되었다. '콩시에르주 Concierge'는 관리인이란 뜻으로 그의 거처를 콩시에르주리라고 한다. 이후, 감옥의 형태를 조금씩 갖추면서 프랑스 최초의 감옥이 되었다. 여행객들에게는 프랑스의 마지막 왕비가 단두대로 압송되기 직전에 형을 대기한 장소로 유명해졌다. 둥근 천장의 '헌병들의 방 Gens d'Armes'도 꼭 들러볼 만하다.

④ 최고재판소, 대법원 Palais de Justice
빨레 드 쥐스띠스 ★

주소 10 Boulevard du Palais 가는 방법 메트로 4호선 Cité 역(생트샤펠을 통해 앞뜰로 진입 가능) 운영 월~금 09:30~17:00

중죄, 탄원, 경범, 민법 재판소, 원심 파기원, 사법 경찰 본부가 모여 있는 프랑스 최고의 사법기관. 샤를 5세 이후 고등법원이 들어서면서 프랑스는 법치국가의 위엄을 갖추기 시작했다. 대혁명 후, 업무량이 증가하고 인원이 늘어나 부족해진 업무 장소를 충당할 목적으로 1848년부터 증축했으나 이 사이에 파리 코뮌 가담자들의 방화로 대부분 소실되어 1914년에야 완공되었다. 현재 남쪽 파사드는 네오 고딕 양식으로 검찰청이 주관하고 있으며, 4개의 첨탑으로 상징되는 북쪽 파사드는 원심 파기원과 중죄, 탄원 재판소로 쓰인다. 도핀 광장과 마주한 아를레 거리 Rue de Harlay의 서쪽 파사드는 그리스 신전의 양식을 빌려 지었다. 시테 섬의 절반을 차지하고 있는 큰 규모지만 네 면의 내외부 모두 시간을 가지고 찬찬히 둘러볼 가치가 충분하다.

⑤ 생트샤펠 Sainte-Chapelle
생뜨샤뻴 ★★★

주소 4 Boulevard du Palais 가는 방법 메트로 4호선 Cité 역 홈페이지 www.sainte-chapelle.fr/en 운영 4월~9월 말 09:00~19:00, 10월~3월 말 09:00~17:00 입장료 일반 €11.50, 콩시에르주리 포함 €18.50, 사전 예매 권장

루이 11세에 의해 1242년부터 4년간 건립된 고등법원의 부속 예배당이며, 고딕 건축미의 절정을 보여주는 보물 같은 장소. 루이 11세는 예수 그리스도의 가시 면류관을 유물로 소장하기 위해 이곳을 축조한 후 생루이 Saint-Louis로 승격된다. 왕을 위한 사람들과 근위병들이 출입했던 아래층 예배당과 왕족만이 출입 가능했던 위층 예배당으로 나뉘어 있다. 위층은 화려한 스테인드글라스로 장식되어 있는데, 성경에 나오는 1,113개의 이야기를 다룬 작품들이 방문객을 압도한다. 이 작품들은 왼쪽에서 오른쪽으로 읽으면 된다. 계절마다 기획되는 비발디와 바흐의 협주곡 콘서트가 들을 만하다. 콘서트 입장권은 Fnac에서 구입하면 편하다.

 생트샤펠 콤보 티켓

ꔛꔜ **2024 올림픽 공사 중**

파리
BIG 12 6 # 노트르담 대성당 Cathédrale Notre-Dame de Paris
까떼드랄 노트르담 드 빠리   ★★★

주소 6 Place du Parvis Notre-Dame 가는 방법 메트로 4호선 Cité 역, RER C선 Saint-Michel-Notre-Dame 역
홈페이지 www.tours-notre-dame-de-paris.fr/en 운영 첨탑 화재 후 공사로 모든 구역은 가이드 방문만 가
능. 프랑스어, 영어 및 한국어 가이드 예약 신청만 가능(사전 예약 필수) 입장료 무료입장, 성유물관 €8~10 첨
탑 전망대 성당 왼쪽 클루아트르 거리 Rue de Cloître로 진입 | 01 50 10 07 00 | 10~3월 10:00~17:30, 4~9월
10:00~18:30(폐장 45분전까지 입장 가능) | 1월 1일, 5월 1일, 12월 25일 휴무 | 입장료 €10

노트르담은 종교적, 건축적으로만이 아니라 프랑스
의 역사와 발달 과정에 있어서 빠질 수 없는 중요한
유산이다. 1302년, 필리프 4세에 의해 삼부회가 최
초로 개최되었고, 1455년 잔 다르크의 명예 회복 재
판이 열렸으며, 1804년 나폴레옹 1세의 대관식이
이곳에서 거행되었다. 드골이 프랑스의 해방을 축
원하며 국가를 부른 곳도, '프랑스의 마지막 대통령'
이란 별칭을 가진 미테랑의 장례식이 치러진 곳도
노트르담이다. '노트르담'은 '우리들의 귀부인'이라
는 뜻으로 성모 마리아를 일컫는다.

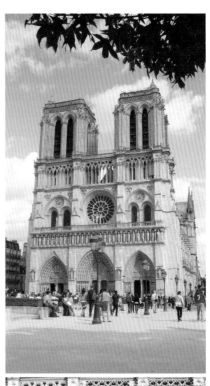

1160년 파리의 부주교였던 쉴리 Maurice de Sully는
성모 마리아를 찬양하기 위해 시테 섬에 성당 신축
을 계획한다. 당시 이 장소는 고대와 중세, 로마 시
대의 유적지이자 성스러운 땅으로 인식되고 있었
다. 200년이라는 세월을 거쳐 1363년경에 완공된
노트르담은 길이 127m, 너비 48m로 대성당의 칭
호에 부족함이 없었다. 노트르담의 정면은 원 안에
꽃을 그려 넣은 로자스 rosace를 위시한 중심부, 양
쪽으로 우뚝 솟아오른 사각 기둥의 탑, 그리고 하단
의 출입구로 구성되어 있다.

로자스 바로 앞 3명의 조각상은 성모 마리아가 아담
과 이브에게 둘러싸인 모습으로 성당 정면의 모든
조각과 장식들이 이 상에 경의를 표하는 구도로 설
계되었다. 하지만 압권은 세 개의 문이다. '최후 심
판의 문'을 중심으로 왼쪽과 오른쪽을 각각 마리아
와 안느의 문으로 구분하며, 28명으로 이루어진 '제
왕들의 회랑'을 떠받친 모습은 조각 예술의 노력과
신에 대한 열망의 결실이다. 경이로움은 성당 내부
로 연결된다.

서, 남, 북을 향해 난 3개의 로자스와 서로 마주 보는 성직자들의 자리 쪽 폴리크롬은 고딕 조각 양식의 최고봉이다. 보수공사 동안 제자리를 잡은 남, 북쪽의 로자스는 지름 13m로, 정면의 로자스보다 3m나 더 커서 채광이 부족한 실내를 밝혀준다. 1638년 루이 13세가 아들 루이 14세의 탄생을 기념하며 새로운 제단을 마련할 것을 맹세하고, 1세기 이후에 루이 15세가 피에타 제작을 명하여 명작 피에타가 탄생한다. 그 옆으로는 마리아에게 왕관을 바치는 루이 13세와 피에타 상을 향해 무릎을 꿇은 루이 14세의 상을 볼 수 있다.

첨탑 전망대

날개 달린 괴물의 형상을 한 석상 가고일은 원래 낙수받이었으나, '노트르담의 꼽추'에 등장했을 만큼 성당의 또 다른 얼굴이기도 하다. 19세기 말, 고전 건축가 외젠 비올레르뒤크의 천부적인 재능을 빌려 목조 골조와 아연 지붕이 20여 년 만에 보수를 마치고 최근까지 보존되어 왔다. 불행히도 2019년 4월의 화재로 인해 모두 소실되었고, 이전의 첨탑으로 복원 공사 중이다. 전망대를 포함한 모든 성당 구역은 사전 예약 후 가이드 동행 방문만 가능하다.

Do you know? 푸앵 제로

노트르담 앞뜰에는 성당 말고도 찾아볼 것이 또 있다. 흔히 '프랑스의 배꼽'이라고 부르는 푸앵 제로 Point Zéro(제로 포인트). 노트르담 정문에서 앞으로 약 50m 떨어진 곳 바닥에 표지판이 있다. 이 포인트는 파리와 유럽 각 도시 간의 고속도로 거리를 측정하는 기준점이다. 파리에서 디종까지 310㎞라고 했을 때, 출발 기준점이 이곳인 것. 1924년 파리 시의회와 구 파리 이사회가 12년간의 논쟁과 회의 끝에 이 장소를 출발점으로 합의했고, 같은 해 표지판을 안착시켰다. 재미있는 것은 푸앵 제로의 기원이다. 종교가 국가와 일치하던 중세 시대에 죄수들이 대주교관의 문 앞에서 공개 참회를 하던 의식이 있었는데, 당시에는 '정의의 층계'라고 불렀다 한다. 죄수들은 이 층계 위에서 죄명을 명시한 플래카드를 뒤집어쓴 채, 양손에 노란 양초를 들고 맨발로 서서 공개적인 망신을 당한 후, 감옥에 갇히거나 교수형에 처해졌다. 1767년경, 루이 15세의 명으로 '정의의 층계'는 쇠고리 칼로 바뀌었고, 이유는 알 수 없으나 이것이 푸앵 제로의 시초가 되었다 한다.

⑦ 생루이 섬   Île Saint-Louis
일 생루이   ★★

가는 방법 메트로 4호선 Saint-Michel 역, 7호선 Pont Marie 역, RER C선 Saint-Michel-Notre-Dame 역

시테 섬에서 파리가 시작될 무렵, 생루이 섬은 풀과 늪 사이에 소와 양들만 방목되고 있었다. 원래 지명도 '젖소들의 섬 Île aux Vaches'이었다. 늪으로 방치되었던 섬에 사람이 살기 시작한 것은 루이 13세가 섭정을 시작하고 구역을 재정비하면서였다. 퐁 마리 Pont Marie와 퐁 생루이 Pont Saint-Louis가 이 기간에 축조되었다. 눈에 띄는 건축물이나 명소는 적지만 중세 시대 때 형성된 도시체계가 잘 보존된 구역이라 당시의 흔적이 눈에 띈다. 건축 구조물 중 몇몇은 15세기의 것 그대로다. 조그맣게 붙어 있는 많은 상점과 레스토랑이 활기차고, 특히 '베르티용 Bertillon'이란 간판이 붙은 프랑스 전통 수제 아이스크림 가게는 세계 어느 나라에서도 맛보지 못할 특별한 맛을 선사한다.

흔히 파리의 기원지로 알려진 시테 섬은 기원전 52년 로마제국의 지배 아래에 놓이기 전까지 골루아 Gaullois(프랑스 원주민)의 터전이었다. '파리'라는 이름 역시 라틴어 '루테티아 파리시오룸 Lutetia Parisiorum'에서 유래한 것이다. 루테티아가 파리로 개칭된 것은 서기 310년경, 로마와의 전투 직후라고 알려져 있다. 이때의 파리를 '고대 파리'로 부르며, 중세까지는 여기에 살던 사람들을 '파리지 Parisii'라고 불렀다. 이를 토대로 1994년부터 10여 년에 걸쳐 파리지 유적 발굴 사업이 있었는데, 이때

시테 섬이 파리지의 기원이 아니라는 학설이 제기되었다. 기원전 3세기, 로마가 시테 섬을 정복하기 전에 골루아족이 살던 흔적이 낭테르 Nanterre에서 발견된 것. 낭테르는 현재 파리 경계의 북서쪽(라데팡스 뒤편)에 위치한 중형 도시다. 이들이 물이 가까운 시테 섬으로 거주지를 차츰 이동하면서 로마제국의 지배를 받았던 것이다. 이를 계기로 파리의 기원은 낭테르임이 정설이 되었지만 시테 섬은 로마의 영향 아래 문명이 발전한 곳이며, 프랑스의 가장 중요한 유적지인 것만은 틀림없다.

/ FOCUS /

프랑스의 와인

VIN DE FRANCE

프랑스 요리에서 와인은 큰 비중을 차지한다. 고급 레스토랑에서 식사할 때 와인이 빠지거나, 식사의 수준에 맞지 않는다면 그 식사는 완벽하지 않다고 평한다. 보통 프랑스인들은 하루 한 잔 정도의 와인을 마신다. 국왕이 마셨다는 와인부터 간단한 테이블 와인까지, 프랑스인들이 사랑하는 와인에 대해 알아보자.

와인의 종류

와인은 크게 레드, 화이트, 로제 세 종류로 나뉘며 이는 다시 산지별로 나뉜다. 레드 와인은 보르도 Bordeaux와 부르고뉴 Bourgogne, 코트 뒤 론 Cote du Rhone, 화이트 와인은 알자스 Alsace 지역이 유명하다. 도시나 지역을 기본으로 와인은 다시 포도 농장에 따라 분류된다. 이 분류는 원산지 통제 명칭인 AOC의 규정(테루아와 기후별 검열)에 따라 부여된다. 생테밀리옹 Saint-Emilion, 그라브 Grave, 메독 Medoc 등의 와인은 모두 보르도가 고향이다.

보르도는 소테른 Sauternes이라는 화이트 와인도 유명한데, 특수한 균을 투입시켜 당도를 높인 포도로 만들어 와인을 처음 접하는 이들에게 호응도가 높다. 애피타이저를 먹을 때, 메인 요리 전에 곁들인다. 지방의 AOC에 따른 크레망 Crémant, 피노 블랑 Pinot Blanc, 피노 그리 Pinot Gris, 리즐링 Riesling 또는 샤르도네 Chardonnay 등의 화이트 와인이 유명하다. 로제 와인은 레드와 화이트의 중간쯤으로 생각하면 된다. 로제는 특급 와인이라 불릴 만한 와인은 드물다.

AOC로 나뉜 와인은 마지막으로 생산연도에 따라 맛이 달라진다. 일부 슈퍼마켓의 와인 창고에는 와인 수확이 좋았던 해를 한쪽에 표시하고 있으니 참고하자. 화이트, 레드 등의 색상별 구분과는 별개로 세계 최상의 와인만 생산하는 메종의 이름도 기억해 두자. 해당연도 1등급 와인인 그랑 크뤼 Grand Cru, 세계 3대 와인인 샤토 라피트 로칠드 Chateau Lafite Rothschild, 라투르 Latour, 로마네 콩티 Romanee Conti 등으로 보통 그랑 크뤼는 €15~60, 3대 샤토 와인들은 €29~무한대다. 이 외의 산지로는 샴페인의 생산지인 샹파뉴 Champagne, 신선함으로 잘 알려진 루아르 Loire, 론 Rhone이 있다. 또 매년 10~11월은 프랑스의 젊은 와인, 보졸레 Beaujolais 와인을 만날 수 있다. 모두 생산연도가 2년이 넘지 않은 와인으로 아직 포도와 과일향이 살아 있어 싱싱함을 선사한다.

CHÂTELET LES HALLES
HÔTEL DE VILLE (BEAUBOURG)

샤틀레·레 알·시청(보부르) 구역

보부르 BEAUBOURG는 이 지구의 양대 산맥인 파리 시청과 퐁피두 현대 예술 센터를 통해 지난 1세기 동안 파리에서 가장 개혁적이고 대범한 변화를 시도한 구역이다. 수도의 중심으로서 역사 보존의 의무는 지키면서, 세기를 대표할 만한 실험적인 건축 프로젝트와 현대미술의 균형을 잘 유지하고 있다. 더하여, 이 균형의 눈금 사이에 세계 각국의 정체성을 이식한 쇼핑 가게가 펼쳐지니 그 절묘한 조화에 집중할 것.

샤틀레·레 알·시청(보부르) 구역
Châtelet · Les Halles · Hôtel de Ville(Beaubourg)

★ ★ ★

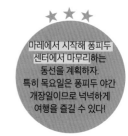

마레에서 시작해 퐁피두 센터에서 마무리하는 동선을 계획하자. 특히 목요일은 퐁피두 야간 개장일이므로 넉넉하게 여행을 즐길 수 있다!

- 출발장소　생퇴스타슈 성당 Église Saint-Eustache
- 메트로　4호선 Étienne Marcel 역, Les Halles 역, 1호선, 11호선 Hotel de Ville 역
- 소요시간　1~2일
- 놓치지 말 것　퐁피두 센터와 시청
- 장점　현대 문화의 산실과 주변 쇼핑 스폿
- 단점　시청과 퐁피두 센터의 인파. 주말과 17:00 이후를 피한다면 보다 경쾌한 산책이 될 것!

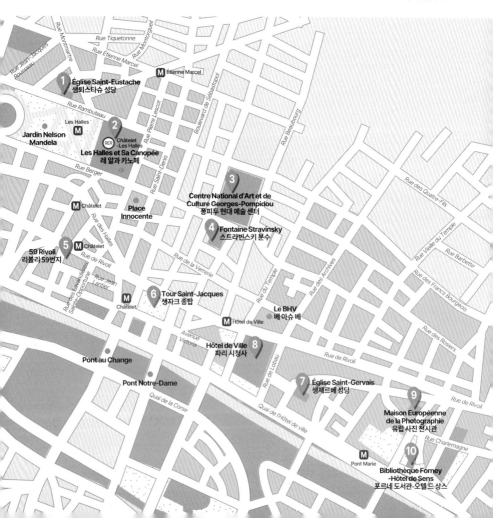

① 생퇴스타슈 성당 Église Saint-Eustache
에글리즈 쌩뜨스타슈 ★

주소 2 Impasse Saint-Eustache 가는 방법 메트로 4호선 Les Halles 역, RER B, D선 Châtelet-les Halles 역 홈페이지 www.saint-eustache.org 운영 월~금 09:30~19:00(여름 10:00~18:30), 토~일 09:00~19:00(여름 10:00~19:00)

레 알의 북쪽에 자리한 성당으로, 르네상스 시대에 세워진 고딕 양식 건축물이다. 노트르담의 명성에 가려 등한시된 불운의 장소지만 8,000여 개의 통관을 가진, 프랑스에서 가장 중요한 성당 오르간을 보유하고 있다. 13세기 초 생타네스 Sainte Agnès 부속당에서 시작되어 성자 외스타슈의 성물을 안장하면서 본당이 건립되었다. 그 후, 3세기 동안 수차례의 증축을 거치다가, 1532년에 '파리 시에 어울리는 규모의 성당'이란 명목으로 재축조되었다. 르네상스 양식을 기본으로 하고 전체 윤곽에는 중세의 멋이 배도록 했다. 하지만 당시로서는 워낙 큰 규모였기에 대금 문제에 봉착할 때마다 공사가 지연되었다. 주임 신부가 시민들에게 호소문을 돌리고 여러 명의 성당 책임자가 바뀐 끝에 1637년, 파리의 대주교 드 공디 De Gondi 때 완공되었다. 리슐리외, 몰리에르, 퐁파두르 부인 등이 이곳에서 세례를 받았다. 실내의 생뱅상드파리 부속당에서는 현대미술가 키스 하링 Keith Haring의 뜻밖의 작품을 만날 수 있다.

Point!

정기 예배에 참석하면 성스러운 교회 오르간 연주와 성가대의 합창을 감상할 수 있으니 홈페이지에서 예배 시간을 확인한 후 체험해 보자. 짧은 바지 등 노출이 심한 복장만 피하면 입장 가능.

② 레 알과 초대형 카노페 Les Halles et sa Canopée
레잘르 에 싸 까노뻬   ★★★

주소 Rue Berger, Pierre Lescot 또는 Rambuteau로 진입 가는 방법 메트로 4호선 Les Halles 역, RER A, B, D선 Châtelet-Les Halles 역 홈페이지 www.forumdeshalles.com 운영 월~토 10:00~20:00, 일요일 11:00~19:00(입점 매장 확인하기)

레 알 카노페에서 레 알은 6세기 넘게 이 자리를 지켜온 프랑스 최대의 재래시장을 지칭하고, 카노페는 렘 콜하스 설계로 2018년에 개축, 완공된 현재의 쇼핑몰 프로젝트를 말한다. 이곳은 19세기 프랑스의 지성 에밀 졸라가 '파리의 복부'라 칭했을 만큼 파리의 문화와 경제성을 함축하고 있는 장소다. 파리 교통의 50% 이상을 차지하는 지하철과 RER 노선 8개의 환승역이자, 파리 최초 대형 쇼핑몰이었던 '포럼 데 알'을 해체하고 축조되었다. 카노페의 백미는 초대형 유리 천장이다. 빼곡히 우거진 산림을 상공에서 바라본 모습을 닮았다고 카노페라는 프로젝트명이 붙었다. 이 덕에 매장들은 지하 2층까지 자연 채광을 누린다. 파리 중심에서 이 정도 규모의 쇼핑몰은 카노페가 유일하지만 그보다 더 주목할 것은 지상의 정원이다. 파리의 센트럴 파크를 염두에 둔 탓에 휴식에 적합하다. 지하 대중교통 노선이 가장 많이 지나가는 만큼 목적지의 노선표를 수시로 확인할 것.

PLUS STORY 파리의 재래시장과 레알의 탄생

12세기에 모습을 드러내기 시작한 파리의 재래시장은 6세기를 내려오는 동안 그 규모가 어마어마하게 커졌다. 18세기에는 생선, 육류, 방직, 보석 등 전문 상인과 가축 도살장까지 들어섰는데, 비위생적인 환경과 그에 따른 오염은 나라 전체를 위협하는 문제로 확대되었다. 가축의 피와 시장 오물 등을 처리하지 않아 센 강이 오염되었던 것. 한편, 센 강을 따라 전염병이 창궐하는데도, 묘지 임대할 돈이 없는 사람들이 센 강에 시체 투기하는 일 또한 19세기까지 비일비재했다. 나폴레옹 섭정기와 제 3공화국을 거치며 정치인들 사이에서 도시 청결에 대한 자각이 비로소 늘어났고, 전염병의 근원이었던 하수구와 함께 난잡했던 시장도 재정비 대상이 된다. 빅토르 발타르 Victor Baltard의 레알 드 파리(파리의 시장)는 그렇게 탄생했다.

③ 퐁피두 현대 예술 센터

Centre National d'Art et de Culture
Georges-Pompidou
쌍트르 나씨오날 다르떼 드 뀔뛰르 조르주뽕삐두

★★★

주소 Place Georges Pompidou 가는 방법 메트로 4, 11호선 Châtelet 역, 1, 11호선 Hôtel de Ville, RER A, B, D선 Châtelet-Les Halles 역 홈페이지 www.centrepompidou.fr 운영 미술관 수~월 11:00~21:00 휴무 화, 공휴일 입장료 €11~14, 전망대 예매 권장, 도서관 무료, 매달 첫째 일요일은 미술관, 전망대, 어린이 갤러리 무료 관람(※ 미술관은 정문, 도서관은 후문으로 입장)

퐁피두 센터란 명칭으로 잘 알려진 이곳은, 1969년 프랑스 19대 대통령 조르주 퐁피두가 추진하여 1977년에 완공·개장했다. 한때 보부르라고 불리던 구역에 있어서 파리지앵은 보부르 센터라는 별칭을 애용한다. 건축 시 보이지 않게 감추는 에스컬레이터와 철근, 대형 배관을 입면과 내부 홀 전면에 내세운 파격적인 모습이다. 1971년에 681점이 출품된 국제 공모전에서 당선된 피아노 Renzo Piano와 로저스 Richard Rogers의 작품으로, 건설 당시에는 흉물이라는 혹평을 면치 못했다. 하지만 지금은 예술의 문턱을 낮추고 신예 예술가를 위한 장을 마련하고자 한 퐁피두 대통령의 업적으로 평가되고 있다.

퐁피두 센터는 지하 2층, 지상 6층 규모로 현대 산업미술관과 디자인, 공공 도서관, 콘서트 홀, 영화관을 포함해 우체국, 예술 서점, 카페 등 파리 문화의 구심점으로 이용된다. 연간 5,300여만 명의 방문객을 유치하며 뉴욕의 모던 아트, 영국의 테이트 모던 미술관과 함께 세계 3대 현대미술관으로 거론된다. 6층은 피카소와 칸딘스키, 마티스, 몬드리안, 미로 등 현대 예술 거장의 상설 미술관이며 조각가 브랑쿠시 Constantin Brancusi의 작업실을 그대로 재현해 놓은 아틀리에도 있다. 또한 레스토랑 조르주 Georges에서 감상하는 파리의 야경은 손에 꼽을 만하다.

◯◯◯ 2024 올림픽 공사 중

 스트라빈스키 분수 Fontaine Stravinsky
퐁텐 스뜨라빈스키 ★★

주소 Place Igor-Stravinsky 가는 방법 메트로 11호선 Rambuteau 역, 1, 11호선 Hôtel de Ville 역

퐁피두 센터의 광장으로 나오면 왼쪽에 보이는 분수. 러시아 음악가 스트라빈스키 Igor Stravinsky를 추모하기 위해 1983년에 만들었다. 조형예술가 생팔 Niki de Saint-Phalle과 철강 조각가 팅겔리 Jean Tinguely의 공동 작업으로 분수 안에 16개의 작품을 설치했다. 물과 함께 어우러진 조각의 모습이 천진난만하면서도, 이곳이 파리 현대미술의 중심임을 확인시켜준다.

리볼리 59번지 59 Rivoli
쌩깡드뇌프 리볼리 ★★

주소 59 Rue de Rivoli 가는 방법 메트로 4, 11호선 Châtelet 역 홈페이지 www.59rivoli.org 운영 화~일 13:00~20:00 입장료 무료

이름 그대로가 주소인 이 장소는 파리 창작가들의 큰 둥지다. 크레디리오네 은행이 철수한 후에 방치되었던 건물의 파사드를 칼렉스 Kalex, 가스파르 Gaspard, 브뤼노 Bruno가 예술의 장으로 활용하기 시작하면서부터 작은 역사가 시작되었다. 지금은 5층 건물 전체에서 현대 예술가 30여 명이 각자의 작품 활동을 하고 있다. 전시 내용은 15일마다 한 번씩 바뀐다. 주말 밤에는 소규모의 콘서트도 열리니 다양한 문화를 접하고 싶다면 체크하자.

⑥ 생자크 종탑 Tour Saint-Jacques
뚜르 쌩자끄 ★

주소 39 Rue de Rivoli 가는 방법 메트로 4, 11호선 Châtelet 역 전망대 가이드 7~9월 중순의 금, 토, 일요일 | 당일 09:30부터 예약

생자크 종탑은 12세기에 세워졌다가 대혁명 이후 대부분의 건물이 파괴된 생자크드라부셰리 Saint-Jacques-de-la-Boucherie 성당의 부속 탑이었다. 성당 건물과 따로 짓는 종탑의 특성상 15세기에 세워졌다. 54m 높이까지 치솟은 외관에서 읽히듯 정교한 고딕 양식을 표방하며, 전도사의 증표인 세 마리의 짐승과 성자 자크가 꼭대기를 장식하고 있다. 탑을 둘러싼 생자크 공원은 작지만 파리 최초의 공원이란 큰 의미가 있다.

⑦ 생제르베 성당 Église Saint-Gervais
에글리즈 쌩제르베 ★

주소 13 Rue des Barres 가는 방법 메트로 7호선 Pont Marie 역, 1, 11호선 Hotel de Ville 역 운영 월 09:00~20:30, 화·수·금 06:00~21:30, 목 06:00~22:30, 주말 07:00~20:30

생제르베 성당은 마레 지구 사이에 있다는 중요도 때문에, 17세기 파리에서 가장 우아한 교회당으로 명성이 높았다. 발루아 왕조의 마지막 왕, 앙리 3세의 후계자 문제로 그의 암살이 모의된 장소라서 가톨릭과 신교도에게 특히 의미 있는 장소다. 건축적으로는 두 개의 스타일을 공유한다. 1420년 착공된 설계는 고딕 양식을 따르지만 후반부에 강하게 나타나는 불꽃 고딕보다 온화한 고딕에 가깝다. 15세기 후반, 신자가 늘면서 증축에 들어가 1657년에 비로소 완공되는데, 이때는 고전 양식이 반영되었다. 프랑스의 고전 양식 건축 중 가장 단아하고 순수하다는 평가를 받는다. 75m의 제단, 제단까지 인도하는 스테인드글라스 채광, 26m란 높이에 비례해 좁은 8m의 궁륭(시각적으로 예수를 우러르며 고개를 들게 함), 그리고 동쪽을 향한 십자 설계가 감상 포인트. 이 밖에 솔로몬의 심판, 성 마리아의 기원 등의 스테인드글라스 예술을 눈여겨볼 수 있다.

8 오텔 드 빌/파리 시청사 Hôtel de Ville
오뗄 드 빌

★★

주소 Place de l'Hotel de Ville 가는 방법 메트로 1, 11호선 Hotel de Ville 홈페이지 www.paris.fr

1871년, 이전 시청이 코뮌 시절의 대형 화재로 불타고 난 뒤 지금의 자리에 파리 시청사가 자리 잡게 되었다. 1874년에 신축해 8년의 공사 끝에 완공되었고, 화재 전에 있던 건물의 외형을 존중해 신르네상스 양식으로 지어졌다. 청사 앞 광장은 친근한 시청의 이미지를 만들기 위해 계절마다 다양한 이벤트를 기획해 시민들의 적극적인 참여를 끌어낸다. 여름의 해변, 겨울의 얼음 스케이트장은 늘 관광객과 시민들로 가득 차며, 청사 내의 전시관에서는 무료 전시가 이어진다. 볼 만한 작품전도 자주 열리니 들러보자. 대신 2시간 정도의 대기 시간이 있으니 마음의 준비를 하도록. 왼쪽 출입구에 파리와 관련된 예술가와 볼 만한 전시회가 자주 기획되고 있으니 관심을 가져도 좋을 듯.

Do you know? Hôtel과 Hôtel Particulier

파리에는 숙소 개념의 호텔이 아닌데도 호텔 Hôtel(프랑스어로 오텔)이라 적힌 곳을 심심치 않게 발견할 수 있다. 요즘에는 호텔이 숙박료를 지불하고 묵는 장소로 규정되지만, 처음에는 왕족이 왕궁을 떠나 단기간 기거하는 장소에 붙이는 단어였다. 15세기부터는 귀족사회가 만개했는데, 수도로 입성한 지방 귀족이 저마다 파리에 저택을 짓기 시작한다. 이때부터 넓게 잡아 16~19세기 사이에 건립된 귀족, 부르주아의 저택을 오텔 파르티퀼리에 Hôtel Particulier로 부르기 시작했다. 피카소 미술관, 로댕 미술관, 세르누치 미술관 등의 사립 미술관도 건립 당시에는 귀족의 저택이었던 경우다. 호텔은 행정기관의 이름에도 공공연히 사용되었다. 오텔 드 라 모네 Hôtel de la Monnaies(화폐 재단), 오텔 데 자페르 제트랑제르 Hôtel des Affaires étrangères(외교청사), 그리고 오텔 드 빌 Hôtel de Ville 등이 대표적이다. 마레에만 오텔 파르티퀼리에가 100채 정도 남아 있다.

9 유럽 사진 전시관 Maison Européenne de la Photographie
메종 외로뻰느 드 라 뽀또그라피 ★★

주소 5~7 Rue de Fourcy 가는 방법 메트로 1호선 Saint Paul 역 홈페이지 www.mep-fr.org 운영 수·금 11:00~ 20:00, 목 11:00~22:00, 주말 10:00~20:00, 12월 24~31일 ~16:00(개관 시간은 요일별로 동일) 휴무 월, 화, 공휴일 입장료 일반 €12, 예매(대기줄 면제) €13

18세기 초의 저택을 개조한 건물로 패션, 보도 사진, 조형 사진, 비디오 등 사진으로 표현할 수 있는 모든 형태의 예술 2만여 점을 전시하고 있다. 전시관에는 비디오테크와 카페, 18세기의 양식을 그대로 살린 둥근 천장의 도서관 등이 있다. 레이몽 드파르동 Raymond Depardon, 앤디 워홀 Andy Warhol, 앙리 카르티에 브레송 Henri Cartier-Bresson, 도미니크 이세만 Dominique Issermann 등 지난 10여 년간 여러 유명작가들의 작품을 전시했다. 인파가 몰리는 주말을 피한다면 관람할 만한 곳이다.

10 포르네 도서관/오텔 드 상스 Bibliothèque Forney/Hôtel de Sens
비블리오떼끄 포르네/오뗄 드 상스 ★

주소 1 Rue du Figuier 가는 방법 메트로 7호선 Pont Marie 역, 1호선 Saint Paul 역 운영 화~금 11:00~19:00, 토 12:00~19:00 휴무 일, 월, 공휴일 입장료 도서관 무료, 전시회 €5~

우리에게 잘 알려지지 않은 이 저택은 중세 고딕 양식 건축물이다. 파리의 대주교로 있던 상스가 의뢰해 1475~1519년 사이에 지었고, 그의 사후 주인과 용도가 여러 번 바뀌었다. 종교전쟁의 희생양이었던 여왕 마고가 잠시 거처하기도 했고, 20세기 초까지 생필품 매장과 세탁소로 운영되기도 했다. 1911년에 파리 시에서 건물을 인수하고 포르네 도서관으로 개관했다. 이 도서관은 공예에 관련된 자료를 전문적으로 소장하고 있으며 전시회를 개최하기도 한다. 이 도서관은 공예와 창작, 애니메이션과 포스터의 발전 등과 관련된 그래픽 전시회를 정기적으로 개최한다.

SELECT SHOP

사마리텐 Samaritaine

주소 9 Rue Monnaie 75001 홈페이지 www.dfs.com 영업시간 10:00~20:00, 연중무휴

20세기 초, 파리에서 가장 젊은 백화점으로 이름을 알렸으나 여러 내부 문제로 15년 가까이 방치되다시피 했던 사마리텐이 보수와 증축을 마치고 재개장했다. 파리가 아르데코와 철강 건축을 대표하던 시대에 지어졌던 만큼, 이를 살려 오픈한 백화점은 어느 때보다 밝고 경쾌한 모습. 명품 브랜드와 편집 브랜드 섹션, 그리고 탑루프의 레스토랑이 핫 플레이스로 떠올랐다. 무엇보다 센강의 존재와 백화점 입구 주변의 스트리트 퍼포먼스가 사마리텐을 다른 백화점과 구분시킨다.

루이비통 Louis Vuitton

주소 9 Rue Monnaie, 75001 홈페이지 fr.louisvuitton.com 영업시간 10:00~20:00, 연중무휴

15년간의 흑역사를 보낸 사마리텐이 맞은 르네상스의 배경에 LVHM 그룹이 있었다는 사실을 알면 모든 것이 명확해진다. 루이비통이 사마리텐과 길 하나를 사이에 두고 최근 새로운 건물을 개장한 것. 위치와 규모로 보아 루이비통을 위해 이곳까지 발걸음한 소비자들을 사마리텐까지 연결시키겠다는 의도가 명확히 읽힌다. 어떤 이유든 눈길을 주지 않을 수 없는 루이비통의 새 건물은 서민적인 레 알 구역에 럭셔리 분위기를 보탤 것으로 전망한다.

리브레리 구르망드 Librairie Gourmande

주소 92-96 Rue Montmartre 75002 홈페이지 www.librairiegourmande.fr 영업시간 11:00~13:30, 14:30~19:00 휴무 일

전 세계 미식가의 천국인 파리에 요리와 음식 전문 서점이 빠지면 이상하다. '맛있는 서점'이라는 간판 명처럼 서점에 들어서면 전문가가 아니라도 방대한 요리 서적에 정신없이 빠지게 될 것을 장담한다. 섹션별로 로컬 재료와 음식, 프랑스 치즈, 와인, 세계 요리, 프랑스 요리, 셰프의 요리, 빵, 재출 간 고서적 등을 다양하게 분류해 그 세분화에 놀란다.

58엠 58m

주소 58 Rue Montmartre 75002 영업시간 10:00~19:00 휴무 일

언뜻 보기에 일반 구두 편집숍이지만 58엠에는 뭔가 특별한 소스가 더 있다. 전 샤넬의 구두 디자이너 로랑스 다카드를 비롯, 전 세계 유명한 구두 디자이너의 컬렉션을 엄선해 선점하고 독점 계약을 맺어 이 메종 외 다른 구두점에서 구입하기 어려운 컬렉션들을 판매한다. 프랑스의 도도한 여배우들이 10년 넘게 믿고 찾는 매장이니 들러보자. 5명 이상 방문 시 프라이빗 서비스도 요청할 수 있다(사전 예약 필수).

스니커즈 앤 스터프 Sneakers N Stuff

주소 95 Rue Réaumur 75002 홈페이지 sneakersnstuff.com 영업시간 10:00~18:00 휴무 일

스포츠 웨어 2층 편집숍. 대형 마켓이 아니라 디스플레이와 최근 컬렉션에 신경 써서 도회적인 감각으로 쇼핑할 수 있을 것 같은 곳이다. 인터넷과 일반 스포츠 매장에는 없는 리미티드 컬렉션과 그 도시에만 수입되는 제품들도 함께 만날 수 있다.

마르세 몽토르괴이/미식 거리
Marche Montorgueil

주소 Rue Montorgueil 75001

파리 20구역에는 제각각 특성 있는 재래시장들이 서지만 몽토르괴이 시장은 시장계의 몽테뉴 거리로 통한다. 2세기 동안 시장을 넘어 미식가들의 공동체 같은 무형의 관광지를 만든 곳이기 때문이다. 패스트푸드와 비스트로 요리가 주를 이루지만 단순한 먹자골목으로 칭하기에는 퀄리티, 세팅, 아이디어가 존경스러울 정도다. 한 매장 옆 그다음 매장, 한 곳 한 곳 모두 맛집이고 이곳을 방문하지 않고서는 파리 식도락 여행을 제대로 했다고 할 수 없을 정도이니 먹는 걸 좋아하는 사람은 꼭 방문해 보길.

보비 Bobby

주소 89 Rue Réaumur 75002 영업시간 11:00~19:30 휴무 일

명품 디자이너 브랜드 빈티지 숍. 다른 명품 빈티지 숍에서 느껴지는 거만함을 전혀 느낄 수 없는 곳이다. 우선 치안 특성상 벨을 누르고 주인이 문을 열어줘야 들어가는 번거로움 따위가 없다. 프레타 포르테 매장처럼 손, 마음 가는 대로 정하고 탈의실에서 착장해도 누구도 눈치주지 않는다. 다른 곳에 비해 저렴한 만큼 제품 상태를 꼼꼼히 살피는 것이 좋다. 지하 층도 있으며 텍스 리펀드 서비스도 해준다.

앙 셀 마르셀 En Selle Marcel

주소 40 Rue Tiquetonne 75002 홈페이지 www.ensellemarcel.com 영업시간 화~토 11:00~19:00 휴무 일, 월

일반 매장에서 판매하는 자전거 및 액세서리보다 특이하고 전문적인 도구들이 진열되어 있다. 더 이상 생산하지 않는 앤티크 자전거를 주문, 구입할 수도 있다. 자전거 마니아라면 들러볼 만하다.

라 샹브르 오 콩피튀르 🍽
La Chambre aux confitures

주소 9 Rue des Petits Carreaux 75002 홈페이지 la chambreauxconfitures.com 영업시간 화~목 10:30~19:30, 금~일 10:00~19:00 휴무 월

프랑스 잼이 본마망만 있는 것은 아니다. 라 샹브르 오 콩피튀르에서는 프랑스에서만 재배되는 특산 딸기 품종을 여러 재료와 조합해 딸기잼 안에서만 7개의 다른 맛을 경험할 수 있다. 계절별 과일 사용을 선호하므로 제철 과일잼이 가장 맛있다. 딸기 외에 살구, 무화과, 프랑부아즈 등 리스트가 끝이 없다. 프랑스 버터를 사용한 솔트버터캐러멜, 친환경 꿀, 선물 박스는 선물용으로도 좋다.

크레프리 보부르 🍽
Crêperie Beaubourg

주소 2 Rue Brisemiche 75004 홈페이지 creperie beaubourg.com 영업시간 11:30~23:00, 연중무휴

샌드위치도, 화려한 코스 요리도 내키지 않은 사람들에게는 크레이프가 마지막 보루가 될 수 있다. 브르타뉴 전통 방식으로 40년이 넘는 시간 동안 만들어 낸 역사가 이 평범해 보이는 장소를 명물로 만든다. 식사용 갈레트 다음에 디저트로 먹는 수제 크레이프와 쇼콜라는 진짜다!

낫 앤 낭 Nat & Nin 🛍

주소 12 Rue Montmartre 75001 영업시간 10:30~19:00 휴무 일

이탈리아 가죽을 이용한 프랑스 중저가 브랜드. 색상 팔레트가 넓고 부담 없이 들 수 있는 무난한 디자인이지만 가죽과 하드웨어 퀄리티가 좋은 편이고 가격 접근성이 좋다는 것이 장점.

스토레 STOHRER 🍽

주소 51 Rue Montorgueil 75002 홈페이지 www.stohrer.fr 영업시간 07:30~20:30, 연중무휴

스토레는 루이 15세의 왕비가 1725년, 자국 폴란드에서 데려온 제빵사가 개업한 곳이다. 역산해 보면 창업한 지 300여 년이 된 셈이다. 역사와 퀄리티가 반드시 비례하지는 않지만 스토레의 제과들은 과히 파리 최고에 속한다. 럼주에 절인 바바 오 럼과 생토노레가 아이콘.

루카 루나 Luka Luna 🛍

주소 77 Rue de la Verrerie 75004 홈페이지 www.lukaluna.com 영업시간 월~금 12:00~20:00, 토 11:00~20:00, 일 13:30~19:30

이미 구역에서 소문난 편집숍. 스웨덴, 영국 디자이너의 제품부터 일본의 체리나무 도시락까지 기발하고 다양한 디자이너 상품을 구비한 곳이다. 가격대가 그리 친절하지

않은 것이 흠이지만 간단한 여행 기념품 정도는 €10 안팎으로 구입할 수 있다. 칼데르의 리에디션 €690.

스파 눅스 Spa Nuxe ✳

주소 32~34 Rue Montorgueil 75001 홈페이지 www.nuxe.com/fr/nos-spa 영업시간 월~금 10:00~21:00, 토 09:30~19:30 휴무 일

'여행 중 무슨 스파?'라는 생각은 잠시 접어두자. 번잡한 구역이라서 더 귀한 스파 마사지를 소개한다. 지압, 얼굴, 등, 머리 등 쌓인 피로를 풀고 다시 힘내

여행을 계속할 수 있을 것이다. 45분 기준 €90~.

미스 반 미 Miss Bánh mì 🍽

주소 5 Rue Mandar 75002 홈페이지 missbanh-mi.tumblr.com 영업시간 월~금 12:00~14:30 휴무 토·일

반 미는 식빵의 베트남식 발음으로, 원래는 베트남인이 좋아하는 쌀빵 안에 마요네즈, 채 썬 야채, 고기 등을 넣어먹는 대중 음식이다. 간장에 절인 가지와 두부, 레몬장에 절인 닭고기 그리고 사케에 담근 돼지고기 3가지 메뉴 중 하나를 골라 쌀 빵을 대체한 바게트 안에 듬뿍 채우면 끝. 모든 메뉴에 다 들어가는 실처럼 가는 무채와 마요네즈의 조합을 의심했다가는 눈이 번뜩이는 맛에 무안해질 수도 있다.

레크리투아르 L'Écritoire 🛍

주소 61 Rue Saint-Martin 75004 홈페이지 ecritoire.fr 영업시간 11:00~19:00 휴무 일

다시 만년필이 유행하고 있는 시점에 귀하게 찾은 아날로그형 문구점을 소개한다. 고급 문구점이며 골목 안에 숨어 있어서 숨을 고르지 않으면 예쁜 보석을 놓칠 수 있으니 주의하자. 유럽산 고급 종이, 만년필, 잉크 등의 필기구가 빼곡한데 조심하지 않으면 1시간이 훌쩍 지난다. 아날로그 감성을 사랑한다면 꼭 들르길 추천한다.

제프레 카뉴 Jeffrey Cagnes

주소 73 Rue Montorgueil 75002 홈페이지 jeffrey
cagnes.fr 영업시간 09:00~20:00 휴무 월

스토레의 메인 파티시에로 경험을 쌓아온 제프레
카뉴의 첫 매장. 제과에 대한 철학과 재능을 함께 키
웠기에 가능한 그의 생토노레는 완벽하다 못해 고
혹적이다. 럼주에 절인 바바 오 럼은 이 이색적인 술
빵에 중독되게 만든다.

드모리 바 Demory Bar

주소 62 Rue Quincampoix 75004 홈페이지 demory
paris.com 영업시간 화~목 18:00~14:00, 금·토 18:00~
16:00

독일인 카이와 프랑스인 조나단이 공동 운영하는
수제 맥주 전문점이다. 벌집을 닮은 육각형 원목 타
일로 장식한 실내가 독특하다. 육각형의 나무판에
는 12가지 생맥주 메뉴가 써 있는데, 이 중 6개는 기
본이며, 나머지는 매주 변경된다. 모두 수제 맥주 전
문 제조인과 상의해 브랜드화한 드모리의 맥주들이
다. 갓 발효된 블롱드 맥주부터 벨기에 흑맥주까지
맛과 향이 다양하고 6개의 기본 맥주 세트를 주문
할 수도 있다. 조금은 몽환적인 이곳에서 북유럽과
아일랜드 인디 밴드 음악에 몸을 맡기고 여름을 나
는 것도 행복한 선택이다. 매년 시즌별 맥주를 양조
한다.

필라키아 FILAKIA

주소 9 Rue Mandar 75002   홈페이지 www.filakia.fr   영업시간 월~금 11:30~15:00, 18:30~22:30, 토 11:30~22:30   휴무 일

클로에와 벤저민, 두 셰프가 수블라키스 souvlakis 샌드위치를 프랑스 버전으로 만드는 스트리트 숍이다. 수블라키스는 그리스 전통 메뉴 중 하나로, 그리스인이 즐겨 먹는 납작한 빵 Pita에 각종 채소와 고기 등을 입맛대로 넣은 샌드위치다. 수블라키스는 €6.5~8, 세트 메뉴는 €11~15 정도다.

모라 Mora

주소 13 Rue Montmartre 75001   홈페이지 www.mora.fr   영업시간 월~토 10:00~18:30

요리 관련 전문점으로 한국인 사이에서 입소문 덕을 톡톡히 보는 곳. 개장 200년이 넘은 이 매장은 요리, 제과 전문 틀과 슈거케이크 관련 도구가 잘 진열되어 있다. 케이크에 필요한 액세서리, 몰드, 색소 등도 함께 구입할 수 있다.

오 샤토 Ô CHATEAU

주소 68 Rue Jean Jacques Rousseau 75001   홈페이지 www.o-chateau.com   영업시간 월~토 16:00~자정, 저녁 식사 19:00, 21:00

와인 전문 바지만 매일 다른 메뉴를 내놓는 요리 또한 최상이다. 조용하고 전문적인 서비스와 와인 선별은 이미 프랑스 중요 매체에서 증명되었으며, 다소 높은 가격대에도 소셜러의 인기까지 득점하고 있다. 한 잔당 €7~10, 훈제 햄 세트 와인 메뉴는 €40 이상. 예약 필수.

나튀랄리아 NATURALIA

주소 11 Rue Montorgueil 75001   홈페이지 www.naturalia.fr   영업시간 월~토 10:00~20:00   휴무 일

친환경 식자재만 취급하는 슈퍼마켓. 과자, 음료뿐만 아니라 쌀, 빵, 화장품까지 친환경 AB마크를 부착하고 있어 까다로운 파리지앵들의 선호도가 높다. AB는 인체에 유해한 가공품을 섞지 않았을 뿐 아니라 친환경적 방식으로 재배, 생산한 상품에 프랑스 농수산부의 철저한 검증을 거쳐 부착한 마크다. 다시 말해, 이곳에서 판매하는 제품들은 100% 믿고 구입해도 되는 것. 건강을 생각하는 날씬한 파리지앵들이 뭘 먹는지 알고 싶으면 이곳을 주목하자!

엘스 Else 🍽️

주소 49, rue Berger 75001 홈페이지 elseparis.fr 영업시간 월 12:00~14:15, 화~토 12:00~14:15, 20:00~22:30, 수~토 23:00~04:00

레스토랑, 비스트로, 바 콘서트 공간이 한 곳에 있는 복합형 레스토랑. 요리의 조합 역시 지중해풍에 이스라엘식 조리 방식을 결합해 더 짜릿하고 이국적이다. 인기 메뉴는 전식과 본식으로, 이스라엘 출신의 셰프가 머리를 짠 야심작. 커민, 고수, 큐르큐마 등의 천연 향신료에 아랍 국가의 대표 육류인 양고기를 살짝 익혀 매운 보리와 샐러드로 매칭해낸다. 미니 콘서트를 즐기며 식사할 수 있는 지하 공간도 나쁘지 않다. 점심 세트 메뉴 €17~22.

©Else

©Else

©Else

피루에트 Pirouette 🍽️

주소 5 Rue Mondétour 75001 홈페이지 oenolis.com 영업시간 월~토 12:00~13:30, 19:30~21:30

©Melchior

피루에트의 셰프는 노르망디 출신으로 그가 어린 시절 맛 본 할머니의 음식과 재료 본연의 특성을 최대한 재현해 요리한다. 먹색이라 더 섹시한 송로버섯과 루콜라가 마치 버섯을 채취하는 숲으로의 산책을 연상케 하는 맛이다. 3스타 셰프 프레숑과 알레노의 주방에서 습득한 실력이 그의 상상력과 손맛을 빌려 새롭게 태어나는지 궁금하다면 방문을 망설이지 말자. 세트 메뉴 €20~65.

다 로코 Da Roco 🍽️

주소 6 Rue Vivienne 75002 홈페이지 www.daroco.fr 영업시간 12:00~자정, 연중무휴

©Melchior

어디를 봐도 이탈리아식 풀코스임이 분명하나 다로코의 셰프는 고급 요리학교 페랑디 Ferrandi에서 프랑스 전통식을 배운 프랑스인이다. 최상의 재료만을 사용한다는 기본에 충실하다면 이탈리아식은 푸짐하고, 정겹고, 사람 냄새 나서 좋다는 게 외도의 이유다.

직접 공정하는 생면에 달걀노른자와 15개월 숙성을 거친 이탈리안 파르마산 치즈 그리고 크림소스의 조합이 깔끔하다. 카르보나라 €15, 마가리타 피자 €11.

LE MARAIS

마레 구역

마레 구역은 수식어 부자다. 누군가는 역사의 산실이라고, 다른 누군가는 패셔니스타들의 성지라고 말하는 반면, 애정 있게 바라보면 100채 넘게 잘 보존된 15~17세기 저택들이 걸어오는 화려했던 시절의 이야기가 들릴 수도 있다. 현대식 주거 공간으로 개조된 건물들이 많지만 이 중에서도 건축적으로 가장 화려하고 중요한 저택들은 문화 관련 기관 또는 미술관으로 활용 중이다. 파리에서 가장 오래된 구역이라는 정체성과 파리지앵형 힙 스타일이 만들어내는 조화를 구경하는 재미로 시간가는 줄 모를 것이다.

마레 구역 Le Marais

★ ★ ★

주말을 피한다면 제법 여유롭게 관광이 가능하다. 유대인 구역에는 금요일 저녁과 안식일에 문 닫는 매장도 있다.

- 출발장소   국립 문화재 본부 Centre des Monuments Nationaux
- 메트로   1호선 Saint-Paul 역
- 소요시간   1~2일
- 놓치지 말 것 보주 광장, 피카소 미술관 그리고 프랑 부르주아 거리에 늘어선 숍들. 노천카페에서 커피 한잔하는 낭만을!
- 장점   상당수의 매장이 일요일에도 개장(주로 오후)
- 단점   5세기가 넘는 구시가지이므로 인파에 비해 턱없이 협소한 인도. 상쾌한 산책을 원한다면 금요일부터 주말 오후는 피할 것

⑴ 국립 문화재 본부/오텔 쉴리 Centre des Monuments Nationaux/Hôtel de Sully
쌍트르 데 모뉘망 나씨오노/오텔 드 쉴리 ★

주소 62 Rue Saint-Antoine 가는 방법 메트로 1, 5, 8호선 Bastille 역, 1호선 Saint-Paul 역 운영 13:00~19:00 휴무 월

1624년의 재정 감동관이었던 갈레Gallet의 청탁으로 시작, 그가 파산하면서 앙리 4세의 총리였던 쉴리 백작이 매도했다. 16~17세기 귀족에게 마레의 저택 소유는 그들의 영향력을 과시하기 좋은 수단이기도 했다. 혁명 때 몰수되어 19세기 초까지 세탁소 등 각종 서민 매장으로 사용되다가 1862년에 천천히 복구를 시작해 1944년에 국립 문화재 본부로 승격되었다. 일반인에게 공개된 실내는 1층의 서점이지만 책 구입이 아니더라도 한 번쯤 눈여겨볼 만한 곳이다. 17세기 프랑스 건축물의 전형적인 천장 구조를 볼 수 있기 때문이다. 화려한 조각과 색채를 한국의 단청과 비교해 감상하는 재미가 있다. 호텔의 안뜰 끝에 보주 광장으로 연결되는 문이 있어 당시 쉴리 백작과 국왕의 친분이 어느 정도였는지 짐작할 수 있다.

⑵ 보주 광장 Place des Vosges
뻘라스 데 보주 ★★★

가는 방법 메트로 1, 5, 8호선 Bastille 역, 1호선 Saint-Paul 역

앙리 4세가 그의 적장자(미래의 루이 13세)와 오스트리아 안 공주의 약혼식 선물로 1612년에 완공한 곳이어서 혁명 전까지는 '왕가의 광장 Place Royal'으로 불렸다. 당연히 최고급 자재인 흰 돌, 벽돌, 아연 기와를 사용했고 당시에는 남, 북쪽 건물 아래 성문을 통해 왕족 외 출입이 통제되었다. 이 두 건물은 높이가 다른 마주 보는 건물인데, 여기가 왕과 왕비의 아파트(개인 공간)였다. 이 장소는 '광장'이라는 의식을 리뉴얼한 곳으로도 의미가 깊다. 지체 높은 신분의 사람들에게 다리 힘을 쓰는 '걷기'란 불필요한 노동이었으나 이 광장을 계기로 '산책' 문화가 확산되었기 때문. 광장 중앙에는 루이 13세의 기마상이 있어 그의 소유지였음을 각

인시키고 있다. '보주 광장'이라는 명칭은 대혁명 이후, 처음으로 납세한 지역인 보주 Vosges를 기리는 상징적인 의미를 담은 것이다. 광장 건물의 1층, 둥근 천장을 한 측랑 주변으로는 전형적인 파리지앵 카페, 비스트로, 레스토랑 그리고 미술 갤러리가 있다.

©frenchmoments.eu

③ 카르나발레 박물관 Musée Carnavalet
위제 까르나발레 ★★

주소 16 Rue des Francs Bourgeois 가는 방법 메트로 1호선 Saint-Paul 역 홈페이지 www.carnav alet.paris.fr 운영 화~일 10:00~18:00 휴무 월, 1월 1일, 5월 1일, 12월 25일 입장료 상설 무료, 기획 전시 €13

파리와 관련된 예술, 유적 모형, 도시 발달 과정, 파리의 활동가 등 58만 점의 방대한 자료를 수집·전시하고 있는 훌륭한 박물관이다. 1560년에 완공되어 루브르의 쿠르 카레와 함께 마레에 있는 르네상스 양식으로는 가장 오래된 저택. 서간문(편지글) 작가로 유명한 세비녜 후작 부인이 그녀의 사망일까지 20여 년간 세입자로 산 장소로도 유명하다. 19세기 말에 혁명을 기념하며 부지를 확장했고 2020년에는 전시품, 건물 내외부 등 대규모 보수 공사를 마치고 재개장했다. 입장과 동시에 펼쳐지는 간판의 방은 역사적으로도, 그래픽적으로도 흥미롭다. 프랑스의 주소 체계가 지금처럼 번호를 갖추기 전 저마다 내걸었던 간판을 수집한 방인데, 정육점, 카페, 서점 등 하나같이 철강 장인들의 혼을 엿볼 수 있는 유물이 가득하다. 중요한 유물은 영어 가이드로 감상할 수 있으며, 어린 방문객을 위해 전시품을 낮은 위치에서 전시하고 있다. 새로 오픈한 정원 카페는 박물관을 나와 프랑부르주아 거리의 건물 정문으로 입장한다. 음료보다는 아름다운 마레의 정원에서 여유를 가진다는 점에서 추천한다.

④ 빅토르 위고의 집 Maison de Victor Hugo
메종 드 빅또르 위고 ★★

주소 6 Place des Vosges 가는 방법 메트로 1, 5, 8호선 Bastille 역, 1호선 Saint-Paul 역 홈페이지 www.maisons victorhugo.paris.fr 운영 화~일 10:00~18:00 휴무 월, 1월 1일, 5월 1일, 12월 25일

셰익스피어와 견줄 만한 프랑스 문학의 거장 빅토르 위고가 살던 집. 보주 광장에 왔다면 꼭 방문해 보자. 위고의 업적을 나누고자 한 사람들의 자발적인 참여로 사진, 그림, 자필 글, 가구 등을 모아 현재의 장소를 복원했다. 작품은 그의 생애에서 가장 큰 사건들 위주로 전시해 놓았다. 아내 아델 푸셰, 아꼈던 장녀 레오폴딘, 요절한 큰아들 레오폴드의 사진과 미술 작품들, 그의 글재주를 유일하게 물려받은 막내딸 아델과 나누었던 편지 등이 그것들. 또한 위고가 말년을 보낸 건지 섬의 집을 꾸미기 위해 직접 만든 물건도 볼 수 있다. 4층의 응접실에서 내려다보이는 보주 광장의 전망은 그 자체가 작품이다.

⑤ 피카소 미술관/오텔 살레 Musée Picasso/Hôtel Salé
위제 피까소/오텔 살레 ★★★

주소 5 Rue de Thorigny 가는 방법 메트로 1호선 Saint-Paul 역, Saint-Sebastien-Froissart 역 홈페
이지 www.museepicassoparis.fr 운영 화~일 09:30~18:00 휴무 월, 1월 1일, 5월 1일, 12월 25일
입장료 일반 €14, 초등학생 동반 일반 €11, 초등학생 무료(예매 권장)

20세기 최고의 거장, 피카소의 유명 작품으로 채워진 마레 지구의 보석. 17세기 저택치고는 검소한 외관이지만, 내부 중앙 계단이 이 단출한 건물의 위신을 살려준다. 1656년에 왕의 재정관이 의뢰한 저택으로, 한때 베네치아 대사관으로 쓰이기도 했다. 1964년에 공유화되어 보수 공사를 진행하던 중, 파리에 거주하던 피카소가 자신의 작품을 시에 대거 기증한 것을 계기로 미술관이 되었다. 이곳의 전시품으로는 피카소의 습작, 작품 5,000여 점 외에도 그를 더 자세히 알 수 있는 자료 20만여 점과 그가 개인적으로 수집한 세잔, 르누아르, 마티스 등의 작품이 150여 점 있다.

⚙ 2024 올림픽 공사 중

 ⑥ 국립 자료소/오텔 드 수비즈 Archives Nationales/Hôtel de Soubise
아르쉬베 나씨오날/오텔 드 수비즈 ★★

주소 60 Rue des Francs-Bourgeois 가는 방법 메트로 11호선 Rambuteau 역 홈페이지 www.archives-nation
ales.culture.gouv.fr 운영 월, 수~금 10:30~17:30, 토~일 14:00~17:30, 정원 10~3월 08:00~17:00, 4~9월
08:00~20:00 휴무 화, 공휴일

좁은 인도를 헤치고 다니다가 이곳에 들어서면 마레가 맞나 싶을 정도로 큰 저택에 잠시 놀란다. 14세기부터 프랑스의 최대 세도가~왕족들의 유산이었기 때문이다. 베르베르크 J. Verberckt의 장식 기술과 보프랑 G. Bauffrand의 건축이 엮어져 화려하고도 황홀한 자태를 뽐내는데 부셰 F. Boucher나 반 로오 C. Van Loo 같은 당대 최고 미술가의 작품을 소장하고 있는 곳이기도 하다. 지금은 국립 자료소가 되었지만 관람은 자유롭다. 회랑 사이에 놓인 벤치에 앉아 정원을 바라보는 것만으로도 멋진 휴식처를 선사하는 곳.

7 유대 교회당 Synagogue de la rue Pavée
시나고그 드 라 뤼 빠베

주소 10 Rue Pavée 가는 방법 메트로 1호선 Saint-Paul 역

유명한 파베 거리에 있는 교회당으로 신자가 아니면 입당이 제한되어 아쉽다. 1913년 유대 전통파 본부에서 의뢰해 아르누보의 대가 엑토르 기마르가 구상한 건축물이다. 외관은 교회당이라기보다 얼핏 특이한 집 같은 느낌을 주기도 한다. 작아 보이지만 1,000여 명을 수용하는 장소다.

유대인의 마레

프랑 부르주아 거리를 위시한 마레는 패셔니스타의 타깃이다. 각양각색 스타일의 매장이 이 구역에 밀집한 것은 유대인 Juif(쥐이프)과 관련이 있다. 중세부터 이 지역의 토박이였던 유대인은 14세기 말, 샤를 6세의 추방령으로 내몰렸다가 18세기 말에 재입성한다. 알자스와 로렌 지방(독일 국경)으로 흩어져 있던 이들은 주로 넝마주이, 보부상, 헌옷상으로 파리를 찾았는데, 조상의 흔적을 찾아 마레에 둥지를 튼 것이다. 그 후 많은 유대인이 직물 사업으로 파리에서 손꼽히는 유지가 되지만, 2차 대전 때 다시 유럽 각지의 수용소로 압송되는 고초를 겪었다. 현재 마레 유대인 구역의 유대인은 대부분 나치 정권을 피해 북아프리카로 피난 갔던 생존자의 후손이다. 현재 마레가 패션의 거리가 된 것은 그때 귀향한 유대인이 직물 공장을 다시 일으킨 덕분이다.

©www.l.alliancefr.com

8 홀로코스트 추모관 Mémorial de la Shoah
메모리알 드 라 쇼아

주소 17 Rue Geoffroy l'Asnier 가는 방법 메트로 1호선 Saint-Paul 역, 7호선 Pont Marie 역 홈페이지 www.memorialdelashoah.org 운영 일~금 10:00~18:00, 목 10:00~22:00, 프랑스/유대인 공휴일 확인 입장료 무료

홀로코스트 추모관이자 자료관으로 2차 대전 기간에 학살당한 프랑스 유대인의 전후 기록을 세밀히 보관하고 있는 장소다. 건물 뜰 '이름의 벽'에는 압송·학살당한 7만 6,000여 명을 애도하는 글이, '정의의 벽'에는 같은 기간에 유대인을 도와준 사람의 이름이 새겨져 있으며, 중앙의 대형 청동 원기둥에는 수용소 명이 명시되어 있다. 음각된 글자만으로도 수용소의 처절함과 숭고함이 느껴진다. 추모관에서는 정기적으로 유대 역사와 관련된 전시회와 콘퍼런스 등이 열린다.

⑨ 로지에 거리 Rue des Rosiers
뤼 데 로지에

가는 방법 메트로 1호선 Saint-Paul 역

히브리어를 사용하는 아슈케나즈 Ashkénaze 공동체는 로지에 거리를 비롯한 생폴 광장 주변을 '작은 광장 Petite Place'이라고 부른다. 이 광장 일대를 포진하고 있는 대부분의 식료품점, 옷가게, 식당, 카페, 교회당을 유대인이 경영하고 있다. 로지에 거리의 하이라이트는 팔레펠 레스토랑/샌드위치 점. 이집트콩(병아리콩)을 불려 빚은 유대 전통 음식으로, 가성비 좋은 한 끼를 원하는 파리지앵과 입소문을 듣고 찾은 관광객들로 인기가 하늘을 찌른다. 12:00~14:00만 피한다면 30분 대기줄을 면할 수도 있다.

⑩ 기술 공예 박물관 Musée des arts et métiers
뮤제 데 자르 에 메티에   ★★

주소 60 Rue Réaumur 75003 가는 방법 매트로 3, 11호선 홈페이지 arts-et-metiers.net 운영 화~일 10:00~18:00 입장료 €9~

©Amélie Dupont

본래 기술 공예 박물관은 기술자가 발명품 등을 시험, 시범해 보이기 위한 목적으로 1794년에 설립된 고등교육 기관이었다. 부속 교육관 CNAM이 여전히 과학과 기술 그리고 예술의 경계선상에서 그 전통을 보존하고 있는 이유도 박물관의 역사와 그가 보유한 19~20세기의 각종 과학 발명품 컬렉션 덕분이다.

전시는 과학 기술 역사에서 가장 큰 기준이 된 4개의 기간(1750년 이전, 1750~1850년, 1850~1950년, 1950년 이후)으로 구분되어 있다. 타자기, 사진기, 비행기, 자동차 등 최초의 모습과 변천 과정 그리고 지구의 자전을 증명한 푸코의 자전 시계의 실물을 감상할 수 있다. 바르톨디Bartholdi가 구상해 미국에 선물한 '자유의 여신상'의 축소판도 2010년부터 박물관 컬렉션에 합류했다.

/ FOCUS /

마레의 쇼핑 골목들

RUE DES FRANCS-BOURGEOIS, RUE VIELLIE DU TEMPLE, RUE DE TURENNE, RUE DES ROSIERS

패셔니스타의 사냥터 마레는 좁은 길 때문에 복잡하다고 생각하지만 가장 중요한 쇼핑 거리 2~3곳만 찾으면 그다지 어렵지 않다. 튀렌 거리 Rue de Turenne, 로지에 거리 Rue des Rosiers가 바로 그 길이다. 이 중 가장 길고 밀도가 알찬 프랑 부르주아 거리 Rue des Francs Bourgeois는 꼭 들러보자. 이 길 하나 만 훑어도 마레의 핵심은 접수한 셈이다.

Rue des Francs Bourgeoirs
프랑 부르주아 길

1. Zadig&Voltaire
2. Calvin Klein
3. Chanel Beauty
4. Claudie Pierot
5. Bash 6 Pandora
6. Ted Baker
7. Café Carnavalet
8. Maje
9. Guerlain
10. Diptyque
11. Pablo
12. Petit Bateau
13. Comptoir des Cotonniers
14. Bobbi Brown
15. Camper
16. Kiehl's
17. Swatch
18. M.A.C
19. Nespresso
20. Uniqlo
21. Sessun
23. Muji
24. Sandro

Rue Vieillie du Temple
옛날 템플 길

1. Ganni
2. Saint James
3. A.P.C
4. Bash
5. Vanessa Bruno
6. Tara Jarmon
7. Art du Basic
8. & Other Stories
9. Fred Perry
10. Horace @ Paris Marais
11. La Chambre aux Confitures
12. Unbottled - Paris Marais
13. Marionnaud-Parfumerie
14. Love Stories Lingerie Boutique
15. Bobbies 79 Vieille du Temple
16. Boutique Labiche
17. American Vintage
18. Balibaris
19. KARL MARC JOHN
20. Courrèges
21. Weekday
22. Veja
23. Iro
24. Maje
25. Dr. Martens
26. UGG

Rue des Rosiers
로지에 길

1. Cos
2. Ikks Men
3. Jeanne & Cecile
4. Suncoo
5. Le Temps des Cerises
6. L'As du Fallafel
7. Levi's
8. AllSaints
9. Durance
10. IKKS Women
11. Alexander Wang
12. Adidas

Rue Pavée
파베 길

1. Lululemon

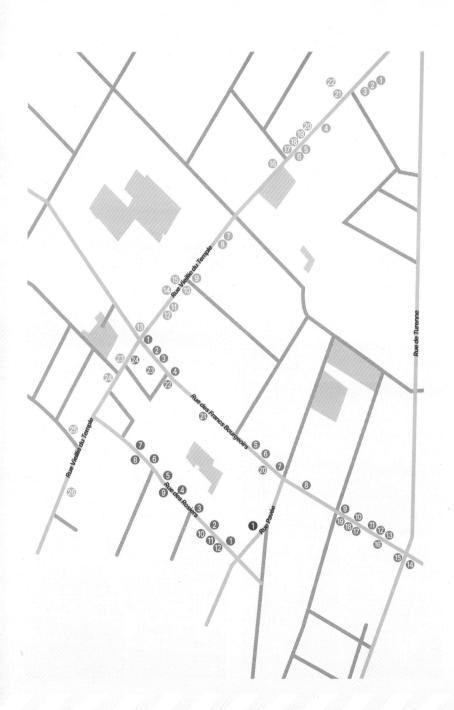

SELECT SHOP

마스 뒤 로조 Mas du Roseau 🛍

주소 17 Rue des Rosiers 75004 홈페이지 masduro seau.com/fr/acceuil 영업시간 11:00~19:00, 연중무휴

플라스틱 한가득인 액상형 비누에서 전통 비누로 귀환하는 프랑스 내 움직임이 심상치 않다. 마스 뒤 로조는 마르세유 전통 공법으로 프랑스 남부에서 직접 생산하는 욕실용품 전용 숍. 천연 재료나 유기농 재료를 이용한 제품들이 대부분이다. 선물용으로도 좋다.

오에프에르 Ofr. 🛍

주소 20 Rue Dupetit-Thouars 75003 영업시간 10:00~20:00, 연중무휴

아트북, 사진집 전문 서점으로 마레의 명물이 된 장소. 서가가 좁아 두 사람이 통과하기 어려우니 조금의 불편함은 감수해야 한다. 여유로운 구경보다 파리지앵의 아날로그 서점이 궁금한 사람에게 더 잘 맞을 것.

박스 리틀 Box Little 🛍

주소 77 Bd Beaumarchais 75003 영업시간 11:00~ 19:00 휴무 월, 화

'마레=패션'이라는 슬로건은 새로울 것이 없다. 명품 빈티지 숍을 찾아내는 재미는 숨바꼭질 같기도 하다. 화려하고 큰 면적은 아니지만 빈티지 마니아들은 이런 곳에서 뜻밖의 보석을 발견한다는 사실.

자르댕 아르노 벨트람
Jardin Arnaud Beltrame

주소 12 Rue de Béarn 75003 영업시간 11:00~19:00 휴무 월

한때 헌병대 파리 지부로 쓰던 장소로 정원 새 단장을 마치고 대중에 공개되었다. 보기 드문 아름다운 벽돌을 그대로 재건한 건물에 입점해 있는 매장을 구경해 보자. 수공예 보석과 도자기의 퀄리티가 예상을 뛰어넘는다.

파비앙 아쥅베르그
Fabien Ajzenberg

주소 33 Rue de Bretagne 75003 홈페이지 fabienajzenberg.com 영업시간 10:00~19:00 휴무 일

마레에는 대동소이한 액세서리 매장이 수없이 많지만, 아쥅베르그는 단 하나다. 사입한 제품을 진열만 예쁘게 하는 데 그치지 않고 매장 내 아틀리에에서 셀 수 없이 많은 제품을 직접 디자인하고 만들기 때문인데, 도금 기술력이 높아 웬만한 합금 보석 못지않다. 근처에 왔다면 지나치지 말고 들르자.

메종 플리송 La Maison Plisson

주소 93 Boulevard Beaumarchais 75003 홈페이지 lamaisonplisson.com 영업시간 08:30~21:00, 일 08:30~20:00, 연중무휴

파리지앵을 위한 로컬 푸드라는 콘셉트로 론칭한 지 10년, 여전히 수도권 내에서 재배하는 생산품을 가장 신선한 시간대로 공급하려고 노력한다. 안에서는 먹거리 쇼핑을, 테라스에서는 브런치용 제철 요리를 맛볼 수 있다.

화이트 White

주소 56 Rue de Turenne 75003 영업시간 08:00~20:00, 주말 09:00~19:00, 연중무휴

한 명이 들어갈 만한 이 작은 숍에 바리스타가 있다. 커피 맛은 파리에서 손꼽힐 정도. 화려한 디저트도, 흔한 테라스 의자도 없지만 라테 한 잔이면 모든 것을 상쇄할 만하다.

세븐 보이즈 앤 걸스
Seven Boys & Girls

주소 7 Rue du Pont aux Choux 75003 홈페이지 seven boysandgirls.myshopify.com 영업시간 11:00~19:00, 일 12:00~18:30, 연중무휴

이런 장소가 너무 자주 보이면 위험하다. 이곳은 프리티 박스의 막내 매장이지만 면적이 가장 넓고 디스플레이에 힘을 주어 상품 가치를 높이는 데 한몫한다. 샤넬 초창기 브로치나 디올의 30년 전 빈티지 가방이 멀쩡한 모습으로 진열되어 있다.

장 폴 에방 Jean-Paul Hévin

주소 41 Rue de Bretagne 75003 영업시간 화~토 10:00~19:30 휴무 일, 월

프랑스 정상의 쇼콜라티에 장 폴 에방이 2014년에 오픈한 또 하나의 매장. 이 장소가 다른 장 폴 에방 매장과 다른 점은 쇼콜라 쇼 Chocolat Chaud를 비롯한 초콜릿 음료를 전문화했다는 점이다. 에스프레소처럼 초콜릿도 한 잔의 디저트로 마실 수 있다는 확신으로 오픈한 곳.

라르퓌이 Larfeuille

주소 9 Rue du Pont aux Choux 75003 홈페이지 www.larfeuille.fr 영업시간 11:00~19:00 휴무 일, 월

주인 제롬은 명품 매장에서의 이력을 내려놓고 이탈리아산과 프랑스산 고급 가죽을 공급받아 가방 만들기에 빠진 인물. 화려함과 거리가 먼 마켓 크래프트 봉투 같은데 들면 '내가 파리지앵이다'라고 선언하는 것 같다. 기본 모델을 정하고 색상, 크기를 모두 후작업해 국제배송까지 해준다.

메종 로지에 Maison Laugier

주소 9 Rue Picardie 75003 홈페이지 maisonlaugier.
com 영업시간 11:00~19:00 휴무 일, 월

향만큼 추상적인 것이 또 있을까? 메종 로지에는
향수 최대 원산지인 프랑스 남쪽 리옹 지방에서 향
수관련 업을 4대째 이어온 로지에 가에서 2019년
에 출범시킨 신규 향수 브랜드다. 50ml 기성품은
€90~150대. 본인의 향수를 직접 만드는 조향수업
도 운영한다(토요일 오전, 예약 필수, P.3 QR 참고).
기성품은 €90~150 가격대. 남들을 한번 돌아보게
만드는 매혹적인 향에 빠져보기 바란다.

쉬즈 케이크
She's Cake By Sephora Saada

주소 37 Rue Roi de Sicile 75004 홈페이지 www.shes
cake.fr/sephora 영업시간 수~금 11:30~19:00, 토~일
11:30~19:30 휴무 월

'르 피가로 Le Figaro'에서 뽑은 '파리의 가장 맛있는
치즈케이크 집'. 카망베르 치즈처럼 풍부한 치즈케
이크를 더 예쁘고, 맛있고, 가볍게 먹을 수 있는 곳
이다. 치즈케이크를 발음하는 프랑스어가 미모의
셰프 세포라를 일컫는 '그녀의 케이크'라는 영어 간
판으로 이어진 것이 재밌다. 바질소스와 염소 치즈
케이크, 향신료와 건포도를 더한 카망베르 치즈케
이크를 점심 메뉴로 먹을 수 있다. 가격은 €4~5.20,
점심 메뉴는 €10.50~13.50 정도.

퐁토슈 Pontochoux

주소 9 Rue du Pont aux Choux 75003 영업시간
12:00~19:00 휴무 일, 월

가소로울 정도로 작은 이 가게에서 풍기는 카레 냄
새는 이 구역 모두를
끌어들이고도 남을
기세. 이 구역에서 보
기 드문 일본 카레 집
인데 점심때는 줄을
설 정도라니 쇼핑하
다가 카레가 생각날
때 기억해 두자.

레 카브 니사 Les Caves Nysa

주소 95 Rue Saint-Antoine 75004　홈페이지 www.nysa.fr　영업시간 월~금 10:00~20:30, 토 09:30~20:30, 일 09:30~13:30

50년 동안 생탕투안 대로를 지키고 있는 이 와인 저장고는 주로 코르시카 와인을 판매하는 장소로 유명하다. 북코르시카의 기소나시아에서 재배한 포도를 사용해 그 지역 검열을 통과하고, 상표 등록을 마친 와인들이다. 보르도나 코트뒤론 지역의 와인과는 다른 맛을 찾는 재미가 있는 곳. 한 달에 한두번 주말을 이용해 와인 시음회를 열기도 한다. 훈제 고기, 프로마주와 함께하는 시음회는 €30부터.

레클레르 드 제니 L'éclair de Génie

주소 14 Rue Pavée 75004　홈페이지 leclairdegenie.com　영업시간 월~금 11:00~19:00, 토·일 10:00~19:30

스타 셰프 크리스토프 아담의 에클레르 전문 매장. 10가지 이상의 색다른 맛과 디자인을 제안한다. 쇼케이스는 10:00, 15:00에 채워지지만, 인기 높은 제품은 바로 품절되는 경우도 많다. 타르트와 에클레르의 퓨전인 바를레트 역시 셰프의 최초 아이디어로 에클레르를 능가하는 인기를 타고 있다. 에클레르 €4.50~7.

그렌 드 파스텔 Graine de Pastel

주소 18 Rue Pavée 75004　홈페이지 www.grainede-pastel.com　영업시간 월~토 11:00~19:00, 일 12:00~19:30

라벤더로 유명한 툴루즈의 꽃 원료를 이용한 비누, 목욕제품 매장. 은은한 향기와 라벤더 색감의 패키지가 기분을 좋게 만든다. 화학 원료를 사용하지 않은 천연 재료라 더 마음이 끌리는 곳. 방향제, 향수 등 고급 제품을 친절한 가격대에 구입할 수 있다. 친환경 안티 에이징 패키지가 €86부터.

암프로바블르 Improbable

주소 3-5 Rue des Guillemite 75004　영업시간 일~수 12:00~21:00, 목~금 12:00~22:00, 토 11:00~22:00

정비소를 개조한 패스트푸드 레스토랑. 피스톨레라는 벨기에식 빵에 식재료를 조합해 내는 것이 특징인데, 그중 겨울부터 3~4월까지가 제철인 연어 훈제 샌드위치는 베스트에 속한다. 참기름에 절인 생배추, 넉넉한 캐슈넛과 훈제 연어와의 케미는 이곳에서만 만날 수 있는 별미다. €8~.

앙프랑트 Empreintes

주소 5 Rue de Picardie 75003   홈페이지 https://www.empreintes-paris.com/fr/en   영업시간 11:00~13:00, 14:00~19:00   휴무 일·월

아래 마레에 브랜드 매장이 많은 편이라면, 위 마레에는 주로 편집 숍과 신진 디자이너들의 매장들이 들어서 있다. 이 중 앙프랑트는 책, 수공예 그릇, 테이블 보, 휴대폰 케이스, 인테리어 소품 등 메이드 인 프랑스 수공 디자인 제품을 찾는 사람들에게 추천하는 편집 숍이다. 마치 작품처럼 전시된 유니크한 제품들을 구경하고 있으면 갤러리에 온 것 같으면서 느긋하고 시크한 분위기에 매료된다. 2층에는 전문 바리스타가 상주하는 작은 카페가 있고, 갤러리처럼 꾸며 놓은 매장은 3층까지 이어진다.

모나 마켓 MOna Market

주소 4 Rue Commines 75003   홈페이지 https://www.mona-mode.fr   영업시간 화~금 11:00~19:00, 토~월 14:30~19:00

2층으로 연결된 중형 규모의 소품 편집 숍. 이름난 디자이너들의 작품보다 대중적으로 무난한 생활 소품들이 주를 이룬다. 빈티지형 거울, 쿠션 보, 인테리어용 갈란트 등 향수와 식탁 소품까지 다양하다. 전체적으로 조화를 이루어 예쁘지만 가성비가 무색한 비싼 소품들도 있으니 지출에 주의하자.

메르시 Merci

주소 111 Boulevard Beaumarchais 75003   홈페이지 merci-merci.com/en   영업시간 10:00~19:00, 연중무휴

파리 편집숍의 대명사. 럭셔리 아동복 봉푸앵의 창업자인 코엔 부부가 세계 곳곳에 숨어있는 장인 및 디자이너 발굴을 목적으로 2009년에 오픈했다. 패션과 인테리어 분야의 편집숍으로는 파리에서 가장 넓은 면적을 자랑한다. 한 달에 한 번, 층별, 코너별로 콘셉트에 맞게 상품을 로테이션 해서 언제 가도 활력과 긴장감이 살아있다. 큰길에서 진입하는 북 카페는 낭만적이지만 자리 잡기가 어려운 것이 단점. 이마저도 식사 시간대에는 식사 손님 위주로 받는다. €25~30에 브런치를 즐길 수 있다.

미르트 MEERT

주소 16 Rue Elzevir 75003 홈페이지 www.meert.fr
영업시간 월~금 10:30~18:30, 토~일 10:00~19:00

1761년 북부의 도시 릴의 파티시에가 창업한 가게.
250년이 넘는 세월 동안 쌓인 노하우를 바탕으로
한결같은 맛을 내는 제과점이다. 전통 방식으로 굽
는 파운드케이크가 유명하다.

글라스 아 파리
Une Glace à Paris Ryon Menard Glaciers

주소 15, rue Sainte-Croix de la Bretonnerie 75004 홈
페이지 www.une-glace-a-paris.fr 영업시간 13:00~
20:30 휴무 화

일반적으로 알고 있는 프랑스의 디저트를 모두 아
이스크림으로 해석해 내는 디저트 매장이다. 기
본 크림 16가지, 소르베(셔벗) 11가지, 시즌별 크림
7~10가지로, 아이스크림의 특성을 달콤과 차가움
으로만 정의 내려 왔다면 글라스 아 파리에서는 확
실한 반전을 기대해도 좋다. 기본 한 스쿱 €4.20~.

©Grant Symon

데상스 Dessance

주소 74 Rue des Archives 75003 홈페이지 www.
dessance.fr 영업시간 수~일 12:00~23:00 휴무 월,
화

마레의 맛집으로 입소문 난 레스토랑. 거울과 자연
소재로 장식한 인테리어와 자신 있는 오픈 주방으
로 유명하다. 프랑스 전통 요리가 기본이지만 젊은
층을 겨냥한 현대식
세팅이 세련됐다는
평을 받고 있다. 점심
세트 메뉴가 €26.

뤼 비에이 뒤 탕플르
Rue Vieille du Temple

마레에서 가장 오래된 길 중 하나인 비에이 뒤 템플
(탕플르) 거리는 한 집 건너 한 집 간격으로 브랜드
간판이 늘어서 있다. 가니, 생 제임스, 바슈, A.P.C.
등 알 만한 중고가 브랜드부터 파리만의 감성을 담
은 편집숍과 수제숍까지 만나볼
수 있다. 유서 깊은 마레의 길을 걸
으며 쇼핑하는 낭만을 즐겨볼 것.

셰 로지토 레노
Chez Rosito Renno

주소 4 Rue du Pas de la Mule 75004 홈페이지 www.
auberge-rosito.fr 영업시간 12:00~14:00, 18:00~
23:00, 연중무휴

몽플리에 출신의 남편 프랑크와 코르시카의 아카주
가 고향인 아내 마리 폴이 오픈한 코르시카 전통 요
리 레스토랑. 작고 삐걱거리는 인테리어에도 불구하
고 특이한 메뉴로 경쾌한 입방아의 소재가 된다. 주인
장은 코르시카 전통 생선 수프와 제철 과일 튀김, 전
통 카넬로니 Cannelloni
(파스타) 요리를 추천한
다. 점심 세트 메뉴는 €15,
저녁 세트 메뉴는 €31.50
부터.

마르셰 데 장팡 루주
MARCHE DES ENFANTS ROUGES

주소 39 Rue de Bretagne 75003 영업시간 화~목
08:30~13:00, 16:00~19:30, 금·토 08:30~13:00,
16:00~20:00, 일 08:30~14:00

은밀한 맛집을 찾는 미식가에게는 보석 같은 장소.
하지만 지나치기 쉬우니 주의해서 살펴보자. 일종
의 프랑스식 먹자골목이라 볼 수 있다. 식빵에 패
티와 치즈를 듬뿍 올려 그 자리에서 바로 먹는 맛
은 허기진 관광객에게 재미있고 푸짐한 추억을 선
사할 것이다. 시장답
게 질 좋은 각종 프랑
스 치즈와 샤르퀴트리
Charcuterie(돼지고기
햄 종류)도 판매한다.

뱅 뱅 다르 VINGT VINS D'ART

주소 16 Rue de Jouy 75004 홈페이지 www.vvdparis.
fr 영업시간 수~토 18:00~22:00 휴무 일~화

소믈리에는 아니지만 와인을 심도 있게 공부한 일
본인이 주인인 와인 바. 주방장이 한 명인 작은 주방
에 테이블 수도 적지만, 와인 선택에 상당히 심혈을
기울였다. 식사 역시 소개하는 와인에 따라 메뉴를
정한다. 브런치 메뉴는
€18, 그날의 메뉴 €15부
터. 와인을 잘 모르는
사람에게도 친절하게 설
명해 준다.

카페 위고 Café Hugo

주소 22 Place des Vosges 75004 영업시간 월~토
11:00~23:00, 일 11:00~19:00

보주 광장 바로 옆의 레스토랑으로 €16의 저렴한 브
런치가 인기 절정이다. 게다가 이 메뉴는 구운 빵, 연
어(훈제 햄 중 선택), 따뜻한 음료(과일주스 중 선택),
샐러드와 프로마주, 사과 크럼블 디저트까지 골고루
갖추고 있어 쇼셜들
의 호평이 자자하다.
이 같은 인기로 인해
늘 만석이지만 예약은
받지 않으니 보주 광장
에서 휴식을 취하면서
자리가 나기를 기다리
면 된다.

QUARTIER
LATIN
라탱 구역

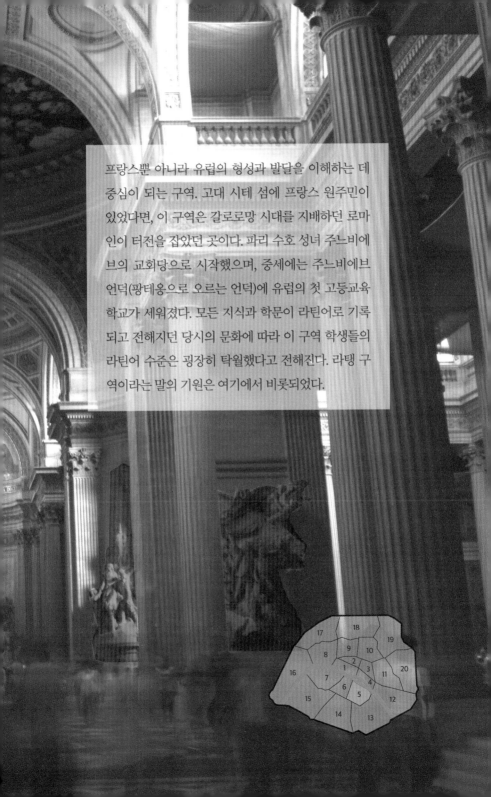

프랑스뿐 아니라 유럽의 형성과 발달을 이해하는 데 중심이 되는 구역. 고대 시테 섬에 프랑스 원주민이 있었다면, 이 구역은 갈로로망 시대를 지배하던 로마인이 터전을 잡았던 곳이다. 파리 수호 성녀 주느비에브의 교회당으로 시작했으며, 중세에는 주느비에브 언덕(팡테옹으로 오르는 언덕)에 유럽의 첫 고등교육 학교가 세워졌다. 모든 지식과 학문이 라틴어로 기록되고 전해지던 당시의 문화에 따라 이 구역 학생들의 라틴어 수준은 굉장히 탁월했다고 전해진다. 라탱 구역이라는 말의 기원은 여기에서 비롯되었다.

라탱 구역 Quartier Latin

★ ★ ★

고대~중세 파리의 역사가 잘 보존되어 있는 구역이다. 클뤼니 박물관을 위시한 주변 명문 학부들을 보면 파리의 중세 문화가 그려진다.

- 출발장소   투르넬 다리 Pont de la Tournelle
- 메트로   7호선 Pont Marie 역
- 소요시간   1~2일
- 놓치지 말 것 팡테옹과 식물원 정원
- 장점   프랑스 지식인의 구역 안에서 지켜보는 명문교와 그들의 라이프스타일
- 단점   먹자골목 생세브랭 구역의 호객 행위

① 생쥘리앙르포브르 성당 Paroisse Saint-Julien-le-Pauvre
빠르와즈 생쥘리앙르포브르 ★

주소 79 Rue Galande 가는 방법 메트로 10호선 Cluny-La-Sorbonne 역, RER B, C선 Saint-Michel-Notre-Dame 역 홈페이지 www.sjlpmelkites.fr 운영 월·수 09:00~12:00, 화·목·금 09:00~16:00 휴무 토, 일

파리에서 가장 오래된 성당으로 성지 순례자의 구호를 위해 6세기에 처음 세워졌다. 왜소하고 허름해 보이는 외관과 달리 중앙 홀은 역사적, 예술적 가치를 가지고 있다. 노트르담 대성당을 설계할 때 모델이 되었다는 아치 모양 천장과 조각상을 눈여겨보자. 성당은 17세기 중반까지 종교적 명성과 사회적 영화를 누렸다. 파리의 첫 고등교육장인 소르본 대학의 수업이 이곳에서 열렸고, 1525년까지 귀족 총회의 투표를 담당하기도 했다. 듀 병원의 부속 예배당을 거쳐, 대혁명 때는 소금 창고로 전락하기도 했으나 현재 프랑스에 본당이 없던 그리스 정교회가 건물을 인수, 보수하면서 성당의 기능을 되찾았다. 지금도

미사는 그리스 예배 의식으로 진행된다. 시즌별로 기획하는 콘서트는 홈페이지의 공지를 찾아보자.

② 생테티엔뒤몽 성당 Saint Étienne du Mont
생테티엔뒤몽

주소 Rue St Etienne du Mont, 75005 Paris 가는 방법 메트로 7번 JUSSIEU, RER B Lumxembourg 역, RER C Notre-dame 역 운영 화~금 08:45~19:45, 토~일 08:45~12:15, 14:30~19:45

팡테옹과 인접한 생테티엔뒤몽 성당은 존재감이 거대한 주변의 관광지 때문에 지나치는 경우가 많지만 노트르담 방문 제한을 대체할 만한 곳으로 추천한다. 13세기에 이 구역 서민들의 예배당으로 쓰이던 곳을 15세기에 현재 모습으로 설계했다. 혁명 이후, 루이 15세가 쾌병 기원을 위해 성심을 바쳤던 쥔비에브 성녀의 관을 모시고 있다고 전해진다. 회랑 아치 위에 스테인드글라스 로즈 창을 내어 다른 성당에 비해 채광량이 엄청나다.

③ 클뤼니 중세 박물관 Musée de Cluny
뮈제 드 클뤼니 ★★

주소 6 Place Paul-Painlevé 가는 방법 메트로 10호선 Cluny-La Sorbonne 역, 4호선 Saint-Michel 역, RER B, C선 Saint-Michel Notre-Dame 역 홈페이지 www.museemoyenage.fr 운영 화~일 09:30~17:30 휴무 월 입장료 일반 €12(예매 €13), 18~25세 미만 비유럽인 €10(€11), 18세 미만 무료

클뤼니 중세 박물관을 포함한 오텔 클뤼니는 12~15 세기의 파리 역사를 체계적으로 전시하고 있는 장소다. 생미셸 대로 쪽의 공터는 1세기 말쯤 이 부근을 점령했던 로마인들이 사용하던 공중목욕탕의 터다. 이후 이 뒤쪽으로 기사단이 주둔지를 확보해 나갔는데, 13세기 클뤼니 십자군 수도회장과 17세기 교황령을 거치며 면적을 확충했다. 2,000㎡에 달하는 내부 전시관은 고대부터 16세기까지의 유적 약 2,300여 점을 전시하고 있다. 이는 실제 소장품 (2만 3,000점)의 1/10에 불과하다. 파리에 현존하는 사유 저택 중 가장 오래된 역사를 가진 곳이니, 도시의 기원이 궁금하다면 반드시 짚어보자.

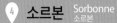

4 소르본 Sorbonne
소르본 ★★

주소 1 Rue Victor Cousin 가는 방법 메트로 10호선 Cluny-La-Sorbonne 역, RER B선 Luxembourg 역 홈페이지 www.paris-sorbonne.fr 가이드 17 Rue de la Sorbonne | 일반 €9 | 예약 필수 | 1시간 30분 소요 | 방학 기간 제외(자체 정책으로 일시 방문 제한, 새 방문 일정은 추후 공지)

학식과 교양의 전당인 소르본은 1253년에 소르본 Robert de Sorbon 신부에 의해 창설된 학교다. 당시에는 문학과 언어학 수업을 했지만 1622년 리슐리외 추기경이 학과를 대폭 신설하고 부속 교회당을 축조하면서 현재의 규모를 갖추게 되었다. 요즘은 사회과학, 신체과학, 경영, 예술, 법률, 정치경제학과에서 이론 위주의 수업을 한다. 소피 마르소의 영화 '유 콜 잇 러브 You Call it Love'의 배경이 된 장소다.

5 아랍 문화원 Institute du Monde Arabe
잉스띠뛰뜨 뒤 몽드 아하브 ★★

주소 1 Rue des Fossés Saint-Bernard 가는 방법 메트로 7호선 Sully-Morland 역 홈페이지 www.imarabe.org 운영 월~금 10:00~14:00, 서점, 10층 레스토랑, 테라스 파노라마 시간은 홈페이지에서 확인 휴무 토·일 입장료 일반 €8~, 테라스 무료

아랍권 국가들과 많은 이해관계가 얽힌 프랑스가 대화와 화합을 위해 모색한 프로젝트 건물. 센 강을 향한 북쪽 파사드는 오래된 도시와의 관계를 암시적으로 표현한 것. 이에 반해 쥐시외 대학 Campus Jussieu과 접한 남쪽 파사드는 아랍 건축에서 흔히 볼 수 있는 무샤라비에 Moucharabieh(격자창의 돌출 발코니)를 재해석했다. 240개의 무샤라비에가 채광과 시간에 따라 개폐되는 광경은 건물 안쪽에서 보았을 때 더욱 멋있다. 장 누벨은 이 프로젝트로 명예로운 '은 삼각자 건축상'을 받았다.

파리
BIG 12

⑥ 📍 **팡테옹** Panthéon
빵떼옹

★★★

주소 Place de Panthéon 가는 방법 메트로 10호선 Cardinal Lemoine 역, RER B선 Luxembourg 역 홈페이지 www.paris-pantheon.fr 운영 4~9월 10:00~18:30, 10~3월 10:00~18:00, 폐장 45분 전까지 입장 휴무 1월 1일, 5월 1일, 12월 25일 입장료 일반 €11.50, 18세 미만 무료, 오디오 가이드(한국어) €3, 돔 입장 €3, 할인 코드 홈페이지 확인

병에 걸린 루이 15세는 파리의 수호 성녀 주느비에브 앞에 기도를 드린 후 건강을 되찾았고, 그 기쁨에 팡테옹의 축조를 결심한다. 26년의 공사 끝에 1790년에 완공해서 주느비에브 성당에 있던 성녀의 성골함을 이장해 왔으므로 신자에게는 '성녀 주느비에브 대성당'이라는 의미가 더 깊다. 대혁명을 겪으면서 혁명가들의 의회로 용도가 변경되어 평신도도 출입할 수 있게 되었다. 민중의 대변인이었던 미라보 Honoré Mirabeau가 처음 팡테옹에 안치되었고, 빅토르 위고, 에밀 졸라, 알렉상드르 뒤마, 데카르트 등 국가 위인 75인이 이곳에서 쉬고 있다. 퀴리 부인은 팡테옹에 안치된 유일한 여성이다. 물리학자 레옹 푸코가 자전 시계를 발명해 지구의 자전을 증명했던 곳으로도 유명하다. 참고로 이 시계는 국립 기술공예 박물관에서 관람할 수 있다(P.165 참고).

밖에서 보는 팡테옹의 장엄함은 실내로 들어가면 경건과 절제미로 변한다. 아치형의 중앙 홀, 비잔틴 양식의 둥근 천장, 실내와 외부의 열주는 그리스와 로마의 고대 건축에서 본떴다. 이 신전의 하이라이트는 바로 트리플 쿠폴 Triple Coupole(세 겹의 둥근 천장). 밖에서 보면 하나의 거대한 돔이지만 실내에서 올려다보면 둥근 천장 사이에 달걀 모양의 천장이 하나 더 있다. 팡테옹의 내부가 밝은 이유는 어느 각도에서나 직사광선을 피하기 위해 세 겹으로 설계된 천장 덕분이다. 완공 250년을 맞이해 착수한 돔 보완 공사로 내외부 모두 2022년에 말끔한 모습으로 개장했다.

PLUS STORY | **루이 15세의 여성 편력**

루이 15세는 말년에는 정치보다 유별난 여성 편력 때문에 가십거리를 많이 남겼다. 성녀 주느비에브에게 한 병구완 기도도 원인은 여자였다. 당시 오스트리아와의 전쟁으로 메츠 Metz까지 출정을 나갔는데, 유부녀 귀족 자매 넷과 같은 시기에 은밀한 관계를 이어갔던 것. 네 자매를 이용해 권력을 독점하려는 야심가들의 책략도 있었지만 결론적으로 그는 이때 얻은 성병으로 위독해졌다. 그의 정조 관념에 불만을 품어왔던 교회는 국왕에게 기도를 권한다. 아이러니하게도 역대 프랑스 왕 중에서 가장 신앙심이 높았던 루이 15세는 병이 나으면 위대한 신전을 축조하겠다는 기도를 올렸고 실제로 팡테옹을 건립했다.

7 국립 진화 역사박물관과 파리 식물원

Musée de l'Histoire Naturelle
et Jardin des Plantes
뮈제 드 리스뚜와르 나뛰렐 에 라 자흐뎅 데 쁠랑뜨 ★★★

주소 36 Rue Geoffroy-Saint-Hilaire 가는 방법 메트로 5, 10호선, RER C선 Gare d'Austerlitz 역, 7호선 Censier-Daubenton 역 홈페이지 www.mnhn.fr 운영 정원 07:30~19:45, 겨울 08:00~17:15, **진화의 갤러리와 온실** 수~월 10:00~17:00 휴무 화 입장료 3세 미만 무료(각 장소 해당) 정원 무료, **진화의 갤러리** 일반 €10, 26세 미만 무료 온실 일반 €7, 3~25세 €5, 그 외 요금은 홈페이지 확인

인류를 포함한, 자연에 속한 모든 생물체의 역사를 한눈에 볼 수 있는 장소. 실제 크기의 동물 모형을 한자리에 모은 전시만으로도 압권이다. 자연과 진화에 관심이 없더라도 충분히 흥미로운 장소이니 젊은 학생이나, 자녀를 동반한 부모에게 추천한다. 박물관을 나서면 펼쳐지는 야외 식물원과 1626년에 지은 온실 역시 빼놓지 말자. 이곳은 동식물의 생태 관찰, 자연보호 등의 교육효과도 있지만 여름에는 감상과 피크닉만으로도 좋은 곳이다.

8 투르넬 다리

Pont de la Tournelle
퐁 드 라 뚜르넬 ★

주소 Pont de la Tournelle 가는 방법 메트로 7호선 Pont Marie 역(역에서 나와 퐁 마리를 건넌 후 직진하면 나오는 다리)

생루이 섬에 건설된 첫 번째 다리이며, 현재의 모습은 중세 이후 세 번째로 새로 놓은 것이다. 투르넬이란 성곽을 둘러싼 망루의 일종으로 다리 남쪽 끝에 서 있는 돌탑을 일컫는다. 12세기, 파리의 경계선이던 필리프 오귀스트 Philippe Auguste 성의 망루를 그대로 보존한 것으로 다리 자체보다 이 탑이 주인공이다. 14m 높이의 탑 정상에는 파리의 수호 성녀 주느비에브가 서 있는데, 그녀가 보호하고 있는 소녀는 파리를 상징한다고. 소녀가 안고 있는 배가 바로 센 강의 배인 것이 그 증거다.

SELECT SHOP

몽주 약국 Pharmacie Monge

주소 74 Rue Monge 75005 **홈페이지** www.phar macie-monge.fr **영업시간** 월~금 08:00~22:00, 토 08:30~22:00, 일 08:30~20:00

파리 방문객의 성지 순례 같은 곳인 몽주 약국이 현재의 입지를 굳힌 것은 '다다익선'을 고수하기 때문일 것. 이 곳의 가격 마진은 프랑스에서 가장 낮은 것으로 유 명하다. 한국에서 구입 가능한 화장품도, 각종 유럽 영양제도 놀랄 만한 가격을 제시한다. 이런 제품은 깐깐한 앱 유카 Yuka의 성분 분석을 통과한 제품들 이다. 또 메다르 진료 서비스를 도입, 다급한 상황의 환자에게 임시 처방을 해준다. 즐거워야 할 여행에 서 갑자기 처방전이 필요할 때, 스크린 상담만으로 정식 처방전을 발급받을 수 있다(한국 직원 서비스, 예약 불필요).

PHARMACIE MONGE
〈프렌즈 파리〉 독자 단독 서비스

- 전 품목 €100이상 구입 시 10% (프로모션 품목 포함)
- 결제 시 15% 면세금 즉시 환급
- 사용 기간: 2024년 1월 1일~12월 31일

마르셰 몽주 Marché Monge 🛍

주소 1 Place Monge 75005 홈페이지 en.parisinfo. com 운영 수, 금, 일 07:00~14:30

파리의 시장은 생각보다 규모가 작지만 마켓에서 느낄 수 없는 생동감과 사람 간의 유대감을 느낄 수 있다. 분수를 낀 시장에서 간단한 점심과 과일 한 봉지, 그리고 꽃다발을 사 가는 파리지앵의 일상을 누려보자.

메종 그레구아르 Maison Grégoire 🍽

주소 69 Rue Monge 75005 영업시간 화~일 08:00~ 20:00

동네 빵집이지만 유기농 원재료를 사용해서 빵 나오는 시간에는 줄이 길다. 이 맛있고 건강한 빵으로 속을 채운 샌드위치의 맛은 말하면 입이 아플 정도.

플라스 드 라 콩트레스카르프 Place de la Contrescarpe 🍽

주소 Place de la Contrescarpe 75005

파리가 재미있는 이유 중 하나는 숨어 있는 장소들을 발견하는 재미가 있기 때문이다. 큰 광장에서 자동차 매연을 맡아가며 노천카페에 앉아 있는 사람들이 이해되지 않는다면 이 아담하고 활기 넘치는 광장을 추천한다. 맛있는 먹거리와 작은 분수가 '내가 파리에 있구나'라는 행복을 느끼게 해줄 것이다.

무페타르 거리와 생메다르 공원
Rue Mouffetard&Square Saint-Médard

주소 Square Saint-Médard 75005

명문 고등학교와 대학교, 도서관, 성당이 밀집된 이 구역은 쇼핑보다는 맛집과 식재료를 구경하는 재미가 있다. 무페타르 거리 초입에서 콩트레스카르프 광장까지의 400m 거리에 맛집이 모여 있다. 날씨 좋은 날에는 테라스에 자리 잡는 것도 좋지만, 샌드위치 하나 사서 공원에 앉아 먹는 점심도 무척 여유롭다.

핀노바 Finnova

주소 35 Quai de la Tournelle 75005 홈페이지 www.finnovashop.com 영업시간 화~토 11:30~13:30, 15:00~19:00 휴무 일, 월

대도시의 몇 군데에서만 만날 수 있는 핀란드 브랜드 마리메코의 직수입 매장. 그 외에도 프랑스와 유럽 각국의 상품성 높고 개성 넘치는 인테리어 제품을 찾을 수 있다.

ZKG Ter ZKG Ter

주소 26 Boulevard Saint Germain 75005 홈페이지 zekitchengalerie.fr/en 영업시간 화~토 11:30~14:30, 19:00~22:00

생제르맹 구역의 본점 ZKG 레스토랑 3형제 중 막내인 셈이다. 다른 레스토랑이 코스 요리에 정성을 들였다면 이곳은 섬세한 미각은 유지한 채 종목만 파스타로 옮겨왔다. 여름에는 테라스를 이용할 수 있어 분위기가 훨씬 가볍다. 이 구역 맛집을 찾는다면 추천!

카페 클로틸드 Cafe Clotilde

주소 7 Rue de l'Hôtel Colbert 75005 홈페이지 www.
fr.newtable.com 영업시간 브런치 일 12:15, 13:45(시
간제 2회), 예약 권장

2022년 오픈한 힙한 브런치 카페. 호텔은 20세기의
지성인 시몬 드 보부아르의 숙소이기도 했다. 화가인
소롤라가 그린 사랑하는 아내 클로틸드에 대한 애정
이 담긴 초상화가 곳곳에 전시된 숨어 있는 맛집. 클
로틸드는 하루 종일 다양하고 맛있는 토스트 요리를
선보인다. 파티시에 니나 메티에가 만든 아름다운 케
이크를 즐길 수 있고 저녁에는 24개월 숙성한 치즈
를 곁들여 시그니처 칵테일을 만날 수 있다.

살롱 뒤 팡테옹 Salon du Panthéon

주소 13 Rue Victor Cousin 75005 영업시간 월~금
12:00~14:30(티 서비스 15:00~18:30), 예약제

메인과 샐러드 메뉴 4가지가 매일 바뀌는 곳. 인도
요리, 부르스케타 등이 프랑스 요리와 함께 메뉴판
에 오른다. 한편, 프랑스의 대표 여배우 카트린 드뇌
브가 전체 데커레이션을 맡아 화제를 모은 덕에 영
화계 인사들의 아지트로 유명한 살롱형 바이기도
하다. 회향 Fenouil 샐러드 추천 €16~, 블랙티 €9~.

라 프티 부셰리 La Petite Boucherie

주소 65 Rue Monge 75005 운영 수~토 10:00~
19:30, 일 10:00~13:00, 화 12:00~19:00

한때 정육점으로 사용했던 흔적이 간판에 남아 있
는 작은 문구점. 할아버지라고 믿기 어려울 만큼 총
기 있는 주인은 인사 한마디에 이야기 보따리를 풀
어놓는다. 아기자기한 문구류를 구경하기 전에 '봉
주르' 인사만큼은 꼭 건네자.

메종 조르주 라르니콜
Maison Georges Larnicol

주소 19 Rue de la harpe 75005 홈페이지 www.larni
col.com 영업시간 일~목 09:00~22:30, 금·토 09:30~
23:30

프랑스 공인 셰프 라르니콜이 브르타뉴에서 직접
디저트를 만들어서 이 매장으로 공급하고 있다. 브
르타뉴는 프랑스에서 버터와 고급 천일염 생산지로
가장 유명한 지역이다. 이 지역의 버터와 소금을 재
료로 한 퀴니 아망 Kouign Amann 케이크와 캐러멜
잼 등은 미식가를 위한 선물로도 손색없다.

셰익스피어 앤 컴퍼니
Shakespeare and company

주소 37 Rue de la Bucherie 75005 영업시간 10:00~
23:00, 연중무휴

독서광들이 너무나 사랑하는 서점. 영어권 영화에
수없이 등장한 덕에 서점이라기보다 관광지에 가깝
게 사람들이 몰리지만 실내만큼은 독서 애호가들이
차분히 책을 볼 수 있을 만큼 정숙한 분위기다. '비
포 선셋'에서 에단 호크가 사인회를 한 장소이기도
하다. 내부는 사진 촬영이 금지되어 있으니, 몰래 사
진을 찍다가 눈치받지 않도록 주의하자.

앵스티튀티 INSTITUUTTI

주소 60 Rue des Écoles 75005 영업시간 화~토 11:00~
18:00

라탱 구역에 새롭게 오픈한 매점형 카페. 점심 식사
와 디저트 음료를 구비하고 있으며, 주변에 대학이
있어서 점심시간에는 학생들이 많다. 매점형이지만
인테리어에 꽤 신경을 쓴 편이며, 분위기가 느슨해
컴퓨터로 일하는 사람들이 눈에 많이 띈다. 여행 중
잠시 휴식을 취하며 인터넷을 사용하기에 좋다.

생세브랭 구역 Quartier Saint-Séverin

주소 메트로 10호선 Cluny La-Sorbonne 역, 4호선 Saint-Michel 역, RER B, C선 Saint-Michel
Notre-Dame 역 미사 시간 월~토 12:15, 화~금 19:00

외국인에게는 먹자골목으로 유명한 구역이지만 각국의 샌드위치를 비교하거나 거리의 활
기를 느끼는 정도로 충분하다. 그보다는 인접해 있는 세브랭 성당을 추천한다. 노트르담 방
문 제한으로 아쉬운 마음을 조금이나마 달랠 수 있다. 십자형 성당의 날개 부분인 가로 회랑
이 없는 대신 노트르담처럼 측랑이 좌우로 네 줄이다. 층을 이룬 스테인드글라스는 7세기에
걸쳐 완성되었다.

SAINT-GERMAIN -DES-PRÉS

생제르맹데프레 구역

이 구역에는 앙드레 지드, 피카소, 헤밍웨이, 사르트르와 시몬 드 보부아르 등 20세기 지식인들이 단골로 드나들던 카페와 서점이 밀집해 있다. 쇼핑 상가에 조금씩 자리를 내어주고 말았지만 카페 레 뒤 마고를 중심으로 남아 있는 서점들은 21세기에 메말라가는 책 애호가들의 등대가 되고 있다. 이는 뤽상부르에서도 독서를 즐기는 파리지앵의 자부심과도 다름없다. 봉 마르셰 백화점을 비롯한 고급 매장이 가득한 구역이기도 해, 쇼핑과 티타임 사이에서 지루할 틈이 없을 것이다.

생제르맹데프레 구역 Saint-Germain-des-Prés

★ ★ ★

- 출발장소　　생제르맹데프레 성당 Église Saint-Germain-des-Prés
- 메트로　　　4호선 Saint-Germain-des-Prés 역
- 소요시간　　하루 반
- 놓치지 말 것　퓌르스탕베르 거리와 뤽상부르 정원
- 장점　　　　보물찾기처럼 역사를 간직한 수많은 골목을 만나는 재미
- 단점　　　　일부 카페와 서점 직원의 거만한 서비스

카페와 레스토랑이 새벽까지 영업하는 반면, 파사주와 매장은 정시에 문을 닫는다.

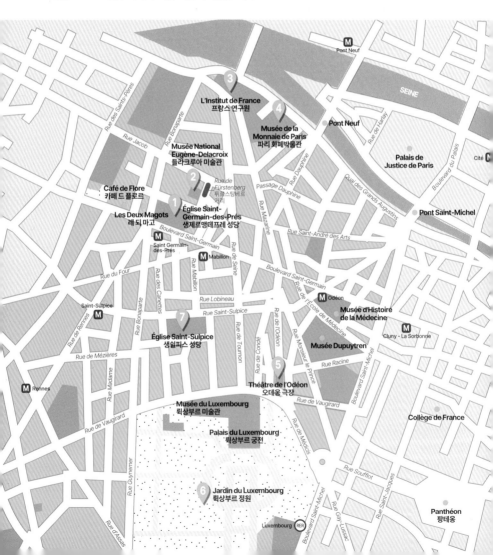

생제르맹데프레 성당 Église Saint-Germain-des-Prés
에글리즈 쌩제르맹데프레 ★

주소 Place Saint-Germain-des-Prés 가는 방법 메트로 4호선 Saint-Germain-des-Prés 역 홈페이지 www.eglise-sgp.org 운영 화~토 08:30~20:00, 월·일 09:30~20:00 입장료 무료

메트로의 어느 출구로 나와도 바로 보이는 생제르맹데프레 광장의 한복판에 있는 성당이다. 6세기, 교황청의 신뢰를 얻은 메로빙거 왕조에서 축조를 지시한 덕분에 바로 인가를 얻은 왕가의 교회당이었다. 렌 거리와 생제르맹 대로에서도 눈에 띄는 종탑은 10세기 들어서 완성되었다. 여러 번의 보수공사가 있었지만 성당의 원래 모습에 가깝게 보존되어 명성에 비해 수수한 수도원의 면모를 풍긴다. 중앙 홀로 이어지는 벽면의 프레스코화와 로마 양식 기둥의 상부 장식이 인상적이다.

 들라크루아 미술관 Musée National Eugène-Delacroix
뮈제 나씨오날 외젠들라크루와 ★★

주소 6 Rue de Fürstenberg 가는 방법 메트로 4호선 Saint-Germain-des-Prés 역 홈페이지 www.musee-delacroix.fr 운영 수~월 09:30~11:30, 13:00~17:30 휴무 화, 1월 1일, 5월 1일, 12월 25일 입장료 일반 €7, 루브르 입장 포함 €15, 아틀리에 포함 €12, 예매 권장

파리를 사랑한 들라크루아는 화실 이사 여섯 번 만에 이 장소에 안착했다. 1857년에 주문받은 생쉴피스와 생탕주 성당의 벽화 작업을 위해 거주지로 찾아낸 현재의 장소가 미술관으로 개조된 것. 화가의 유작, 자화상 등이 전시되어 있어서 그의 작품을 사랑하는 사람들에게 감동을 준다. 미술관 앞의 지적인 광장은 마틴 스코세즈 감독의 '순수의 시대' 촬영지였다.

③ 프랑스 연구원 L'Institut de France
랭스띠뛰 드 프랑스 ★★

주소 23 Quai de Conti 가는 방법 메트로 4, 10호선 Odéon 역, 7호선 Pont Neuf 역 운영 마자랭 도서관 월~토 10:00~18:00, 돔 토 10:00~18:00 입장료 무료

프랑스어를 보존하고, 매해 프랑스어 사전을 만드는 아카데미 회원들의 전당. 건물 정면은 콩티 부두를 사이에 두고 퐁 데 자르와 마주 보고 있어 루브르 궁전 남문으로 나와 다리를 건너면 연구원의 경건한 자태가 눈에 들어온다. 이곳은 돔과 마자랭 도서관으로 구성되어 있는데, 공기마저 위엄이 밴 듯한 도서관은 주중 무료입장이 가능하다. 입장이 제한되었던 돔은 매주 토요일만 입장이 가능해졌다(사전 예약 필수). 언어학과 관련된 60만 권의 자료 중 가장 역사적인 자료는 구텐베르크의 성경 원서. 이 동식 금속 활자로 제작된 유럽의 첫 서책으로 유네스코 세계유산에 등재되어 있다. 고서의 향기, 지식을 사랑하는 사람이라면 꼭 방문하기를 추천한다.

4 파리 화폐박물관 Musée de la Monnaie de Paris
위제 드 라 모네 드 빠리 ★

주소 11 Quai de Conti 가는 방법 메트로 7호선 Pont Neuf 역 홈페이지 www.monnaiedeparis.fr
운영 화~일 11:00~18:00, 수 11:00~21:00 휴무 1월 1일, 5월 1일, 12월 25일, 8월 4일 입장료 일반 €12, 나비고 패스 소지자 €10, 26세 미만 무료

15세기부터 현대의 디지털 자료까지 화폐에 관한 모든 것을 총망라한 박물관. 통용 화폐를 만드는 프랑스 제정원의 부속기관이기도 하다. 1833년 축조되어 1984년에 박물관으로 용도 이전되었다. 입구 양쪽 다섯 개의 주랑과 궁륭의 천장을 따라 건물 내부로 이동한다. 건축적으로는, 대형 보완 공사를 마치고 2016년에 재개관하며 2세기를 넘나드는 조화를 절묘하게 뽑아낸 아름다운 건물이다. 2024년 파리 올림픽 기념 주화를 비롯해 매년 콜라보 주화를 출시하니 컬렉터들은 지갑을 주의할 것!

5 오데옹 극장, 광장, 거리 Théâtre, Place, Rue de l'Odéon
떼아뜨르 쁠라스 뤼 드 로데옹 ★★★

주소 Place de l'Odéon 가는 방법 메트로 4, 10호선 Odéon 역 홈페이지 www.theatre-odeon.eu

왕정시대 최초의 공립 극장으로 세워졌다. 1782년 프랑스 연극단을 위해 세운 건물로 네오클래식 양식이 특징이다. 내부 관람은 아쉽게도 1년에 1번 예약을 통해서만 가능하지만, 축조 당시 지배 체제에 큰 파문을 일으켰던 모차르트의 명작 '피가로의 결혼'이 처음 상연되었다는 지위만으로도 눈길을 줄 만한 곳이다.

오데옹 광장은 생제르맹데프레의 심장으로, 20세기 초에 신시가지 개발 구역으로 정비되면서 활력을 만들어 왔다. 지금은 지적인 분위기를 풍기는 카페와 레스토랑, 예술 갤러리가 자리 잡았고 매주 수요일에는 구역 소극장을 찾는 파리지앵이 활기를 책임진다.

광장을 뒤로하고 오데옹 거리를 따라 걸어보자. 한때 프랑스 문학파를 포용했던 낭만의 거리다. 이 길의 7번지, 18번지는 실비아 비치라는 미국 편집인이 영어권 사람을 위한 서점을 열었던 자리와 주거지로 알려져 있다. 그녀가 바로 유명한 셰익스피어 서점의 창업자다.

릭상부르 정원, 궁전, 미술관 Jardin, Palais et Musée du Luxembourg
자르댕 빨레 에 뮈제 뒤 릭상부르   ★★★

주소 15 Rue de Vaugirard 가는 방법 메트로 4, 10호선 Odéon 역, RER B선 Luxembourg 역 운영 **정원** 겨울 08:15~16:30, 여름 07:30~21:30 미술관 19 Rue de Vaugirard | www.museeduluxembourg.fr | 화~일 10:30~19:00, 월 10:30~22:00 휴무 5월 1일, 12월 25일 기획 전시 입장료(변동 주의) 일반 €14, 16~25세 €10, 16세 미만 무료

라탱 구역과 생제르맹 구역에서 가장 낭만적인 장소. 파리의 변두리였던 이 구역이 개발되면서 많은 귀족이 저택을 지었는데, 그중 한 명의 이름이 릭상부르였고 그 이름을 딴 정원, 궁전, 미술관이 생겼다. 정원은 궁전 외에도 프티 릭상부르(상원 의장 청사), 릭상부르 미술관, 오랑주리(오렌지 나무 온실) 그리고 릭상부르 정원 온실로 이루어져 있다. 곳곳에 설치된 베토벤, 플로베르, 보들레르, 멘데스 프랑스, 쇼팽 등 거장들의 조각상도 흥미롭다.

릭상부르 미술관은 1750년부터 일반인에게 관람이 허락된 파리의 첫 번째 미술관이다. 1818년에 미술관으로 용도를 바꿔 개장한 루브르 궁전보다 60여 년이나 빠르다. 다빈치, 렘브란트의 작품이 전시되었으며 마리 드 메디시스 왕비가 루벤스에게 청탁했던 13점도 한때 여기에 걸려 있었다. 현재는 인상파 화가와 20세기 전·중반 작품 위주로 미술전이 개최된다.

PLUS STORY 정원의 시초, 릭상부르 궁전

정원으로 불리는 대부분이 그렇듯, 이 정원도 릭상부르 궁전의 사유지였다. 릭상부르 궁전은 루이 13세의 어머니인 마리 드 메디시스 왕비가 루브르를 떠나며 축조한 곳. 왕비의 고향인 이탈리아 피렌체의 돌을 실어 날랐고, 조각가 토스칸이 궁전 오른쪽에 분수를 만들었다. 왕비는 자신의 인생에서 중요한 사건 24개를 그림으로 남기기 위해 네덜란드의 대가 루벤스에게 그림을 청탁했으나 어떤 이유에서인지 루벤스는 13점만 제작했다. 이는 현재 루브르 박물관에 소장되어 있다. 대혁명을 거치면서는 당통을 비롯해 800여 명을 수감한 감옥으로 사용되었다가 1799년부터 현재까지 상원 의사당으로 사용하고 있다.

197

그들이 알고 싶다

클로비스 1세 Clovis
(466~511)

프랑스의 최초 왕조인 메로빙거 시대를 연(496~508년 사이) 창시자다. 프랑스 초기 정착민으로 알려진 골로아족이 셀트족(바이킹)과 로마인의 영향권 아래 부족국으로 존재하던 시기, 이를 통합하고 최초의 국호를 '프랑'으로, '프랑'의 수도를 '파리'로 확정한 주체적 인물이다. 무엇보다 클로비스는 당시 유럽 전역을 점령 중이던 로마의 동의 없이는 왕조든, 권력이든 유지할 수 없다는 판단력을 바탕으로 랭스의 대주교로부터 가톨릭 세례를 받아서 프랑과 로마의 엘리트들이 협력하고 발전할 수 있는 길을 모색했다는 점에서 역사적으로 높게 평가되고 있다.

@alex-bernardini.fr

필립 오귀스트 2세 Philippe II Auguste
(1165~1223)

카페의 시조도 아닌 오귀스트 2세(7대 왕)가 프랑스인에게 각인된 가장 큰 이유 중 하나는 그의 이름을 그대로 딴 필립 오귀스트 성벽(1209) 때문. 영국군과의 전투에 대비해 축조했던 이 단순한 성곽은 벨 에포크 시대, 수도 재정비의 기준으로 사용되었다. 현재의 오페라 구역, 즉 프렝탕과 라파예트 백화점 대로가 이 성곽 자리를 대체한 것. 파리의 구시가진 마레 구역에 아직도 성벽과 그에 대한 안내가 곳곳에 남아 있어 파리의 일상에서 자주 접하게 되는 이름이다.

@alex-bernardini.fr

잔 다르크 Jeanne d'Arc
(1412~1431)

때는 프랑스와 영국의 100년 전쟁 후반, 로렌 지방의 농민 출신 잔 다르크는 자신이 대천사 미카엘을 포함한 여러 성령의 '목소리'를 받아 프랑스를 영국 점령으로부터 해방시키라는 임무를 받았다고 주장한다. 당시로선 흔치 않았던 정신분열 증상이라고 보는 분석도 있으나, 17세 소녀로는 믿기 어려운 카리스마와 신앙심을 여러 차례 목격한 샤를 7세는 그녀를 오를레앙 전장에 합류시키고, 이에 프랑스군은 1429년 5월 하룻밤의 전투로 영국군의 포위망을 뚫는다. 이후 파리 수복, 오를레앙 백작의 석방을 이끌고 '전쟁의 궁극적인 목적'인 샤를 7세의 대관식 거행을 가능케 했다. 그녀의 깊은 성심에 대한 질투를 삭이지 못한 교회로부터 음해받고 기소되어 영국군에 넘겨졌고 이단이라는 누명을 쓰고 화형당했다. 1456년에 무죄 확정을 받고 20세기 초에 복위되어 성녀의 반열에 올랐다.

@blog-histoire.fr

카트린 드 메디시스 Catherine de Médicis (1519~1589)

15세기 이후 프랑스 종교와 정치에 큰 영향을 미친 여장부. 급사한 남편 앙리 2세를 대신해 왕권을 잡고 아들 셋을 왕위에 올리지만 차례대로 요절하는 것을 지켜본 비운의 인물이다. 르네상스의 기원지인 피렌체의 최고 공녀로 태어나 17세에 앙리 2세와 결혼, 28세에 왕비가 되었다. 발루아 왕조의 유지 과정에서 가톨릭, 개신교의 화합을 명분으로 막내딸 마고와 위그노파 앙리 2세의 정략 결혼을 추진하지만, 당일 밤 시작된 개신교들의 학살을 묵인했다. 이를 내정해 두고 딸을 제물로 이용한 것이 카트린 드 메디시스라는 일설도 있다. 역사에서는 메디시스 여왕을 '렌 누아르(검은 여왕)'라는 별칭으로 부르지만 그녀가 가져온 문화적 풍성함도 있다. 포크의 도입은 물론 토마토, 아티초크, 강낭콩, 브로콜리, 닭벼슬 요리, 생크림, 마카롱 등을 피렌체로부터 도입했고 백성들의 식생활과 프랑스 요리 발전에 큰 기여를 했다는 평가를 받는다.

루이 14세 Louis XIV (1638~1715)

루이 13세의 적장자로 자칭, 타칭 태양왕. 봉건 영주의 권세를 꺾고 왕이 모든 권력을 가지는 절대 권력제를 구축한 인물. 5세에 왕위에 올라 양부이자 총리인 마자랭 Mazarin의 대리청정으로 정치를 익혔고, 그의 사후에는 다른 총리와의 양립을 거부하며 친정을 시작했다. 여기에는 큰 그림이 있었는데, 우선 민법의 시초인 루이법을 시작으로 형법, 임업법, 상법, 노예법 등의 법규를 대량 제정했다. 또한 파리 경찰국을 창설해 직계 임명과 해임권을 갖는 행정관들을 선출함으로써 국왕의 입법권에 대립하는 의회의 힘을 약화시킨다. 그의 마지막 업적은 모두가 아는 베르사유성 축조. 세계에서 가장 크고 화려한 궁전을 통해, 견고한 왕권을 만천하에 알리고자 함이었다. 증손인 루이 15세에게 왕위 계승이 될 때까지 72년간 통치하며, 유럽 최장 통치 기간을 기록했다.

루이 16세 Louis XVI (1754~1792)

대혁명의 기류와 왕비의 유명세 탓에 당대의 평가는 박했으나, 왕조 타도를 외치는 백성들에게 존중과 화합으로 일관했던 부분이 재평가 대상이 되고 있는 프랑스 최후의 국왕. 천체, 물리, 수학, 역사, 지리에 해박했고 외국어 습득도 뛰어나 5~6개 국어를 구사한 수재였다. 혁명 후 바렌으로의 탈출 중 마지막 경유지 생트매내울에서 은화 속 왕의 얼굴을 알아본 마을지기 장 바티스트 드루에에 의해 구류되었을 때, 그가 결단력을 더 보였다면 어떻게 되었을까. 뒤늦게 도착한 호위군에게 백성들을 향한 발포령을 끝내 거부한 에피소드는 한편으로는 그의 온화함을, 다른 한편으로는 강력한 군주로서의 부족함을 방증하는 대목이다. 백성을 사랑한 루이 16세는 "짐은 죄 없이 죽노라"라는 유명한 말을 남기고 형장의 이슬이 되었다. 절대 권력의 국왕보다는 지식인에 알맞은 성품이었다고 평가된다.

©History

나폴레옹 황제 Napoléon Bonaparte (1769~1821)

프랑스 역사상 영토를 최대로 확장했던 인물. 프랑스 남쪽 코르시카 섬의 명문 보나파르트 가문 출신으로, 19세에 육군 대위로 복무 중 대혁명을 맞았다. 1799년 11월 쿠데타로 제 1집정관의 책무를 수행하며 혁명 후 10여 년간 지속되던 공포 정치에 종지부를 찍고 35세에 스스로 황제로 즉위했다. 그의 정치, 행정에 대해서는 찬반이 나뉘지만 술렁거리던 유럽을 평정하고 파리가 유럽 최고 도시가 되도록 기반을 닦았다는 점에서는 이견이 적다. 그리스, 로마 문화에 심취했던 그의 취향이 개선문과 마들렌 대성당, 국회의사당의 축조 스타일에 전격 반영되었다. 영국과의 워털루 전투에서 패배한 책임을 지고 영국령 세인트헬레나섬에 유배당해 사망했다.

나폴레옹 3세 Napoléon III (1856~1879)

나폴레옹 황제의 직계 조카로 황제가 폐위된 지 25년 후에 오랜 영국 망명을 마치고 즉위했다. 나폴레옹 1세가 프랑스 공화국의 기반을 다졌다면, 나폴레옹 3세는 오스만 남작(P.257 참고)과 도시 체제와 행정을 정립했고, 이는 19세기의 프랑스 문화가 만개하는 초석이 되었다. 디자인과 건축에서 '나폴레옹 3세 사조' 또는 '오스만 양식'이라는 단어를 차용하는데, 이는 루이 14세, 루이 15세 이후를 잇는 예술 양식이다.

샤를 드골 대통령 Charles de Gaulle (1890~1970)

전쟁 후 복구된 프랑스 5공화국의 초대 대통령. 파리 항공 티켓을 예약하면서 가장 먼저 접하는 공항의 이름에서 그에 대한 프랑스인들의 경외심을 읽을 수 있다. 엘리트 교사 출신으로 1, 2차 세계대전에 참전하며 정세를 읽어냈다. 2차 대전 초반, 독일의 요구를 수용하고 휴전을 서두르는 당시 페탱 정권에 대항해 런던으로 망명, 라디오 송신을 통해 국민들에게 국권 자립 의지를 일깨운다. "휴전의 조건이 프랑스의 명예와 존엄성, 독립성을 보장하지 않는다면 투쟁을 멈추지 않을 것"이라는 '6월 18일의 호소'는 프랑스 국민이라면 의무적으로 배우는 내용. 그의 호소가 보도된 다음 5년간 가담한 프랑스 레지스탕스 조직(비밀 자치 독립군)은 노르망디 상륙작전과 전쟁의 흐름을 반전시키는 데 혁혁한 공을 인정받고 있다.

⑦ 생쉴피스 성당 Église Saint-Sulpice
에글리즈 쌩쉴피스   ★★

주소 Place Saint-Sulpice 가는 방법 메트로 4호선 Saint-Sulpice 역 운영 매일 08:00~19:45 미사 참여 09:00, 12:00, 18:45 입장료 무료 가이드 매주 일요일 15:00 | 예약 필수 | 성당 내 오르간 아래 집합

생쉴피스 성당의 파사드는 런던의 생폴 성당을 고스란히 반영했으나 비대칭인 탑만 특이한 역사를 가지고 있다. 왼쪽 탑은 세르반도니의 도면을 토대로 개선문의 설계자인 샬그랭이 1780년경에 마무리했다. 미완성으로 남아 있는 오른쪽 탑은 같은 무렵, 막클로랭의 공사 하에 중단되었던 그대로다. 그 와중에도 두 탑을 잇는 합각지붕은 완성되었지만 큰 번개에 소실되고 만다. 결과적으로 미완성이 되고만 생쉴피스 성당은 파리의 성당들 중 노트르담 대성당 다음으로 큰 규모를 자랑한다. 중앙 홀 뒤쪽의 성모 마리아 기도당과 들라크루아가 벽 장식을 맡은 생앙주 기도당, 그리고 대주교좌의 장식을 찾아보자. 이 성당은 소설 <다빈치 코드>를 읽었다면 누구나 궁금해 할 장소다. 소설의 묘사에 비해 영화에 나온 장면은 한두 장면에 불과하다. 성배를 찾기 위해 교회당의 가로 회랑, 즉 좌측 날개 끝의 돌기둥 아래를 치는 장면 등은 물론 픽션이다.

그들이 사랑한 카페

레 되 마고 Les Deux Magots

폴 베를렌 Paul Verlaine, 랭보 Arthur Rimbaud, 말라르메 Stéphane Mallarméé 등 프랑스 상징파 문학가의 아지트로 유명한 장소. 이들이 카페에서 만든 '마고 상 Le Prix des Deux Magots'은 프랑스 문학위원회의 심의를 거쳐 현재까지 맥을 잇는 문학상이다. 프랑스에서 가장 권위 있는 문학상인 '공쿠르 Le Prix de Goncourt'가 1933년에 앙드레 말로 Andre Malraux의 <인간의 조건 La Condition humaine>을 선정하자 지나치게 학술적인 것을 비판하면서 같은 해에 제창한 상이다. 첫 영광은 말라르메에게 돌아갔다. 앙드레 지드 Andre Gide, 장 지로두 Jean Giraudoux, 피카소 Pablo Picasso, 프레베르 Jacques Prévert, 헤밍웨이 Ernest Hemingway, 사르트르 Jean Paul Sartre와 그의 아내이자 동료인 시몬 드 보부아르 Simone de Beauvoir 등도 단골이었다.

주소 6 Place Saint Germain des Pres 75006
홈페이지 www.lesdeuxmagots.fr

카페 드 플로르 Café de Flore

1880년대에 문을 열었고 <미라보 다리>를 쓴 문학가 아폴리네르 Guillaume Apollinaire가 다니면서 유명해졌다. 그는 항상 이곳에서 같은 시간에 약속을 잡았고 아예 1층을 토론장으로 만들 정도로 단골이었다 한다. '꾸며낸 초현실주의의 죽음'이라는 주제로 브르통 André Breton과 아라공 Louis Aragon이 토론을 벌인 테라스도 유명하다. 데스노스 Robert Desnos, 크노 Raymond Queneau, 자코메티 형제 frères Giacometti, 자드킨 Ossip Zadkine 등이 사랑한 카페. 15명이 넘는 가르송이 분주하게 움직이지만 유명세 때문에 시간의 여유가 있을 때 방문하는 것이 좋다. 느긋한 식사보다는 카페나 Happy Hour 시간대를 추천한다.

주소 172 Boulevard Saint Germain 75006
홈페이지 https://cafedeflore.fr

데 푸아브르&데 제피스
Des Poivres&Des Épices

주소 7 Rue de Fürstenberg 75006 홈페이지 www.
companiedespoivres.com 영업시간 11:00~19:00,
브레이크 타임 12:00~14:15, 연중무휴

생제르맹데프레에서도 알 만한 사람만 찾는다는 로
터리 구역에 작은 식료품 명소가 생겼으니, 바로 후
추 전문점이다. 인도, 동남 아시아 일부, 브라질 일
부, 그리고 마다가스카르에서만 재배되어 그 가치
가 귀한 후추 열매 종류는 적게 잡아도 수십 종. 나
무껍질 향, 열대 과일 향을 머금은 진귀한 후추를 이
정도로 다양하게 취
급하는 곳은 프랑스
에서 유일하다. 미슐
랭 셰프들이 단골이
될 정도이니 요리에
관심이 있다면 시향
하고 구경해 볼 것.

지카제 비스 ZKG bis

주소 4 Rue des Grands Augustins 75006 영업시간
월~금 12:00~14:15, 19:15~22:00 휴무 토, 일

같은 거리의 25번지 저 키친 갤러리의 동생 레스토
랑이자 셰프 르도이의 두 번째 레스토랑이다. 별은
없지만 식재료와 요리 맛은 그에 준할 정도. 프랑스
요리를 잘 먹고 싶지만 코스 요리를 경험하는 정
도로 가볍게 즐기고 싶은 사람들에게 추
천. 3코스 €39.

부타리 Boutary

주소 25 Rue Mazarine 75006 홈페이지 www.bout
ary-restaurant.com 영업시간 화~일 12:00~15:00,
19:30~24:00 휴무 월

캐비아, 샴페인, 코스 요리를 €100 내에서 제공하
겠다는 셰프의 심지가 굳다. 내외국인을 불문, 프랑
스 요리와 고급 식재료에 대한 선입견을 평준화시
킨다는 생각으로 메뉴가 구성되었다. 한때는 궁전
을 출입하는 귀한 신분에게만 허락
되던 최상의 캐비아를 현대식 코
스 요리에 접합하는 파격이 이렇
게 시작되었다.

이누이 에디션 Inoui Edition

주소 21 Rue de l'Odéon 75006 홈페이지 inoui-edi
tions.com/fr-fr/stores/odeon 영업시간 월~토 10:30~
19:30

리옹의 실크사에서 직조해 이탈리아에서 염직한 스
카프는 H사의 실크 스카프와 큰 차이가 없다. 일본
이누이 디자인을 가방과 스카프에 접합해 이누이
에디션만의 아이덴티티
를 탄생시켰다. 인도 장
인들이 한 땀 한 땀 수
놓아 만든 수공 브로
치와 높은 퀄리
티의 스카프는
선물용으로 추
천할 만하다.

르 쿠프 파피에르 Le Coupe Papier

주소 19 Rue de l'Odeon 75006 영업시간 화~금 10:00~
19:00, 토 11:00~19:00

이 서점의 특별함은 이 구역이 대변한다. 돌아보면
오데옹 극장이 서 있는데, 이곳은 프랑스에서 '피가
로의 결혼'이 최초로 상연된 장소. 초대 손님은 무려
루이 16세 국왕 내외였다. 이 서점에는 연극과 무대
공연을 다루는 서적은 거의 다 구비 중이다. 프랑스
어를 모르면 읽을 수 없다는 치명적인 약점이 있으
나, 연극과 책을 좋아하는 사람이라면 누구나 입장
해 구경해도 좋을 듯.

일 젤라토 델 마르셰즈
Il Gelato Del Marchese

주소 2 Odéon 75006 영업시간 월~목 12:00~22:00
금, 토 12:00~24:00 휴무 일

이탈리아 정통 젤라토
를 가장 고급스럽게 만
들 수 있다면 나올 만한
맛이다. 콘으로도 컵으
로도 즐길 수 있지만 이
곳을 오는 진짜 이유는
한 스쿱씩 떠서 여러 가
지를 맛볼 수 있는 고급
형 서비스 때문. 누구나
상상 가능한 맛보다 한
번도 들어본 적 없던 맛
을 선택해 볼 것.

테브낭 Thevenin 🍽️

주소 6 Rue Buci 75006 영업시간 07:00~20:00, 연중무휴

이 거리의 터줏대감 같은 제과점. 지역 주민의 식사용만큼이나 관광객들의 샌드위치, 간단식이 많이 팔리는 곳이기도 하다. 직접 구운 빵으로 만들어 샌드위치 속재료보다 빵이 더 맛있을 정도.

마제스틱 필라처 Majestic Filatures 🛍️

주소 59-61 Rue de Seine 75006 홈페이지 www.majesticfilatures.com/en 영업시간 11:00~19:00 휴무 일

이제 한철 입고 버리는 티셔츠는 지양해야 할 때. 그러려면 기본 소재가 좋아야 하는 점은 필수다. 프랑스 브랜드 마제스틱 필라처의 소재는 환경을 생각하고 리사이클링이 가능하지만 최고의 퀄리티를 만든다. 릴렉스하고 쿨하고 힙하게 파리지앵처럼 입고 싶다면 추천한다.

벨로즈 Bellerose 🛍️

주소 3 Rue Jacob 75006 홈페이지 www.bellerose.be 영업시간 10:00~18:30 휴무 월

벨기에 브랜드지만 파리지앵과의 감수성 매칭이 좋은 가게다. 늘 무채색 착장을 즐기는 파리지앵도 이 정도의 포인트는 힙하게 연출한다. 벨로즈 제품 외에도 여러 브랜드와 기획 콜라보로 구색을 맞추고 있다.

알릭스 데 레니 Alix D. Reynis 🛍️

주소 22 Rue Jacob 75006 www.alixdreynis.com 영업시간 11:00~19:00 휴무 일

꼭 사야 할 필요는 없다. 해외 여행에서 그릇 구입과 운반이 얼마나 번거로운 일인지 아니까. 이곳은 19세기 파리의 부르주아의 감수성을 그대로 재현해 놓고 있어 그 구경만으로 입장할 가치가 있다. 손으로 하나씩 만든 도자기임에도 고급 백화점에 팝업 스토어가 생길 정도이니 얼마나 섬세하고 정갈할지 짐작이 될 정도다.

리브레리 데 팜므
Librairie des Femmes

주소 35 Rue Jacob 75006 www.librairie-des-femmes.fr 영업시간 화~토 13:00~19:00, 월 11:00~19:00 휴무 일

생제르맹데프레가 한때 엘리트의 구역인 것은 이미 잘 알려진 사실. 각종 전문 서점들이 그것을 증명하고 있다. 이 서점은 여성에 관한 모든 서적을 판매한다. 여성의 심리, 신체, 출산, 내면, 연약함 등 다룰 수 있는 모든 분야의 책을 판매한다. 읽기 위해서가 아니더라도, 이 구역의 지적 유산이라고 생각하면 서점이 반가울 수밖에 없다.

마드무아젤 조세핀
Mademoiselle Joséphine

주소 16 Rue des Saints Pères 75007 영업시간 10:30~18:30 휴무 월

한 구역이 얼마나 부유한지를 알려면 명품 세컨드 숍의 유무를 기준으로 해도 무리가 없다. 동네 깍쟁이들이 매도한 명품들이므로 얼마나 빈티지한지 알 수 없는 진짜 상품들이 많다. 이런 곳에서는 숨어 있는 명품을 찾는 행운도 있으니 눈에 불을 켤 것.

쇼콜라 드보브&갈레
Chocolat Debauve & Gallais

주소 30 Rue des Saints Pères 75007 홈페이지 debauve-et-gallais.fr/en 영업시간 10:30~19:00 휴무 일

파리에서 '파리의 가장 오래된 OOO'이라는 수식어는 그리 드문 일도 아니다. 그런 곳을 찾아내는 것이 어려울 뿐. 쇼콜라 드보브&갈레는 무려 1800년대부터 시작했다. 파리의 가장 오래된 쇼콜라티에인 동시에 입헌군주제 시대에 왕과 황제에게 납품하던 매장이다. 초콜릿을 좋아하는 지인에게는 이만한 프랑스 선물도 없을 것.

아페고 Apègo

주소 22 Rue des Saints Pères 75007 인스타그램 @
apego_brunch_paris 영업시간 일~목 10:00~14:30,
17:00~20:30, 금·토 10:00~18:00, 연중무휴

M사도, 스타 레스토랑도, 샌드위치도 싫다. 건강식
을 원한다면 추천하는 곳이다. 형식은 패스트푸드
지만 모두 신선한 재료 또는 유기농 재료로 매일 만
든다. 오믈렛처럼 따뜻한 메뉴와 샐러드 또는 수프,
음료 한 세트를 €15에 제대로 먹을 수 있다.

상트르 코메르시알
Centre Commercial

주소 9 Rue Madame 75006 홈페이지 www.centre
commercial.cc 영업시간 10:30~19:30, 일 14:00~
19:00, 연중무휴

베자 Veja에서 론칭한 편집 숍. 코로나 19 직후 개업
해 아직 따끈한 핫플레이스로 이름을 알리는 중. 옷
과 신발은 베자에서 제작하지만 기획 콜라보 이벤
트로 다른 브랜드도 취급한다. 이곳 외에도 레퓌블
리크 구역에 매장이 두 군데 있다.

샤르뱅 Charvin

주소 57 Quai des Grands Augustin 75006　홈페이지 www.charvin-arts.com　영업시간 화~토 10:30~13:00, 14:00~19:00, 일·월 14:00~18:00, 연중무휴

이 화방이 1830년대부터 영업했다니, 우리가 알 만한 화가들이 이곳을 오가는 상상을 하게 된다. 센강, 루브르, 퐁뇌프 다리의 지척에 자리를 잡은 것도 우연이 아닐 듯. 샤르뱅은 프랑스에서 가장 많은 유화, 수채화 색감을 보유한 회사. 명성만큼 퀄리티도 좋다. 그림을 좋아하는 지인에게 선물용으로도 좋을 휴대용 팔레트는 €100 정도. 원하는 색상만 골라 패키지를 만들 수도 있다.

마글론 Maglone

주소 15 Rue Dauphine 75006　홈페이지 maglone.com/boutiques　영업시간 화~토 12:30~19:30

론칭 2년, 개업 1여 년 만에 마글론을 다루는 미디어가 눈에 띄게 늘었다. 마글론의 콘셉트는 처음부터 환경 보호와 대를 물려 쓰는 좋은 제품. 프랑스 디자인, 이탈리아와 프랑스산 가죽 사용, 스페인과 루마니아 제작, 다시 프랑스에서 조립한다. 명품 메종의 창고에 쌓여 있다가 시일을 놓쳐 상품화되지 못한 가죽을 사용하기도 한다. 소프트웨어는 모두 퀄리티 높은 이탈리아와 스위스산이다. 앞으로도 더욱 도약할 기세이니 주목할 것.

부이용 라신 Bouillon Racine ·⦿

주소 3 Rue Racine 75006 홈페이지 bouillonracine.fr/infos 영업시간 12:00~23:00, 연중무휴, 예약 필수

파리에서 정통성 있는 프랑스 레스토랑을 찾으려면 웬만한 노력 없이는 어렵다. 올해로 창업 168년을 맞는 부이용을 소개한다. 19세기 중반에 할레스의 노동자들에게 고기 한 점과 육수를 제공했던 정책으로 시작, 한때 250여 개의 직영점을 가졌던 파리 최초, 최대의 프랜차이즈 레스토랑이기도 했다. 현재는 2곳만 운영하는데, 이 구역의 부이용은 아르누보 예술 사조를 적극적으로 수용해 그 시절의 명성을 이어오는 중. 달팽이 요리나 푸아그라 등을 전통식으로 먹을 수 있다. 점심 코스 €35부터.

엘르/유니폼 L/Uniform 🛍

주소 1 Quai Voltaire 75007 영업시간 월~토 11:00~19:00 휴무 일

디자이너 잔 시뇰의 바람인 기본 소재와 디자인, 매일 들어도 견딜 수 있는 최강의 견고함을 100% 재현해 낸, 오픈 6개월이 안 된 유니폼의 첫 플래그숍. 프랑스산 면과 리넨에 디자인, 직조, 방수 코팅 모두 프랑스 남부에서 이루어지며 최고의 장인이 포르투갈에서 수공 제작한다. 마감까지 훌륭하다. 명품의 한 끗이 디테일에 있다는 신념이 엿보인다. 마음에 드는 디자인, 캔버스 색, 가죽색, 이니셜(폴리스+색상)까지 100% 퍼스널화하는 데 걸리는 시간은 약 15분, 택스 리펀드는 €100부터 20%다. 반려동물을 위한 고급스러운 가방과 액세서리까지 만날 수 있다.

퓌시아 FUSIA

주소 13 Rue de Médicis 75006 홈페이지 www.fuxia.fr

이탈리아식 프랜차이즈 레스토랑. 프랑스 요리가 낯설다면 이 파스타와 피자 전문점을 추천한다. 깔끔한 실내와 빠른 서비스, 푸짐한 양이 일단 마음에 드는 곳으로, 맛도 익숙해서 편하게 메뉴를 고를 수 있다. 피자는 기본 €13부터.

제라르 뮐로 Gérard Mulot

센 점(본점) 주소 76 Rue de Seine 75006 홈페이지 www.gerard-mulot.com 영업시간 월~토 08:00~20:00, 일 08:00~18:00

프랑스 파티시에 제라르 뮐로가 문을 연, 오래전부터 이 구역에 자리 잡은 맛집. 빵과 애피타이저, 샐러드 등을 판매하는 센 거리의 본점과는 차별화해 앙트르메를 중심으로 티 숍을 운영한다. 서비스와 티푸드가 고급스럽다.

사브르 SABRE

주소 4 Rue des Quatre Vents 75006 홈페이지 sabre.fr

예쁜 요리에 멋을 더해줄 식기, 포크, 나이프 등 키친 액세서리 전문점. 이곳에서 취급하는 대부분의 잡화는 특수 플라스틱 제품이다. 커트러리 손잡이에 상상 이상의 아이디어를 동원한 뿔 장식들이 돋보인다. 또한 크리스마스, 밸런타인데이 등 특별한 이벤트마다 새로운 컬렉션을 선보이고 있으니 한번쯤 구경해 보자.

랄프스 Ralph's

주소 173 Bd Saint Germain 75006 영업시간 10:30~19:00, 연중무휴

생제르맹 대로에 프레타 포르테만 있는 건 아니다. 맛과 멋을 함께 따지는 멋쟁이들을 위해 랄프 로렌의 브런치 숍을 소개한다. 브런치뿐 아니라 제대로 된 정식 코스도 즐길 수 있다. 쇼퍼들 사이에서 핫플레이스로 부상 중이므로 예약은 필수!

봉푸앵 Bonpoint

주소 6 Rue de Tournon 75006 홈페이지 www.bon-point.com 영업시간 월~토 10:00~19:00 휴무 일

프랑스에서 가장 유명한 아동복 브랜드로 오트쿠튀르 디자이너의 명성 없이 명품의 반열에 오른 브랜드다. 10년 전 편집숍 메르시의 주인이 고급 유아 브랜드를 목표로 문을 열었고 조금씩 유명세를 탔다. 아동복 매장치고는 상당히 면적이 넓으며 타 브랜드와 차별화된 디스플레이가 고급스러움을 보여준다. 신생아부터 10세까지의 제품을 구비하고 있으며 여름옷 한 벌당 기본 €150 정도. 겨울 외투는 €300부터.

시르 트라동 CIRE TRADON

주소 78 Rue de Seine 75006 홈페이지 www.ciretrudon.com 영업시간 월~토 10:00~19:00, 일 12:00~19:30

메종 트라동은 1643년부터 전문적으로 양초를 생산했고 베르사유 성에 초를 공급하면서 최고 전성기를 맞은, 프랑스에서 가장 오래된 브랜드다. 오랜 노하우를 이어받아 프랑스 노르망디에서 초를 생산하고 있는데, 다양한 향과 색으로 여전히 고객의 사랑을 받는다. 샹들리에용 초가 한 자루에 €12, 향초는 €65부터.

불랑주리 카트르뱅엉
Boulangerie 81

주소 81 Rue de Renne 75006 영업시간 월~토 08:00~19:00, 일 09:30~12:00

파티시에가 직접 빵을 만들고 운영하는 제과점. 렌 거리의 많은 맛집 중에서도 단골이 가장 많은 집이다. 점심시간, 퇴근시간에는 바게트를 사기 위해 길게 줄을 선 파리지앵의 풍경이 낯설지 않다. 점심때만 내놓는 바게트 샌드위치 역시 이곳의 자랑이다. 가격 €5.50부터.

봉 마르셰 Bon Marché

주소 24 Rue de Sèvres 75007 홈페이지 www.lebon
marche.com 영업시간 월~토 10:00~19:45, 일 11:00~
19:45

파리 최고의 명품 백화점. 주 고객은
파리의 상류층이지만 영미권과 북유
럽 쇼퍼들이 눈에 띄게 많다. LVMH그
룹에서 인수하면서 점내 매장들과 고객 응대 등 서
비스 수준을 급상승시켰다. 매 시즌마다 유망한 디
자이너와 아티스트를 발굴해 콜라보 팝업 매장을
기획하며, 문화 사업과 메세나에도 힘써 노블리스
오블리제를 대표하고 있다.

저 키친 갤러리
Ze Kitchen Galerie par William Ledeuil

주소 4, 25 rue des Grands Augustins 75006 홈페이
지 www.zekitchengalerie.fr/_zkg 영업시간 월~금
12:00~14:15, 19:00~22:30 휴무 토, 일

<부용 Bouillon>이라는 육수 전문 요리책 출간과
동시에, 한불 수교 130주년에 대통령 수행 공식 의
례팀으로 한국을 방문했던 셰프 르되이의 고급 레
스토랑. 파리의 친환경 레스토랑 중에서도 가장 주
목해야 할 곳으로 인체와 환경에 무해한 제철 식품
을 주로 사용한다. 육류나 생선의 경우도 친환경적
으로 사육한 재료를 고집하는 것이 특징. 버섯 카푸
치노와 허브 튀김의 앙상블, 건더기가 정직한 채소
수프와 홈메이드 야채칩 등 창작적인 메뉴가 미슐
랭의 별점을 수긍하게 한다. 풀코스는 3, 5, 7코스가
있다. 점심 코스 요리는 기본 €48~.

©Bouillon

뢰르 구르망드
L'heure Gourmande

주소 22 Passage Dauphine 75006 영업시간 화~일 11:30~19:00

생제르맹의 책 냄새와 엘리트 예술가, 그 사이에서 그칠 줄 모르고 솟아나는 맛집과 트렌디한 숍을 찾는 마니아라면 뢰르 구르망드를 놓쳐서는 안 된다. 다른 티 숍이나 음식점과는 달리 건물 창살문 안의 중정에 위치하고 있어서 모르는 사람은 놓치기 일 쑤지만 조금스럽게 들어가 본 실내와 테라스는 예상을 뒤엎고 늘 만석이다. 다르질링, 얼그레이와 녹차를 갖추고 있으며, 다소 높은 가격에도 수제 잼과 함께 서비스되는 푸짐한 브런치의 인기는 식을 줄 모른다. 말린 과일을 넣어 정성으로 만들어 내는 파운드케이크 역시 젊은이들에게 인기를 끌고 있다. 차는 €5부터, 파운드케이크는 €5.20, 브런치 €28 정도.

브레드 앤 로즈
Bread & Roses

주소 62 Rue Madame 75006 홈페이지 www.breadandroses.fr 영업시간 월~토 10:00~19:00 휴무 일

프랜차이즈 제과점이지만 폴 Paul 이상의 맛과 품질을 자랑하는 고급 제과점이다. 간단한 샌드위치나 브런치, 수제 빵 모두 구입할 수 있고 특히 매일 만드는 과일 타르트가 일품이다.

그림아르 Grim'Art

주소 59 Rue Saint André des Arts 75006 영업시간 월·화·일 14:00~18:00, 수 13:30~19:10, 목·금·토 11:00~19:10

문구와 아날로그 감성, 캘리그래피를 좋아한다면 파리에서 가장 유명한 가게 중 한 곳인 그림아르를 놓칠 수 없다. 촉감이 사랑스러운 문구류와 이탈리아 소가죽을 접합한 수첩도 판매 중이다.

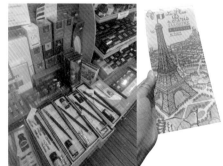

쿠르 드 생탕드레 🍽 🛍
Cour de Saint André

주소 9 CR de Commerce Saint-André, 75006

대형 백화점이 생기기 전인 19세기 중반에는 어떻게 쇼핑을 했을까 궁금하다면 찾아보자. 지금은 쇼핑보다 비스트로형 테라스가 대부분이지만 19세기의 핫 플레이스는 여전히 파리 시내의 명물로 남아 있다. 초콜릿, 향수, 피자, 전통을 잇는 찻집, 지물포 등이 이곳의 명성을 지키는 중이다.

르 쇼콜라 알랭 뒤카스 🛍
LE CHOCOLAT ALAIN DUCASSE

주소 26 Rue Saint Benoit 75006 홈페이지 www.le chocolat-alainducasse.com

미슐랭 별 3개에 빛나는 스타 셰프 알랭 뒤카스가 문을 연 초콜릿 전문 매장.

르 크리스틴 Le Christine 🍽

주소 1 Rue Christine 75006 홈페이지 lechristine. becsparisiens.fr 영업시간 12:00~14:30, 19:00~ 23:00, 연중무휴

오래전 빨래방으로 사용하던 장소를 개조해 호텔 레스토랑으로 개조한 곳. 스타 레스토랑에서의 경력으로 이곳의 지휘를 맡은 젊은 셰프는 아랍 출신인데, 프랑스의 고급 요리에 자국 문화를 담아 이색적이고 유쾌한 맛을 즐길 수 있다. 관광지인 만큼 사전 예약을 권장한다. 3코스 정식 €39 정도.

INVALIDES
TOUR EIFFEL

앵발리드·에펠탑 구역

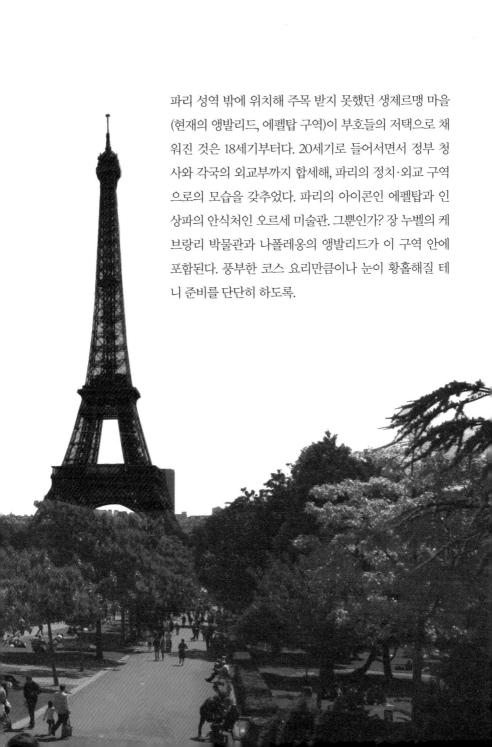

파리 성역 밖에 위치해 주목 받지 못했던 생제르맹 마을 (현재의 앵발리드, 에펠탑 구역)이 부호들의 저택으로 채워진 것은 18세기부터다. 20세기로 들어서면서 정부 청사와 각국의 외교부까지 합세해, 파리의 정치·외교 구역으로의 모습을 갖추었다. 파리의 아이콘인 에펠탑과 인상파의 안식처인 오르세 미술관. 그뿐인가? 장 누벨의 케 브랑리 박물관과 나폴레옹의 앵발리드가 이 구역 안에 포함된다. 풍부한 코스 요리만큼이나 눈이 황홀해질 테니 준비를 단단히 하도록.

앵발리드·에펠탑 구역 Invalides·Tour Eiffel

- 출발장소   오르세 미술관 Musée d'Orsay
- 메트로   12호선 Solferino 역, RER C선 Musée d'Orsay 역
- 소요시간   2일
- 놓치지 말 것   오르세 미술관, 로댕 미술관, 앵발리드 건물과 에펠탑
- 장점   격조 높은 명소와 도보가 편한 길
- 단점   보통 1~2시간을 기다려야 하는 에펠탑과 오르세 미술관의 줄

★ ★ ★

동선에 따라
이동할 경우, 바토
뷔스를 이용할 수 있으며,
왕복 선착장 덕분에
동선을 거꾸로 해도
무리가 없다.

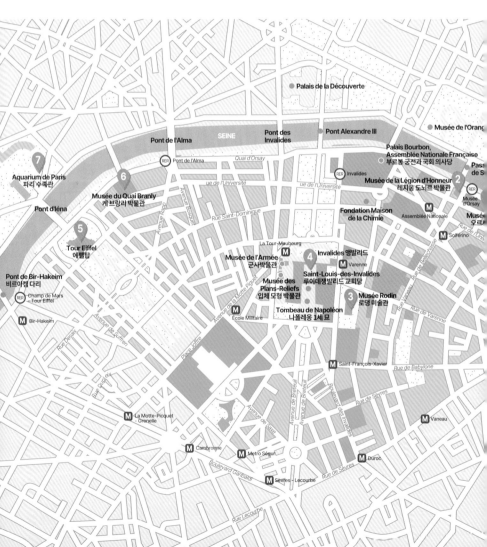

① 오르세 미술관 Musée d'Orsay
뮈제 도르세 ★★★

주소 62 Rue de Lille 가는 방법 메트로 12호선 Solferino 역, RER C선 Musée d'Orsay 역 홈페이지 www.musee-orsay.fr/en 운영 화·수·금·토·일 09:30~18:00, 목 09:30~22:00, 폐장 45분 전까지 입장 가능 휴무 월, 5월 1일, 12월 25일 입장료 일반 €14(사전 예매 시 +€2), 오페라 가르니에 입장권 소지자 €11(예매 불가), 예매 권장, 로댕 미술관 묶음 구입 시 €24

19세기 인상파 거장들의 작품을 440여 점 소장한 미술관. 원래 파리-오를레앙행 기차 역사로 건설되어 1900년 만국 박람회에 소개되었으나 면적 부족 문제로 폐역, 1986년에 미술관으로 재탄생한 장소다. 오를레앙 왕복은 현재 몽파르나스 역을 통한다. 인상파와 포스트 인상파의 작품들 중 마네의 '풀밭 위의 점심식사', 드가의 '발레 수업', 르누아르와 로댕의 걸작들 다수가 상설전시되고 있다.

② 레지옹 도뇌르 박물관 Musée de la Légion d'Honneur
뮈제 드 라 레지옹 도뇌르

주소 2 Rue de la Légion d'Honneur 가는 방법 메트로 12호선 Solferino 역, RER C선 Musée d'Orsay 역 홈페이지 www.musee-legiondhonneur.fr 운영 수~일 13:00~18:00 휴무 1월 1일, 5월 1일, 8월 15일, 11월 1일, 12월 25일 입장료 오디오 가이드 포함 무료

프랑스 국내뿐 아니라, 세계 각처의 명예훈장과 작위증서 기록을 보관한 박물관. 1802년에 처음으로 나폴레옹이 수여식을 거행하며 레지옹 도뇌르가 등장했고 1925년 뒤바일 장군이 레지옹 도뇌르의 변천과 발전을 한자리에 모으며 문을 열었다. 프랑스 명예훈장의 종류와 그 변화는 물론, 세계 각 분야에서 뛰어난 활동을 한 이들에게 수여한 기사 작위의 변천을 한눈에 볼 수 있는 장소다. 오르세 미술관과 앞뜰을 나누어 쓰고 있어 찾기도 쉽다.

3 로댕 미술관 Musée Rodin
뮈제 로댕 ★★★

주소 79 Rue Varenne　가는 방법 메트로 13호선 Varenne 역, RER C선 Invalides 역　홈페이지 www.musee-rodin.fr　운영 금~일 13:00~18:00　휴무 월·목(봄·여름 상이할 수 있음, 홈페이지 확인)　입장료 일반 €14, 오르세 미술관 묶음 €24(예매 권장)

오귀스트 로댕의 작품을 전시하는 미술관이다. 1919년부터 조각가 로댕의 작품과 그의 소장품만을 관리하는 미술관으로 사용되고 있다. 원래는 루이 14세의 며느리였던 뒤 멘 백작부인을 위해 지은 저택이고, 후에 기마 총사령관 드 비롱 De Biron이 매입해 오텔 비롱으로도 불린다. 1904년부터 부분적으로 예술가들에게 임대해 영화 거장 장 콕토 Jean Cocteau, 시인 릴케 Rainer Maria Rilke, 화가 마티스 Henri Matisse가 이 장소를 거쳤다. 로댕 역시 그들 중 한 명이었는데, 1911년부터 저택이 국유화되자 자신의 유작과 소장품을 모두 기증했다. 정원에서 보이는 앵발리드 돔이 숨은 하이라이트다.

파리
BIG 12

4 앵발리드 Hôtel des Invalides
오텔 데 쟁발리드 ★★

주소 129 Rue de Grenelle　가는 방법 메트로 13호선 Varenne 역, 8호선 La Tour-Maubourg 역, RER C 선 Invalides 역　홈페이지 www.musee-armee.fr/accueil.html　운영 매일 10:00~18:00, 매달 첫째 금요일 10:00~22:00(야간)　휴무 1월 1일, 5월 1일, 12월 25일　입장료 €15, 18세 미만 무료(신분증 제시)　야간 개장일 €10, 예매 권장

앵발리드는 루이 14세가 그의 군대 상이병들을 위해 축조한 곳이었으나 19세기 나폴레옹의 군사재활기관으로 더 유명한 곳이다. 쿠데타에 명분을 싣고 병력을 강화하기 위한 의도를 차치할 수 없었으나, 상이병에게 프랑스 최초의 명예훈장식 등을 거행하면서 나폴레옹과 건물 간의 밀착이 형성되었다. 이 건물은 군사 박물관, 입체모형 박물관, 교회당, 돔(나폴레옹 1세 무덤)으로 구성되어 있다.

입체 모형 박물관 Musée des Plans-Reliefs
위제 데 쁠랑흘리프   ★

전쟁부 장관이었던 루부아 Louvois 후작이 더 견고한 왕국 건립을 주창하기 위해 루이 14세에게 파리의 축소본을 상납한 것이 입체 모형 박물관의 계기가 되었다. 비싼 종이와 원목으로 만든 건물, 비단과 가는 철사로 감싼 나무의 입체 모형은 실제에 가깝도록 정교했다. 이에 감동한 국왕이 몽생미셸, 벨일, 피레네의 국경 등을 추가 제작시켰는데, 이것은 당시의 국경 수비에 상당한 도움을 주었다고 한다. 지질, 국경, 특성을 세심하게 묘사한 모형 전시관은 세계 유일이라 하니 체크해 두자.

루이데쟁발리드 교회당 Saint-Louis-des-Invalides
쌩루이데쟁발리드   ★

1676년, 병사들이 생활하던 건물에 두 개의 교회당을 세우자고 제안한 사람은 망사르였다. 북쪽은 병사 전용, 남쪽은 왕과 귀족을 위해 돔을 높이 올렸는데, 외적으로는 둘을 격리시키면서도 기능은 연결되도록 설계했다. 드 라 포스 Charles de la Fosse가 그린 천장화는 무릎 꿇은 생루이가 예수에게 자신의 군대를 헌납하는 광경으로, 하느님에게 프랑스의 군대를 바치는 것을 의미한다. 1706년 완공 이래, 17세기부터 존재했던 프랑스 봉건국가의 기를 모두 다 게양하고 있는 유일한 교회당이라고 한다.

앵발리드 돔(나폴레옹 1세 묘) Tombeau de Napoléon
똥보 드 나뽈레옹   ★★

1840년 영국령 유배지 세인트헬레나 Saint-Helene 섬에서 사망한 나폴레옹의 유골이 본국으로 귀환해 앵발리드에 안장된다. 이전까지 교회당으로 사용하던 돔이 무덤이 되었다. 황제의 지하 예배당 창설을 위해 돔 바닥을 뚫고, 돔 아래 중앙에 화강암으로 반석을 다 지고, 그 위에 붉은색 반암석으로 석관을 세공해서 올렸다. 석관은 다시 백철관, 마호가니관, 두 번의 납관 그리고 흑단관 등 5색의 관이 겹쳐 있는데, 바로 이 안에 나폴레옹의 유골이 안치되어 있다. 그 기술과 담긴 의미가 무척 엄숙하다.

파리
BIG 12   ⑤ **에펠탑**   La Tour Eiffel
라 뚜르 에펠   ★★★

주소 Champ-de-Mars 가는 방법 메트로 6호선 Bir-Hakeim 역(2024년 2월 4일까지 정차 안 함), RER C선 Champ-de-Mars 역 홈페이지 www.toureiffel.paris/en.html 운영 등탑(승강기) 09:30~23:30, (계단) 09:30~23:45 입장료 일반(승강기) 2층 €18.80, 정상 €29.40, 계단 2층 €1.30+정상(승강기) €22.40, 연령별 요금대는 QR코드 참고(입장료 선택별 오차 범위가 커서 기본만 표기)

파리의 아이콘, 설명이 필요 없는 프랑스의 랜드마크. 앞으로는 샤요 궁전을, 뒤로는 샹드마르스 공원과 국립사관학교의 호위를 받는 모습은 철의 귀부인이란 별칭에 걸맞게 도도하다. 프랑스 관광청은 에펠탑이 베르사유 궁전과 매년 유료 명소 관광객 유치 1, 2위를 다툰다고 보도했다.

우러러 볼 수밖에 없는 326m의 이 강철탑은 1889년 귀스타브 에펠 철강 회사의 두 엔지니어 코에클랑과 누기에의 설계를 기초로 탄생했다. 그즈음 산업의 호황기를 맞고 있던 기술자들에게 '300m 탑'이라는 것은 불가능에 대한 도전이었는데, 그 대담한 도면에 매료된 에펠이 재정과 기술력을 지원하고 나섰던 것. 이는 미국의 크라이슬러 빌딩이 지어지기 전인 1930년대까지 세계에서 가장 높은 구조물로 기록되었다. 반면, 이에 반발하는 사람들이 없을 리 만무했다. 대표적으로 오페라의 건축가 가르니에, 음악가 구노, 문학가 모파상 등이 있었는데, 품격과 격조를 갖춘 석조 건물의 도시에 구조물을 다 드러낸 탑을 조성한다는 발상 자체가 도시를 모욕하는 것과 다를 바 없다는 것이 이유였다. 그럼에도 탑은 개장과 동시에 수많은 인파가 몰렸고, 첫 5개월 동안 2,000만 명을 동원한다. 이어서 제 1, 2차 세계대전 중 안테나를 이용한 무선 통신 발달에 기여한 공으로 해체의 위기를 모면했고, 1964년 국가유산, 1991년 유네스코 세계문화유산으로 등재되었다.

에펠탑을 배경으로 인증사진을 남겼다고 그대로 돌아서는 건 이르다. 탑의 3~4층 전망대는 파리를 360도로 볼 수 있는 곳. 긴 줄에 한 몸 보탤 생각이 없다면 두 달 전에 인터넷 예약을 하면 된다. 그도 아니라면 'Stair Only'라고 표기된 계단을 이용하자. 승강기 줄보다 1/10은 시간이 절약될 뿐 아니라, 한두 시간 기다려 콩나물처럼 끼어 타는 것보다 몸도 시간도 주머니도 경쾌해진다. 20~30분이면 2층까지 여유 있게 오른다. 다리가 조금 아프지만, 숨이 멎을 만큼 아름다운 파리의 경관이 그 수고를 달래 줄 것이다(층 계산법 P.5 참고).

철강, 조형, 조명 예술의 조화 에펠탑

박람회의 모든 구조물이 그렇듯, 에펠탑 역시 10년 간의 시범 기간을 거친 후 1899년에 철거될 예정이었다. 이를 알고 있던 에펠은 회사의 기술력을 보다 오래 홍보하기 위해 탑을 기능적으로 변환해 쓸 것을 초기부터 고려했다. 완공과 동시에 기상대의 임시 관측소를 설치하도록 했고, 팡테옹과 탑을 연결하는 최초의 주파수 전화 연결 시도는 군대의 지원 없이 자비를 들였다. 현재 탑 꼭대기에 세워진 48m의 안테나는 이때 첫 송신 시도가 실패하자, 그 해결책으로 채택되었던 것이라 한다.

©D.Lefranc

승강기로 대체된 2~3층에는 당시 나선형의 계단이 있었다. 이 계단은 1985년의 보수공사 때 안전상의 이유로 해체되고 24개로 절단해 경매시장에 올랐다. 이 중 20개는 미국의 부호들에게 낙점되었고 나머지는 기념으로 남아 2층 테라스에 보존, 전시되어 있다.

에펠탑은 완공 때부터 1만 개의 가스 전구만으로 불을 밝혀왔는데, 1985년 352개의 오렌지 색 스포트라이트를 추가 설치해 밝기에 깊이를 더했다. 2000년에는 밀레니엄을 기념하며 2만 개의 플래시를 새로 장착했다. 2만 개의 빛이 원래의 조명 위에서 깜빡거리는 장면은 그 자체로 조명 예술이다. 2003년, 플래시 전구를 전면 교체했는데, 25명의 전력 기술자들이 5개월 동안 로프에 매달려 있었다고. 플래시는 어두워진 후부터 01:00 사이(여름에는 02:00)의 매시 정각에 5분간 반짝거리게 되어 있다. 소등을 알리는 01:00에는 주변 조명 없이 플래시 조명만 10분간 반짝거리다가 꺼진다.

에펠탑을 이루고 있는 각각의 철근 블록들과 대형 나사못 등은 에펠의 철강회사에서 제작, 운송되어 현지에서 조립된 거대한 모형이나 다름없다. 이 모든 부속들의 오차범위는 1mm 안이라고 한다.

6 **케 브랑리 박물관** Musée du Quai Branly
뮈제 뒤 께 브항리 ★

주소 37 Quai Branly 가는 방법 메트로 9호선 Alma-Marceau 역, RER C선 Pont de l'Alma 역 홈페이지 www.quaibranly.fr 운영 화·수·금·일 10:30~19:00, 목 10:30~22:00, 12월 24~31일 10:30~18:00 휴무 월, 5월 1일, 12월 25일 입장료 일반 €12, 18세 미만 €9, 예매 권장

식물로 가득 찬 벽, 대나무와 갈대가 엉킨 초원, 유리 울타리가 묘한 조화를 이룬 정원, 얇은 기둥 위에 얹은 파사드에서 막 튀어나올 것 같은 컨테이너까지 더하면 파리의 '다른' 박물관과 너무나 '다른' 박물관이다. 장 누벨의 설계로 2006년에 완공되었고 주요 전시물은 유럽 문화권 이외의 유적과 유산들이다. 인간의 박물관이 소장하고 있던 아프리카, 오세아니아 그리고 아시아의 문화를 한자리에 모았다. 이 대륙에서 활동하는 작가, 예술가 또는 대륙과 관련 있는 작품을 편집, 전시하는 곳. 우리에게 잘 알려지지 않은 작품이 기대 이상의 감동을 주니 홈페이지를 통해 기획 전시 일정을 알아볼 것.

Point!

정면으로 나와 길을 건너 오른쪽으로 가자. 브랑리 강가 Quai de Branly가 끝나면 오르세 강가 Quai d'Orsay로 이어진다. 이 강가를 따라 알렉상드르 3세 다리가 왼쪽에 나올 때까지 산책을 계속하면 오른쪽으로는 앵발리드가 보인다.

 7 **파리 수족관** Aquarium de Paris
아쿠아리움 드 파리 ★★

주소 5 Avenue Albert de Mun 홈페이지 www.aquariumdeparis.com 가는 방법 메트로 9호선 Iéna 역, Trocadéro 역, 6호선 Trocadéro 역 운영 일~금 12:00~자정, 토 10:00~자정 휴무 7월 14일 입장료 13세~일반 €20.50부터, 3~12세 €14.50부터(일시에 따라 요금 변동), 인어쇼 매일 11:45, 매주 토·일 15:15, 화·목(방학) 15:15, 예매 권장

'파리까지 가서 굳이 수족관에?'라고 생각할 수도 있지만 어린 자녀를 동반했을 때는 다르다. 프랑스령에서만 볼 수 있는 해양생물 1만 3,000여 종을 수집 중인데, 이 중 38마리의 상어와 2,500여 마리의 해파리, 그리고 700여 가지의 산호초가 마음을 정화시켜준다. 또한 어린 자녀의 마음을 단번에 사로잡을 인어쇼가 매일 30분씩 1회 열린다. 아이들과 함께 간 성인들마저 환호하게 하는 곳. 꽉 찬 일정으로 힘들었을 자녀와 함께 방문하면 좋을 장소다.

시테 섬이 파리의 전부였을 때, 센 강의 다리는 고작 2개에 불과했다. 그래서 이름도 큰 다리, 작은 다리라고 불렀다. 하지만 이제 파리에는 콘크리트, 돌, 철근 등으로 만든 다리가 37개에 달한다. 센 강의 다리 위에서는 다양한 이벤트, 전시회, 콘서트 등의 행사가 벌어지기도 한다.

가장 화려한 다리, 알렉상드르 3세 다리
Pont Alexandre III

가는 방법 메트로 1, 13호선 Champs-Elysées-Clemenceau 역, 8, 13호선 Invalides 역

1900년 만국박람회 때 소개된 다리로, 러시아와 프랑스의 동맹국 조약 체결(1891년)을 기념하기 위해 제작되었다. 역시 박람회를 위해 건설 중이었던 그랑 팔레, 프티 팔레, 앵발리드와 일직선으로 위치한다. 109m의 길이를 단 하나의 아치로 설계한 대담함으로 박람회를 빛냈다. 다리 이름은 협약 당시의 러시아 국왕 이름을 그대로 붙인 것. 르크뢰조Le Creusot에서 운반해 온 석재로 건설했고, 총 15명의 예술가가 장식을 담당했는데, 아치 중심의 청동상은 예술과 과학, 산업과 상업을 상징한다.

가장 로맨틱한 다리, 퐁 데 자르
Pont des Arts

가는 방법 메트로 1호선 Louvre Rivoli 역, 7호선 Pont Neuf 역

퐁 데 자르는 1801년에 나폴레옹 황제의 명으로 건설되었다. 루브르 궁전의 정사각형 뜰, 쿠르 카레와 프랑스 연구원을 잇기 위한 다리로, 당시 유료였으나 상당히 인기를 끌었다 한다. 다리 위를 벤치, 나무, 꽃 등으로 장식해서 궁전 내부의 산책로가 연결되는 듯했기 때문이다. 하지만 센 강을 왕래하는 너벅선과의 잦은 충돌 끝에 결국 무너졌고, 1979년에 현재의 다리를 건립했다. 센 강의 첫 주물 철강 다리로, 바닥은 내구력 강한 나무를 골라 완성했다.

가장 최근의 다리, 시몬드보부아르 인도교
Passerelle Simone-de-Beauvoir

가는 방법 메트로 6, 14호선 Bercy 역

미테랑 국립 도서관과 베르시 공원을 잇는 인도교. 2006년에 건립되어 파리에서 가장 젊은 다리며, 여성의 이름을 처음으로 차용한 다리이기도 하다. 시몬 드 보부아르는 사르트르의 아내이기 이전에 존경 받는 철학가이자 문학가다. 이 인도교는 두 개의 구름다리를 겹친 모습으로 강을 보다 가까이서 관망할 수 있게 하기 위한 설계라고.

SELECT SHOP

르 비올롱 뎅그레
Le Violon d'Ingres 🍽

주소 135 Rue Saint Dominique 75007 홈페이지 le violondingres.paris 영업시간 12:00~14:30, 19:00~22:30, 연중무휴

이 역사적인 장소를 지휘한 스타 셰프는 한두 명이 아니다. 샹드마르스 공원을 지척에 둔 위치와 3코스 요리, 미슐랭 원스타 등을 고려할 때 이만한 가성비는 없다는 데 한 표. 프랑스 전통 요리에서 현대식을 한두 방울 가미한 스타일에 서비스도 좋은 편. 프랑스 코스 요리를 부담 없이 즐기고 싶을 때 나쁘지 않은 선택이다. 꼭 한 가지를 지적한다면, 손님이 관광객 위주여서 현지인들의 분위기를 관찰하기 어렵다는 점.

피에르 에르메 Pierre Herme 🛍

주소 Gare RER C Pont de l'Alma, Place de la Résistance 영업시간 08:30~19:00, 연중무휴

파리에 가서 에펠탑을 보지 않는 사람은 없을 것이란 예측 하에 알마 다리목에 피에르 에르메의 카페가 들어섰다. 시내의 큰 매장에 비해 규모가 작아서 시그니처 파티스리 중심으로 맛볼 수 있다.

르 프티 구르망 Le Petit Goumand 🍽

주소 145 Rue Saint-Dominique 75007 영업시간 화~토 07:00~20:00, 일 07:30~19:00, 연중무휴

2022년 수도권 내 최고 제과점 1위에 빛나는 곳. 바삭하고 부서지는 풍요로운 버터 향미는 기본. 관광객을 대상으로 한 신선한 샌드위치가 하루에도 수백 개씩 팔리는 장소로 유명하다. 근처에서 먹을 곳이 마땅치 않을 때 이곳의 샌드위치 세트를 추천한다.

얌 YAM

주소 86 Rue de Université 75007 홈페이지 www.
bonpoint.com/fr/yam 영업시간 월~토 10:30~19:30
휴무 일

봉푸앵의 청소년 버전 매장. '얌'은 '지겨워'의 프랑스
어 이니셜로, 유아 취급을 받는 데 질린 청소년의 마
음을 표현한 것이다. 봉푸앵과 동시에 출시하는 시
즌 제품은 분위기가
비슷하지만, 어린이
보다는 10대 후반의
취향을 많이 반영해
서 더 세련된 느낌이
다. 청소년뿐만 아니
라 젊은 대학생이나
깍쟁이 할머니까지
단골이 되는 숍이다.

르 카레 데 쟁발리드
Le Carré des Invalides

주소 129 Rue de Grenelle 75007 영업시간 월~일
11:00~18:00 휴무 일

오텔 데 쟁발리드의 부속 레스토랑. 박물관을 찾는
관광객을 위한 편의시설인 만큼 정식보다는 간단하
게 배를 채우는 요리 위주다. 막 구워낸 피자, 파스
타로 요기하기에 좋고 정원이 잘 손질되어 있어 날
씨가 좋다면 테라스에서 차와 간식을 하기도 좋다.

시 미츄라 Si Misura

주소 22 Avenue Rapp 75007 홈페이지 www.restau
rantsumisura.fr 영업시간 12:00~23:00, 연중무휴

이탈리아 레스토랑으로는 보기 드물게 메뉴와 실내
분위기에 힘을 준 곳. 자칫 프랑스식이라고 착각할
만큼 정성스럽다. 신선한 재료로 선보이는 참치, 풍
접초 피자와 페스토 링귀니 파스타 등 색다른 이탈
리아 요리를 즐길 수
있다. 서비스와 맛 모
두 좋은 평가를 받는
다. 시금치 리코타 라
비올리 €15.50, 바닷
가재 리소토 €24.

레 파리지엔 Les Parisiennes

주소 17 Avenue de la Motte Piquet 75007 홈페이지
lesparisiennescafe.com 영업시간 08:00~23:00

내부에 사용한 가구와 인테리어가 좋은 분위기와 포
토존을 찾는 이들에게 잘 맞는 브런치 레스토랑. 스
테이크를 주문한다면 세냥 Saignant(설익힌)을 주문
할 것. 설익힌 질감에 익숙하지 않아도 이 요리는 핏
빛이 돌아야 부드럽게 먹을 수 있다. 커피와 음료가
리필되지 않는다는 아쉬움이 있으나, 훈제 연어와 베
이컨 중 택일하는 브런치도 좋다. 브런치 €28 정도.

델리스 스위트 Delice Sweet 🛍

주소 54 Avenue de la Bourdonnais 75007 영업시간
월 13:00~18:00, 화~토 10:30~19:00 휴무 일

초콜릿뿐 아니라 쿠키, 비스킷 종류를 판매하는 간
식 매장. 이곳에서 취급하는 물건은 수공품도 있지
만 대부분 EU 마크를 단 유럽 생산품인 것이 특징
이다. 유럽 각국의 비스킷을 모아 맛보는 것도 재미
있을 듯하다.

르 마에 Le Mahé 🍽

주소 113 Avenue de la Bourbonnais 75007 영업시
간 07:00~17:00(아침 식사, 오후 티, 카페), 17:00~
23:00(칵테일 바)

라 부르도네 호텔 La Bourdonnais에 딸린 살롱 드
테 Salon de Thé(찻집)로, 작은 공간이지만 고급 호
텔의 분위기를 지향하는 곳이다. 조용하고 아늑해
서 복잡한 곳을 지난 다음에 쉬어가기에 그만이다.

페르티낭스 Pertinence 🍽

주소 29 Rue de l'Exposition 75007 홈페이지 restaurant
pertinence.com 영업시간 화~토 12:00~14:15, 19:30~
22:00

일본 출신 셰프의 정갈함이 식탁과 공간 전체에서
느껴지기는 레스토랑. 그러나 페르티낭스는 프랑스
요리들을 재해석해 내는 엄연한 프랑스 레스토랑이
다. 메뉴 내용은 어느 것 하나 소홀함이 없다. 호불
호 차이가 작은 장봉 크림 리소토와 달걀포셰, 페이
스트리 결 속에 고이 숨은 암칠면조 가슴살, 얇게 저
민 붉은 비트와 완벽히 잘 어울리는 안심스테이크,
정확한 온도로 구워내 감자 소스로 풍미를 마무리
한 농어 요리 등으로 일본을 사랑하는 파리지앵의
취향을 완벽히 잡겠다는 의지가 엿보인다. 점심 풀
세트 €29~.

©Guillaume Lechat

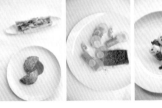

상세르 SANCERRE 🍴

주소 22 Avenue Rapp 75007 영업시간 **월~금** 12:00~
14:00, 19:00~21:30 휴무 **토, 일**

프랑스 중부의 작은 와인 생산지 상세르에서 이름을
따온 것에서 알 수 있듯이, 이 지역의 특산 요리와
와인을 맛볼 수 있
는 곳. 실내는 지방
색이 느껴지도록
원목으로 투박하
게 꾸몄지만 요리
와 서비스는 일품.

레 되 자베이 LES DEUX ABEILLES 🍴

주소 189 Rue de l'Université 75007 영업시간 **월~토**
09:00~19:00 휴무 **일**

브랑리 정원 후문에서 200m 거리에 위치한 아담
한 찻집. 할머니의 시골집 같은 푸근한 느낌 덕분에
브런치와 티타임을
즐기기 위해 찾는
단골들로 만석일 때
가 많다. 넉넉한 간
식과 디저트를 뷔페
로 선택할 수 있다.
차를 포함한 디저트
€20~.

카페 브랑리 Café Branly 🍴

주소 27 Quai Branly 75007 영업시간 **화·수·일** 09:00~
19:00, **목~토** 09:00~18:00 휴무 **월**

브랑리 박물관의 정원을 공유하는 카페. 어린 자녀
와 들러도 부담 없을 브런치와 간단 요리가 준비되
어 있다. 에펠탑을 바라보며 식사하는 여유로움까
지 챙기는 곳. 아동 메뉴 €10~, 브런치 €23.

레 종브르 LES OMBRES 🍴

주소 27 Quai Branly 75007 홈페이지 www.lesom
bres-restaurant.com 영업시간 12:00~14:15, 19:00~
22:30, 연중무휴

테라스가 딸려 있는, 전망 좋
은 레스토랑으로 케 브랑리 미
술관의 숨은 보석 같은 곳. 미
술관 정원의 2층에 자리 잡고
있다. 테라스에서 마주 보이는
에펠탑은 그 자체만으로 특별
하지만 여름철의 저녁에는 반
짝이는 조명까지 만끽할 수 있
어 더욱 장관이다. 브런치는
€32, 저녁 코스는 €100 정도.

/ FOCUS /

프랑스의 치즈
FROMAGE

프랑스인들은 프로마주(치즈)와 와인을 거론할 때
마리아주(결혼)라는 단어를 서슴지 않는다. 서로의 맛과 풍미가 그만큼 잘 어울린다는 방증일 터.
짭조름한 발효 향과 묵직하고 크리미한 맛을 깨끗하게 정돈해주는데 와인만 한 창조물이 또 있을까?
프랑스의 대표 프로마주에는 어떤 것이 있는지 살펴본다.

콩테 Comté
스위스의 국경지대인 쥐라 Jura에서 생산된 프로
마주. 발효한 기간에 따라 맛과 가격이 다르다. 보
통 6개월부터 시작하며, 3년 정도가 가장 길다. 치
즈 향에 민감한 사람도 즐길 만큼 호불호가 작다.

톰 드 사부아 Tomme de Savoie
스위스 국경 사부아 지방의 소젖으로만 만든다.
프로마주 중 겉과 속이 가장 단단한 편이고 향과
맛의 조화가 절묘하다. 그라탕 위에 올려도 일품
이지만 상급은 그냥 먹어보길 추천한다.

브리 드 모 Brie de Meaux
수도권에서 생산되는, 카망베르와 비슷한 식감의
프로마주. 브리의 한 종인 쿨로미에 Coulommiers
도 부드럽고, 냄새가 적어 부담이 없다.

마루알 Maroilles
북쪽의 마루알에서 생산되는 프로마주. 크리미하
며 맛보다 향이 훨씬 센 편. 강한 냄새에 카망베르
의 풍미를 기대했다면 실망할 수도 있다.

셀 쉬르 셰르 Selles sur Cher
론 지방의 셀 쉬르 셰르에서 만든 프로마주. 염소 젖으로 만들어 특유의 향이 있다. 염소 치즈는 젖소 치즈에 비해 식감은 덜 풍부하지만 맛이 깔끔하고 소화가 잘 된다.

몽 도르 Mont d'or
쥐라 산맥의 소젖으로 만든다. 나무껍질 안에 우유 지방을 떠 담아 그대로 발효한 것이라 그 잔향을 함께 즐긴다. 잘라서 빵과 먹어도 맛있지만, 통마늘과 함께 오븐에 익힌 후 빵을 찍어 먹으면 더욱 별미다.

생펠리시앙 Saint-Félicien
프랑스 동남쪽의 작은 도시 생펠리시앙을 거점으로 하는 프로마주. 원래는 염소젖으로 만들었으나 요즘은 소젖을 많이 사용한다. 한 번에 다 먹을 수 있을 만큼 냄새가 적고 깔끔하다. 비슷한 성격의 프로마주로는 생마르슬랭 Saint-Marcelin이 있다.

카망베르 Camembert
프랑스인들의 식탁에서 가장 많이 소비되는 만큼 외국에서도 가장 많이 알려진 프로마주. 살균 Pasteurisé, 무살균이 있는데, 흘러내릴 만큼 크리미한 전통의 맛은 무살균이 정답이다. 프랑스의 3대 강한 향 프로마주이므로 호불호가 심하다.

프로마주 블뢰 Fromage Bleu
푸른 곰팡이균을 투입해 발효한 프로마주들은 향에 비해 맛이 강하다. 짠맛이 특징인데 무염 버터와 중화해 즐기면 좋다. 대표적으로 프로방스 생산품 록포르 Roquefort와 오베르뉴산품 블뢰 도베르뉴 Bleu d'Auvergne가 있다.

* 프랑스에서 생산되는 모든 가공식품은 AOC(원산지 통제법)에 따라 호명한다.
카망베르는 노르망디 카망베르 초원의 풀을 뜯고 자란 소젖으로 공정 과정을 엄수한 프로마주에만 붙일 수 있다. 맛과 공정이 비슷해도 노르망디산 우유가 아니면 같은 이름을 붙일 수 없다(프로마주 블뢰 참고). 샴페인 등 와인도 같은 통제법을 따른다.

TROCADÉRO PASSY

트로카데로·파시 구역

파리에서 박물관이 가장 많은 지역으로 중국 명나라 도자기부터 루앙의 유적지 모형, 현대미술의 새로운 시도까지, 어떤 테마를 정하건 무엇이든 골라볼 수 있는 구역이다. 또한 사요 궁전의 뜰에서 보이는 압도적인 에펠탑의 풍경을 배경 삼아 칵테일 한 잔을 청해보는 것도 낭만일 터. 여름에는 새벽까지 뜰 바닥에 누워 별을 보는 연인들도 있다.

트로카데로 구역 Trocadéro

★ ★ ★

박물관이 가장
많은 동선이므로,
한두 곳은 꼭
관람할 것

- 출발장소   샤요 궁전 Palais de Chaillot
- 메트로   6, 9호선 Trocadéro 역
- 소요시간   1~3일(미술관을 얼마나 보느냐에 따라 다름)
- 놓치지 말 것   프랑스 문화재 박물관과 샤요 궁전 뜰에서 정면으로 보이는 에펠탑 주변 전경
- 장점   입맛 대로 고를 수 있는 미술관 구역
- 단점   구역의 특성상 비싼 요식비 부담(식대)

샤요 궁전 Palais de Chaillot
빨레 드 샤요 ★★★

주소 1 Palais de Chaillot 가는 방법 메트로 6, 9호선 Trocadéro 역 운영 수~월 11:00~19:00 휴무 화, 1월 1일, 5월 1일, 7월 14일, 12월 25일 입장료 일반 €13, 26세 미만 무료

1878년의 만국박람회를 위해 센 강의 서쪽 언덕에 지은 건물의 이름은 트로카데로 궁전이었다. 하지만 트로카(파리지앵이 부르는 별칭) 언덕의 미관을 제대로 살리지 못했다는 평을 받아, 좌우 날개를 잇는 중앙 건물을 허물게 되었다. 재건축을 맡은 카를뤼 Jacques Carlu는 중앙 건물 자리에 '자유와 인간의 권리'라는 뜰을 설계하고 1937년의 박람회에 샤요 궁전으로 다시 소개했다. 에펠탑을 향해 두 팔 벌린 형상을 한 이 건물의 뜰에서 보는 에펠탑과 주변 전경은 감탄사가 저절로 나올 정도다. 샤요 궁전은 에펠탑에서 봤을 때 오른쪽 날개 건물에 건축 문화 재단 및 프랑스 문화재 박물관, 샤요 국립 극장이 점유하고 있다. 왼쪽 날개에는 인류의 진화사를 재미있게 관람할 수 있는 인간의 박물관과 경관 맛집 카페 카를뤼가 자리 잡고 있다. 어린 자녀와 시간을 보내기에 좋은 장소로 추천! 파리에서 5년여에 걸쳐 공들여온 해양 박물관은 2023년 10월에 재개장했다.

건축 문화 재단과 프랑스 문화재 박물관 Cité de l'Architecture et du Patrimoine
씨떼 드 라르시떽뛰르 에 뒤 빠트리무완느 ★★

가는 방법 샤요 궁전 내 홈페이지 www.citechaillot.fr 운영 수~월 11:00~19:00 휴무 화, 1월 1일, 5월 1일, 7월 14일, 12월 25일 입장료 일반 €9, 18~25세 €6, 18세 미만 무료

프랑스 건축 문화 전반에 대한 자료를 모아둔 장소. 1층 모형의 갤러리에는 프랑스의 건축 유산(중세~현대)에 등록된 건물들의 모형이 있다. 원형을 보기 위해 전국을 일일이 찾아가는 수고로움을 덜어주기도 하지만, 너무 높아서 보이지 않는 건축 조각물까지 자세히 관찰할 수 있는 것이 장점. 위층에는 유적지 외에도, 20세기의 건축에 획을 그은 건물 모형을 수준 있고 정갈하게 전시해 놓았다. 르 코르뷔지에 Le Corbusier가 설계한 마르세유 주거지 한 블록을 실제 크기로 볼 수 있는 유일한 장소로, 건축에 관심 있는 이들에게는 필수 코스로 추천한다.

② 기메 박물관 Musée National des Arts Asiatiques-Guimet
뮈제 나씨오날 데 자르 자씨아띠끄기메 ★★★

주소 6 Place d'Iéna　가는 방법 메트로 9호선 Iéna 역　홈페이지 www.guimet.fr　운영 수~월 11:00~18:00　휴무 화　입장료 일반 €11.50, 18세 미만 무료

1889년에 프랑스 리옹의 실업가인 기메 Emile Guimet 가 설립한 박물관으로 네팔, 인도, 일본 등 아시아 국가의 문화유산을 전시하고 있다. 아시아 문화에 심취한 기메가 여행지에서 가져온 네팔의 부처상, 절 입구 상인방 등 생각지도 못한 유적을 만날 수 있다. 홀 입구에 비치된 팸플릿을 보면 놓치지 말아야 할 25가지 걸작이 표시되어 있는데, 이 중에 고대 중국 유산(2층)과 한국의 탈 시리즈(3층)가 포함되어 있다.

③ 팔레 드 도쿄 Palais de Tokyo
빨레 드 도쿄 ★

주소 13 Avenue du Président Wilson　가는 방법 RER C선 Pont de l'Alma 역　홈페이지 www. palaisdetokyo.com　운영 월~일 12:00~22:00, 목 12:00~24:00　입장료 일반 €12　휴무 화, 1월 1일, 5월 1일, 12월 25일

1937년의 예술과 기술 세계박람회를 위해 지은 건물. 도쿄라는 이름은 건물 앞을 지나는 대로의 이전 이름에서 따온 것이다. 에펠탑을 등졌을 때 왼쪽 날개 건물에서는 동시대 예술의 전시회가 주로 열린다. 특히 이곳은 기획전이 더 흥미로운데 설치미술, 퍼포먼스, 작가와의 만남 등 다분히 반항적인 전시회를 제안한다. 고전적이고 보수적인 16구의 악동이다. 건물 테라스에서 최근 10여 년간 한국 아이돌과 한류 스타 이벤트가 열려 친숙하다.

④ 파리 시립 현대미술관 Musée d'Art Moderne de la Ville de Paris
뮈제 다르 모데르느 드 라 빌 드 빠리 ★★

주소 11 Avenue du Président Wilson 가는 방법 RER C선 Pont de l'Alma 역 홈페이지 www.mam.paris.fr 운영 기획전시관 화·수·금·일 10:00~18:00, 목 10:00~21:30, 토 10:00~20:00(사전 예매만 입장 가능) 입장료 상설 전시 무료, 기획전 일반 €15, 18~26세 €13, 18세 미만 무료

에펠탑을 등졌을 때 팔레 드 도쿄의 오른쪽 건물에 위치한 미술관으로, 야수파 이후 20세기 작품을 9,000점 넘게 보유하고 있다. 피카소, 샤갈, 모딜리아니, 소니아 들로네, 반 동겐 등의 작품들이 역사(1~12번 방), 시대별(13~20번 방)로 구분 전시되어 있다. 3번 방의 아르 데코 장식품과 13번 방의 착시 효과가 특히 흥미롭다. 현대미술 애호가라면 반드시 거쳐야 할 장소.

⑤ 갈리에라 미술관 Palais Galliera, Musée de la Mode
빨레 갈리에라 뮈제 드 라 모드

주소 10 Avenue Pierre 1er de Serbie 가는 방법 메트로 9호선 Iéna 역, Alma-Marceau 역 홈페이지 www.palaisgalliera.paris.fr 운영 화~일 10:00~18:00, 목 10:00~21:00 휴무 월, 1월 1일, 5월 1일, 12월 25일 입장료 일반 €15, 18~26세 €13, 18세 미만 무료, 예매 필수

서양 복식에 관심이 있거나 미래의 스타일리스트를 꿈꾸는 사람이라면 여기를 주목! 네오르네상스 양식을 따른 출입구를 지나 들어가면 조신한 듯 귀품 있는 건물 안에서 20만 점의 의상, 장신구, 그림과 사진 등 유럽 복식에 관한 전반적인 시각을 정립할 수 있는 장소다. 영화 '악마는 프라다를 입는다'와 '인셉션'을 눈여겨보았다면 이 도도한 정문을 기억할 것이다. 오래된 의상의 관리 차원에서 상설 전시를 하지 않다가 최근 상설전을 포함한 기획전을 정기적으로 개최한다. 패션과 디자인을 좋아한다면 근처 일정을 잡을 때 체크하면 좋겠다.

노미코즈 Nomicos 🍽️

주소 16 Avenue Bugeaud 75016 영업시간 화~토
12:00~14:30, 19:00~22:30, 예약 필수 휴무 일, 월
요금 점심 코스 €64~

셰프 장루이 노미코즈의 미슐랭 원스
타 레스토랑. 프랑스 최남단 장레팽
Juan-les-Pins의 알랭 뒤카스에서 실
력을 다졌고, 이후 세계 요리계의 거성인 조엘 르뷔
송의 파리 레스토랑을 인수해 노미코즈를 개업했
다. LVHM 재단 내 레스토랑 프랭크Frank의 론칭
때 메뉴 디렉션을 맡은 이력을 가지고 있다. 그
가 창조적이고 자유롭게 다루는 도미살 요리와
지중해의 채소, 성게의 요오드 향 등은 셰프의
고향 마르세유에 대한 오마주와도 같다. 남프랑
스 출신 셰프의 문화를 파리식 누벨 퀴진에 어떻
게 녹여냈는지 궁금하다면 놓치지 말 것.

NOMICOS <프렌즈 파리> 독자 단독 서비스

시즌별 한국어 메뉴 (P.3 QR 코드 참고)

점심 5코스 €74 ➜ 샴페인+프로마주 서비스

저녁 6코스 €140 ➜ 샴페인+프로마주 서비스+카페
(저자 투어 신청 시)

사용 기간 : 2024년 1월 1일~12월 31일

바오밥 컬렉션 Baobab

주소 134 Avenue Victor Hugo 75116 홈페이지 eu.baobabcollection.com 영업시간 월~토 11:00~19:00 휴무 일

벨기에서 론칭한 브랜드로, 봉 마르셰 등을 통해 향수, 양초, 디퓨저 분야에서 인지도를 높이고 있다. 시즌별 컬렉션 중 한정판을 주목하자.

코너 뤽스 Corner luxe

주소 4 Avenue Bosquet 75007 홈페이지 www.cornerluxe.com/fr 영업시간 화~토 10:30~13:30, 14:30~19:00 휴무 일, 월

소위 명품을 잘 안다면 한 번쯤 들어봤을 명품 중고 숍. 네트워크로 운영되어 동류의 매장 중에서도 규모가 큰 편. 파리에 있는 세 곳의 플래그 숍 중 가장 최근에 문을 열어 디스플레이와 셀렉션에 더 신경을 썼다. 주 구입 경로가 전형적인 파리 부촌인 16구역 대상이고, 브랜드 소속 공인 감정사가 있어서 더 신뢰가 가는 곳. 온라인, 오프라인 모두 동일한 가격으로 판매하며 품절 상태가 실시간 반영된다. 신발 €150~450 정도, 가방 메종 신상(중고 제품) 10% 정도, 빈티지 상품 다수 보유.

앙디아 Andia

주소 19 Chaussée de la Muette 75016　홈페이지 www.andia-restaurant.com　영업시간 10:30~23:00, 연중무휴

마르모탕모네 미술관에 가서 작품만 감상하고 오는 건 좀 억울하다. 궂은 날씨만 아니라면 근처의 공원에서 한가한 시간을 보낸 후

멀지 않은 곳에 가성비 좋은 바와 브런치 레스토랑을 이용해 보길 권한다. 도심에서 향유하기 어려운 여유 시간으로 힐링이 될 것이다.

자크 Jaques

주소 129 Avenue Victoir Hugo 75116　홈페이지 jacquesrestaurantparis.com　영업시간 08:30~23:30, 연중무휴

관광을 하다 보면 다음 일정에 신경을 써야 하는 때가 있다. 자크는 관광 종착보다 이동 도중에 잠시 휴식하기에 더 적합한 장소. 분위기가 중요한 여행자에게는 브런치, 칵테일, 간단한 음료를 즐기기에도 좋다.

마샤 Masha

주소 85 Avenue Kléber 75116　홈페이지 www.masha-paris.com/contact　영업시간 10:00~02:00, 연중무휴

에펠탑이 보이는 테라스에서 반드시 카페 한 잔을 마셔야겠다면 마샤는 패스해야 할 장소다. 하지만

근사한 바와 제대로 된 식사가 목적이라면 이곳을 주목하자. 특히 주말 저녁에는 미니 콘서트를 겸한 이벤트가 마련되므로 음악, 댄스, 식사를 한 번에 즐길 수 있다.

셰 므니에르 Chez Meunier 🍴

주소 150 Avenue Victor Hugo 75116 홈페이지 www.chezmeunier.com 영업시간 07:00~20:00, 연중무휴

2021, 2023년 수도권에서 가장 맛있는 빵, 크루아상, 갈레트 데 로아 등에 이름을 올린 명품 제과점. 식사용 빵뿐 아니라 이곳에서 판매하는 모든 종목이 비슷한 수준을 유지한다. 샌드위치는 어느 곳에서나 구할 수 있지만 므니에르의 빵에 속을 채운 점심 세트 메뉴는 급이 다름을 인정해야 할 것이다. 카페를 곁들인 간식용 비에누아즈리 중에서는 Moelleux framboise를 추천한다.

모놉 Monop' 🍴

주소 89 Avenue Kléber 75116 영업시간 07:30~23:00, 연중무휴

프랑스의 모든 마켓 중 가장 높은 가격대로 유명하지만, 관광지에서 간단한 음료나 과자 등을 구입할 때 알아두면 요긴하다.

르 팽 코티디앙 Le pain quotidien 🍴

주소 150 Avenue Victor Hugo 75116 영업시간 08:00~18:00, 연중무휴

이곳은 아침에서 점심, 점심에서 간식 등 어중간한 시간대에 €25 이내로 푸짐하고 퀄리티 좋은 식사를 하기에 부담이 적은 괜찮은 브런치 장소다. 브런치는 14:00까지만 가능하며 이후는 카페와 티만 판매한다.

로메오 Roméo

주소 6 Place Victor Hugo 75116 홈페이지 www.res
taurantromeo.fr 영업시간 07:00~23:00, 연중무휴

분위기, 맛, 위치, 가성비를 다 따지고도 살아남는
장소가 생각보다 많지 않지만 로메오는 기대를 걸
어보아도 좋다. 패밀리 레스토랑급의 분위기지만
파리지앵스러움이 묻어 있고 음식도 푸짐한 편. 무
엇보다 개선문에서 에펠탑 쪽으로 이동할 때 정답
같은 위치가 특장점이다.

코르소 클레베 Corso Kléber

주소 79 Avenue Kléber 75016 홈페이지 www.cor
soparis.fr 영업시간 10:00~자정, 연중무휴

정식 이탈리안 레스토랑. 주인과 가르송 대부분이
이탈리아인이며, 피자를 제외한 파스타 등의 이탈
리아 정식을 제공한다. 가장 가벼운 메뉴로 생강을
곁들인 친환경 당근 요리가 있고 토마토소스와 세
팅한 모차렐라 치즈도 맛있다. 이탈리안 치즈버거
와 공수되는 재료에 따라 달라지는 생선 요리도 추
천한다. 토스칸 버거 €24, 모차렐라 치즈 €9.50.

브니스 Venise

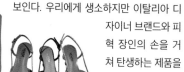

주소 132 Avenue Victor Hugo 75116 영업시간 월~토
10:30~19:00 휴무 일

이탈리아에 본사를 둔 피혁 브랜드. 명품 브랜드에
납품하는 가죽을 사용해서 브니스만의 디자인을 선
보인다. 우리에게 생소하지만 이탈리아 디
자이너 브랜드와 피
혁 장인의 손을 거
쳐 탄생하는 제품을
혼합해 다수 갖추고
있다.

로이 ROY

주소 27 Rue de Longchamp 75116 홈페이지 www.
roy.fr 영업시간 월~토 10:00~20:00 휴무 일

20년 가까이 고급 초콜릿과 콩피스리를 다루어 온
전통 있는 과자점. 체인 형식의 디저트 가게가 성황
을 이루는 요즘도 단단한 단
골 고객층의 지원을 받고 있
다. 이곳에서 판매하는 모든
제품은 프랑스 각 지역의 최
고 장인이 생산한 것으로, 주
인장의 자부심이 대단하다.
프랑스 고급 애피타이저에
서나 맛볼 수 있는 송로버섯,
연어, 푸아그라 마카롱이 일
품이다. 외국 관광객들에게
질문하기 좋아하는 친절한
주인이 특히 인상적인 곳.

브라스리 오퇴이 Brasserie Auteuil 🍽️

주소 78 Rue d'Auteuil 75016 홈페이지 www.auteu
il-brasserie.com 영업시간 08:00~02:00, 연중무휴

이렇다 할 맛집이 없던 트로카데로 구역에 미식을
끌어온 브라스리. 파인 다이닝보다 이탈리아 스타
일의 자유 분방한 요리가 특징이다. 내부는 이탈리
아 가정집을 콘셉트로 잡아 널찍한 공간이 주는 여
유를 제공한다. 이
곳의 최장점은 루
프트탑과 마르모
탕모네 미술관과
의 거리. 여름에
루프트탑에서 최
상의 분위기를 즐
긴 후 미술관까지
여유롭게 걸어보
길 권한다.

아네스 베 agnès b. 🛍️

주소 17 Avenue Pierre 1er de Serbie 75116 홈페이지
www.agnesb.fr 영업시간 월~토 11:00~19:00 휴무
일

젊은 디자이너 발굴에 힘쓰는 디자이너 아네스 베
의 16구 숍. 오트쿠튀르보다 기성복에 주력하는 브
랜드로, 정형화된 패턴 대신 자연스러운 선을 살려
젊은 부르주아들에게 인기를 얻고 있다. 프랑스 영
화배우 소피 마르소와 나탈리 바이 등이 이 브랜드
를 선호하는 것으로 유명하다. 최근에는 코스메틱
과 가방, 수영복까지 론칭했다.

라 파티스리 바이 시릴 리냑 🛍️
LA PATISSERIE BY CYRIL LIGNAC

주소 2 Rue de Chaillot 75016 홈페이지 www.lapatis
seriecyrillignac.com 영업시간 화~일 07:00~20:00
휴무 월

스타 셰프 시릴 리냑
의 16구 제과점. 파리
지앵의 최애 디저트
로 등극한 바바 오 럼
(럼주에 절린 케이크)
이 시그니처다. 셰프
의 아틀리에에서 생
산하는 고급 잼은 명
품백 상자 같은 패키
지에 포장해 준다.

루스터 Rooster 🍽

주소 137, Rue Cardinet, 75017 홈페이지 www.
rooster-restaurant.com 영업 월~금 12:00~14:00,
19:00~22:00 휴무 일

파리, 칸 그리고 뉴욕을 거쳐 다시 돌아온 셰프 프레
데릭 뒤카 Frederic Duca의 경력이 여러 지역의 식
문화를 조합하게 했다. 메뉴는 코스 요리 외에도 파
스타와 코코트(주물 찜) 요리를 선보이는데, '뉴욕
타임스'에서 극찬을 받았던 어린 양 요리를 추천한
다. 브루클린 출신의 장인이 이 장소를 위해 직접 만
든 그릇장을
보는 재미
도 있다.

파피용 🍽
Papillon par Christophe Saintagne

주소 8 Rue Meissonier 75017 홈페이지 www.pap
illonparis.fr/fr/lieu 영업시간 장점 휴업

생타뉴는 엘리트 코스를 거친 탄탄한 기본기를 가
진 셰프다. 그가 선보이는 메뉴는 와인을 함께 곁
들이기 좋은 비스트로 스타일의 요리로 특히 집돼
지 요리를 추천한다. 사료를 고려해 고기의 질감을
이해한 전문성이 돋보인다. 캐주얼한 분위기로 어
린 손님을 동반해도
큰 부담이 없다. 가
격대는 단품 요리
€20~23 정도.

©Pierre Monetta

©Pierre Monetta

©Pierre Monetta

©Pierre Monetta

파시 구역 Passy

★ ★ ★

3km에 가까운 동선이므로 벨리브를 대여해보자. 주거 지역이라 편안히 하이킹할 수 있다.

- 출발장소   발자크의 집 Maison de Balzac
- 메트로   6호선 Passy 역(2024년 2월 4일까지 정차 안 함)
- 소요시간   1~2일
- 놓치지 말 것   마르모탕모네 미술관의 연못과 루이비통 재단
- 장점   파리 최상류층 구역의 격조와 우아함
- 단점   주거지가 많은 관계로 관광객을 위한 부대시설이 아쉽다
- 구역지도   P.232 참고

16구를 파리 최고 부촌이라 부르는 데 이의는 없지만, 파리지앵도 이 구역을 잘 모르는 경우가 많다. 다른 구역의 사람들은 사유 주택지, 튼튼한 철문, 여기저기 설치된 CCTV 때문에 16구 사람들을 '성역에 갇혀 사는 부호'라며 비꼬기도 한다. 그럼에도 아르누보 건축 예술이 그대로 남은 벤저민 프랭클린 거리 Rue Benjamin Franklin, 강철의 우아함을 인증한 19세기의 교량 퐁 드 비르하켐 Pont de Bir-Hakeim, 마르모탕모네 미술관 그리고 화려하게 개장한 루이비통 재단에 이르는 파시 구역의 산책로는 놓치기 아쉬울 만큼 고상하다.

* 비르하켐 다리 Pont de Bir-Hakeim
크리스토퍼 놀란 감독의 'Inception'과 톰 크루즈 주연의 'Fallout'의 중요한 신으로 등장

©Parisperfect.com/blog

① 발자크의 집   Maison de Balzac
메종 드 발자크   ★

주소 47 Rue Raynouard   가는 방법 메트로 6호선 Passy 역   홈페이지 maisondebalzac.paris.fr   운영 화~일 10:00~18:00   입장료 방문 무료, 기획전에 따라 변경

리얼리즘 문학의 대표 작가 발자크가 살았던 곳. 1840년에 채권자들의 눈을 피해 'Breugnol'이라는 가명으로 세 들었다. 화려하지는 않지만 글쓰기에 안성맞춤인 아름다운 정원에 반했다는 후일담이 있다. 발자크는 독한 집필 시간표로 유명한데, 초저녁에 잠들었다 자정에 일어나 08:00까지 폭풍처럼 글을 쓴 후, 식사를 15분 만에 끝내고서 다시 17:00까지 맹렬하게 집필, 저녁을 간단히 먹고 취침에 들었다고 한다. 대표작 <인간 희극 La Comédie humaine>을 완성한 곳이기도 하다.

② 마르모탕모네 미술관   Musée Marmottan-Monet
뮈제 마르모땅모네

주소 2 Rue Louis Boilly   가는 방법 메트로 9호선 La Muette 역, RER C선 Boulainvilliers 역   홈페이지 www.marmottan.fr   운영 화~일 10:00~18:00, 목 10:00~21:00   입장료 일반 €14, 8~18세 €9(예매 시 +€1), 7세 미만 무료, 나머지 동일, 예매 권장   휴무 1월 1일, 5월 1일, 12월 25일

미술 애호가이자 수집가였던 폴 마르모탕의 사택을 개조한 미술관. 르네상스 시대에서 1932년까지의 보자르 작품과 나폴레옹 시대의 작품 상당수를 전시하고 있다. 르누아르, 마네와 대표적인 여성 인상파 화가 모리조의 작품이 있고 '빛의 스케치' '모리조와 18세기' 등의 기획전이 2023년 가을과 2024년 봄까지 예정되어 있으니 참고하기 바란다.

③ 루이비통 재단 Fondation Louis Vuitton
퐁다씨옹 루이 뷔똥 ★★★

주소 8 Avenue du Mahatma Gandhi, Bois de Boulogne 가는 방법 메트로 1호선 Les Sablons 역 Avenue de Friedland 코너(개선문-샹젤리제 오른쪽 첫 대로)에서 나베트(셔틀) 버스 탑승 홈페이지 www.fondationlouisvuitton.fr 운영 월~목 10:00~20:00, 금 11:00~21:00, 주말 10:00~20:00 휴무 화 입장료(아클라마타시옹 정원 포함) 일반 €16, 26세 미만(신분증 지참) €10, 가족 할인 €32(성인 1~2인과 18세 미만 자녀 4명 이하), 3세 미만과 장애인, 기자 무료, 예매 권장 셔틀버스 Avenue de Friedland 앵글(샹젤리제 오른쪽 첫 대로), 매 20분, €2, 화요일 운행 안 함

루이비통 그룹 LVMH의 회장 아르노 Bernard Arnault와 '프리츠커 건축상' 수상자 프랭크 게리 Frank Gehry가 만나 이루어진 초대형 프로젝트. 파리의 서쪽, 불로뉴 숲 초입에 위치하고 있다. 멀리서 본 건물의 파사드는 순풍을 맞아 부푼 돛 혹은 고래 모양을 하고 있는데, 12개의 대형 유리 돛을 연결하는 철근은 그랑 팔레 돔에 대한 오마주라고 한다. 11개의 갤러리와 변형 가능한 강당이 있는 실내에는 동시대 예술가들의 컬렉션, 전시회, 지원회, 회담과 학회는 물론 연주회, 퍼포먼스 등이 유치된다. 재단의 큐레이터를 맡은 제롬 상스는 '제도' 없이 그림 전시에만 치중하는 사립 미술관들과 달리, 콘셉트에 맞는 작품을 예술가들에게 주문하는 형식의 신개념 전시관이 될 것이라고 포부를 밝힌 바 있다. 재단은 설계, 자재 사용 기술력이 최고조에 달한 '게리 공장'의 걸작으로 평가되지만, 이에 대해서는 호불호가 명백히 나뉜다. 완벽한 기술력과 화려한 건물이 전시회를 능가해, 작품 감상에 오히려 방해가 된다는 지적 때문이다. 어느 쪽이 맞는지 직접 확인해 볼 것을 추천한다.

4 아클리마타시옹 정원 Jardin d'Acclimatation
자르댕 다클리마타시옹

주소 Carrefour des Sablons, Bois de Boulogne 가는 방법 메트로 1호선 Les Sablons 역 운영 월·화·목·금 11:00~18:00, 수·토·일 10:00~19:00 입장료 놀이기구 불포함 신장 80cm~ €7, 그 이하 무료 놀이기구 프리 패스 €27~38(80cm부터 연령별 변동), 낱장 판매(정원 입장 시), 예매 권장

어린 자녀와 가는 파리 여행에서 유로 디즈니 정도의 치트키는 아니지만 일정이 도저히 안 된다면 이곳을 주목하자! 행정상 도시 외곽이지만 메트로가 닿는 근교라 파리 안에 넣어도 무방한 부담 없는 거리가 장점. 영국식 정원 자체도 낭만적이지만 아이들이 좋아할 연령대별 놀이기구가 30개 정도 있다. 아클리마타시옹 정원은 나폴레옹 3세가 영국 망명 생활 중 받았던 영국식 정원에 대한 부러움을 그대로 이식해 온 결과물이다. 좌우, 사방을 대칭형으로 설계했던 프랑스식과는 달리 영국식 정원은 정형화된 설계법이 없어 보다 유연한 산책로를 선물한다. 단, 연못을 중심으로 타고 흐르는 수류, 주변의 바위와 식물을 적절히 배치하는 조건이 있어야 한다. 2016년에 LVMH 그룹이 정원과 맞닿게 재단 건설에 착수하면서 조경과 놀이동산 조성에도 영향을 미쳐 현재 파리지앵의 주말 휴식처로 재탄생되었다. 재단 전시회와 정원 방문을 하루에 몰아도 충분히 풍부한 하루가 될 것이다.

파리 16구역은 '아르누보의 진열장'이다. 아르누보란 19세기 후반~20세기 초에 등장한 장식 예술 사조로 유려한 곡선을 전면에 내세운 형태로 주목 받았다. 창조, 리듬감, 상식을 내세우고 자연 속 식물과 곤충의 곡선에서 영향을 받아 프랑스에서는 '국수 스타일' 또는 '기마르 스타일'이라고 부른다. 기마르는 파리 아르누보의 대표적인 건축가이자 조각가다. 샤요 궁전 앞 벤저민 프랭클린 거리에서 연결된 마지막 거리가 장 드 라 퐁텐 거리다. 이 거리 9번지의 카스텔 베랑제로 시작하는 드 라 퐁텐에서 독퇴르 블랑슈는 파리 아르누보 건축물의 축복 같은 동선으로, 여유롭게 걷다가 닿는 마르모탕 미술관이 더없이 반가울 것.

① 카스텔 베랑제 Castel Béranger
14 Rue Jean de la Fontaine

기마르가 아르누보 양식으로 처음 시도한 건축물. 한 부호의 미망인을 위해 1898년에 완공한 저택이다. 현재는 14개의 아파트로 개조되었다. 같은 해, 처음으로 창설된 '파리 파사드 경연대회'에서 1위에 선정되었고 '악마와 결탁한 어떤 정신병자의 건물'이라는 평을 받기도 했다.

② 드방튀르 Devantures
17, 19, 21 Rue Jean de la Fontaine

카스텔 베랑제의 대각선상에 보이는 건물. 유려한 곡선 장식에서 기마르 특유의 건물임을 알 수 있다.

③ 오텔 메자라 Hôtel Mezzara
60 Rue Jean de la Fontaine

베네치아 출신의 레이스 디자이너 메자라를 위한 저택. 후에 잠시 프랑스 공교육 장소로 쓰이다가 현재는 16구 고등학교의 부속건물이 되었다.

④ 오텔 기마르 Hôtel Guimard
85 rue de la Fontaine / 122 Avenue Mozart

1909년 기마르가 결혼과 함께 지은 신혼집. 1913년에 입주해 1930년까지 거주했다. 기마르 사후 경매를 통해 매매되었고, 현재는 여러 가구로 나뉘었다. 기마르 부부가 직접 사용했던 아르누보 가구들은 프티 팔레에 그대로 소장, 전시하고 있다.

⑤ 로주망 Logements
85 rue de la Fontaine

역시 기마르의 작품으로 특별히 붙여진 이름은 없는 일반 아파트다.

GRANDS BOULEVARDS
OPÉRA

그랑 불르바르·오페라 구역

우리에게는 갈르리 라파예트와 프렝탕 백화점으로 더 유명한 오페라 구역. 19세기 말, 도시 확장 정책으로 파리의 성곽을 이루고 있던 센 강의 북쪽 경계선이 넓은 직선 거리로 대체되었고 보통명사 '그랑 불르바르(대로)'가 이 거리를 칭하는 고유명사가 되었다. 콩코르드 광장, 루아얄 거리, 오스만 대로, 마들렌 대로, 몽마르트르 대로, 푸아소니에르 거리 등이 그랑 불르바르에 해당한다. 파리 근대화의 일환으로 이곳에 자리 잡게 된 카페, 극장 그리고 산책로의 역사를 곳곳에서 찾을 수 있다.

그랑 불르바르·오페라 구역
Grands Boulevards · Opéra

★ ★ ★

아이와 함께 여행을
왔다면 백화점의
쇼윈도를 놓치지 말자,
특히 12월은 더욱더!

- 출발장소	마들렌 광장 Place de la Madeleine
- 메트로	8, 12, 14호선 Madeleine 역
- 소요시간	1~2일
- 놓치지 말 것	오페라 가르니에와 그 내부, 오스만 대로의 백화점과 맛집
- 장점	유럽에서 가장 화려한 극장과 파리 백화점의 대명사 두 곳, 18세기를 수놓은 근현대 건축물들
- 단점	오스만 대로의 차량, 특히 12월은 인파로 인해 길을 걷기가 쉽지 않을 정도

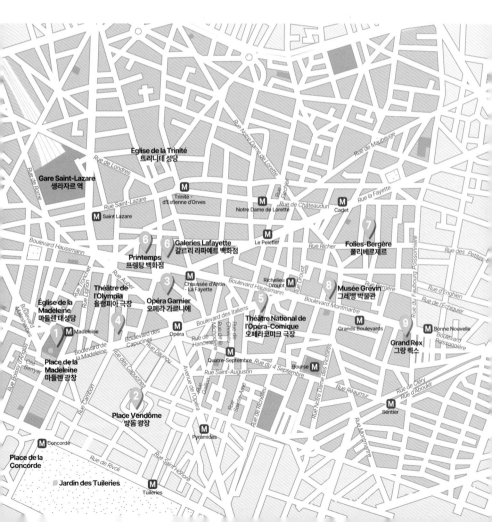

○♀○ 2024 올림픽 공사 중

 마들렌 대성당 Église de la Madeleine
에글리즈 드 라 마들렌
★★

주소 Place de la Madeleine 가는 방법 메트로 8, 12, 14호선 Madeleine 역 홈페이지 lamadeleineparis.fr 운영 09:30~19:00

그리스, 로마 신전의 영향력이 그대로 전해지는 코린트식 기둥과 정면 상단의 삼각형 합각에는 '전능하신 께 성녀 마들렌의 호소를 바치나이다'라는 문장이 라틴어로 새겨져 있다. 엄중해 보이는 외관에 숨겨진 역사는 사뭇 놀랍다. 기공은 1763년, 루이 15세의 명에 따랐으나 초대 건축가의 사망, 대혁명, 파리 코뮌 등 역사적 사건으로 공사 위기와 설계 변경을 거쳤다. 결국 나폴레옹 재위 당시, 아테네의 올림피에이온 Olympieion 신전에서 영감을 받은 외관이 프랑스 군대의 위용과 어울린다고 확정되어 건축가 비뇽 Vignon을 낙점했다. 이후에도 기차 수송역으로 용도가 바뀔 뻔한 위기를 넘기고 85년 만에 완공을 맞았다. 쇼팽과 샤넬의 장례식을 치른 성당이기도 하다. 성녀 마리아의 피에타와 정기 콘서트가 볼 만하다.

 방돔 광장 Place Vendôme
플라스 방돔
★★

가는 방법 메트로 8, 12, 14호선 Madeleine 역, 3, 7, 8호선 Opera 역, 7, 14호선 Pyramid 역, 1호선 Tuileries 역, 1, 8, 12호선 Concorde 역

방돔 광장을 들르는 여행자들은 광장 중앙의 청동 기둥 앞에서 사진을 남기지만 이곳의 진짜 주인공은 광장을 둘러싼 고급 석조 건물들이다. 17세기 가장 위대한 건축가 중 한 명인 망사르 Mansart가 1699년에 설계했고 지금은 세계 최고의 명품 보석, 시계 매장이 입점해 있다. 광장 중앙의 청동 기둥은 개선문처럼 오스테를리츠 전쟁의 승리를 찬양하기 위해 세운 것이다. 프랑스 군대의 열정을 주제로 나선형을 따라 조각이 묘사되어 있고 탑 꼭대기에는 나폴레옹의 기마상이 있다.

🏅🏅🏅 2024 올림픽 공사 중

파리
BIG 12 ③ **오페라 가르니에** Opéra Garnier
오페라 가르니에 ★★★

주소 Place de l'Opéra(내부 관람은 8 Rue Scribe으로 입장) 가는 방법 메트로 3, 7, 8호선 Opéra 역, RER A선 Auber 역 홈페이지 www.operadeparis.fr/visites (내부 관람) 운영 매일 10:00~, 날짜 변동(홈페이지 확인) 입장료(공연 및 가이드 요금 별도) €15~

프랑스 오페라의 상징이자, 세계 각국 오페라 극장의 모델이기도 한 오페라 가르니에는 외관보다 화려한 내부로 더 유명한 곳이다.

공연 관람이 아니라도 감상할 가치가 넘치는 곳이니 한국 또는 프랑스 홈페이지에서 가이드를 신청하고 방문하기를 추천한다. 1858년, 나폴레옹 3세가 저격 미수 사건을 겪고 난 후 자신의 건재를 알리기 위해 세운 오페라 가르니에는 건축가 샤를 가르니에 Charles Garnier의 이름에서 차용했다. 이 작품은 당시까지 무명이던 그를 스타덤에 올린 성과물로 1861년에 착공하여 비교적 순탄하게 1875년 완공을 맞았다. 기초 공사 도중 지하수가 발견되어 잠정 중단되기도 했으나 정면에서 봐도 눈치챌 수 없도록 잘 감춘 덕분에 정형화된 예술품만을 찬미하던 당시 부르주아에게도 인정받았다. 소설가 가스통 르루가 이 지하수로에서 영감을 받아서 쓴 소설 <오페라의 유령>은 세기를 넘어선 명작이다.

©Nicola Gleichauf

오페라 가르니에는 여러 면에서 바로크와 이탈리아 르네상스 스타일을 차용했다. 유채색의 대리석, 금장 장식, 철강 세공, 프레스코 벽화, 모자이크 바닥 등 넘칠 정도로 장식 예술에 힘을 실었다. 특히 리셉션 홀에서 극장 실내를 잇는 중앙 계단은 가르니에 건축의 절정을 찍는 구조물로 '유산 안의 유산'이란 찬사를 받고 있다. 완공 당시 극장 내부의 둥근 천장은 르네

©Nicola Gleichauf

뵈 Eugene Lenepveu의 르네상스 벽화로 장식되어 있었으나 현재는 샤갈의 작품으로 덮여 있다. 매표소를 지나 층계를 오르면 입구 대기실 Avant Foyer을 거쳐 중앙 대기실 Grand Foyer로 들어갈 수 있는데, 이곳의 화려함은 베르사유 궁전의 '거울의 방'에서 영감을 얻었다고 한다. 그리스 신화를 해석해 그린 이 중앙 대기실의 천장화 33개는 아카데미 미술의 대가 폴 보드리 Paul Baudry의 작품으로, 음악을 관장하는 성녀 세실과 음악의 신인 아폴론이 주인공이다. 소피아 코폴라 감독의 영화 '마리 앙투아네트'의 오페라 장면에서 중앙 계단과 지하 대기실을 엿볼수 있다. 과하다 싶게 누적된 가르니에의 건축 양식에 피로를 느낀 황녀 유제니가 '도대체 스타일이 뭐냐?'고 묻는 말에 답변이 궁했던 건축가가 "나

폴레옹 3세입니다"라고 말한 것에서 '나폴레옹 3세 양식'이 정형화되었다는 일화는 널리 알려져 있다. 오페라 바스티유의 주 공연이 현대극이라면, 가르니에는 고전 발레극과 클래식 음악회가 주로 상연된다. 발레리노 김용걸이 한국인 최초로 2011년까지 1급 무용수로 활약한 바 있다.

©Nicola Gleichauf

연회장

PLUS STORY　　드가의 '스타'의 비하인드 스토리

1% 상류층의 런웨이 무대

오페라에 앙트르 악트 Entre Acte(막간)가 있는 이유를 아는가? 이는 무대 가수를 위한 배려가 아니다. 당시 상류층의 과시 욕구를 비호하던 산물이다.

오페라 가르니에는 상류층 1%만을 위한, 19세기의 최고급 오락 장소였다. 한편으로는 왕정 몰락 후 귀국한 국내외 귀족층과 자본가를 위한 파리 최고의 데필레 무대이기도 했다. 이는 지척의 방돔 광장에 세계의 명품 보석상이 밀집하게 된 이유와도 맞물린다. 당시 귀족들이 오페라 관람 전에 보석 메종에서 사치품을 구입 또는 대여받기도 했던 것. 반전은 그 손님들이 여성이 아닌 남성들이었다는 점이다. 19세기는 성 제약으로 여자 혼자서 할 수 있는 일이 제한되었고 당연히 오페라 출입도 남자가 대부분이었다. 이들이 파리 최고의 오락 장소에 갈 때 멋을 내는 것은 기본 덕목. 상류층 남성의 상징인 시계와 지팡이, 지팡이 손잡이 안에 교묘히 숨긴 위스키 병, 높은 모자, 심지어 잘 다듬어진 콧수염 모양 등은 그들의 계급과 자본력을 과시하는 수단이었

다. 오페라의 연회장과 막간은 그들의 영향력을 애써 드러내기 위해 고안된 시간이었던 것.

같은 맥락에서 이 시기에는 무용수의 연습 장소가 재력을 가진 남성들에게 공공연히 공개되었다. 이는 무용수와 남자 관객들과의 은밀한 접촉을 의미했는데, 낮은 급여로 생계를 잇던 무용수 중 다수는 내키지 않아도 재력 있는 손님들의 '애인'이 되는 길을 선택했다. 소위 '스폰서'가 마음에 드는 무용수를 찾는 장면은 에드가 드가의 1878년 작 '별 Ballet-L'étoile' 등에서 잘 드러나 있다. 이런 관습이 사라진 건 1930년대, 남자 관객들의 연습장 출입이 금지되면서부터였다.

올랭피아 극장 Théâtre de l'Olympia
떼아뜨르 드 롤랭피아 ★

주소 28 Boulevard des Capucines 가는 방법 메트로 3, 7, 8호선 Opéra 역, 8, 12, 14호선 Madeleine 역 홈페이지 www.olympiahall.com 운영 매표소 12:00~19:00, 연중무휴

1893년에 개장한 극장으로 지금도 사용되는 파리의 극장 중 가장 오래된 뮤직홀이다. 세계인의 가슴을 울린 샹송 가수 에디트 피아프 Edith Piaf와 프랑스인들이 존경하는 가수 자크 브렐 Jacques Brel이 그의 히트곡 '암스테르담의 문 안에서 Dans la Porte d'Amsterdam'를 처음으로 열창한 무대이기도 하다. 올랭피아 극장은 현재도 연극인, 원맨쇼 배우들의 등용문으로 그 역사를 이어가고 있다.

 오페라코미크 극장 Théâtre National de l'Opéra-Comique
떼아뜨르 나시오날 드 로페라꼬미끄 ★

주소 1 Place Boieldieu 가는 방법 메트로 8, 9호선 Richelieu-Drouot 역, 3호선 Quatre-Septembre 역 홈페이지 www.opera-comique.com * 관광객 방문 관람 불가 입장료 일반 €10(가이드 신청 필수), 공연 €6~150

1898년 12월에 완공된 건물로 오페라 가르니에의 축소판이란 평을 듣는다. 규모 면에서는 조금 작지만 조각상의 배치를 아끼지 않아 제법 화려하다. 1714년 루이 14세 때 창단된 오페라코미크 극단 전용 건물로 지어져서 이 이름이 붙었다. 당시만 해도 오페라하우스의 공연 형식을 국왕이 지정할 만큼 중요한 문화였다. 오페라만 상연하던 코메디프랑세즈 극단이 정석이고 오페라코미크는 중간에 팬터마임과 일반 대사를 넣어, 전통 형식을 탈피하려는 시도에서 생긴 단체였다. 오페라코미크 형식극 '카르멘 Carmen'과 모차르트의 '돈 조반니 Don Giovanni'가 상연되었다.

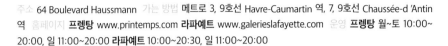

⑥ 프렝탕 백화점과 갈르리 라파예트 백화점 Printemps(Grand Magasin) et Galeries Lafayette
프렝땅(그랑 마가쟁) 에 갈르리 라파예뜨 ★★

주소 64 Boulevard Haussmann 가는 방법 메트로 3, 9호선 Havre-Caumartin 역, 7, 9호선 Chaussée-d 'Antin 역 홈페이지 **프렝탕** www.printemps.com **라파예트** www.galerieslafayette.com 운영 **프렝탕** 월~토 10:00~20:00, 일 11:00~20:00 **라파예트** 10:00~20:30, 일 11:00~20:00

● 프렝탕 백화점

백화점이지만 건축물 자체가 하나의 관광지다. 프렝탕은 우리가 아는 현대식 백화점의 형태를 갖추고 1865년에 건설된 파리 최초의 백화점이다. 개장 당시의 슬로건 '프렝탕(봄)에는 모든 것이 새롭고 신선하고 아름답다, 프렝탕으로!'에서 작명의 콘셉트가 드러난다. 19세기 중반까지 파리의 쇼핑을 주름잡던 파사주 쿠베르(P.258 참고)들이 이 백화점의 입성으로 한방에 무너지는 대변혁을 겪어야 했다. 프렝탕은 창업 첫해부터 크리스마스의 창문 장식을 가장 먼저 도입한 백화점으로도 자부심이 높다. 건물을 좌우로 확장해 2층 구름다리로 연결된다. 현재는 갈르리 라파예트와 함께 오스만 대로의 아이콘이 되었다.

● 갈르리 라파예트

1893년 라파예트 거리에서 유대인 사촌 두 명이 작은 잡화점을 시작했고, 세상에서 가장 아름답다는 말이 나올 만한 돔 천장과 고풍스러운 내부 발코니가 있는 지금의 건물은 1912년에 완공되었다. 라파예트는 대형 공간을 칸막이로 나누지 않고 스탠드만으로 브랜드를 구분한 최초의 백화점이다. 또 맞춤복이 의류 사업의 중심이던 1950년대부터 프레타포르테 prêt-à-porter(기성복 시장)를 지원해, 신진 디자이너의 발굴에 큰 기여를 했다. 피에르 가르댕, 카샤렐과 그 유명한 생로랑이 라파예트의 후원으로 성장한 대표적인 케이스. 두 백화점은 여전히 패션계에서 젊은 피를 수혈하는 선구자 역할을 하는 곳이다. 본 건물 오른쪽과 맞은편에 각각 여성 코너, 매종 코너로 구분해 운영 중이다.

⑦ 폴리베르제르 Folies-Bergère
폴리베르제르 ★

주소 32 Rue Richer 가는 방법 메트로 7호선 Cadet 역 홈페이지 www.foliesbergere.com 운영 **공연 홈페이지 확인 €15~55, 건물 방문** €15(가이드 예약 필수)

1869년에 개장했으며 전체적으로는 '벨 에포크' 형식을 취한 음악당이다. 19세기 말의 파리 부호와 예술가들이 가장 사랑한 파티 장소이기도 하다. 마네는 그의 작품 '폴리베르제르의 술집 Un bar aux Folies-Bergère'에서 이곳을 묘사했고 당대의 최고 예술가였던 미국의 가수이자 무용가 조세핀 베이커와 영국 배우 찰리 채플린이 무대에 오르기도 했다. 오늘날에도 폴리베르제르의 공연장에 오르고 싶어 하는 수많은 연극, 예술인들의 등대이기도 하다.

⑧ 그레뱅 박물관 Musée Grévin
뮈제 그레뱅 ★★

주소 10 Boulevard Montmartre 가는 방법 메트로 8, 9호선 Grands Boulevards 역 홈페이지 www.grevin-paris.com 운영 09:00~19:00, 연중무휴 입장료 일반 €23, 5~18세 €18, 가족 할인 (성인 2, 자녀 2) €70

세계 유명인의 실물 크기 모형을 밀랍으로 제작해서 전시하는 특이한 박물관. 사진이 기사에 삽입되기 전에는 일반인들이 신문을 읽으면서도 해당 인물의 얼굴을 알 수가 없어서 1881년 주간지 '골루아 Le Gauloirs'의 편집장 메이어가 신문에 거론되는 인물들의 얼굴을 알릴 방법을 찾다가 착안했다. 신문사 작가이자, 무대의상 디자이너였던 그레뱅 Alfred Grevin이 밀랍인형을 제작해 당시 독자들의 열렬한 반응을 얻었다. 개장 이후 2,000여 점의 인형이 박물관을 거쳤고, 인사들의 지명도에 따라 연속 전시, 또는 퇴장하기도 한다. 최근작으로는 마크롱 프랑스 대통령, 찰스 영국왕 그리고 축구 신성 음바페 등이 있다. 이 외에 체험 현장이 많으니 사이트를 꼭 확인하자. 박물관 옆문은 파사주 주프루아와 연결된다.

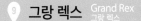

⑨ 그랑 렉스 Grand Rex
그랑 렉스 ★

주소 1 Boulevard Poissonnière 가는 방법 메트로 8, 9호선 Bonne-Nouvelle 역 홈페이지 www.legrandrex.com
입장료 영화, 공연 선택에 따라 변동, 일반 €17, 5~18세 €13.50(가이드 동반 방문)

1932년에 개장한 그랑 렉스 극장은 당시의 트렌드였던 아르데코 양식으로 설계되었다. 19~20세기 초에 황금기를 맞았던 근처의 극장처럼 여전히 연극과 뮤지컬 등이 상연되지만 멀티 상영관의 위협 속에서도 고전 극장의 위엄을 꿋꿋이 지키고 있는 건축 유적이다. 가이드와 함께 극장의 음향, 3D, 조명실 등의 비하인드 무대를 관람할 수 있다. 12월에는 그랑 살(발코니가 있는 그랑 렉스 최대 규모 관람관)에서 그해의 가장 큰 블록버스터 영화를 상영하는데 바로 직전에 무려 15분 동안 물방울 쇼 La Féerie des Eaux가 펼쳐진다. 무대와 객석 사이에 설치된 1,200여 개의 분수 구멍에서 터져 오르는 물방울 쇼는 너무나 환상적이어서, 일정이 맞는다면 아이들과 꼭 방문하기를 추천한다.

Do you know? 파리의 개혁자, 오스만 남작

프렝탕 백화점과 라파예트 백화점 앞을 지나는 대로의 이름은 오스만 대로다. 오스만 남작 Baron Haussmann은 나폴레옹 3세(프랑스 제3공화국) 섭정기에 수도권 도지사라는 중책을 맡아 파리를 우리가 아는 현재 모습으로 개혁한 혁신적인 인물이다. 19세기 파리는 세계의 자본가를 흡수하는 중이었지만 도시 시설은 중세의 모습 그대로여서 '산업시대 수도'의 모델로는 역부족이었다. 길이 좁고 채광이 되지 않으니 비위생적인 것은 물론, 범법자들에게 최적의 환경이자 공권력 개입은 최악의 환경이었던 것. 황제의 암살 미수가 그 대표적인 예였다(P.252). 오스만은 구체적으로 나시옹 광장에서 에투알(개선문) 광장 사이의 거미줄 같은 골목을 철거하고 필립 오귀스트 성벽(P.197 참고)을 따라 대로와 직선로를 설계, 이 과정에서 당시 변두리에 불과했던 몽마르트르, 파시, 그르넬, 베르시를 수도로 편입해 현재의 20구역을 구축했다. 흰 돌과 푸른 아연 기와의 조합으로 파리 식의 독특한 석조 건물 체계를 완성한 것도 이때의 개혁 덕분이다. 이 엄격한 적용으로 당시 파리 건물의 60%가 개조되었다. 각 구역마다 1개 이상의 공원을 설계했으며 생토귀스탱 성당, 트리니테 성당, 샤틀레의 두 극장, 리옹 역의 건립을 주도했다. 18년 동안 €250억(현재 환산액)를 들인 이 거대하고 대담한 도시 개혁은 디종, 릴, 툴루즈, 아비뇽, 몽플리에, 보르도, 리옹과 마르세유 등 프랑스의 주요 도시 정책에 직접적인 영향을 주었다. 이는 오스만과 프랑스 공화국 최대의 업적으로 평가되고 있다.

/ FOCUS /

쇼핑 골목, 파사주 쿠베르
PASSAGES COUVERTS

프랑스의 첫 백화점 프렝탕이 개장하기 전까지는 파사주 쿠베르 Passages Couverts가 당시 부르주아 사회를 대표하는 장소였다. 날씨에 구애받지 않고 쇼핑할 수 있도록 유리 천장을 달았고 당시 부호들이 거주했던 센 강변 오른쪽 Rive Droite에 몰려 있었다. 1850년대까지 파리 내에만 150여 군데의 파사주가 존재했다고 한다. 인터넷과 쇼핑몰이라는 새로운 쇼핑 형태의 등장에도 살아남은 몇 개의 파사주는 여전히 원래의 기능을 수행하고 있지만 쇼핑 자체보다는 관광, 방문, 산책으로 더 인기 있다. 안으로 들어서는 순간 19세기의 낭만시대를 여행하는 기분이 들 것이다.

* 저자 오디오 가이드
[오디오북] 19세기 파리 골목 탐방! 파리 파사주와 갤러리 이야기 (tourlive.co.kr)

갈르리 비비엔 Galerie Vivienne
6 Rue Vivienne 75002 | galerie-vivienne.com

가장 화려하고 아름답기로 이름난 파사주. 1826년 개장 당시부터 에르메스의 지팡이와 닻, 뿔 등의 장식을 진열장마다 내세워 세계의 부호들에게 어필했다. 당시 최고의 검거율을 자랑하며 프랑스 경찰의 효시가 된 비독 Vidocq(드파르디외 주연의 동명 영화 참고)의 사무실이 2층에 있었다. 1986년에는 장 폴 고티에, 유키 토리, 나탈리 가르송의 매장이 입점해 갈르리의 명성을 부활시켰다.

갈르리 콜베르 Galerie Colbert
2 Rue Vivienne 75002

갈르리 비비엔을 견제하기 위해 같은 해에 지었지만 그와 같은 호응은 얻지 못했다. 화려함보다는 지적인 분위기가 더 짙은데, 1985년 보수 공사 이후로 프랑스 국립 도서관이 사유화했다. 입장은 자유로우나, 쇼핑 매장보다는 국립 예술 연구소와 그 부속기관의 사무실로 사용되고 있다.

파사주 데 파노라마 Passage des Panoramas

Rue Saint-Marc 75002

건설 당시의 취향을 담고 있는 오리엔탈 아이템의 매장을 아직도 볼 수 있는 곳. 1800년에 완공해서 1834년에 확장되었다. 아직도 유명가도를 달리는 주변 극장의 영향으로 20세기 중반까지 카페와 식당에 몽마르트르 대로의 연극배우들이 가득했다고 한다. 19세기에 남녀가 은밀한 데이트를 했을 법한 '레스토랑 바공 Restaurant Wagon'의 내부는 마치 영화 세트장을 연상시킨다. 이 골목 끝에 있는 '스턴Stern'이라는 인쇄소는 역사유적으로 등록될 만큼 유서 깊은 곳으로 20세기 초에 엘리제 궁전의 메뉴를 인쇄하는 영광을 누리기도 했다.

파사주 주프루아 Passage Jouffroy

Passage Jouffroy 75009

1846년, 천장을 비롯해 공간을 이루는 구조물 전체를 철근으로 만들어서 19세기 산업 발전의 전시장이 된 곳이다. 파사주 데 파노라마의 성공을 연결하기 위해 건너편에 세웠고 주프로이 백작이 자금과 경영을 맡았다. 바닥 난방을 최초로 시작해 여성들의 인기를 독차지하기도 했다. 소품, 미술 매장 등이 아직 입점해 있지만 지금은 그레뱅 박물관의 두 번째 입구로 더 유명하다. 제과와 차 매장으로 사랑받는 '르 발랑탱 Le Valentin'을 눈여겨보자. 포숑이나 라뒤레에 가려져 잘 알려지지 않았지만 장인의 손을 거친 고급 과자들이 가득하다.

파사주 베르도 Passage Verdeau

6 Rue de la Grange Batelière 75009
passagecouvert.free.fr

파사주 주프로이의 골목을 빠져나오면 곧바로 연결되는 파사주다. 주프로이 프로젝트 때 출범한 경영단 중 한 명이었던 베르도의 이름을 물려받았다. 지금은 절판된 고서들의 앤티크 매장이 빼곡하다. 꼭 읽지 않더라도 프랑스 인쇄술에 감동을 느끼고 싶다면 이곳을 눈여겨볼 것. 잘 고르면 앤티크한 책 한 권을 €2에 얻을 수도 있다.

월리스 와인 바 Willi's Wine Bar

주소 13 Rue des Petits Champs 75001   홈페이지
www.williswinebar.com   영업시간 와인 바 12:00~
24:00, 식사 12:00~14:30, 19:00~22:00

작은 길에 화려하지 않은 간판이 미덕인 이 바는
1980년 파리에 '와인 바'라는 것이 없을 때 생긴 최
초의 장소. 론 Rhône 지방의 와인을 특히 사랑하는
영국인 마크 윌리엄스가 론칭했다. 와인에 대한 그
의 애정만큼, 대중에게 잘 알려지지 않은 흥미로운
와인을 찾아 제공하는 것으로 아마추어 사이에서는
'잇 플레이스'. 20세기 후반부터 이곳을 거쳐간 예
술가들이 사인한 와인병과
방명록을 찾아보는 즐거움
이 있다. 와인에 맞춰 식사
퀄리티도 높은 편. 비스트
로지만 독창적이고 정성스
러운 요리가 많다.

패션 빈티지 Fashion Vintage

주소 15 Rue des Petits Champs 75001   영업시간 월~
토 11:00~18:00

빈티지 중고 숍이지만 핫한 브랜드는 모두 갖춘 곳
이다. 공간이 아담해서 많은 손님이 동시 입장할 수
없다는 단점이 있으나, 이 구역의 숨은 보물찾기를
한다는 심정으로 들르면 재미있을 듯.

르 스튀브 Le Stube

주소 31 Rue de Richelieu 75001   영업시간 월~토
11:30~20:00

쇼케이스 건너편에서 가장 바쁘게 움직이는 사람
이 이곳의 셰프. 모든 비스트로 음식을 직접 만들
어 내므로 종류가 화려하지는 않지만, 소박한 이곳
의 많은 단골을 보면 다 그만
한 이유가 있다. 특히 키슈 로
렌과 샐러드는 든든하고 맛있
는 한 끼로 인기가 많다.

알랭 뒤카스 Alain Ducasse 🍴

주소 11 Rue des Petits Champs 75001　영업시간 10:00~20:00, 연중무휴

미사여구가 사족이 될 셰프 알랭 뒤카스의 쇼콜라 전문점이다. 세계 최고의 초콜릿 원두만을 엄선해 가나슈를 넣은 봉봉 쇼콜라를 고르는 재미가 한가 득. 2층에는 티 숍과 카페가 마련되어 있어 초콜릿, 간식을 함께 즐길 수도 있다.

르 스튜디오 레오 에 비올레트 🛍️
Le Studio Léo et Violette

주소 12 Rue Sainte-Anne 75001　홈페이지 www. leoetviolette.com 영업시간 월 13:00~19:00, 화~금 11:00~19:00, 토 12:00~19:00

프랑스에서 국내 제조업에 대한 필요성을 깨닫고 각 분야를 격려한 지 약 15년. 파리지앵에게 사랑받 고 있는 프랑스 브랜드의 론칭이 시작되던 시기였 다. 레오 에 비올레트도 그중 하나. 이런 브랜드의 특징은 종류나 품목 수보다 시그니처 디자인을 최 고 퀄리티로 끌어올리는 데 있다. 론칭 10년이 지나 면서 고급 이탈리아 가죽, 부자재, 마감에 더 신경을 써 명품 못지않은 훌륭한 상 품으로 인정받는 중.

르 그랑 베푸르 Le Grand Véfour 🍽️

주소 17 Rue de Beaujolais 75001   홈페이지 www.grand-vefour.com   영업시간 월~금 12:15~13:45, 19:00~21:30, 예약 필수

베푸르는 200년이 넘은 파리 레스토랑의 아이콘. 파리에서 가장 오래되었을 뿐 아니라, 창업 이래 주소와 간판이 한 번도 바뀌지 않아 국가 보물로 지정될 정도니, 역사만 보면 단연 손꼽히는 곳이다. 그러다 보니 인테리어가 현대 감각에 뒤처진다는 평가를 받기도 한다. 한때는 미슐랭 별을 자랑했으나 트렌드보다 정체성이 중요한 곳이다 보니, 현재는 전통 속에서 창조를 찾는 데 초점을 맞추고 있다. 미슐랭 별 세 개를 보유한 셰프 기 마르탕이 소박한 재료로 최고의 조합을 만드는 지휘자로 있다. 점심 3코스 €49부터.

©Grand Véfour

비스트로 리슐리외 🍽️
Bistrot Richelieu

주소 45 Rue de Richelieu 75001   영업시간 월~토 08:00~23:00, 일 09:00~18:00

이 작은 비스트로에 늘 손님이 넘치는 이유가 있다. 가볍고 간단히 먹을 수 있는 비스트로인 동시에, 프랑스에 가면 꼭 맛보고 싶은 달팽이 요리 같은 전통식도 제공하기 때문. 굵은 패티를 넣은 햄버거 퀄리티의 만족도가 상당하다.

©Tripadvisor

애사방 Aesavant 🛍️

주소 1 Rue Thérèse 75001   홈페이지 aesavant.com/fr/magasins   영업시간 화~토 11:00~19:00, 일·월 14:00~19:00

유럽과 아시아 크리에이터의 제품을 엄선해 소개하는 편집숍. 인스타 인플루언서와 K팝 스타가 착용하는 디자이너 액세서리를 찾는 젊은 층 고객이 많다. 모두 한 번쯤 눈여겨볼, 독창적인 착장이 가능한 감각적인 매장이다.

리송 Lison

주소 19 Rue Molière 75001 홈페이지 www.lisonpar
is.com/fr/magasins 영업시간 월~금 10:00~19:00
휴무 토, 일

모든 이야기는 알렉스와 올리비아 자매가 본인의
아이들을 위한 '정말 귀엽고 고급스러운' 수영복을
찾지 못한 것에서 시작한다. 광고와 사진 저널리즘,
그리고 뉴욕 블루밍데일에서 각각 경력을 쌓던 두
자매의 이력이 힘이 되었다. 소재는 혁신적인 유럽
산 직물로 친환경에 맞추었다. 인도의 전통 프린트,
디자이너의 재해석 그래픽에 영감을 받았으며, 착
용감은 편안하지만 우아하고, 마감은 정교하다. 수
영복계에 새 개념을 도입해 2015년에 브랜드를 론
칭했다. 비욘세 딸의 수영복에서 까탈스러운 파리
백화점의 반응을 얻으면서 '인싸 엄마들'만 아는 고

급 수영복 브랜드
로 성장해 2021년
에 파리 첫 플래그
숍을 열었다. 남아,
여아, 청소년, 여성
수영복으로 개발
분야를 넓히는 중
이다.

©www.lisonparis.com/fr/magasins

폰폰 카페 Ponpon Café

주소 3 Rue Molière 75001 홈페이지 ponpon.cafe 영
업시간 10:00~19:00, 연중무휴

언뜻 보기에는 도넛이 주종목인가 싶지만 요즘 반
응이 심상치 않은 카페이자 아웃워크, 쇼핑을 한 번
에 묶은 멀티 카페다. 라파예트 백화점 팝업 스토어
를 시작으로 신선한 콘셉트로 젊은 층을 집결시키
고 있다.

©ponpon.cafe

폴렌 Polene

주소 69 Rue Richelieu 75002 홈페이지 www.polene
-paris.com 영업시간 화~토 11:00~19:30 휴무 일, 월

폴렌이 대중화된 것은 2년 안팎이지만 10년의 노하
우를 쌓아온 피혁 브랜드다. 명품 메종을 제외하면,
동급의 가방 브랜드로는 가장 높은 판매율을 기록
하는 곳. 명품을 포함, 수십 개의 중가 브랜드를 분
석한 프랑스의 한 피혁 감정가는 폴렌의 퀄리티를
Ch. G.에 준한다고 평했을 정도. 단아한 디자인과
기본을 살린 컬러,
명품에 준하는 마
감 등이 소비자들
의 반응을 얻어 빠
르게 성장 중이다.
©Franklin Lau

세잔 Sezane

주소 1 Rue Saint-Fiacre 75002 홈페이지 www.
sezane.com/fr 영업시간 화~토 11:00~19:00

세잔의 디자인, 색감을 관찰하면 무채색이 파리지
앵을 정의한다는 선입견이 흔들릴 지경이다. 패스
트 패션이 난무하는 시기에 고급 직물과 가격 합리
성을 갖춘 세잔은 등장부터 대환영을 받았다. 반응
이 좋은 디자인은 리에디션하는 반면, 원단에 변화
를 줘 팬을 만든 것도 영리하다. 첫 플래그 숍 론칭
10년 만에 전 세계에 16곳의 부티크를 두고 있다.

ane / CAPITAL ©Capital

아스테르 Astair

주소 19 PASS des Panoramas, 75002 홈페이지 www.
astair.paris 영업시간 월~토 12:00~14:00 휴무 일

Plus Sur Auberge Du Vieux Puits 레스토랑에서
미슐랭 3스타의 영예를 안은 셰프 질 구종 Gilles
Goujon이 파리에서 가장 오래된 상점가 파사주 데
파노라마 Passage des Panoramas에 새 레스토랑을
열었다.

부르고뉴의 달팽이 요리, 소뼈 요리, 개구리 뒷다리
요리 등 프랑스의 전통 조리법을 따른 대표적인 요
리들이 현대적인 담음새로 나와 즐거움을 선사한
다. 셰프의 명성에 걸맞은 품격 있는 식사를 기대해
도 좋다.

뮈 Mieux 🍽️

주소 21 Rue Saint Lazare, 75009 운영 월~토 12:00~
14:30, 19:30~22:00 휴무 일

메뉴는 단출하지만 신선한 식재료를 사용하며, 요
리 하나하나에서 패스트푸드답지 않은 정성이 느껴
진다. 생대구와 궁합이 잘 맞는 샐러드, 바삭한 껍
질과 부드러운 육질이 일품인 삼겹살 요리도 인기
메뉴. 요금은
€15부터.

이사나 Isana 🍽️

주소 7 Rue Bourdaloue 75009 홈페이지 isanaparis.
com 영업시간 월~금 12:00~14:30 휴무 토, 일

파리에서 고급 레스토랑 매니지먼트로 10년간, 바
르셀로나에서 식재료 MD를 거쳐 에콜 페랑디에서
정식으로 수료한 셰프 샤시놀이 오픈한 레스토랑.
이사나는 콜롬비아와 브라질을 가르며 흐르는 큰
하천의 이름으로, 상호만으로 라틴계 레스토랑임을
암시한다. 페랑디 졸업 후, 라틴 아메리카를 여행하
며 얻은 셰프의 영감을 접시에 옮겨 담은 것. 먹거리
와 식재료의 천국인 페루, 선인장과 옥수수의 나라
멕시코 그리고 빼놓을 수 없는 아르헨티나의 대표
식을 프랑스의 예술성과 감성으로 재현하는 데 성
공한 이사나에서 이국적인 정취
를 경험해 보자. 약 €20 안팎.

©Melchior

파트릭 로제 Patrick Roger

주소 3 Place de la Madeleine 75008 홈페이지 www.
patrickroger.com/fr/boutiques.php 영업시간 10:30~
19:30, 연중무휴

쇼콜라티에 로제의 야심 찬 초콜릿 매장. 여섯 군데
의 파리 직영점 중에서도 마들렌 점은 초록색과 파
이프를 이용한 기이한 인테리어로 인상적인 곳이
다. 최고급 손님을 겨냥한 만
큼 가격대도 높은 편. 낱개
€1.50~2.50, 200여 개로 꾸
민 선물용 대형 상자 세트는
€300.

마리아주 프레르 MARIAGE FRÈRES

주소 17 Place de la Madeleine 75008 홈페이지
www.mariagefreres.com 영업시간 월~토 10:30~
19:30

두말이 필요 없는 홍차 매장. 홍차계의 명품이라 불
리는 고급 차를 취급하면서 섬세한 유리 티포트 등
홍차와 어울리는 다기를 함께 판매한다. 틴과 홍차
100g 세트는 평균 €15, 제대로 된 시음을 위해 한꺼
번에 다량 구입하기보다 조금
씩 구매하기를 권한다.

만두바 Mandoobar

주소 7 Rue d'Edimbourg 75008 홈페이지 www.man
doobar.fr 영업시간 화~토 12:00~15:00, 19:30~23:00

만두를 간식으로 여기는 우리에게는 의아하리만치
인기가 높은 한국 만두 비스트로. 채소, 고기, 김치,
불고기 이상의 네 가지 만두와 육
회 두 가지가 메뉴의 전부지만
예약 없이는 자리 잡기가 어려우
니 방문 전 빈 좌석을 확인할 것.

마미 버거 Mamie Burger

주소 21 Rue Fbg Montmartre 75009 홈페이지 www.
mamieburger.com 영업시간 월~토 08:00~14:00
휴무 일

패스트푸드를 경멸하던 미식의 나라에도 수제 햄버
거가 정착하고 말았다. 마미 버거의 패티는 일주일
에 3번 들여오는 프랑스의 최고급 쇠고기를 직접 갈
아 만든 것. 이곳
의 모든 버거가 수
제 버거의 정석이
란 이런 것이라고
증명하는 듯하다.

동네 치킨 Dongne Chicken

주소 15 Rue Violet 75015 영업시간 12:00~16:00,
18:00~22:00, 연중무휴

프랑스에 와서 굳이 한국식 치킨을 먹어야 하나 싶
지만 요즘처럼 '한 달 살기' 등의 테마형
여행을 하는 사람들은 고향 음식이 그
리울 수 있다. 내부 역시 이곳
이 파리인지 한국인지 의심이
들 정도로 아날로그적 감성으
로 도배된 곳. 좋은 외국 친구
들에게 한국 문화를 소개하기
에도 그만.

뒤랑스 DURANCE

주소 24 Rue Vignon 75009 홈페이지 www.durance.
fr 영업시간 10:00~12:30, 14:00~18:00, 연중무휴

프랑스 남쪽의 뒤랑스 강에서 이름을 딴 이 매장
은 천연 원료로 만든 화장품, 향수, 향초 등을 판매
한다. 전반적으로 품질이 좋은 편이며 여러 제품 향
초를 추천한다. 나무
심지를 이용해 그을
음이 없어 좋다. 향
이 은은한 컵 향초가
€32.5로 절친한 친구
에게 선물하기 좋다.

에디아르 HEDIARD

주소 21 Place de la Madeleine 75008 홈페이지
www.hediard.fr 영업시간 월~토 09:00~20:00 휴
무 일

부르주아들의 쇼핑 동선에 꼭 들어가는 고급 식품
점이다. 디저트로 먹을 수 있는 초콜릿과 캐비아, 송
로버섯 등 시중에서 구하기 어려운 고급 식자재와
향신료를 전문적으로 판매한다.

르 루아 뒤 포토푀 🍽
Le Roi du Pot-au-Feu

주소 34 Rue Vignon 75009 영업시간 월~토 12:00~
22:30 휴무 일

예쁜 장식이나 섬세한 디테일 따위는 없다. 프랑스
전통 요리 '포토푀' 간판에서 오로지 맛에만 진심인
옛날형 비스트로가 상상된다. 소고기와 관절뼈, 각
종 채소와 부케 가르니(향초 다발)를 넣어 오래 고
아 먹는 포토푀는 따뜻한 국물 음식을 좋아하는 한
국인의 입맛에도 잘 맞는다. 겨자 소스를 듬뿍 찍어
함께 먹을 것.

참고로 포토푀는 '불 위에 가
마솥을 올린다'는 뜻으로 주
방이 없어 난방용으로 쓰던
벽난로에서 모든 음식 조
리를 해결하던 서민들의
생활에서 나온 요리다.

파스카드 Pascade 🍽

주소 14 Rue Daunou 75002 영업시간 월~토 10:00~
12:30, 14:00~18:00 휴무 일

프랑스 셰프가 동양의 한 그릇 요리에서 영감을 받
아 문을 연 동서양 퓨전 레스토랑이다. 파스카드란
아주 큰 프랑스식 크레이프를 말하는데, 셰프는 이
파스카드를 동양의 사발 모양으로 만들어 그 안에
요리를 담아낸다. 미슐랭과 고미요 등의 미식 가이
드로부터 호평을 받으면서 요리 범주도 확대되었
다. 일본식 요리를 비롯해 최근에는 비빔밥, 베트남
쌀국수 등을 재해석한 메뉴를 선보이고 있다. 바쁜
여행 일정에도 한식이 그리워질 때나, 간편하게 한
그릇 식사를 하고 싶을 때 들르기 제격이다.

©Franck Hamel

©Franck Hamel

©Franck Hamel

티에리 막스 라 불랑주리
Thierry Marx la boulangerie

주소 51 rue de Laborde 75008 홈페이지 www.thierrymarxlaboulangerie.com 영업시간 월~토 07:30~20:00

생토노레의 2스타 레스토랑 Mandarin Oriental 셰프인 티에리 막스가 론칭한 빵집. 우리 식으로 제빵점이란 뜻이지만 셰프에게는 단순한 빵집 이상의 철학이 담긴 곳이다. '빵은 프랑스인의 주식이지만, 이것만으로 충분치 않다. 빵에는 식(食)의 기본인 4가지, 씨앗을 품는 땅, 밀이 섭취하는 물, 반죽을 숙성시키는 바람(공기) 그리고 이 모든 것을 완성하는 불에 먹거리의 가치가 농축되어 있다.' 큰 셰프다운 큰 생각을 녹여낸 전통 빵과 그 빵으로 재해석해 낸 마키 샌드위치는 Must to Eat 리스트에 넣을 만하다.

©Mathilde de l'Ecotais

파 디자인 Pa design

주소 2 Rue Fléchier 75009 홈페이지 www.pa-design.com 영업시간 화~토 11:00~14:00, 15:00~19:00 휴무 일, 월

몽마르트르 구역의 마르티르 거리와 연결되는 거리에 위치한 이 숍은 생활소품과 아이디어 제품으로 가득하다. 개업한 지 7년을 맞은 장소로, 매장 자체에서 아이디어를 낸 제품을 생산하고 신진 디자이너의 작품을 함께 전시·판매한다. 조립하면 새 모양이 되는 냄비받침, 책상 앞에 올려만 둬도 센스가 돋보이는 몬드리안 메모용지 등은 특별한 선물로도 좋다.

라 파브리크 LA FABRIQUE 🍽️

주소 32 Rue Notre Dame des Victoires 75002 홈페이지 leclairdegenie.com 영업시간 08:00~14:00, 연중무휴

포숑 출신 스타 셰프 크리스토프 아담이 2013년에 론칭한 브랜드 레클레르 드 제니의 본점. 이곳에서 매일 2,500여 개의 에클레르가 생산된다. 프랑스인이 가장 좋아하는 디저트 에클레르를 셰프의 감각을 넣어 8~10개를 만드는데 뵈르 살레가 가장 인기다. 여러 가지 맛을 조금씩 맛볼 수 있는 전략으로 에클레르의 평균 크기가 일반 제과점보다 작다. 시즌별 과일과 식자재를 이용하는 제품인 만큼 계절 한정도 있다. 개당 €4.50~5.50 정도.

누 Nous 🍽️

주소 41 rue des Jeûneurs 75002(Nous Chateaudun 주소 8 rue de Chateaudun 75009) 홈페이지 www.nousrestaurant.fr 영업시간 월~금 12:00~15:00, 18:30~23:30, 토·일 12:00~22:30

누 Nous는 건강식 패스트푸드 레스토랑이다. 좋은 품질과 입소문 덕에 파리 패스트푸드 시장의 작은 반란을 일으킨 누가 최근 4호점을 오픈했다. 참고로 누 1호점은 파리 10구역에 자리한다.

누의 음식에는 남다른 철학과 원칙이 있어 믿음이 간다. 식재료의 95%를 프랑스산 친환경 제품으로 구성하고, 마요네즈를 비롯한 모든 소스와 부재료를 매장에서 직접 만들어 사용해 제품의 신선도를 보장하는 것이다.

처음에는 샌드위치만으로 시작했으나 이후에 선보인 한 그릇 메뉴도 큰 인기를 얻었다. 바쁜 여행 중 맛있고 건강한 한 끼를 찾는다면 후회 없을 곳이다. 아시아 고유의 한 그릇 음식이 프랑스식으로 재해석되는 것을 보는 것도 상당한 재미를 준다.

르물라드 Remoulade 🍽

주소 13 Rue d'Amsterdam, 생라자르 역 갤러리 길거리 층 홈페이지 remoulade.fr 영업 연중무휴 07:00~20:30

미슐랭 3스타에 빛나는 셰프 에릭 프레숑 Eric Frechon이 그의 명성을 걸고 패스트푸드점 르물라드를 론칭했다. 파리지앵들이 가장 좋아하는 샌드위치 종류인 잠봉 뵈르 Jambon au Beurre는 본래 버터 바른 바게트에 가공한 슬라이스 햄을 넣는 게 전부이지만, 이곳에서는 버터와 섞은 감자 퓌레와 생햄, 무화과즙을 넣어 더욱 풍부한 맛을 내는 게 특징이다. 참고로 에릭 프레숑 셰프가 운영하는 고급 브라스리 라자르가 바로 맞은편에 있다.

포 Pho 🍽

주소 52 Rue Sainte-Anne 75002 영업시간 화~일 12:00~14:30, 19:30~23:00 휴무 월

베트남 전통 요리 레스토랑. 장소가 협소한 데 비해 늘 만석일 만큼 요리맛과 서비스 만족도가 높은 곳. 느끼한 유럽 식사에 질렸다면 담백한 베트남 요리를 시도해도 좋겠다. 인기 요리는 보분 Bobun(쇠고기와 채소를 얹은 국수)과 포 Phở(쌀국수)이며 가격대는 €8~20.

바그나르 Bagnard 🍽

주소 7 Rue Saint Augustin 75002 영업시간 월~토 11:00~16:00 휴무 일

예능 방송 '쿡가대표'에 프랑스 대표로 초대되었던 셰프 요니 사다 Yoni Saada의 버거 전문점. 번 브레드 대신 바게트에 수제 패티와 속재료를 올려낸, 지극히 프렌치 스타일로 설계된 버거다. 양이 적은 사람들을 위한 1/2 버거와 버거 풀세트, 디저트 등이 다양하게 구비되어 있다. 모든 메뉴는 테이크아웃할 수 있다.

RÉPUBLIQUE
CANAL SAINT-MARTIN

레퓌블리크 광장·생마르탱 운하 구역

보수적인 파리에서 생명력이 역동하는 마지막 구역. 19세기로 접어들며 파리의 레퓌블리크 광장 구역에 산업공단이 대거 들어섰고 1950년대가 되어서야 공장들이 철거되었다. 이후 새롭게 들어선 건물과 리모델링된 로프트로 인해 파리에서 가장 젊고, 활기 넘치는 구역으로 거듭났으니 그 변화가 무척 흥미롭다. 생마르텡 운하 주변을 따라 마로니에 나무가 늘어 서고, 그 주변으로는 카페들이 소란스럽다. 젊은 파리지앵들은 맥주병을 들고 운하 주변에 걸터앉아 이 모든 활기를 무심한 듯 즐겁게 바라보고 있다. 낭만이란 단어가 저절로 떠오르는 광경이 아닐까.

레퓌블리크 광장·생마르탱 운하 구역
République · Canal Saint-Martin

★ ★ ★

거주하고 있는 파리지앵들이 모이는 18:00 이후나 주말에 산책해야 이 구역의 매력이 제대로 보인다.

- 출발장소   파리 북 역 Gare du Nord
- 메트로   2, 4, 5호선 Gare du Nord 역, RER B, D선 Gare du Nord 역
- 소요시간   하루
- 놓치지 말 것   동선 간의 거리가 있으므로 이동 중의 파리 풍경을 즐길 것
- 장점   일요일에도 상당수 문 연 카페와 트렌디한 매장들
- 단점   역 근처의 혼잡한 교통과 소음

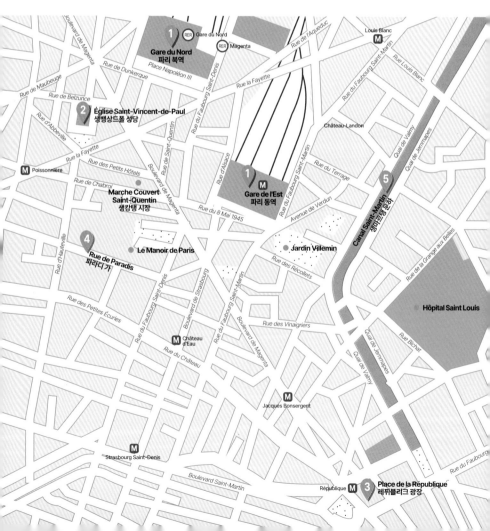

① 파리 북역과 동역   Gare du Nord&Gare de l'Est
가르 뒤 노르&가르 드 레스트   ★

주소 Place Napoléon III 가는 방법 **북역** 메트로 4, 5호선 Gard du Nord 역, 2호선 La Chapelle 역에서 지하 갤러리로 이동. RER B, D, E선 Gare du Nord 역 **동역** 메트로 5번, 7번 Gare de l'Est 역

북역은 프랑스 역 중 가장 큰 규모의 국제역이다. 영국, 벨기에, 네덜란드, 독일 출·도착 열차는 모두 이곳을 이용한다. 샤를 드골 국제공항을 왕래하는 RER B선도 북역을 경유한다. 시간 여유가 있다면 역사 밖에서 건축을 감상해 보는 것도 좋겠다. 파사드 상부를 장식하는 석조상이 경유 또는 도착 도시를 상징하는 성자들이다. 정면에서 로마 양식이 보이고, 중앙을 중심으로 대형 유리창과 철근을 이용한 석조 건축은 나폴레옹 3세 섭정기의 양식이다. 참고로 가까운 곳에 있는 동역 Gare de l'Est은 프랑스 샹파뉴 지방과 로렌 지방으로 출·도착하는 기차역. 1894년, 파리 북역의 체증을 덜기 위해 건립되

었다. 프랑스 영화 '아멜리에'의 기차역 장면이 동역 주변과 역 내에서 촬영되었다.

② 생뱅상드폴 성당   Église Saint-Vincent-de-Paul
에글리즈 생뱅상드폴   ★

주소 5 Rue de Belzunce 가는 방법 메트로 4, 5호선 Gare du Nord 역, RER B, D, E선 Gare du Nord 역 홈페이지 www.paroissesvp.fr 운영 화~토 08:00~12:00, 14:30~19:15, 일 09:30~12:00, 16:30~19:45

개선문과 콩코르드 광장을 설계한 이토르프 Jacques Hitorff가 1844년에 완공시킨 성당으로 이 구역에서 가장 중요한 문화재다. 주랑과 합각에서는 고대 그리스, 로마의 신전 양식이, 양옆의 탑에서는 이탈리아 르네상스 양식이 눈에 띄지만, 세계 유적지 중에 이와 비슷한 건축물이 없는 것으로 유명하다. 신전을 닮은 외관에 비해 상당히 날렵한 기교가 돋보이는 성당이다. 고대 건축에 관심이 많았던 건축가의 취향상, 로마의 스페인 광장 Piazza di Spagna에 이 성당이 들어서는 구상을 하며 설계했다고 추측할 뿐이다. 북역이나 동역의 열차 시간이 어중간할 때 둘러보면 마음이 고요해질 것이다.

③ **레퓌블리크 광장** Place de la République
쁠라스 드 라 레퓌블리끄 ★

주소 Place de la République 가는 방법 메트로 10호선 République 역

오스만 남작의 도시 계획에 포함된 광장으로, 1850년대에 마젠다 대로, 레퓌블리크 대로 등이 생기면서 탄생했다. 광장 중앙의 마리안 상은 1883년 완성된 것으로, 프랑스의 3대 이념인 자유, 평등, 박애를 상하단부 부조 3점에 분할 강조했다. 2015년 1월의 테러 사건을 추모하기 위해 파리를 찾은 마돈나 Madonna가 시민들 사이에서 깜짝 공연을 해 주목을 받은 곳이기도 하다. 시간이 난다면 Rue Beranger, rue Charles Francois Dupuis 등도 거닐어보자. 눈이 즐거운 예쁜 매장들과 맛집 등 숨은 원석을 찾아내는 즐거움이 있다.

PLUS STORY **드레퓌스 사건**

알프레드 드레퓌스 Alfred Dreyfus는 프랑스의 군인이자 뮐즈에서 출생한 유대인으로, 1894년 알자스 육군 참모본부에서 일하던 중 독일에 군사 기밀을 팔았다는 혐의로 체포된다. 그는 모함임을 호소했으나 반유대적인 당시 사회 분위기로 유죄를 선고받고 기아나 바다의 '악마의 섬'에 수감된다. 이 사건을 접한 프랑스 사회는 인도, 자유, 공화주의를 주장하는 지식, 예술가층의 드레퓌스파와 제국, 백인 우월주의를 내세우는 반유대파로 양분되기에 이른다. 이 사이 에스테라지 중령이 진범으로 밝혀지지만, 군 수뇌부는 권위를 위해 드레퓌스의 유죄 판결을 고수한다. 재심 재판은 1898년, 문학의 대가 에밀 졸라가 대통령에게 보내는 탄핵문 '나는 고발한다 J'accuse!'를 오로르 신문에 발표하고 아나톨 프랑스, 프루스트, 모네 등의 지식인들이 청원문에 서명하고서야 열렸다. 이때도 다시 유죄 판결을 받았지만, 대통령 특사로 석방되고 7년 뒤인 1906년에야 지위가 복권되었다. 드레퓌스는 1차 대전에 참전, 중령으로 퇴임했다. 제 3공화국 최대의 위기로 기록된 이 사건은 나치의 유대인 학살이 자행된 2차 대전 훨씬 전부터 유럽 내에 팽배했던 반유대주의를 대변한다. 드레퓌스 대위의 청동상은 유대 역사 박물관 뜰에서 볼 수 있다.

유대 역사박물관
Musée d'art et d'histoire du Judaïsme
주소 71 Rue du Temple 75003 홈페이지 www.mahj.org 운영 월~금, 공휴일 11:00~18:00, 일 10:00~18:00 입장료 일반 €8~10

4 파라디 가 Rue de Paradis
뤼 파라디 ★

가는 방법 메트로 7호선 Poissonniére 역, Cadet 역, 4호선 Château d'Eau 역, 4, 5, 7호선, RER D, E선 Gare de l'Est 역

파라디 가는10여 년 전까지만 해도 꽤 낙후된 구역
이었지만, 최근 트렌디한 맛집과 매장들이 집중적
으로 들어서기 시작해 500m가 넘는 거리가 활기
를 되찾고 있는 중이다.

길 곳곳에는 타일이나 모자이크로 마감된 파사드가
눈에 띄는데, 도자기용 점토의 근원지가 로렌 지방이
었기 때문이다. 로렌 지방으로 발착하는 동역과 북역
이 파라디 가에 근접한 것을 감안하면 그 특성이 쉽
게 읽힌다. 6번, 18번, 30번, 44번 건물들은 아직까지
그 역사를 확인할 수 있는 외관을 보존하고 있다.

5 생마르탱 운하 Canal Saint-Martin
까날 생마르땡 ★★★

주소 Bassin de la Villette, 19, 21 Quai de la Loire 가는 방법 메트로 2, 5, 7 bis선 Jaurès 역, 12호선 Solférino 역, 예매 필수

생마르탱 운하는 북서쪽의 우르크 운하에서 시작된 운하
로, 빌레트 못을 거쳐 바스티유 광장 아래의 아르스날 항
과 센 강까지 연결된다. 총 길이는 4.55km며 1825년에 파
리지앵의 식수 공급을 목적으로 건설되었다. 1980년대
부터 도시개발계획에 따라 편의시설과 숍들이 점차 생겨
나고 지금은 트렌디한 카페와 디자이너 숍이 모인, 21세
기의 낭만구로 거듭났다. 운하는 총 9개의 수문과 10개의
구름다리를 포함하고 있는데, 이 중 2개는 배가 지날 때
열리거나 회전한다. 영화 '아멜리에'의 주인공이 돌을 던
지는 장면에 등장하기도 했다.

Point!

수송선 출발 시간
(겨울철은 지정일만, 예매 가능 기간 확인)
빌레트 공원→오르세 미술관 14:30
오르세→빌레트 공원 10:00, 13:00
유람 시간 약 2시간 30분
운영 기간 3월 초~11월

승선료
€15~23, 3세 미만 무료, 4인 할인(성인 2
명, 18세 미만 2명) 총 요금 €18 할인

/ FOCUS /

파리의 또 다른 낭만, 묘지 산책
CIMETIÈRE DE PARIS

혹자는 가족도 아닌데 망자들의 묘지에는 왜 가느냐고 반문할 수도 있지만, 우리나라 현충원에도 산책 삼아 가는 사람을 생각하면 답이 될지 모르겠다. 선입견을 버리고 바라보는 파리의 묘지는 무덤이라는 프레임에만 가두기에는 너무나 낭만적인 산책로다. 세계의 셀럽부터 일반인까지, 모든 죽은 자를 모신 길 사이에서 들뜬 마음을 가라앉히고 자연과 삶의 고결함을 관찰하는 최적의 장소가 될 것이다. 방문할 때는 망자의 가족을 배려해 경건한 차림과 행동을 하고, 휴대폰 사용과 샌드위치 등의 식사는 자제하자. 세 묘지 공통 휴무일 매월 5월 1일, 8일, 18일, 28일

몽파르나스 묘지 Cimetière du Montparnasse

주소 3 Boulevard Edgar-Quinet 75014 가는 방법 메트로 4호선 Varin 역, 4, 6호선 Raspail 역 운영 08:30~18:00

1824년에 건립된 묘지로, 몽파르나스 주변에서 활동하던 예술, 문학가들이 주로 안치되어 있다. 시가지 한복판에 평면적으로 설계되어 페르 라셰즈에 비하면 운치나 낭만은 덜하다. 샤를 가르니에, 보들레르, 사르트르와 시몬 드 보부아르, 모파상 등이 안장되었고, 여류 조각가 니키 드 생팔이 제작한 묘비가 있다. 최근 안장된 유명인으로 자크 시라크 전 대통령이 있다.

몽마르트르 묘지 Cimetière de Montmartre

주소 20 Avenue Rachel 75018 가는 방법 메트로 2, 13호선 Place de Clichy 역 운영 09:00~17:30

원래 작은 묘지로 사용하던 곳을 북쪽의 파리지앵을 위해 1825년에 확장했다. 이곳 주민이던 음악가 베를리오즈 Hector Berlioz와 문학가 고티에 Théophile Gautier가 생전에 사랑하던 산책로이고, 사후 이곳에 묻혔다. 번잡한 몽마르트르의 테르트르 광장에 지쳤다면 고즈넉하고 조용한 이곳을 추천한다.

페르 라셰즈 묘지 Cimetière du Père Lachaise

주소 16 Rue de Repos 75020 가는 방법 Philippe Au-
guste, Alexandre Dumas(2호선), Père-Lachaise(2, 3
호선) 운영 11월~3월 중순 08:30~17:30, 3월 중순~
10월 08:30~18:00 가이드 매주 토 14:30 | 무료

부지의 주인인 라셰즈 신부의 이름을 따서 1804년에
축조된, 파리에서 가장 큰 묘지다. 돌을 박아서 만든 구
불구불한 통행로를 따라가다 보면 영국식 정원을 거닐
고 있는 게 아닐까 싶을 정도로 감상적인 기분이 든다.
실제로 산책이나 독서를 위해 들르는 파리지앵도 많
다. 극작가 몰리에르 Molière와 우화 작가 라 퐁텐 Jean
de La Fontaine이 안치되기 전까지는 평범한 묘지였으
나 이 둘은 후에 다른 곳에 안치되었다. 이후 사회, 문
화, 경제 방면의 유명인 수백 명이 이곳에 묻혔다. 우리
가 아는 유명인으로는 쇼팽, 발자크, 들라크루아, 짐 모
리슨, 에디트 피아프, 프루스트, 시몬 시뇨레, 이브 몽
탕 등이 있다. 특히 오스카 와일드의 묘비는 팬들의 빨
간 입술 자국으로 덮여 있어 더욱 낭만적이다. 조각상,
묘비, 신전 중에 국가유산으로 등록된 작품들도 많으
니 눈여겨보기 바란다. 종교, 정치적인 이유로 학살되
었거나 탄압받은 역사적인 사건에 대해서도 따로 자리
를 마련해 놓았다.

SELECT SHOP

리브레리 뒤 카날 Librairie du Canal

주소 3 Rue Eugène Varlin 75010 영업시간 화~일 10:00~
20:00, 월 12:00~19:00

파리의 운하나 공원 근처에 서점이 눈에 띄는 이유
는 하나. 책 한 권 가지고 벤치에 앉아 독서 삼매경
에 빠지는 파리지앵의 문화 덕분이다. 이 서점에는
세계의 유명인을 화보처
럼 다룬 책도 있어 컬렉션
삼아, 재미 삼아 넘기기에
도 무리가 없다. 아날로그
감성을 담은 문구류 구경
도 재미있다.

아모리노 Amorino

주소 83 Quai de Valmy 75010 영업시간 11:00~ 23:30,
연중무휴

납작한 스페출러로 담아 꽃잎 모양으로 주는 아모리
노 아이스크림은 따로 소개할 필요 없이 유명한 이탈
리아 프랜차이즈다. 한 스푼의 양이 많지 않아 여러
가지 맛을 섞어 주문할 수 있는 차별성이 남다르다.

브로코 Brocco

주소 180 Rue du Temple 75003 영업시간 08:00~
20:00, 연중무휴

레퓌블리크 광장과 마레 구역 위의 접점 구역에 위
치해서 구역 단골뿐 아니라 늘 사람들이 붐빈다. 아
침, 점심, 오후에 세 번 굽는 비에누아즈리(페이스트
리류)와 직접 만드는 샌드위치로 간단하게 식사할
수 있다.

브레츠 카페 Breizh café

주소 112 Quai de Jemmapes 75010 영업시간
12:00~22:00, 연중무휴

프랑스에서 가장 많은 요식업이라면 당연히 크레이
프점이다. 하지만 브르타뉴의 호밀 가루로 전통적
인 겉은 바삭하고 속은 촉촉한 식감을 유지하는 곳
은 매우 드물다. 브레츠 카페에서는 운하를 바라보
며 진정한 브르타뉴의 크레이프를 즐길 수 있다. 크
레이프 샐러드, 크레이프 클럽 샌드위치 등도 있으
니 골라 먹는 재미를
누려보자.

루루 레 잠 자르
Loulou Les Âmes Arts

주소 104 Quai Jemmapes 75010 영업시간 수~토
14:00~19:00

도시에 예쁘게 숨어 있는 빈티지 가게는 늘 설렘이
따른다. 기대와 다른 오래된 물건 속에서 보물을 찾
는 기쁨이 존재하기 때문일 것. 루루는 생활 소품부
터 의류, 잡화까지 소박하지만 정성스럽게 진열된
곳이다. 시간을 머금은 하나뿐인 물건이니 조심스
럽게 다룰 것.

르 샹브리에 Le Chanvrier

주소 3 Rue de la Grange aux Belles 75010 홈페이지 lechanvrierfrancais.com 영업시간 11:30~20:00, 연중무휴

천연 옷감으로 사용하던 마(거친 리넨)를 주원료로 향수, 디퓨저, 비누, 명상용품, 화장품까지 다양하게 판매하는 매장이다. 모든 원료의 생산지는 프랑스라 친환경 브랜드의 자부심이 높은 곳.

바벨 콘셉트 스토어 Babel Concept Store

주소 55 Quai Valmy 75010 영업시간 11:30~19:30, 연중무휴

프랑스의 친환경 사랑은 5년 전부터 증폭했다. 바벨에서는 빈티지 옷, 그릇, 가방 등을 업사이클링, 리사이클링해 재판매한다. 빈티지 상품 자체를 구입할 수도 있고, 그것들로 만든 반전 매력의 업사이클링 제품을 구입할 수도 있다.

라 시드르리 La Cidererie

주소 51 Quai Valmy 75010 영업시간 17:00~02:00, 연중무휴

누가 사과 음료는 주스만 있다고 했나? 프랑스인의 시드르(사과 술) 사랑은 각별하다. 와인이나 맥주보다 알코올 농도가 세지 않고 주스만큼 달지 않고 스파클링이 있어 주스와는 분명히 구분되는 맛. 시드르리에서만 가능한 향긋한 사과 향이 향수처럼 몸에 번지는 경험을 할 것이다.

상트르 코메르시알 키즈
Centre Commercial Kids

주소 2 Rue Marseille 75010 영업시간 월~토 11:00~ 20:00, 일 14:00~19:00

베자 VEJA 그룹에서 론칭한 유아 브랜드. 신발 제품 브랜드인 만큼 유아의 트렌드를 맞춘 신발을 눈여겨보자. 친환경과 감각적인 마인드를 가진 유명 아이용품 브랜드를 한곳에 모은 편집숍이라 출산을 앞두거나 그런 지인을 위한 프렌치 스타일 선물을 찾기에도 좋다.

그로스 바오 Gros Bao

주소 72 Quai de Jemmapes 75010 영업시간 월~금 12:00~15:00, 19:00~23:00, 주말 12:00~23:00

파리에서 가장 유명한 중국 왕만두집. 주로 젊은 층이 머무르는 구역이다 보니 자유분방한 스트리트 푸드 느낌과 테이크아웃 등의 콘셉트와 잘 맞아 인기가 높다. 2코스로 구성된 카나르 페키누아 Canard Pékinois와 마파두부가 시그니처이니 이 구역에 왔다면 꼭 맛볼 것. 작은 바오 2개 €9, 큰 바오 1개 €8.50.

©baofamily.co

©baofamily.co

워크 인 파리 Walk in Paris

주소 32 Rue Yves Toudic 75010 홈페이지 walkinparis.fr 영업시간 화~토 11:00~19:00, 일 14:00~19:30 휴무 월

스트리트 콘셉트 브랜드 워크 인 파리의 창업주는 놀랍게도 댄서 레오 워크와 게리 니크다. 처음부터 SNS를 공략하며 마케팅을 했는데, 젊은 감성의 남성 컬렉션 위주로 인지도를 얻었고 유니섹스 브랜드, 라코스테, 파라부트 등의 중견 브랜드와의 콜라보를 통해 꾸준히 패피들의 관심을 끌고 있다.

©walkinparis.fr ©walkinparis.fr

누 Nous

주소 16 Rue de Paradis 75010 홈페이지 www.nousrestaurant.fr 영업시간 월~금 12:00~14:30, 19:00~22:00 휴무 토, 일

패스트푸드점 누에서는 부리토나 버거를 '누리토', '누거'라고 부른다. 변형한 메뉴 이름에서 연상이 되듯, 세계의 유명한 패스트푸드를 파리화시킨 곳이다. 채소는 모두 친환경, 육류는 품질 인증을 받은 재료만으로 만든 건강식을 지향한다. 생강즙을 첨가한 오렌지 주스를 곁들이면 상쾌한 느낌이 배가 된다. 세트 메뉴 €13~.

마콩 앤 레쿠아 Macon & Lesquoy

주소 37 Rue Yves Toudic 75010 홈페이지 maconetlesquoy.com/fr/boutiques 영업시간 월~토 10:30~14:00, 15:00~19:30

마리 마콩과 레쿠아, 두 디자이너가 2009년 론칭한 브랜드. 액세서리 브랜드지만 혼신의 열정을 쏟은 유니크한 자수 디자인이 고급 메종과 디자이너와의 꾸준한 콜라보를 가능하게 했다. 러시아, 일본, 르완다, 디트로이트, 퐁티체리에 이르기까지 국내외 최고의 자수 장인을 찾아내 어디에서도 보지 못한 화려한 자수 작품을 작은 액세서리로 녹여낸다.

©Macon&Lesquoy

마가장 제네랄 스위트
Magasin General Suite

주소 18 Rue Chateau d'Eau 75010　영업시간 화~토 11:00~19:00

유럽 디자이너의 가구, 인테리어, 생활용품의 리에디션을 구비한 매장. '아 이 디자인!' 소리가 나는 알만한 디자인이 방문자의 마음을 사로잡는다. 택스 지불 각오가 되어 있으면 해외 배송도 가능하다.

라 트레조르리
La Tresorerie

주소 11 Rue Chateau d'Eau 75010　영업시간 화~토 11:00~19:00

마가장 제네랄 스위트의 생활용품 버전 숍. 한 곳은 가구, 인테리어 아이템 등의 부피 있는 제품을, 이곳은 한 가방에 담을 수 있는 소소한 생활품이 주를 이룬다. 전 세계의 퀄리티 높은 품목을 이렇게까지 잘 모을 수 있을까 싶을 정도의 매장이다.

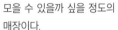

가야 Gaya 🛍

주소 93 Quai de Valmy 75010 **홈페이지** gaya.bike
영업시간 11:00~19:00, 연중무휴

여행자가 자전거를 구입하기 위해 가야에 들르는
것은 큰 의미가 없다. 가야는 프랑스제 자전거 브랜
드로 경주용보다는 보부상 스타일 도시용 자전거
다. 최근 환경에 대한 경각심으로 파리 내 자전거 이
용자 수가 증가하며 자녀들의 등하교와 출퇴근을
함께하는 파리지앵의 안전한 뒷좌석에 대한 관심이
높아진 방증이다. 일정이 길면 가야의 자전거를 빌
려서 타볼 수 있고, 마음에 들 경우 해외 구입과 배
송도 가능하다. 예약
을 통해 파리 12, 17구
에서 렌트 수령이 가
능하다.

©Shopify

랑크리 파페트리 Lancry Papeterie 🛍

주소 20 Rue de Lancry Papeterie **영업시간** **월~토**
11:00~19:00

할아버지 내외분이 운영하는 작은 문방구. 잘 정리된
매장 곳곳에서 두 분의 정성이 엿보인다. 파리를 상
징하는 원목 엽서, 색연필 등은 선물로도 그만이다.

쌩스 갓 아임 어 브이아이피 🛍
THANX GOD I'M A V.I.P

주소 12 Rue Lancry 75010 **영업시간** **화~토** 14:00~
20:00

빈티지 아이템을 한곳에 모은 매장으로는 파리에서
가장 큰 규모이며 가장 많은 아이템을 보유한 매장.
같은 길에 일반 빈티지, 중상급 빈티지 매장으로 구
분해 운영한다. 천벌동굴 같은 좁은 복도에 아이템
이 색상별로 빼곡히 진열되어 있다. 명품과 일반 제
품을 가려내는 매의 눈을 가진 사람이라면, 반나절
이상의 시간을 오롯이 쓸 수 있는
사람이라면 시도해 볼 만하다.

라 핀 무스 La Fine Mousse 🍽

주소 6 Avenue Jean Aicard 75011 홈페이지 www. lafinemousse.fr 영업시간 화·목·금 19:00~23:00, 수· 토 12:00~14:30, 19:00~22:00 휴무 일, 월

부드러운 거품이란 뜻의 이 생맥주 바는 20여 종의 수제 맥주를 갖춘 선두주자. 같은 길의 왼쪽 바는 맥주만 즐기는 주점이고 레스토랑에서는 신선한 재료의 현대식 프랑스 코스 요리를 €40 정도에서 즐길 수 있다. 술안주로 투박한 시골 빵에 올려 먹는 프로마주의 또 다른 면을 발견할 수 있다.

레 장팡 페르뒤 Les Enfants Perdus 🍽

주소 9 Rue des Récollets 75010 홈페이지 les-enfants-perdus.com 영업시간 일~금 12:00~14:30 휴무 토

프랑스 전통 요리를 현대적으로 해석한 퓨전 레스토랑. 구역 맛집 입소문이 나서 젊은 미식가들의 사랑을 받고 있다. 푸아그라, 아스파라거스, 왕새우 등 고급 식자재를 사용한다. 점심 메뉴는 €27, 정식은 €11~28 사이.

텐 벨 Ten Belles 🍽

주소 10 Canal St Martin 75010 홈페이지 www.tenbelles.com 영업시간 08:00~17:00, 연중무휴

무자비한 변동 속에서도 커피 맛 하나로 10년 넘게 자리를 지키는 미니 카페. 바로 블렌딩한 커피 원두라서 향과 맛이 더 특별하다.

벳주만 앤 바통
BETJEMAN & BARTON 🍽

주소 24 Boulevard des Filles du Calvaire 75011 홈페이지 betjemanandbarton.com 운영 화~토 09:00~19:00 휴무 일, 월

벳주만 앤 바통의 파리 론칭은 1세기에 가깝다. 이 예쁜 티 숍에서는 홍차, 말차, 녹차, 우롱차 등 전 세계에서 수입한 250여 가지의 티를 매일 시음용으로 낸다. 이 중, 50%가 넘는 티가 벳주만 앤 바통만의 블렌딩. 티 홀리커에겐 아삼 망갈람, 차이나 우롱 밀키, 실론 케닐워스, 케냐 밀리마를 추천한다. 아삼 임페리얼 €75, 브런치 티 €8.50~(100g 기준).

아르타자르 Artazart

주소 83 Quai de Valmy 75010 영업시간 10:30~19:30, 연중무휴

문학보다 원예, 건축, 디자인 등 취미 분야 도서가 많다. 특히 아동 분야는 일반 서점에서 취급하지 않는 각국의 동화책, 신기한 팝업북 등 기발하고 사랑스러운 책이 한가득이다. 취미 분야이니만큼 깊이 있는 독서가가 아니어도 둘러보기를 추천한다.

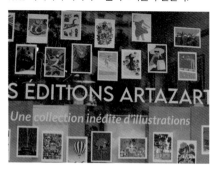

앙투안 앤 릴리 Antoine & Lili

주소 95 Quai de Valmy 75010 홈페이지 www.antoine etlili.com 영업시간 월~금 11:00~20:00, 토 10:00~20:00 휴무 일

인도풍 인테리어 매장으로 같은 구역에 의류 매장도 있다. 전체적인 분위기는 의류와 비슷하며, 알록달록한 색감이 키치함을 보여준다.

더 넥스트 도어 The Next Door

주소 10 Rue Beaurepaire 75010 영업시간 11:00~19:30, 연중무휴

마레에 메르시가 있다면 레퓌블리크에는 더 넥스트 도어가 있다. 전 세계의 마이너 디자이너를 찾아내 기획전을 여는 메르시에 비해, SNS상에서 핫하고 힙한 브랜드의 제품을 대량 갖춘 편집숍이라는 점이 다르다.

레 레지스탕 Les Résistants 🍽

주소 16-18 Rue du Château d'Eau 75010 홈페이지 lesresistants.fr 영업시간 화~토 12:00~14:00, 19:00~22:00 휴무 일, 월

우리말로 의역하면 '독립군'을 의미하는 이 레스토랑의 이름에는 상업화에 저항하며 본연의 모습을 지키려는 그들의 의지가 담겨 있다. 총 100여 군데의 생산자로부터 직접 공수 받는 덕에 재료의 품질과 신선함이 그대로 소비자에게 전달된다.

챔벨란드 Chambelland 🍽

주소 14 Rue Ternaux 75011 홈페이지 chambelland.com 영업시간 08:30~19:30, 연중무휴

노르망디의 경영학교를 졸업한 나타니엘과 프로방스 지역의 국제 제빵학교 책임교사인 챔벨란드가 건강한 빵을 만들겠다는 정신을 내세운 프랑스 최초의 100% 친환경, 100% 글루텐 프리 매장. 수개월간의 원료 검색과 실험 끝에 직접 재배하는 인도와 일본의 쌀가루만을 사용해 빵을 만든다. 글루텐으로 인한 복강증과 알레르기를 겪는 유럽인에게 격한 환영을 받고 있다. 아침 세트 €8, 점심 세트 €10~.

피에르 상 온 감베 Pierre Sang On Gambay 🍽

주소 8 Rue Gambey 75011 예약 전화 접수시간 15:00~18:00 홈페이지 www.pierresangboyer.com 영업시간 화~토 12:00~15:00, 19:00~23:00 휴무 일, 월

한국 출신의 프랑스 셰프로 우리에게도 익숙해진 피에르 상의 간판 없는 레스토랑. 포크와 나이프 옆으로 가지런히 나열된 수저 외에는 한국적인 장식은 없는, 프랑스식 요리를 선보인다. 그의 요리에는 정통 프랑스식과 한국인 아내를 맞으며 재인식하게 된 한국식이 함께 녹아 있다. 추상 작품 같은 비빔밥과 한국식 소보로를 가미한 곤들매기 절임 등이 그렇다. 이 과감하면서도 절묘한 해석은 그를 공중파 방송국 M6 '톱 셰프 Top Chef' 시즌 2의 준우승에 이르게 했으며, 현재 프랑스 요식업계의 대부인 셰프 알랭 뒤카스의 열렬한 서포트를 받는 중이다. 인접한 Oberkampf 55번지의 비스트로에선 퓨전식 비빔밥과 좀 더 캐주얼한 식사를 할 수 있다. 단품 요리 €7, 세트 메뉴 €25, 저녁 메뉴 프리 스타일 €49, 와인(잔당) €5~.

©Helene Huret

BASTILLE
BERCY

바스티유·베르시 구역

프랑스 역사에서 가장 중요한 사건인 대혁명이 시작된 곳이지만 지금은 바스티유 광장 한복판에 서 있는 기념탑과 이 구역의 이름만이 그날의 아우성을 간직하고 있다. 바스티유 구역은 마레와 바로 접해 있지만 그와는 다른 정취를 가진 곳이다. 특히 오페라 바스티유 왼쪽의 생탕투안 포부르 거리는 이 구역에서 가장 중요하고 오래된 거리에 속하는데 그 이유가 된 역사적인 비스트로와 가구 장인들의 아틀리에는 아직도 쉽게 찾아볼 수 있다.

바스티유 구역 Bastille

- 출발장소   라페 강변 Quai de la Rapée
- 메트로   5호선 Quai de la Rapée 역
- 소요시간   하루
- 놓치지 말 것 아르스날 항의 정원, 생탕투안 마을의 파사주, 그리고 르네뒤몽의 낭만 산책로
- 장점   디자이너 숍, 문화 이벤트, 맛집, 야간 개장 장소, 녹지대 등 모든 요소를 다 갖추고 있다
- 단점   눈에 띄는 화려한 랜드마크보다 역사 속 보석을 찾아내는 감별력 요구

★ ★ ★

생탕투안 마을
전체가 하나의 트렌드를
만드는 곳인 만큼, 낮에는
낮대로, 밤이면 밤대로
시간에 상관없이
즐겨보자.

아르스날 항 Port de l'Arsenal
포르 드 라르스날

★

주소 Boulevard de la Bastille 또는 Boulevard Bourbon　가는 방법 메트로 1, 5, 8호선 Bastille 역, 5호선 Quai de la Rapée 역

16세기부터 19세기까지 병기창 Arsenal으로 사용하던 장소다. 파리는 지리적 환경으로 인해 범람이 잦았고, 대혁명 직후 그 문제를 해결하기 위해 도랑을 팠는데, 그것이 지금의 아르스날 항이 되었다. 운하 수송선을 타면 이곳을 지난다. 정박해 있는 선박 대부분이 항해가 가능하지만 그보다는 주거지나 별장용으로 사용된다는 점이 재미있다. 자세히 보면 정박 장소에 우편함과 주소가 부여된 것을 확인할 수 있다. 날씨가 좋을 때 강변을 산책하기에는 좋지만 사진을 찍기 위해 남의 거주지 앞에서 장시간 소란을 떠는 것은 피하자.

 # 아틀리에 데 뤼미에르 Atelier des Lumières
아틀리에 데 뤼미에르

주소 38 Rue Saint Maur　가는 방법 메트로 9호선 Volaire 역, Saint-Amboise 역, 3호선 Rue Saint-Maur 역, 2호선 Père Lachaise 역　운영 월~토 10:00~21:00, 일 10:00~18:00　입장료 €11~14

벽면에 수동적으로 걸려 있는 예술작품을 어렵게 여기는 사람들도 있다. 여기, 아틀리에 데 뤼미에르에서는 시청각적 도움으로 작품이 관객을 주도한다. 천장, 벽, 바닥의 그래픽 전시 공간에서 우리 모두가 잘 아는 예술작품을 애니메이션 보듯 감상할 수 있다. 남녀노소, 시각과 청각 사이에서 폭발적인 감동을 기대할 수 있으니 기대해도 좋을 것.

③ 바스티유 광장 Place de la Bastille
뻴라스 드 라 바스띠유

주소 Place de la Bastille 가는 방법 메트로 1, 5, 8호선 Bastille 역

14세기, 파리와 맞닿은 포부르 생탕투안 마을에 있던 바스티유 성채는 원래 수도 경비를 목적으로 세워졌지만 17세기에 감옥으로 용도가 변경되면서 무기고를 겸비한 절대왕권의 상징이 되었다. 투옥 대상자가 주로 국가 안보나 왕권과 대립하는 인물들이었으므로 귀족, 엘리트들이 다수 포함되었다. 사드 후작이 대표적인 인물. 에로스 문학의 절정이라는 <소돔 12일>을 집필해 사회문란죄로 2년형을 살아야 했다. 바스티유 광장은 1789년, 기아와 조세 정책을 견디다 못한 파리지앵들이 무장을 위해 감옥을 습격한 것을 기점으로 자유와 인권의 대명사가 되었다. 광장 중심에 있는 기념탑은 혁명 헌정탑으로 1840년에 완공됐다.

PLUS STORY **프랑스 대혁명**

1789년 7월 14일, 바스티유 감옥이 파리 시민들에게 함락되면서 프랑스 역사는 대변혁을 맞는다. 단순하게 발화점을 찾는다면 기아를 참을 수 없던 시민들이 폭발한 것으로 볼 수 있다. 그러나 정확한 배경은 훨씬 복잡하다. 첫째, 17세기 후반에서 18세기 중반 사이에 거듭된 흉년이다. 영하 20도까지 내려가는 혹한의 결과가 다음 해의 식량 부족과 기아로 이어졌다. 둘째, 아사자가 증가하고 흉흉해진 민심에도 불구하고 계속된 전쟁과 과도하게 부과된 세금이었다. 루이 15세 때 스페인, 영국을 경계하는 프로이센 전쟁을 7년간 지속하더니, 신대륙 주도권을 잡겠다며 영국과 미 대륙에서 벌인 전쟁이 루이 16세까지 이어졌다. 불공평하게도 세금 부과 대상은 귀족이 아닌 평민이었고, 전쟁대금과 지방세, 국세, 종교세, 노동권 리세 등 세금, 세율은 늘어나고 더 높아졌다. 셋째, 계몽주의 사상으로 뿌리내린 인권에 대한 자각이다. 넷째, 부르주아 지식인들의 응집된 불만이다. 귀족보다 큰 자본력을 가지고도 참정권은 제한되고 납세 의무만 지키던 이들이 동요하고 있던 민심을 꾸준하고 은밀하게 자극한 것이다. 다섯째, 왕자의 사망으로 상심한 루이 16세의 삼부회 불참석이다. 굵직한 내용만 봐도 이 정도였다. 빵이 없어 기아에 허덕이던 백성들이 도화선을 찾고 있을 때, 초호화의 대명사, 베르사유의 인플루언서였던 왕비 마리 앙투아네트는 그 모든 분노를 해소하기에 최적의 인물이었다. 그녀가 오스트리아인이 아닌 프랑스 공녀였다면 불똥이 다른 곳으로 튀었을 가능성을 언급하는 역사 전문가들도 있다. 그렇게 불이 붙은 혁명은 프랑스 땅의 왕족과 귀족 대다수를 처단하고, 세계 최초로 만인이 평등한 '시민' 계급을 낳았다. 프랑스 혁명이 세계 역사에 '반란'이 아닌, '혁명'으로 깊이 새겨진 이유이기도 하다.

④ 랍 거리 Rue de Lappe
뤼 드 랍

주소 Rue de la Roquette 또는 Rue de Charonne을 통해 진입 가는 방법 1, 5, 8호선 Bastille 역

우리에게는 유명하지 않지만 파리지앵의 분위기가 그대로 남아 있는 거리다. 1850년대에 오베르뉴 지방의 사람들이 이주해 오면서 샤르봉(석탄, 숯) 카페를 열었는데, 커피와 와인을 함께 팔았다고 한다. 술이 있는 자리에는 자연스럽게 아코디언 음악이 흐르는 무도장이 열리게 되었고, 그 분위기가 이 구역의 정체성이 되었다고 한다. 숯이 사라진 지는 오래되었으나 그 시절의 유일한 무도장인 발라조

Balajo가 디스코테크로 개조되어 그 명성을 잇고 있다. 줄줄이 늘어선 선술집들이 밤에도 이 구역의 흥겨움을 책임진다.

⑤ 비아뒤크 데 자르 Viaduc des Arts
비아뒥 데 자르

주소 Avenue Daumesnil(Rue de Lyon~Rue de Rambouillet) 가는 방법 1, 5, 8호선 Bastille 역, 8호선 Led-ru-Rollin 역, 6, 8호선 Daumesnil 역 홈페이지 www.leviaducdesarts.com

비아뒤크 데 자르는 지금은 사라진 바스티유 역과 파리 주변의 마를르앙브리 Marles-en-Brie 지역을 연결하던 선로 아래의 구조물을 개조한 곳이다. 지금은 예술, 수공예 아틀리에와 디자인 매장들

이 들어서 고급 갤러리를 이루고 있다. 비아뒤크는 '고가 다리'라는 뜻이다. 널찍한 통행로와 한산한 갤러리 공간이 파리 중심과는 다른, 여유로운 산책길을 선사한다.

©Nicolas S

⑥ 르네뒤몽 산책길 Coulée Verte René-Dumont
꿀레 베르트 르네뒤몽

주소 Place de la Bastille~Rue Edouart-Lartet(사이사이에 입장 가능) 가는 방법 1, 5, 8호선 Bastille 역, 8호선 Ledru-Rollin 역, 6, 8호선 Daumesnil 역, 8호선 Montgallet 역, 6호선 Bel-Air 역 운영 여름 08:30~20:30, 겨울 08:30~07:30

비아뒤크가 1990년이 되어서야 시의 관심을 받았다면 르네뒤몽은 그보다 10년 전에 새 얼굴로 태어났다. 수십 년 동안 방치되었던 철로를 철거하고 그 선로상에 조경을 해 만들어진 산책길. 자연과 함께 4.5km를 걸으면 바로 가까이 있는 도시의 소음에서도 자연스럽게 보호된다. 원 구조물을 손상시키지 않고, 도시 미관을 승격시킨 프로젝트로도 의미가 있다. 줄리 델피와 에단 호크가 열연한 '비포 선 셋'에서 롱테이크로 촬영되어 시네필에게 정겨운 곳이기도 하다.

PLUS STORY | 생탕투안 마을 거리의 파사주들

주소 Rue du Faubourg Saint-Antoine 11~12구 가는 방법 메트로 8호선 Ledru Rollin 역, 8호선 Faidherbe-Chaligny 역, 1, 2, 6호선 Nation 역

포부르 생탕투안 거리가 가구장과 그 세공인들의 구역으로 유명했던 이유는 바스티유 아래, 아르스날 항구와 센 강을 잇는 라페 선착장에서 시작된다. 13세기, 가구에 필요한 원목 자재를 모두 이곳에 하역했기 때문이다. 한때 수백 개에 이르던 가구 작업장은 거의 사라졌지만, 그 명성은 아직도 건재하다. 가구, 가죽 세공인, 모형 제작자, 청동 주물인, 장식용 조각가 등 파리의 마지막 장인이 가장 선호하는 구역이다. 작업장에 들어가서 구경할 수는 없지만 아틀리에를 품고 있던 파사주를 거닐며 옛날의 모습을 상상할 수 있다. 모두 동선이 가까우니 '아는 사람만 안다'는 파리의 옛 모습을 찾아내 보자. 소개된 곳 외에도 수십 개의 파사주들이 더 있다.

쿠르 다무아 Cour Damoye
12 Place de la Bastille
파사주 뒤 슈발블랑 Passage du Cheval-Blanc
2 Rue de la Roquette
파사주 드 롬므 Passage de L'homme
26 Rue de Charonne
파사주 뒤 샹티에 Passage du Chantier
66 Rue du Faubourg Saint-Antoine
쿠르 뒤 벨 레어 Cour du Bel Air
56 Rue du Faubourg Saint-Antoine

뤼 드 샤론 Rue de Charonne

생투안 대로를 대규모 프랜차이즈들이 차지한다면 샤론 거리는 로컬 여성 의류, 액세서리 브랜드가 강세를 보인다. 천천히 걸으며 거리를 구경하는 재미가 있다.

뤼 드 랍 Rue de Rapp

지금은 패스트푸드, 카페, 브라스리로 들어차 있지만 20세기 중후반까지만 해도 이 구역의 클럽 문화를 이끌던 장소다. 혁명의 시대부터 있었던 이 좁은 길은 지금까지 살아남아 유명한 파리의 골목길이 되었다.

뤼 드 포부르 생투안
Rue de Faubourg Saint-Ouen

혁명의 시대, 엄중하던 바스티유 감옥이 차지하던 구역에서 가장 큰 대로는 바스티유의 가장 핫한 상점 대로로 탈바꿈했다. 대로를 사이에 두고 양옆으로 프랜차이즈 매장, 카페, 서점이 꽉 메우고 있으니 산책 겸 걸어서 구경할 만하다. 군데군데 파사주가 숨어 있으니 눈을 크게 뜨고 살필 것.

쇠르 *Sœur*

주소 26 Rue de Charonne 75011 홈페이지 www.
soeur.fr/blogs/stores 영업시간 월~금 11:00~14:00,
15:00~19:00, 토 11:00~19:00 휴무 일

두 자매를 뜻하는 로컬 브랜드 쇠르에서는 오트 쿠
튀르를 연상시키는 화려하고 개성 있는 직물을 이
용한 디자인이 눈길을 끈다. 단순
한 디자인에도 리넨, 실크 등의 고
급 원단을 사용해 디자이너 브랜
드 못지않은 악센트가 살아 있다.

마리 식스틴 *Marie Sixtine*

주소 5 Rue de Charonne 75011 홈페이지 marie-six
tine.com 영업시간 월~토 11:00~19:00 휴무 일

마리 식스틴에는 흐르는 듯한 부드러운 실크의 특성
을 살린 제품이 많다. 스카프는 대부분 실크를 사용
하며 원피스나 치마에도 실크를 합성하거나 비스코
스를 사용해 원단의 느낌을 살린 디자인이 특성이다.

틴셀 *Tinsels*

주소 30 Rue de Charonne 75011 홈페이지 tinsels.
fr 영업시간 월~금 11:00~14:00, 15:00~19:00, 토
11:00~19:30 휴무 일

남프랑스 리옹의 기술로 직조한 원단으로 포르투갈
과 스페인에서 만드는 프랑스 브랜드. 리옹에 이어
두 번째 플래그 숍이다. 자세히 관찰하면 단아한 기
본 패턴에 중고급에 가까운 패턴과 잘 살린 디테일
이 놀랍다. 파리지앵이 좋아하는, 힘을 뺀 자연스러
운 제품이 주를 이룬다.

©틴셀 사이트

라 페 마라부테 La Fée Maraboutée

주소 5 Rue de Charonne 75011 홈페이지 www.lafee
maraboutee.fr 영업시간 월~토 10:30~19:00

유럽에서 제작한 직물로 만든 여성 의류 매장. 프랑
스 디자이너들이 디자인했으며 정장과 캐주얼 사이
의 스타일이지만 딱딱하지 않아서 유럽형 페미니즘
이 느껴진다. 기본 가격대는 €100 정도.

라 코코트 La Cocotte

주소 5 Rue Paul Bert 75010 홈페이지 www.lacocot
teparis.com 영업시간 화~토 11:00~19:00 휴무 일,
월

라 코코트는 파리 아르데코를 졸업한 디자이너 두
명이 닭을 마스코트로 론칭한 디자인 숍이다. 주방
수건과 장갑 등 주방 잡화 제품에는 귀여운 수탉, 병
아리 캐릭터가 빠지지 않고 등장한다. 2007년 첫
오픈 때 앞치마 디자인으로 시작한 이 단순한 아이
디어는 제대로 홈런을 쳐서 지금은 다양한 리빙 잡
화를 출시하고 있다. 쇼룸을 겸한 라 코코트의 새 매
장 외에도 갈리 백화점, 콜레트, 메르시에서 브랜
드 제품을 만날 수 있다. 주방 수건 약 €15, 앞치마
€29.

아나 콜로레
Anna Colore industirale

주소 7 Rue Paul Bert 75010 홈페이지 anna-colore-industriale.com 영업시간 수~토 14:00~20:00 휴무 일~화

바스티유의 폴 베르 거리는 점점 더 트렌디한 구역으로 변하고 있다. 2007년 바로 옆의 라 코코트가 첫 매장을 시작했고, 앤티크 가구점 아나 콜로레는 2년 전에 자리를 잡았다. 1950년대 이후, 파리지앵들은 디자인 가구에 부쩍 목말라했다. 이에 파리 북쪽에 대거 모여 있던 앤티크 판매상들이 조금씩 파리 나들이를 하고 있다. 한동안 마레의 내로라하는 쇼핑 거리에 두 집 건너 하나씩 앤티크 숍이 생기더니 바스티유 광장과 꽤 거리를 둔 10구까지 진출하고 있다. 아나 콜로레도 그중 한 곳이다. 가구 중에서도 중소형, 이를테면 아이들의 방에 장식하기 좋은 앤티크 의자, 낮은 협탁, 벽걸이 장을 주로 취급한다. 의자는 평균 €30부터, 소품은 €15 안팎이다.

셰 글라딘 CHEZ GLADINE

주소 64 Rue de Charonne 75011 홈페이지 www.chezgladines-charonne.fr 영업시간 장점 휴업

스페인 국경과 맞닿은 바스크 지방 Basques의 전통 요리를 선보이는 레스토랑. 프랑스에서는 지방색이 살아 있는 전통 요리와 재배법을 상당히 중요하게 여기는 편인데, 이곳은 바스크 지방의 햇빛, 곡물, 물 등으로 숙성시킨 재료를 이용한다. 수탉 볏 요리 Tripes Basquaises나 바스크식 오믈렛이 그 대표적인 요리다. 재료가 부담스럽다면 파테 바스크 Pâté Basque(빵에 발라먹는 고기 요리)나 스페인 국경 지역의 유명한 훈제고기 Complète Charcuterie도 나쁘지 않다. 약간은 키치스러운, 50년대풍의 인테리어도 여행 일정을 잠시 잊고 추억에 빠지도록 도울 것이다. 16:00까지만 제안하는 브런치가 €16.60.

베르시 구역 Bercy

- 출발장소   리옹 역 Gare de Lyon
- 메트로   1, 14호선, RER A, D선 Gare de Lyon 역
- 소요시간   하루
- 놓치지 말 것   미테랑 국립 도서관과 베르시 공원 천천히 둘러보기
- 장점   고전과 현대 건축물, 그 사이에 있는 센 강과 정원(프랑스식+영국식)의 조화
- 단점   거대한 건축물(도서관과 병원)의 출입구 찾기
- 참고지도   P.292

20세기 말부터 네오 부르주아들의 구역으로 자리매김했지만, 사실 기원전 4000여 년 전 신석기 시대의 유물과 흔적이 발견된 역사적인 곳이다. 17세기에는 대귀족의 영토였다가 시 단위의 철로 공사와 공장, 와인창고 등에 자리를 내주며 해체되었고 그 자리에 파리의 신시가지가 휘황찬란하게 입성했다.

1 크레미외 거리 Rue Crémieux
뤼 크레미외 ★

주소 Rue Crémieux 가는 방법 메트로 1, 14호선, RER A, D선 Gare de Lyon 역

리옹 역에서 멀지 않은, 골목 수준의 작은 길이다. 19세기에 접어들면서 파리 서쪽 베르시 구역의 채석장과 강을 따라 이주민들이 급증했다. 그래서 공장에서는 이들의 거주지 명목으로 작은 단위로 집을 지었다. 크레미외 거리는 이때 계획되어 아직까지 보존된 길 중 하나다. 1993년에 미관을 목적으로 포석을 깔고 집을 파스텔톤으로 칠한 후 아는 사람만 찾는 예쁜 명소로 거듭났다. 리옹 역과 인접해서인지 리옹의 특색인 착시 예술로 파사드를 꾸민 것이 돋보인다. 엄연한 거주 지역이므로 조용히 다니도록 하자.

2 레 독 - 패션과 디자인 센터 Les Docks - Cité de la Mode et du Design
레 독 시떼 드 라 모드 에 뒤 디자인

주소 34~36 Quai d'Austerlitz 가는 방법 메트로 5, 10호선, RER C선 Gare d'Austerlitz 역 홈페이지 www.citemodedesign.fr 운영 10:00~자정, 연중무휴 입장료 무료

2012년에 개장한 레 독은 패션학교와 디자인 관련 이벤트를 주관하는 중심 본부로 파리 최초의 콘크리트 건물 마가쟁 제네로 Magasins Généraux가 있던 자리에 현재의 재단이 들어섰다. 센 강변 어느 쪽에서 봐

도 형광색에 가까운 연두색 조형물이 눈에 띈다. 국가유산으로 등록되었던 건물이라 그 구조물인 콘크리트 기둥들을 해체하지 않고 놔뒀다가 제 2의 생을 마련해 준 것. 이 건물에는 프랑스 패션 연구원 Institut Français de la Mode과 아르 뤼딕 미술관 Art Ludique-Le Musee 등이 있다. 미술관에서는 픽사, 미야자키 하야오 등 그래픽, 애니메이션과 연관된 전시회를 주로 유치하니 아이와 함께 간다면 미리 체크해 보자.

3

프랑수아 미테랑 국립 도서관 Bibliothèque Nationale de France-François Mitterrand
비블리오떼끄 나씨오날 드 프랑스 프랑수아 미테랑

주소 Quai François-Mauriac 가는 방법 메트로 6, 14호선, RER C선 Bercy 역 홈페이지 www.bnf.fr 운영 열람실 이용 17:00~20:00, 화~토 09:00~20:00, 일 13:00~19:00 휴무 월, 공휴일 입장료 €5(단순 방문/열람실), 18세 미만 무료, 전시 €15(가이드 동반), 직지심경과 구텐베르그 전시 €24, 예약 필수, 소요 시간 1시간 30분

전 세계의 유산을 보관하고 있는 이 도서관은 세계 역사상 가장 중요한 도서관 중 한 곳이다. 구텐베르그의 성경(1455년)과 그보다 100여 년 앞서 인류 최초의 금속 활자로 평가받는 우리나라의 직지심경(1377년)을 보관하고 있기 때문. 고급 원목 테라스 중앙에 선 네 개의 유리 타워가 센 강을 내려다보는 구조로, 대담한 설계라는 시각과 직사광선이 투과되는 유리를 썼다는 질타가 공존하는 현대식 건축물이다. 이 지적은 이중 유리와 UV블라인드를 설치하는 것으로 보완했다. 도도하고 차가워 보이는 외관과는 달리 내부는 상당히 따사롭다. 넘치는 자연광 덕에

이용자의 행복지수가 올라가는 곳. 세계의 유산을 관람하지 않더라도 일반 자료 조사용 하루권을 끊으면 도서관 내부를 돌아볼 수 있다. 촬영은 허용되지 않으니 주의할 것.

 4

시네마테크 프랑세즈(영화 박물관) Cinémathèque Française
씨네마떼끄 프랑세즈 ★★

주소 51 Rue de Bercy 가는 방법 메트로 6, 14호선 Bercy 역 홈페이지 www.cinematheque.fr 운영 월, 수~금 12:00~19:00, 주말 11:00~20:00 휴무 화 입장료 관람 범위/연령에 따라 요금 변동, 홈페이지에서 확인

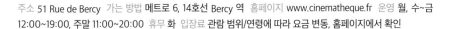

프랑스 영화를 보존하고 걸작을 엄선해 재상영하는 장소로, 미국의 유명 건축가이자 불로뉴 숲에 루이비통 프로젝트를 설계한 프랭크 게리가 1993년에 설계했다. 건축 당시에는 미국 문화원으로 쓰이다가 문화원이 이전하면서 현재의 용도로 전환되었다. 시네마테크는 20세기 초창기 영화들을 복구, 재생시키는 일을 하던 랑글로 Henri Langlois와 프랑쥐 Georges Franju의 열정에서 시작되었고 현재 2만 권이 넘는 책과 1만 편의 필름을 소장하고 있다. 요즘에도 시대를 초월한 프랑스 명작 영화가 상영된다. 매해 특별 이벤트로 유명 감독전, 감독 초청전 등을 열고 있다.

⑤ 📍 베르시 공원　Parc de Bercy
빠르끄 드 베르시　　　　　　　　　　　　　　★★

주소 128 Quai de Bercy　가는 방법 메트로 6, 14호선 Bercy 역　홈페이지 www.cinematheque.fr　운영 11~2월 08:00~17:45, 3~4월 08:00~19:00, 5~8월 08:00~21:30, 9월 08:00~20:00, 10월 08:00~19:30, 주말에는 9:00 개장

1980년대 신시가지 조성 구역으로 지정된 이후, 주변의 현대식 건물보다 먼저 자리 잡은 공원이다. 프랑스식의 중앙 대칭 정원이 아니라, 영국식 정원을 현대적으로 구성했다. 미테랑 도서관에서 구름다리를 건너면 첫 번째 공원 '초원들 Les Prairies'이 펼쳐진다. 잔디 위에 고목들만으로 조성한 자연스러운 공원이다. 즉석 축구 경기나, 요가 그룹의 단련, 스케이트보드 연습 경기 등 주로 퍼포먼스 형태의 이벤트가 열린다. '화단 Parterres'이란 이름의 두 번째 공원은 말 그대로 작은 화단이 가꾸어져 있다. 일반인은 보는 것으로 그치

지만, 전문 조경, 정원사들이 모종을 심고 가꾸며 화단 정리를 하는 모습을 쉽게 볼 수 있다. 구름다리로 연결되는 마지막 정원은 '로맨틱 정원 Jardin Romantique'이다. 베르시 빌라주와 역 가장 가까이에 있는 이 정원에서는 수련이 떠 있는 연못 위의 한가로운 물고기와 오리를 볼 수 있다. 화창한 날이면 피크닉을 하거나 편한 차림으로 누워서 쉬는 파리지앵들의 공간이다.

베르시 빌라주 Bercy Village 🍽 🛍

주소 28 Rue François Truffaut 75012 영업시간 11:00~ 21:00(쇼핑 매장에 한함, 음식점은 각각 시간 확인 필요), 연중무휴

19~20세기 초까지는 파리에서 생산되는 와인의 저장고로 사용되었고 1986년에 유적지로 지정되었다. 20세기 말 근처에 팔레 옴니스포르 경기장 Palais Omnisports de Paris-Bercy이 건설되면서 개발 붐을 타고 쇼핑 거리로 재탄생했다. 베르시 공원, UGC 대형 영화관과 더불어 이 구역의 관광지로 거듭났다. 매주 금요일 19:30부터 길거리 공연이 열린다.

준 DJOON 🍽

주소 22 Boulevard Vincent Auriol 75013 홈페이지 www.djoon.com 영업시간 금~토 자정~

파리의 신시가지인 미테랑 도서관 구역의 맛집으로 시작했으나 요즘은 전문 DJ가 운영하면서 힙한 최신 음악으로 무장한 클럽으로 더욱 유명하다. 주말 밤부터는 음악과 춤의 장소로 변신한다. 1층에서 반지하로 내려가면 불협화음을 만드는 것 같은 거친 벽, 르네상스풍 장식, 메탈 소재의 천장이 세련되게 매치되어 있다.

셰 트랑트루아 CHAI 33

주소 33 Cour Saint-Émilion 75012 영업시간 09:00~02:00, 연중무휴

베르시 빌라주에서 가장 유명한 맛집 중 하나. 제철 재료를 사용한 요리가 늘 신선하고 고급스럽다. 마감하지 않은 콘크리트와 높은 천장이 세련된 이 레스토랑의 가장 큰 자랑은 지하 저장고에서 보유하고 있는 수백 가지의 와인들이다. 식사 시작 전에 저장고에 들어가 원하는 와인을 고를 수 있다. 파리의 레스토랑치고는 상당히 넓은 편이며 서비스도 만족스럽다. 2층에서는 칵테일을 주문할 수 있다.

보드라이더 BOARDRIDERS

주소 17 Cour Saint-Émilion, Bercy Village 75012

한창 붐이 일고 있는 스케이트보드 전문 매장. 보더들만의 트렌드를 그대로 담아내고 있어 마니아라면 그냥 지나칠 수 없다. 이 외에도 서핑이나 수상스키 등에 관련된 도구와 의상, 아웃도어룩을 모아놓고 있어 한 번에 구경할 수 있는 좋은 기회일 것.

카미옹 키 퓸 Le Camion qui Fume

주소 66 Rue Oberkampf 75011 영업시간 12:00~23:00, 13:00~19:00

파리의 고급 요리 학교 페랑디를 수료한 미국인이 할머니가 해 주셨던 수제 버거를 사업 아이템으로 구상한 트럭 바. '연기나는 트럭'이라는 이 작은 공간의 버거는 쇠고기 메뉴 다섯 가지, 채식 메뉴 한 가지, 유아용 한 가지로 구성되는데, 모두 품질 검증을 거친 프랑스 식재료만 고집한다. 수요일과 휴일에는 최소 한 시간씩 줄을 서야 하지만, 베르시 구역을 거닐다가 버거가 생각난다면 꼭 맛보자. €8.90~.

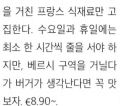

아르테움 Arte'um 🛍

주소 11 Cour Saint-Émilion 75012

예술의 도시 파리를 거친 예술가들의 작품 또는 파리 자체를 형상화한 디자인 소품만을 취급하는 숍이다. 최근에는 레고 블록을 응용한 디자인 상품들이 인기를 끌고 있다. 아이디어가 무궁무진한 기념품들이지만 조금 비싼 것이 흠이다.

올리비에 앤 코 Oliviers & CO. 🛍

주소 20 Cour Saint-Emilion 75012 홈페이지 olivi ers-co.com 영업시간 10:00~20:00, 연중무휴

이탈리아와 프랑스 남쪽 올리브를 원료로 사용하는 올리브 관련 매장. 와인처럼 올리브오일 그랑 크뤼를 매년 취급한다. 조리용, 샐러드용과 친환경 올리브오일, 각종 비네거 등을 구입할 수 있으며, 점원에게 요청하면 조금 시식할 수 있다. 500ml부터 판매.

프라고나르 Fragonard 🛍

주소 Cour Saint-Émilion, Bercy Village 75012

향수로 유명한 프라고나르의 기념품 버전 매장. 향수와 비누, 향초가 주를 이루지만 파리를 아이콘으로 한 인테리어 소품도 판매한다. 실내 사진 촬영을 제한하고 있으니 반드시 직원들에게 동의를 구할 것.

/ FOCUS /

파리의 벼룩시장

MARCHÉ DE PUCE

파리에 있는 가장 유명한 벼룩시장은 방브, 생투앙, 몽트뢰유다. 1880년경에 있던 도시 정비사업 때 파리의 위생을 이유로 폐품 수집업자들이 파리 밖으로 내몰렸는데, 파리의 벼룩시장들이 모두 경계에 위치하고 있는 것은 이 때문이다. 방브 시장은 규모가 가장 작지만, 파리 14구의 주거지를 따라 서고 물건들의 가격이 부담스럽지 않아 파리지앵은 물론 여행자에게도 사랑받는 곳이다. 20세기 이후의 가구, 소품, 장식품, 식기, 액자 등 앤티크 물건이 자주 나온다. 몽트뢰유 시장은 방브보다 크고 잡화나 의류를 주로 취급한다. 클리낭쿠르라는 이름으로도 불리는 생투앙은 세계에서 가장 크고 유명한 가구 골동품 시장이다. 손가락보다 작은 피규어에서 나폴레옹 3세 때의 금색 가구까지 이 세상의 실내 장식 용품은 모두 있다고 해도 빈말이 아닐 정도. 2001년에는 국가유산으로 등록되었으며, 매장은 1,500여 개에 달한다. 규모가 워낙 크고, 시대별·취향별 앤티크 제품이 다양해서 가구 전문가들이 주요 고객이지만 프랑스의 소박한 멋을 찾아오는 여행자들도 많다.

생투앙 시장의 13개 동 중 가장 유명한 동들

베르네종 Vernaison

생투앙 벼룩시장의 시초인 동이다. 가장 낡았지만 하늘이 보이는 골목을 돌다 보면 벼룩시장의 원조를 발견할 수 있다. 피규어, 절판된 장난감, 20세기 초중반의 간판 등 말 그대로 잡화가 가장 많은 곳이다.

비롱 Biron

아시아 가구, 18~20세기 유럽의 고급 가구를 주로 취급하는 동이다. 상점들이 중앙의 큰 인도를 마주 보고 있어 길을 잃지 않고 쇼핑을 할 수 있어 좋다.

말라시 Malassis

17세기와 20세기의 유럽 장식품들이 많지만, 아시아와 중동의 가구도 발견할 수 있다.

도핀 Dauphine

각종 소품과 1930, 40년대 골동품들이 주를 이룬다. 프랑스 유명 미술관의 그림을 전문적으로 표구하는 액자 가게들도 유명하다.

폴 베르 Paul Bert

빈티지, 공장 철물, 1950~70년대 유명 디자이너들의 가구부터 20세기 후반의 디자인까지 가장 현대적이고도 세련된 앤티크 제품이 밀집되어 있다.

TIP! 흔히 벼룩시장은 일찍 가야 한다고 하지만 오히려 폐장 무렵에 뜻밖의 횡재가 가능하다. 수많은 물건을 다시 챙겨 가야 하는 상인들은 하나라도 더 파는 게 이득이다. 이때 봐둔 물건이 아직 있으면 40%까지 값을 흥정해 보자. 그렇게까지 깎아주지 않아도, 분명 처음 제시한 가격보다는 좋은 가격에 물건을 살 수 있다.

생투앙(클리낭쿠르) 시장
Marché Saint-Ouen(Clignancourt)
Rue des Rosier 93400 Saint-Ouen | 메트로 4호선 Porte Clignancourt 역, 13호선 Garibaldi 역 | http://www.antiquites-en-france.com/groupements/les-puces-de-saint-ouen | 토, 일 10:00~18:00, 월 11:00~17:00

몽트뢰유 시장
Marché aux Puces de la Porte de Montreuil
Avenue du Professeur André Lemierre 75020 | 메트로 9호선 Porte de Montreuil 역 | 01 48 85 93 30 | 토~월 07:00~19:30

방브 시장
Marché aux Puces de la Porte de Vanves
Avenue Georges Lafenestre 75014 | 메트로 13호선 Porte De Vanves 역 | www.pucesdevanves.fr | 토, 일 08:00~13:00

MONTPARNASSE

몽파르나스 구역

몽파르나스 타워로 대표되는 몽파르나스 구역은 1960년대까지만 해도 문학가, 예술가와 지식인들이 자주 왕래하던 장소였다. 지금은 상업지대가 되었지만 아직 파리를 예술의 도시로 만들었던 아틀리에들이 남아 있다. 20세기 초반의 영화관들이 그 역사를 이어오는가 하면, 부르델 미술관과 세잔이 거쳐 간 데생 아틀리에가 현존한다. 화려한 건축물보다 파리를 만든 예술가의 발자국을 따라가는 일정이다.

몽파르나스 구역
Montparnasse

★ ★ ★

저녁에는 전통 있는
레스토랑을 찾아보자.
창가에 봉을 걸어둔 이
식당들은 아직도 19세기
전후의 분위기가 남아 있다.

- 출발장소 몽파르나스 타워 Tour Montparnasse
- 메트로 4, 12, 13호선 Montparnasse-Bienvenüe 역
- 소요시간 1~2일
- 놓치지 말 것 부르델 미술관, 자드킨 미술관과 카타콩브
- 장점 몽파르나스 타워 전망대에서 바라본 전경
- 단점 카타콩브 입장 대기줄

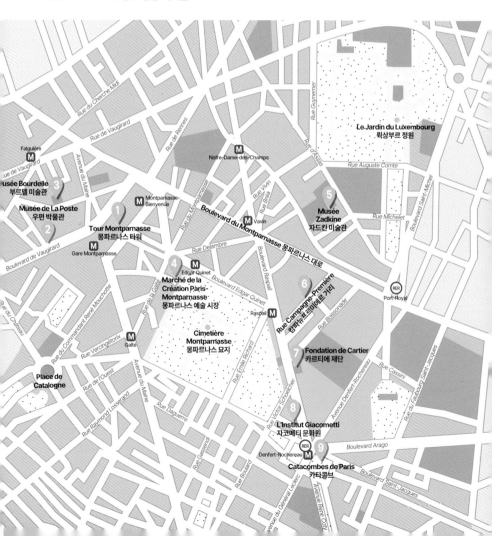

① 몽파르나스 타워 Tour Montparnasse
뚜르 몽빠르나스

주소 33 Avenue du Maine 가는 방법 메트로 4, 6, 12, 13호선 Montparnasse-Bienvenüe 역 홈페이지 www.tourmontparnasse56.com 운영 전망대 4~9월 09:30~23:30, 10~3월 09:30~22:30 입장료 전망대 일반 €15, 할인 €7.50~11, 4세 미만 무료(밤&낮 입장 +€5), 예매 필수, 레스토랑 최소 €100/1인

파리의 경제를 활성화시키고 수도에 새로운 이미지를 심기 위해 퐁피두 전 대통령과 문화부 장관이 조금 무리하게 추진한 프로젝트의 결과물이다. 높이 210m로, 라 데팡스의 Tour First(Tour AXA)가 건립되기 전(2011년)까지 프랑스에서 가장 높은 건물이었다. 타워의 파사드는 총 7,200개의 창문으로 이루어져 있다. 보수 평론가들은 아직까지도 "당장 해체시켜야 할 악독 건물"이라는 의견을 내고 있지만 해체 예산만 10억 유로에 육박해 현실화될지는 미지수다. 1973년에 완공된 이 볼썽사나운 타워는, 지금까지도 '파리 내에서 7층 높이 이상의 건물을 지을 수 없게 한' 기준이 되었다(라 데팡스 빌딩들은 행정상 파리가 아니므로 제외). 이런 불명예에도 불구하고 이 장소에서 유일하게 볼 만한 것이 있으니, 바로 파리의 전경이다. 56층을 38초 만에 올라가는 초고속 엘리베이터로 도착한 전망대의 경치는 에펠탑만큼이나 볼 만하다. 영화 '사랑해 파리 Paris, Je t'aime'의 몽수리 공원 편에 소개되기도 했다.

② 우편 박물관 Musée de La Poste ★
뮈제 드 라 포스트

주소 34 Boulevard de Vaugirard 가는 방법 메트로 4, 6, 12, 13호선 Montparnassesortie 역 2번 출구 Place Bienvenüe, 10, 13호선 Duroc 역, 12호선 Falguière 역 운영 12월 1일~5월 14일 수~월 11:00~18:00 입장료 일반 €9, 할인 €5

©Culturezvous.com

손글씨를 쓰고 우표를 붙여 며칠이 걸려 보내는 편지, 용돈을 모아 귀한 우표를 수집하는 취미는 MZ세대에게는 SF영화보다 더 생경한 일일 것이다. 이런 아날로그 감성을 소중히 간직한 박물관은 어떨까? 그 시대를 지나온 세대에게는 따뜻한 추억을, 경험하지 못한 이에게는 앞선 세대의 감성을 이해하는 착한 장소가 될 것이다. 기획 기간에만 운영하는 것이 단점인데, 미리 프로그램을 확인하고 작은 행복을 경험해 보는 것을 추천한다.

③ 부르델 미술관 Musée Bourdelle
뮈제 부르델   ★★

주소 18 Rue Antoine Bourdelle 가는 방법 메트로 12호선 Falguière 역 홈페이지 www.bourdelle.paris.fr 운영
화~일 10:00~18:00 입장료 무료

로댕의 수제자였던 부르델 Antoine Bourdelle의 작품들을 소장한 미술관. 1885년부터 1929년 사망 시기까지 그가 세 들었던 아파트와 아틀리에를 1949년에 미술관으로 개조했다. 유명 작품으로는 '알베아 장군의 기념상 Le Monument au Général Alvéar', '활 쏘는 헤라클레스 Héraklès archer', '열매 Le Fruit' 등이 있다. 플라트르 Plâtre(석고)라고 이름 붙인 메인 홀에서는 부르델의 대형 석고 작품을 전시하고 있고, 입구쪽 정원에는 청동상들이 전시되어 있다. 미술관을 돋보이게 하는 벽돌 갤러리는 프랑스 몽토방 Montauban에서 직접 공수한 자재로 만들어 조각 전시관의 개성을 잘 살려준다. 전시관 앞뒤의 정원에 전시된 대형 청동상들을 찬찬히 살펴보자. 동적이며 힘이 넘치는 작가의 스타일을 발견할 수 있다. 전투처럼 무리하게 작품을 감상하기보다 잘 정비해 둔 정원 속에서 여유를 느끼기를 추천한다. 작품을 비추는 햇빛이 다른 일정을 미루고 싶을 만큼 상냥할 테니 말이다.

④ 몽파르나스 예술 시장 Marché de la Création Paris-Montparnasse
마르쉐 드 라 크레아씨옹 파리몽파르나스

주소 Boulevard Edgar Quinet 가는 방법 메트로 6호선 Edgar Quinet 역, SNCF Paris Montparnasse 역 홈페이지 www.marchecreation.com 운영 매주 일요일 10:00~19:00

예술가들이 본인의 작품을 직접 들고 나와 값을 흥정하는 상황을 상상해 보자. 몽파르나스 예술가의 시장의 시작이 그랬다. 1900년대 초반, 파리의 수많은 예술가가 몽파르나스 근처의 카페에서 작품을 직거래했고, 본격적으로 노천시장을 열어 지금의 모습으로 발전해왔다. 당시 부셰라는 영향력 높은 조각가가 모딜리아니와 샤갈을 발탁해 지원하기도 했다. 작품을 맡아 판매까지 책임지는 갤러리와 달리 예술가와 직접 만나 대화, 흥정까지 가능해 체험거리가 한가득이다. 간단한 점심과 식재료 시장까지 함께 볼 수 있는 재미있는 현장이다.

⑤ 자드킨 미술관 Musée Zadkine
르 뮈제 자드킨 ★★

주소 100bis Rue d'Assas 가는 방법 RER B선 Port-Royal 역 운영 화~일 10:00~18:00 휴무 월 입장료 무료

1981년, 러시아 조각가 자드킨의 유언으로 그 미망인이 파리 시에 기증한 장소다. 큐비즘에 심취했던 작가의 의식과 작품 등을 편안하고 여유롭게 관람할 수 있다. 자드킨 부부가 살던 저택을 미술관으로 개조하며 정원을 재정비했는데, 작가가 식물과 숲에서 영감을 얻어 완성한 조각품들을 의도적으로 배치해 두었다. 피카소와 큐비즘에 관심 있는 사람이라면 망설이지 말고 찾아보자.

⑥ 캄파뉴프르미에르 거리 Rue Campagne-Première
뤼 깡빠뉴프르미에르 ★

가는 방법 메트로 4, 6호선 Raspail 역

노트르담데샹 거리와 마찬가지로 예술과 문화의 향기가 흠뻑 담긴 거리다. 3번지의 조각가 퐁퐁 François Pompon을 시작으로 14번지의 화가 클랭 Yves Klein, 23번지의 화가 후지타 Foujita, 29번지의 화가 피카비아 Picabia와 뒤샹 Duchamp, 그리고 만 레이 Man Ray와 레노 Jean-Pierre Raynaud가 아름다운 아르데코 스타일의 31-2번지에 살았다. 11번지는 1960년대 프랑스 영화 '네 멋대로 해라 A Bout de Souffle'에서 주인공 장폴 벨몽도 Jean-Paul Belmondo가 뛰어내린 장면의 배경이기도 하다.

카르티에 재단 Fondation de Cartier
퐁다시옹 드 까르띠에   ★

주소 61 Boulevard Raspail 가는 방법 메트로 4, 6호선 Raspail 역, RER B선 Denfert Rochereau 역 홈페이지 www.fondation.cartier.com 운영 화~일 11:00~20:00 휴무 월 입장료 일반 €11, 할인 €5~7.50, 13세 미만 무료 (신분증 제시), 예매 권장 가이드 18:30 | 공석에 한함 | 무료

보석 브랜드 카르티에에서 관리하는 미술관. 큰 기업체에서 사회 환원과 기업 이미지 개선을 위해 문화예술에 지원하는 것을 메세나 mecenat라고 하는데, 카르티에 재단은 이 메세나 투자의 연장이다. 프랑스 스타 건축가 장 누벨이 설계를 맡으면서 관심이 집중된 이 건물은 파리에 현대 예술과 동시대 예술을 유치할 만한 공간이 부족하다는 자각에서 설립되었다. 설립 취지에 맞게 동시대 재능 있는 예술가들의 퍼포먼스, 공연, 단편 필름 등 다양한 장르 예술을 소개한다.

자코메티 문화원 L'Institut Giacometti
랭스티쥐 자코메티   ★

주소 5 Rue Victor Schœlcher 가는 방법 메트로 4, 6호선, RER B Raspail 역, Denfert-Rochereau 역 운영 화~일 10:00~18:00 휴무 월 입장료 일반 €8.50, 할인 €3, 18세 미만 무료(신분증 지참)

자코메티 문화원에는 예술가 인생 전반에 걸쳐 작업하며 쌓은 커리어에 대한 자료가 전시되어 있다. 아르데코 자료로 지정된 폴 폴로 Paul Follot(예술가, 실내장식가)의 거주지를 개조해 사립 미술관으로 운영하는 곳. 상설 전시된 자코메티 유작 외에도 그로부터 영감받은 다른 예술가들의 기획 전시도 열리고 있으니 프로그램을 확인할 것.

9 # 카타콩브 Catacombes de Paris
카타콩브 드 파리 ★★

주소 1 Avenue du Colonel Henri Rol-Tanguy 가는 방법 RER B선 Denfert Rochereau 역 홈페이지 www.catacombes.paris.fr 운영 화~일 10:00~20:00, 19:00 입장 마감 휴무 월, 공휴일 입장료 예매 €27~29(오디오 가이드 포함), 4~17세 €5, 현장 구입 €16~18(매진 주의), 18세 미만 무료, 예매 권장(공식 홈페이지 참고) 평균 대기 시간 2~3시간

최근 암표가 크게 증가해 공식 홈페이지의 입장료만 인정하므로 주의할 것! 1785년 레 알 자리에 있던 생이노상 묘지가 본 기능을 수행하지 못하자 14구의 채석장에 파리의 지하 무덤 카타콩브를 조성했다. 평균 20m 지하, 가장 깊은 곳은 30m. 2㎞에 걸쳐 만들어진 동굴 무덤은 상당히 개성 있는 장소다. 조금 스산한 느낌이 있지만 역사관과 통행로 등이 잘 만들어져 있어 경건함까지 느껴진다. 마레의 카르나발레 박물관 Musée Carnavalet에서 이곳의 자세한 이야기를 소개하고 있으니 참고할 것. 통계에 의하면 2013년에 카타콩브를 찾은 여행자는 31만 명에 달한다고 한다. 평균 입장 대기줄이 1시간 이상이지만, 6~8월과 주말을 피하고 17:00 이후에 가면 기다림의 지루함을 그나마 덜 수 있다.

PLUS STORY **필요에 의한 카타콩브**

이 거대한 지하묘지는 18세기 말에 심각한 문제가 되었던 파리 공동묘지에 대한 강구책이었다. 현재의 레 알 부근에 11세기부터 보존해 오던 생이노상 묘지가 있었는데, 당시 파리지앵들은 사후 모두 이곳에 묻혔다. 하지만 18세기가 되자 전쟁, 전염병, 기아 등으로 사망자 수가 크게 늘어나 시체 안치 공간이 부족해졌고 임시방편으로 구덩이를 10m 아래까지 팠지만, 급증하는 사망자 수를 감당할 도리가 없었다. 구덩이를 덮었을 때의 높이가 지상 2m가 넘었고 시체가  썩으며 생기는 유해 성분이 공기를 오염시켜 근처 여관 벽까지 뚫고 들어와 샹들리에의 촛불을 끌 정도였다고 한다. 이는 강의 오염과 도시 비위생이라는 2, 3차 문제로 이어졌다. 이렇게 되자 파리의 묘지를 없애는 일이 유일한 해답이 되었다. 다행히 파리의 옛 경계선 지하는 풍부한 채석장들로 이루어져 있었는데, 이 중 현재의 카타콩브가 조성된 채석장의 빈 공간이 꽤 넓고 쓸 만했다. 오래된 시체에서 나온 뼈만 채굴해 지하 묘지를 만든 파리의 카타콩브는 이렇게 조성되었다.

SELECT SHOP

에마로브 Emarobe

주소 49-51 Rue Daguerre 75014 홈페이지 www.emarobe.fr 영업시간 화~토 10:30~19:30 휴무 일, 월

맞붙어 있는 두 개 매장에 유아용품, 여성용품과 인테리어 소품을 구분해서 전시한 소규모형 편집숍이다. 아이들 장난감과 아이디어 소품은 유럽 생산 제품이 주를 이루며, 생활용품도 유럽 각지의 브랜드가 조화를 이루도록 정성스럽게 디스플레이했다.

몰로코 앤 코 Moloko & Co

주소 31 Rue Daguerre 75014 영업시간 화~토 10:30~19:30 휴무 일, 월

파리지앵 커플이 소소하게 론칭한 브랜드지만 벌써 10년째 레퓌블리크 구역에서 장수 중이다. 14구 숍은 생긴 지 얼마 안 되었지만 구역 주민으로부터 호응도가 높은 편. 옷과 액세서리 일부는 친환경, 리사이클링 소재로 프랑스에서 제작하며 나머지도 유럽 생산품이다.

오 메르베이유 Aux Merveilleux

주소 23 Rue Daguerre 75014 홈페이지 www.auxmerveilleux.com 영업시간 07:30~20:00, 연중무휴

메르베이유는 바삭 부서지는 부드러운 머랭의 안과 겉을 크림으로 채우고, 그 위에 쇼콜라 필링을 가득 올린 프랑스 북부 릴에서 시작된 디저트다. 고향 릴에서의 인기를 몰아 파리에 입성해 인기를 높이는 중. 기본 메르베이유 외에 시즌별 상품이 출시된다.

발레트 푸아그라 Valette Foie Gras 🍽

주소 16 Rue Daguerre 75014 홈페이지 www.valette.fr 영업시간 월 10:00~14:00, 15:00~19:30, 화~토 10:00~19:30, 일 09:30~13:30

프랑스 하면 푸아그라지만 그 많은 상품 중 무엇이 최상인지, 어디에 가면 제값에 살 수 있는지 난감하다. 이곳은 서남프랑스의 푸아그라 생산자와 직접 연계해 매해 최상의 푸아그라를 제안한다. 요리용부터 반숙, 완숙까지 개봉해서 바로 빵에 발라 먹을 수 있는 제품들이 있다.

레 자틀리에 가이테 🍽 🛍
Les Ateliers Gaîté

주소 68/80 Avenuedu Maine 75014 영업시간 월~목 10:00~22:00, 금·토 10:00~24:00, 일 10:00~20:00

웨스트필드 호텔 그룹 소유의 중소 규모 쇼핑몰. 오랜 공사 끝에 개장했는데, 흩어진 상권을 한곳에 밀집해 놓아 구역민들이 애용하는 곳이다. 지하 1, 2층에는 식사와 먹거리 위주로 운영되고 지상에는 가구점, 편집숍, 옷가게, 구두점 등이 입점해 있다.

이타르뒤피 ITArtufi 🍽

주소 31 Rue Delambre 75014 홈페이지 www.itartufi.fr 영업시간 월~토 10:00~20:00 휴무 일

프랑스의 고급 식재료에서 빠지지 않는 트뤼프(트러플) 식품 매장. 프랑스산과 쌍벽을 이루는 이탈리아산 제품만을 취급하는 이유는 주인이 이탈리아 남부 출신이기 때문. 3대째 트뤼프 사업을 해온 만큼 상품을 고르는 기준도 엄격하다. 제철 트뤼프를 기본으로 소량만 생산하지만 가격대가 합리적이고 선물용도 상품성이 높다.

메종 음세디 Maison M'Seddi 🍽️

주소 27 Rue Delambre 75014　영업시간 월~토 08:00~
19:30, 일 08:00~12:30

매해 주최되는 '파리에서 가장 맛있는 바게트, 크루아
상' 등의 타이틀을 거머쥐는 제빵점은 대통령 관저인
엘리제궁에 1년간 빵을 공급하는 영광을 누린다. 음
세디는 2018년에 그걸 해냈다. 빵을 주식으로 하는
프랑스인이 아닌 이상 빵 하나 사러 이동하지 않더라
도 이 지역에 숙소가 있다면 꼭 한 번 먹어볼 일이다.

리브레리 라르탕비지블 🛍️
Librairie L'Art Invisible

주소 20 Rue Delambre 75014　영업시간 화~토
11:00~19:00, 일 11:00~14:00, 15:00~19:00

도서 분야를 세분화한 서점이 유명한 파리의 특성
상 만화책 서점이 빠질 수 없다. 독서를 어려워하는
자녀에게 만화를 선물하는 프랑스 부모가 많은 만
큼 어른과 함께 오는 어린 손님들이 많다. 요즘 주가
를 올리는 한국, 일본, 중국 만화 마니아를 위해 아
시아계 책도 다수 판매 중이다.

르 셀렉트 Le Select 🍽️

주소 99 Boulevard du Montparnasse 75006　홈페이
지 www.leselectmontparnasse.fr　영업시간 07:00~
02:00, 연중무휴

1920년대에 문을 연 파리지앵 특유의 비스트로. 주
물 구조와 나무 식탁으로 리모델링해서 당시의 분
위기를 살리고 있다. 간단한 요리로는 닭가슴살 클
럽 샌드위치와 오믈렛을, 정식으로는 훈제 연어와
푸아그라를 추천한다. €14~17.

르 돔 Le Dôme 🍽️

주소 108 Boulevard du Montparnasse 75006　영업
시간 월~토 08:30~21:30　휴무 일

100년이 넘는 역사를 간직한 곳으로, 개업 당시의
분위기를 그대로 살린 실내의 아르누보 장식이 인
상적이다. 고풍스러운 프랑스 전통 요리를 고집하
는 레스토랑이
며, 바닷가재, 홍
합 등 해산물 위
주의 요리가 많
다. 메뉴당 €30
이상, 세트 메뉴
는 평균 €90.

르 파르코 세르 Le Parc aux Cerfs

주소 50 Rue Vavin 75006 영업시간 12:00~14:00,
19:00~23:15, 연중무휴

수많은 미식가들의 호평을 받는 현대식 프랑스 레
스토랑. 작지만 정갈하고 신선한 분위기이며, 부드
럽게 만들어내기 어려운 푸아그라, 송아지 갈비살
요리를 최고의 맛으로 요리하는 것으로 정평이 나
있다. €27~39 정도.

포르토벨로 PORTOBELLO

주소 56 Rue Notre-Dame des Champs 75006 홈
페이지 PORTOBELLO-paris.com 영업시간 화~토
11:00~13:00, 15:00~19:00 휴무 일, 월

예술가 집안에서 태어난 여주인 안의 앤티크 매장.
그녀가 유럽의 앤티크 시장을 돌며 선별해 온 물건
들이 매주 새로 들어온다. 작은 협탁, 낡은 문짝, 청
자 다기까지, 다
양한 앤티크 물
건을 취급한다.

랭 앤 시 Lin & Cie

주소 16 Rue Bréa 75006 홈페이지 www.linetcie.com
영업시간 월~토 10:00~19:00 휴무 일

신생아와 유아를 위한 의류, 액세서리 매장. 공장용
의류가 아니라 디자이너들이 직접 제작하는 소량
의 'Made In France' 제품들이다. 완구류는 많지 않
으나 대부분 원목 재질이며, 철제로 휘어서 만든 별,
달 모양에 아이의 이름을 새겨준다. 제작 기간은 약
10일 정도. 미리 주
문해 놓았다가 여행
날짜에 맞춰 찾으러
갈 수도 있다.

트랑스베르살 TransVersal

주소 22 Rue Daguerre 75014 영업시간 월~토 10:00~
20:30 휴무 일

현대식 프랑스 레스토랑으로 도미 등 신선한 고급
재료를 이용한 정성을 들인 요리와 세련된 실내는
파리 중심의 고급 레스토랑이 부럽지 않은 수준. 초
록 토마토를 이용한 애피타이저 샐러드도 좋다. 날
씨 좋은 주말 저녁에는 다게르 거리의 음악 공연도
함께 즐길 수 있어 금상첨화.

/ FOCUS /

알면 돈이 되는 쇼핑 수칙

프랑스에서는 쇼윈도 디스플레이 때 해당 제품들의 가격 표기를 해야 한다. 구입 유무는 손님들의 자유지만 가격까지 알고 들어간 입장에서 아무 말 없이 이것저것 들쳐보고 나오는 건 굉장히 무례한 행동이다. 가벼운 인사 정도는 꼭 건넬 것.

정기 세일과 상시 할인 매장

6월 말~7월 말, 1월 중순~2월은 프랑스의 정기 세일 기간이다. 이때는 모든 쇼윈도에 'Soldes(세일)'라는 팻말이 걸리며 20~50% 할인된 가격으로 물건을 구입할 수 있다. 단, 명품 브랜드는 정기 세일이 없다. 시즌이 지난 상품만 모아서 상시 할인하는 'Stock(창고)'도 있는데, 일반 브랜드부터 디자이너 브랜드까지 취급한다. 정기 세일 기간에는 더 할인이 된다.

면세를 받을 수 있는 자격

준비물 여권, 항공권(e-ticket 또는 종이 항공권)
• 16세 이상, 유럽연합 가입국 이외의 국적을 가진 자
• 유럽 거주 기간이 6개월 미만의 체류증 미소지자
• 재판매 목적을 하지 않는 구매(동일한 물건 15개 미만)
• 면세품 취급 매장에서 발행한 면세 서류를 구비하고 출국 시 해당 구입 품목을 소지할 것
• 면세 받을 물건이 구입일로부터 3개월 미만일 것

면세 수속 대비

프랑스(유럽)에서 판매되는 모든 물건에는 부가가치세(TVA)가 포함되어 있다. 다시 말해, 이는 외국인이 자국으로 입국하면서 돌려받을 수 있는 금액인 것. 통상 구입가의 12~15%(면세)에 해당한다. 면세 혜택을 받으려면 다음 단계를 기억하자.
환급 종류 현금, 수표(유로 또는 달러), 계좌 송금
환급률 (약 2~3%) 계좌송금=수표> 현금

면세율	13~20%
구입 금액	€100 이상
구입 기간 제한	3일 사이
최대 현금 환불액	€3,000

면세 수속 대행점
(Tax Free 스티커를 부착한 매장)
❶ 상점당 최소 €100 이상의 금액을 지출. 분리 구입을 했더라도 한 매장 또는 한 그룹에서의 처음과 마지막 구입 간격이 최대 3일 미만이고, €100 이상 지출했으면 총액을 따져 면세 서류 발부 요청이 가능하다.

❷ 면세 서류 발급 또는 면세 환불 수표 Tax Free Chopping Cheque 요청. 환불 받을 금액까지 전산 처리되어 나온다. 이는 구입 당시에만 가능하고 다른 어떤 곳에서도 발급하지 않으므로 반드시 결제 시 요청한다.
❸ ②와 서류에 기입한 메일 주소를 잘 보관. 메일로 세관 비자가 발부된다.
❹ ③을 기본으로 출국 시 공항의 Pablo 무인 카운터 또는 면세 카운터 Bureau de Detaxe(Tax Refund)를 찾아가 구입품을 신고한다.
❺ ④를 프랑스(유럽)나 한국 공항의 캐시 리펀드 카운터 Cash Refund Counter에 제출하면 원하는 통화로 환불해 준다. 수표의 경우는 매장에서 받은 전용 봉투에 넣어 우편함에 넣으면 최대 8주 안에 계좌로 송금받을 수 있다.

일반 상점
❶ 상점당 최소 €100 이상의 금액을 지출. 분리 구입을 했더라도 한 매장 또는 한 그룹에서의 처음과 마지막 구입 간격이 최대 3일 미만이고, €100 이상 지출했으면 총액을 따져 면세 서류 발부 요청이 가능하다.
❷ 면세 서류 발급 또는 면세 환불 수표 Tax Free Chopping Cheque 요청. 환급 받을 금액까지 전산 처리되어 나온다. 이는 구입 당시에만 가능하고 다른 어떤 곳에서도 발급하지 않으므로 반드시 결제 시 요청한다. 단, 환불 수표가 아닌 면세 서류에 직접 기입해야 할 가능성이 크다.
❸ 4장으로 이루어진 신청서에 이름, 주소, 여권 번호 등의 사항을 기재하고 분홍색과 연두색 용지를 각각 2장, 1장 받는다(나머지 1장은 매장용).
❹ 메일로 세관 비자를 못 받았다면 공항 면세 카운터를 찾아가 직인을 받는다.
❺ ④에서 돌려받은 분홍색 서류는 전용 봉투로 우편함에 넣으면 된다. 연두색은 개인 보관용. 문제 발생 시 증빙서류이므로 해당 기간 내에 환급이 될 때까지 반드시 보관한다.

©www.flickr.com

MONTMARTRE

몽마르트르 구역

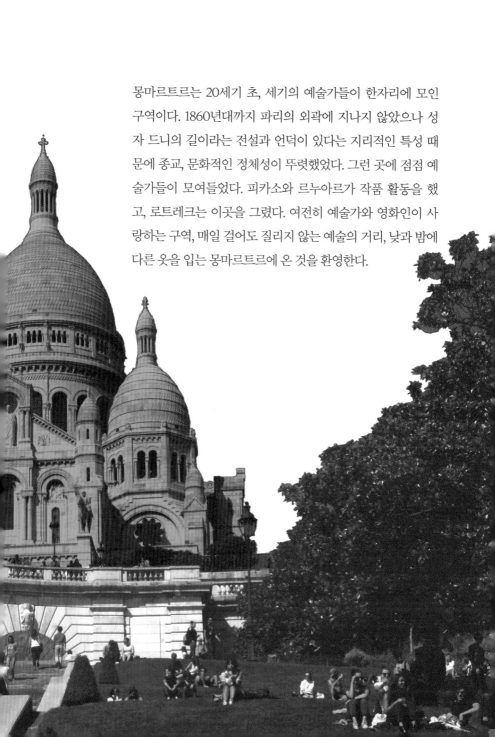

몽마르트르는 20세기 초, 세기의 예술가들이 한자리에 모인 구역이다. 1860년대까지 파리의 외곽에 지나지 않았으나 성자 드니의 길이라는 전설과 언덕이 있다는 지리적인 특성 때문에 종교, 문화적인 정체성이 뚜렷했었다. 그런 곳에 점점 예술가들이 모여들었다. 피카소와 르누아르가 작품 활동을 했고, 로트레크는 이곳을 그렸다. 여전히 예술가와 영화인이 사랑하는 구역, 매일 걸어도 질리지 않는 예술의 거리, 낮과 밤에 다른 옷을 입는 몽마르트르에 온 것을 환영한다.

몽마르트르 구역 Montmartre

- 출발장소 블랑슈 광장 Place Blanche
- 메트로 2호선 Blanche 역, 12호선 Pigalle 역
- 소요시간 1일
- 놓치지 말 것 물랭루주, 사크레쾨르 대성당 전망대의 전경, 아베스 거리에서 카푸치노 한 잔
- 장점 언덕 위 명물 성당과 그곳으로 가는 길 사이에서 빈번히 마주치는 문화와 낭만
- 단점 테르트르 광장의 숨 막히는 인파와 이를 노리는 소매치기들

★ ★ ★

이 낭만적이며 볼 것 천지인 언덕 구석구석을 찾고 싶다면, 일단 쇼핑은 매몰차게 미루고 최선을 다해 동선을 따를 것

- **1** Moulin-Rouge 물랭루주
- **2** Musée de la Vie romantique 로맨틱 박물관
- **3** Lapin Agile 라팽 아질
- **4** Musée de Montmartre 몽마르트르 미술관
- **5** Place du Tertre 테르트르 광장
- **6** L'Espace Dali 달리 미술관
- **7** Église Saint-Pierre 생피에르 성당
- **8** Basilique du Sacré-Cœur 사크레쾨르 대성당
- **9** Église Saint-Jean 생장 성당
- **10** Le Mur des 'Je t'aime' '사랑해' 벽

Mairie de Paris Direction des Parcs Jardins et Espaces Verts

Halle Saint-Pierre

Eglise Protestante Allemande

1 물랭루주 Moulin Rouge
물랭루즈 ★

주소 Boulevard de Clichy 가는 방법 메트로 2호선 Blanche 역, 예약 필수 홈페이지 www.moulinrouge.fr 운영 18:45~, 연중무휴, 공연 시작 21:00, 23:00 입장료 기본 샴페인+식사+공연 €225, VIP (기본)+와인+서프라이즈 €445, 예약 필수

창립 때부터 이어진 카바레 중 전통과 인지도가 물랭루주만 한 곳도 없다. 현재 물랭루주 댄서의 입단 심사는 엄격하기가 오페라 발레단이 울고 갈 정도. 각선미와 춤 실력이 뛰어난 미녀들이 전 세계에서 지원하고 수련 강도도 높은 전문 무용단이다. 1세기의 역사를 자랑하는 캉캉댄스, 테마별 댄스, 서커스 쇼 등을 즐기며 코스 식사까지 경험하는 호강을 누릴 것이다. 물랭 루주는 1889년 지들러 Zidler와 올러 Oller에 의해 프렌치캉캉이란 춤이 최초로 상연된 장소. 삼색기의 색깔을 반영한 의상을 입고 팔랑거리는 무용수들의 모습은 로트레크 Toulouse Lautrec의 그림으로 너무나 유명해졌다. 니콜 키드먼 주연의 영화 '물랭 루주'에서도 지들러와 로트레크라는 인물이 나온다. 20세기 초에는 에디트 피아프, 이브 몽탕, 프랭크 시나트라 등 대형 스타들이 공연한 역사적인 공연장으로, 대전 후부터 늘씬한 미녀를 대동한 화려한 이브닝 공연으로 더 유명하다.

Do you know? 파리 석조 건물의 원천, 채석장

파리의 흰 석조 건물을 보면 이 육중한 돌을 어디에서 가져왔을까 싶다. 답은 파리의 지하다. 평지가 대부분인 프랑스지만 몇몇 도시에는 돌산이 존재했는데, 파리도 그중 한 곳이었던 것. 19세기 때부터 채굴 대상이 된 도시 주변의 채석장은 평균 깊이 20m, 길이 300km에 달했다. 다른 지방에서의 공수 없이도 19세기 중요 건물과 프로젝트를 수행하고 남을 정도의 매장량으로 추산되었다. 몽마르트르 지하가 자원이 가장 풍부했고, 뷔트 쇼몽 공원은 아예 채석장 자체를 깎아 공원으로 만들었을 정도. 물랭루주 앞 광장의 이름이 블랑슈(흰)인 이유를 여기에서 유추할 수 있다.

② 로맨틱 박물관 Musée de la Vie romantique
뮈제 드 라 비 로망틱   ★★

주소 16, rue Chaptal 75009 가는 방법 메트로 2호선 Blanche, Pigalle 역, 12호선 Pigalle 역 홈페이지 www.vie-romantique.paris.fr 운영 화~일 10:00~18:00 휴무 월, 특별 공휴일 입장료 상설 전시 무료

19세기 초에 활동했던 네덜란드 출신 화가 아리 셰퍼 Ary Scheffer가 실제로 살았던 집을 개조한 미술관이다. 저택 외관에서 정원으로 이어지는 분위기가 로맨틱 시대의 느낌을 그대로 간직하고 있어서 이같은 별칭이 붙었다. 1층은 은 여류 작가 조르주 상드 George Sand의 작품과 세계관 그리고 그녀의 삶에 대한 오마주로 채워져 있으며, 2층에는 셰퍼의 작품을 감상할 수 있다. 독서 콘서트, 아동 이벤트, 기획전이 열리며, 반드시 관람이 아니더라도 낭만적인 휴식을 선사하는 정원의 찻집은 들러 볼 만하다.

③ 라팽 아질 Lapin Agile
라팽 아질

주소 22 Rue des Saules 가는 방법 메트로 12호선 Lamarck-Caulaincourt 역 홈페이지 www.au-lapin-agile.com 공연 화~일 21:00~01:00 휴무 월 입장료 일반 €35, 할인 €25

물랭루주보다 덜 유명하지만, 20세기의 예술가들이 진정으로 사랑했던 카바레다. 1913년에 개장한 이래 전쟁을 겪으면서도 지성인들에게 만남의 장을 마련했던 곳이다. 피카소, 로트레크, 보들레르, 시인 막스 자코브 Max Jacob, 비평가 프란시스 카르코 Francis Carco 등이 이곳에서 시와 예술과 인생을 논했다. 현재도 샹소니에(흘러간 프랑스 노래를 읊거나 감상하는 장소)로 운영되고 있으며 규모가 큰 물랭루주와 달리 사랑방 같은 화기애애함이 있으니 한 번쯤 들러보자.

몽마르트르 미술관 Musée de Montmartre
뮈제 드 몽마르뜨르 ★★

주소 12 Rue Cortot 가는 방법 12호선 Lamarck-Caulaincourt 역 홈페이지 www.museedemont martre.fr 운영 10:00~19:00, 연중무휴 입장료 일반 €14~15

원래는 여인숙에 가까운 호텔이었지만 1960년에 미술관으로 개장했다. 1876년에 르누아르가 이곳에 잠시 머무르며 명작 '물랭 드 라 갈레트의 무도회'를 그렸고, 문학가 블루아 Léon Blois가 영감을 찾아 묵기도 했다. 2012년에 미술관의 정원을 재정비했는데, 르누아르의 그림에서 착안해 라일락, 장미 덩굴, 과일나무 등을 심었다. 전시는 몽마르트르와 관련된 예술과 작품 위주다. 재정비한 정원 카페와 아이들과 함께할 수 있는 예술 체험 학습도 놓치지 말 것.

 ## 테르트르 광장 Place du Tertre
쁠라스 뒤 떼르뜨르 ★

주소 Place du Tertre 가는 방법 메트로 2호선 Anvers 역

파리에서 여행자들이 가장 많은 장소 중 한 곳. '몽마르트르 화가들의 광장'으로 더 유명한 테르트르 광장은 대부분 18세기에 지어진 저택에 둘러싸여 있다. 제각기 다른 스타일을 가진 무명화가의 작품 구경도 좋지만, 이곳의 진짜 매력을 보려면 화가와 여행자가 몰리기 전인 10:00 전에 가야 한다. 3번지는 몽마르트르 구역의 최초 구청이었고, 21번지는 구역 자치도시 본부가 있던 자리다.

6 달리 미술관 L'Espace Dali
레스빠스 달리 ★★

주소 11 Rue Poulbot 가는 방법 메트로 12호선 Abbesses 역 홈페이지 www.daliparis.com 운영 7, 8월 10:00~
18:00, 10:00~20:00, 연중무휴 입장료 일반 €10~14, 8세 미만 무료, 현장 구입

프랑스에 있는 유일한 달리만의 공간이다. 1929년
초현실주의 시인 브르통의 제안으로 개장했다는 후
문이 있다. 두 개의 갤러리 중 달리의 갤러리에서 그
의 작품을 볼 수 있는데, 그림이 아닌 조각품과 판화
작품이 대부분이다. 다른 한 곳인 몽마르트르 갤러
리에서는 동시대 예술가들의 작품을 감상할 수 있
다.

7 생피에르 성당 Église Saint-Pierre de Montmartre
에글리즈 쌩삐에르 드 몽마르뜨르 ★

주소 2 Rue du Mont-Cenis 가는 방법 메트로 12호선 Abesses 역 운영 08:45~19:00, 연중무휴

파리에서 생제르맹데프레 다음으로 오래된 소교구
성당이다. 사크레쾨르 왼쪽 바로 뒤에 붙어 있기 때
문에 '같은 건물이겠지' 하고 지나치기 쉽지만 역사
적으로는 사크레쾨르보다 훨씬 큰 비중을 차지하는
곳이다. 1147년, 원래 있던 대교회당이 황폐화된 자
리에 당시 교황이었던 외젠 3세 Eugène III의 지시로
신축하게 되었는데, 12세기 중반에 중앙홀이 완성
되었고, 제단 뒤 반월형 부분은 그보다 한참 지난 12
세기 말에 완공됐다.

현재 남아 있는 고딕 양식의 아치 천장과 측랑은
1470년경, 100년 전쟁 후 보수공사를 거친 것으로
아치 정상이 조금씩 내려앉아 세월의 흔적이 느껴
진다. 오래된 성당답게 소박하고 절제미가 느껴지
지만 기둥의 상부 장식은 일부러라도 찾아볼 만하
다. 메로빙거 왕가의 스타일과 고대에서 영향 받은
로마 양식, 나뭇잎 모양 등이 이 성당의 오래된 역사
를 증명하고 있다. 테르트르 광장 맞은편, 몽스니 거
리 Rue du Mont-Cenis를 통해 출입한다.

⑧ 사크레쾨르 대성당 Basilique du Sacré-Cœur
바질리끄 뒤 사크레꿰르

★★★

주소 35 Rue du Chevalier de la Barre 가는 방법 메트로 2호선 Anvers 역 홈페이지 www.sacre-coeur-mont martre.fr 운영 06:00~23:00, 연중무휴 입장료 본당 무료, 동 전망대(300계단, 승강기 없음) €7, 지하 예배당 €3, 동시 구입 €8

몽마르트르 언덕 꼭대기에 자리 잡은 하얀색의 대성당으로 1876년에 착공, 1919년에 완공되었다. 대혁명과 공포정치 등 불안정한 정국을 거쳐 프랑스 제 3공화국의 수립을 축하하고 시민들의 도덕성을 회복하자는 의미에서 정부에서 건립을 주도했다. 그리스 십자가의 모양에서 도면을 따왔는데, 그 가장자리는 내부에서 보이는 4개의 돔의 위치와 일치한다. 가장 큰 돔의 외부 높이는 83m, 지름이 55m에 달하며, 비잔틴(돔)과 로마 양식(주랑과 합각지붕)을 절충해 지어 절묘한 아름다움을 보여준다. 자재로 쓰인 흰 돌들은 샤토랑동의 채석장에서 조달한 것으로, 빗물에 씻기는 특징 때문에 세월이 지나도 하얗게 유지된다고 한다. 실내에서는 제단 뒤의 반월형 천장 모자이크를 주목하자. 가톨릭 재단과 프랑스가 찬양하는 예수의 성심을 표현한 작품이다.

시간이 나면 전망대와 지하 납골당도 방문해 보자. 사크레쾨르 대성당은 건물의 존재만으로도 품위가 넘치지만 지리적인 특성도 빼놓을 수 없다. 성당 앞마당에서 바라보는 아래의 뜰과 180도로 펼쳐지는 파리의 전경이 장관이다. 날씨가 좋으면 점심 무렵부터 앞마당에서 거리 공연과 음악회가 열려 여행자에게 또 다른 볼거리를 선사한다.

⑨ 생장 성당 Église Saint-Jean de Montmartre
에글리즈 쌩장 드 몽마르뜨르 ★

주소 **19 Rue des Abbesses** 가는 방법 **메트로 12호선 Abbesses 역** 홈페이지 **www.saintjeandemontmartre. com** 운영 **09:00~19:00, 연중무휴**

시멘트로 제작된 최초의 가톨릭 성당. 파리 최초의 메트로, 그랑 팔레와 함께 파리의 건축에 현대화를 가져온 3대 명물에 속한다. 노트르담을 재보수한 거장 비올레르뒤크의 수제자인 보도 Anatole de Baudot가 설계를 맡았다. 1894년부터 10년간의 공사 끝에 완공된 아르데코 양식의 성당은 철근 시멘트 위에 세라믹과 벽돌을 외장 마감재로 써서 무척 독특하다. 프랑스 중세와 르네상스 시대 전문 건축가치고는 특이하게도 새로운 자재를 절충해 쓸 줄 알았던 보도의 걸작으로 평가받고 있다.

⑩ '사랑해' 벽 Le Mur des 'Je t'aime'
르 뮈르 데 주 뗌므 ★★

주소 **Place des Abesses** 가는 방법 **메트로 12호선 Abbesses 역**

프레데릭 바롱 Frédéric Baron과 클레르 키토 Claire Kito의 작품으로 아베스 거리의 명물이 되었다. 작품을 구상한 바롱은 이 '마법의 문장'을 위해 외국인 이웃과 파리 주둔 외국대사관을 찾았고, 300여 개의 언어, 1,000여 번의 '사랑해'가 담긴 공책을 손에 넣었다. 단절과 경계의 대명사인 벽을 뒤집어 사랑과 화합의 도구로 시도한 40㎡의 벽 안에는 총 300여 개의 '사랑해'가 250여 개국의 언어로 쓰여 있다. 그 사이에 빨간 조각은 사랑을 고백하다가 상처받은 사람의 깨진 마음을 뜻하는데, 그것을 다시 잇는다는 설정이 가슴 아리면서도 재미있다.

/ FOCUS /

몽마르트르의 거리

르픽 거리 Rue Lepic

가는 방법 메트로 2호선 Blanche 역, 12호선 Abbesses 역

물랭루주 건물의 오른쪽에서 시작되며, 중간에 반 바퀴를 돌아 언덕의 중반에 이르는 제법 긴 길로 전형적인 파리지앵 상업 구역을 형성하고 있다는 점에서 주목할 만하다. 15번지의 레 되 물랭 Les Deux Moulins은 영화 '아멜리에'의 주인공이 일하는 장소로 영화의 전반적인 배경이 된 곳이다. 내부에 걸린 포스터가 동일 장소임을 입증할 뿐, 특별할 것 없는 일반 카페의 모습이다. 조금 더 올라가 26번지에 도착하면 수제 쿠키와 타르트를 구입할 수 있는 레 프티 미트롱 Les Petits Mitrons이 있다. 왼쪽으로 꺾이는 거리의 초입, 44번지에는 동시대 예술 갤러리 W가 있는데, 전시 내용에 따라 작은 퍼포먼스가 벌어진다.

아베스 거리 Rue des Abbesses

가는 방법 메트로 12호선 Abbesses 역

20세기 초에는 공기 좋고 집세가 싸 가난한 예술가들의 터전이었으나, 요즘은 몽마르트르의 쇼핑 메카로 자리매김한 길. 중고가 쇼핑 매장들은 물론 레스토랑과 바, 싱싱한 과일, 치즈 가게가 빼곡히 들어차 있어 지루할 틈이 없다. 프랑스 크루아상 대회에서 은상을 수상한 제빵점 그르니에 드 팽 또한 추천할 만하다. 아동 잡화와 인테리어 소품을 판매해 중형 브랜드로 거듭난 프티 팽도 빼놓을 수 없다.

마르티르 거리 Rue des Martyrs

가는 방법 메트로 2, 12호선 Pigalle 역

19세기에 파리의 새 경계선이 지정된 이후, 도시 정비에 따라 이어진 길로 마르티르는 순교자라는 뜻이다. 프랑스 최초의 주교였던 성자 드니 Saint Denis는 로마 황제에게 참수당한 후 본인의 목을 들고 이 거리를 지나 지금의 사크레쾨르 성당 자리에서 주저앉았다고 한다. 이 때문에 생드니 거리라고 불렸으나 이후에 개칭되었다. 지금은 좌우에 있는 트렌디한 숍으로 인해 깍쟁이 파리지앵들의 선호도가 높은 길이다.

라 부트 프로마제르
La Butte Fromagère 🍽

주소 32 Rue des Abbesses 75018 영업시간 **화~토** 09:30~20:00, 일 09:30~13:00

이 유명한 거리에 프로마주 가게가 빠지면 아쉽다. 한국인이 좋아하는 이즈니 버터는 물론, 프랑스인이 즐기는 치즈를 먹음직스럽게 진열해 두고 있다.

외국인을 위한 영어 설명  도 화려한 편. 샌드위치용, 일상용, 와인 안주용 등 원하는 종류를 말하면 적당한 제품을 추천해 준다. 구입을 원하면 시식도 요청할 수 있다.

엠 무스타슈 M. Moustache 🛍

주소 36 Rue des Abbesses 75018 홈페이지 www.m-moustache.com/en 영업시간 11:00~19:30, 연중무휴

론칭한 지 7년 된 스니커즈 브랜드지만 파리 고급 백화점에 팝업을 두는 등 파리지앵의 관심이 뜨겁다. 밑창 등 낡은 신발을 70% 리사이클링한 건강한 브랜드답지 않게 디자인과 색상이 상당히 경쾌하다. 샌들 라인도 확장 중이며 러닝화는 아직 출시 전이다.

예이 YAY 🛍

주소 48 Rue des Abbesses 75018 홈페이지 yay.paris 영업시간 월~토 11:00~19:30 휴무 일

2022년 말에 개업한 따끈따끈한 보석매장. 프랑스 디자이너와 30명의 직원이 프랑스에서 제작하는 'Made In France' 순도 100%다. 14K 합금을 이용하므로 마찰, 물, 오염에 강하다. 합금 보석 하면 떠오르는 올드한 디자인이 아니라 판타지와 브랜드 보석의 퀄리티를 연상시키는 사랑스러운 디자인이 많다.

파구오 FAGUO

주소 22 Rue Abbesses 75018 홈페이지 faguo-store.com 영업시간 11:00~19:30

남자 옷처럼 보이지만 유니섹스로 착용 가능하고 50% 재활용 재료를 이용해 환경을 의식하는 브랜드. 기본 착장 아이템이 대부분이고 계절에 맞춰 아웃도어룩도 출시된다. 역시 프랑스 브랜드이며 대부분의 제작은 유럽에서 이뤄진다.

코팽 Copains

주소 8 Rue des Abbesses 75018 홈페이지 www.copains-paris.com 영업시간 월~토 08:30~19:30, 일 09:00~19:00

코팽의 아이콘은 폴란드가 고향인 바브카Babka다. 빵의 결 사이에 피스타치오, 계피 같은 부재료를 넣어 부풀린 빵으로 프랑스인은 식사용보다 간식 또는 아침용으로 즐긴다. 점심때는 가게에서 만든 샌드위치를 판매하는데 유기농 부재료의 신선도가 남다르다. 간식과 커피를 함께 주문해 근처 공원에 앉으면 비싼 카페가 부럽지 않다.

이지피지 IZIPIZI

주소 30 Rue des Abbesses 75018 홈페이지 www.izipizi.com 영업시간 수·목 11:00~14:00, 15:00~19:30, 금~일 11:00~20:00 휴무 월

론칭한 지 10여 년 되는 프랑스 브랜드로 우리나라 백화점과 편집숍에서도 취급한다. 50% 이상 업사이클링 재료이고 무게와 퀄리티로 좋은 평가를 받는 중. 아웃도어 선글라스의 휴대성이 좋다. 신생아 노트와 선글라스를 패키지로 판매하는 상품은 선물로도 제격.

부기샤로우 Bougies-Charroux

주소 24 Rue Yvonne Le Tac 75018 홈페이지 www.bougies-charroux.com 영업시간 11:00~19:00, 연중무휴

향수로 유명한 스페인과의 국경 근처 도시 라그라스에서 공수한 재료로 만드는 양초 브랜드. 향수에 사용하는 재료를 사용해 소등 시 향기가 남다르다. 수십 가지 향을 직접 시향하고 고를 수 있다. 카눌레 모양, 잼 모양 등 선물용으로 좋은 양초 패키지들이 다양하다.

투티 상시 Tutti Sensi

주소 14 Rue Norvins 75018 영업시간 10:00~24:00
화가의 광장과 지척에 있는 아이스크림점. 다른 곳
에 비해 빼어난 맛은 아니나, 장소 덕에 몽마르트르
에서 가장 호황을 누리는 가게임에는 틀림없다.

덕 스토어 파리 Duck Store Paris

주소 6 Rue Yvonne le Tac 75018 영업시간 월~금
14:30~19:00, 토·일 11:00~19:00

자녀 유무를 막론하고 이 고
무 오리를 모르는 사람은 없
을 듯. 벨기에에서 론칭된 후
로 전 세계에서 다양한 크기
와 모양으로 각색되어 판매

중인 '덕'의 파리 유일 매장. 나라, 이벤트 등에 맞게
해석된 수백 마리의 오리를 구경하는 재미가 있다.
'덕'의 파리 테마는 따로 구분해 전시해 놓았다.

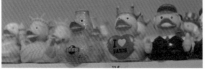

라 불랑제리 La Boulangerie

주소 0 Rue des Trois Frères 75018 영업시간 11:00~
19:00, 연중무휴

파리의 디자이너 여러 명이 모여 자체 제작한 수공
예품을 판매하는 매장이다. 도자기, 머리띠, 장갑,
리사이클링 옷, 가방, 보석 등 그저그런 기념품을 대
체할 만한 제품들이 많으니 들러볼 것.

레 슈페트 드 슈슈
Les Choupettes de ChouChou

주소 27 Rue Durantin 75018 홈페이지 www.leschou
pettesdechouchou.com 영업시간 화~일 10:00~
19:00

프랑스 성인들도 간식으로 자주 즐기는 슈는 속을
채우지 않으면 가볍게 10개씩 먹는 것도 가능하다.
많은 제빵 품목 중 슈크림만 단독 판매한다는 것은
그만큼 고집과 확신이 있다는 방증. 부드럽고 풍만
한 크림과 고소한 슈의 조화가 하나만으로 그치기
힘들게 하는 맛이다.

세 플뤼모 Chez Plumeau 🍽️

주소 4 Place du Calvaire 75018 영업시간 11:00~자정, 연중무휴

테르트르 광장과 달리 미술관 사이에 위치한 작은 비스트로 레스토랑으로 덩굴이 우거진 테라스가 한번쯤 쉬어가지 않으면 안 될 것 같은 로맨틱한 분위기를 연출한다. 채식 타르틴(미니 타르트)을 비롯한 몇 가지의 타르틴과 빵과 함께 제공되는 샐러드가 인기다. 푸짐한 정식보다 몽마르트르의 자유로운 분위기를 즐기며 식사하기에 더없이 낭만적인 곳이다. €12.50~17.50.

레 탕트 잔 Les Tantes Jeanne 🍽️

주소 42 Rue Véron 75018 홈페이지 www.lestantes jeanne.fr 영업시간 화~금 18:00~23:00, 토 12:00~15:00, 18:00~23:00 휴무 일, 월

맛있는 먹거리와 칵테일바가 흐르고 넘치는 몽마르트르지만 정작 고급스럽게 즐길 만한 정식 레스토랑은 많지 않다. 레 탕트 잔은 프랑스 MOF 셰프의 레스토랑으로, 일본 고베산 쇠고기 요리가 전문이다. 3코스는 €89, 6코스는 €150 정도로 즐길 수 있다.

메르드 갈레리/폴 아트 앤 디자인 🛍️
Merde Galerie / Paul Art & Design

주소 10 Rue du Mont Cenis 75018/29 Rue Berthe 75018 홈페이지 www.paulartetdesign.com 영업시간 월~토 11:00~19:00

가장 흔한 프랑스 욕설(똥 Merde)이 캘리그래피로 브랜드화된 이색적인 케이스. 재미있는 것은 이 말이 '행운을 빈다'와 동음이의어로 사용된다는 것. 디자이너는 중요한 약속이나 시험을 앞둔 이에게 'Merde'라고 외치는 역설에서 브랜드 아이디어를 따왔다고 한다.

카페 데 되 물랭 Café des 2 Moulins

주소 15 Rue Lepic 75018 영업시간 08:00~01:00,
연중무휴

프랑스 영화 '아멜리에'에서 주인공이 일하는 장소
로 등장한 이후에 큰 인기를 끌게 된 카페 브라스리.
영화 속에서 아멜리에가 좋아한 디저트 크렘 브륄레
(캐러멜로 덮어 있어 숟가락으로 깨먹는 디저트)는
손님들의 인기 디저트가 되었다고 한다. 내부는 호
화로움과는 거리가 먼 전형적인 파리의 브라스리다.
간단한 메뉴를 먹거나 음료를 한잔하기에 좋다.

르 그르니에 아 팽 Le Grenier à Pain

주소 38 Rue des Abbesses 75018 홈페이지 legreni
erapain.com 영업시간 07:30~20:00 휴무 화, 수

몽마르트르에 왔다면 꼭 들러야 하는 곳이라고 감
히 단언한다. 이 빵집은 해마다 열리는 파리 제과 대
회에서 가장 맛있는 바게트(2010, 2015년), 가장 맛
있는 크루아상(2005년)에 거듭 선정되면서 더욱
유명해졌다.

갈르리 다르 세라미크
GALERIE D'ART CERAMIQUE

주소 1 Rue des Saules 75018 영업시간 11:00~
20:00, 연중무휴

한때 이 구역에 성행했던 자기 공예의 흔적을 물려
받고자 개업한 장소로, 대부분 자신의 작품이나 소
품을 진열하고 있다. 대단한 작품보다는 기념용으
로 간직할 만한 중저가 제품들이 있으니 구경 삼아
둘러보자.

프티 팡 Petit Pan

주소 10 bis Rue Yvonne Le Tac 75018 홈페이지 www.
petitpan.com 영업시간 화~일 11:00~13:00, 14:00~
19:00

패치워크 자재 판매숍. 눈이 돌아갈 만큼 화려한 색
채가 돋보이는 원단과 기본 부자재, 그리고 이것을
이용해 수공예로 만든 생활소품과 아이용품을 판매
한다.

르 물랭 드 라 갈레트
Le Moulin de la Galette

주소 83 Rue Lepic 75018 홈페이지 www.moulinde
lagaletteparis.com 영업시간 11:00~22:30, 연중무휴

몽마르트르가 파리에 편입되기 전, 방앗간으로 이
용하던 14개의 풍차 중 유일하게 보존된 것이 이 레
스토랑 위의 두 개다. 르누아르의 명작 '물랭 드 라
갈레트의 무도회'의 배경이 된 장소이며, 고흐, 로트
레크와 파카소 등 당대의 화가들이 사랑한 장소이
기도 하다. 클래식하면서도 세련된 실내 인테리어
와 테라스로 구역의 명소가 된 이곳은 요리 역시 실
망스럽지 않다. 주말이나 연말이 아니라면 예약 없
이도 자리를 잡을 수 있다. 푸아그라와 포토푀가 제
공되는 점심 코스 요리가 €42, 아동 세트 €12~.

르 를레 드 라 뷔트 🍽
Le Relais de la Butte

주소 12 Rue Ravignan 75018 영업시간 08:00~
01:00, 연중무휴

위치상 손님을 끌어들이는 최적의 장소에 있는 레
스토랑 겸 바. 실내에서 식사가 가능하고 점심때는
외부에서도 주문할 수 있다. 주변에 큰 나무들이 있
어 테라스를 즐기며 식사하기에 무
척 낭만적인 곳이다.

셰 마리 Chez Marie 🍽

주소 27 Rue Gabrielle 75018 영업시간 12:00~15:00,
18~23:00, 연중무휴

셰 플뤼모와 함께 이 구역에서 가장 낭만적인 테라
스를 가진 레스토랑. 2개의 테이블밖에 없지만 몽마
르트르에서 식사한다는 증거를 남기기에 이보다 더
멋진 곳은 없다고 감히 단언한다. 직접 요리한 세트
메뉴가 €13.50라는 불가능한 미션을 내걸고 있지만
재료를 아낀 티가 난다는 게 단점. 16:00 이후에 음
료나 한잔하는 게 실망을 피하는 길이다.

브라스리 바르베스 Brasserie Barbes 🍽

주소 2 Boulevard Barbès 75018 홈페이지 www.
brasseriebarbes.com 영업시간 08:30~02:00, 연중
무휴

아직은 소문난 맛집이 아쉬운 구역에 역사적인 건
물을 리노베이션한 브라스리가 위풍당당하게 문을
열었다. 4층 규모에 단순한 브라스리가 아닌 바, 카
페, 레스토랑, 댄싱 홀 그리고 라운지 테라스까지 갖
춘 바르베스의 존재는 일대
의 자랑거리. 수제 버거, 안
심 스테이크, 샤퀴트리 접시
등 기본 메뉴임에도 까다로
운 파리지앵을 만족시키기
엔 충분하다. 옥외 테라스와
이어지는 3층 공간은 여름밤
춤과 열광을 찾는 이들에게
안성맞춤이기도 하다.

카페 마를레트 CAFÉ MARLETTE

주소 51 Rue des Martyrs 75009 홈페이지 www. cafemarlette.fr 영업시간 화~금 08:30~19:00, 토·일 09:30~19:00

AB 인증마크를 부착한 친환경 재료를 사용하는 카페 겸 케이크 숍. 호텔리어 출신의 젊은 파리지앵 두 명이 잔잔한 분위기를 내세워 문을 열었다. 친구의 예쁜 거실에 놀러 온 듯한 느낌이 드는 이곳에서는 아침, 점심 브런치, 4시의 간식 모두 즐길 수 있으며, 이들이 생산하는 쿠키 DIY 패키지도 판매한다. 역시 친환경 재료를 사용하며 물과 달걀만 넣어서 구우면 된다.

카라멜 Käramell

주소 15 Rue des Martyrs 75009 홈페이지 www. karamell.fr 영업시간 화~토 11:00~19:00, 일 10:30~ 18:00

가게 가득 진열된 사탕 중에서 원하는 것을 심사숙고하고 고르던 어린 시절의 추억이 되살아나는 매장이다. 더불어 빈티지한 소꿉놀이가 구색을 맞추고 있어, 잠시나마 순수한 기억을 더듬어 보게 한다. 서비스는 친절하고 사진을 찍고 싶다면 꼭 물어보아야 한다.

세바스티앙 고다르
Sébastien Gaudard

주소 22 Rue des Martyrs 75009 홈페이지 www.se bastiengaudard.com 영업시간 화~토 11:00~17:00 휴무 일, 월

어린 왕자란 별명을 가진 파티시에 세바스티앙 고다르의 제과점. 포숑의 오너 셰프로 일했던 경력을 바탕으로 사랑스럽고 로맨틱한 직영점을 열었다. 벌써 많은 인사와 평론가의 주목을 받고 있으며, 셰프만의 시그니처를 담은 뮈시퐁탱 Mussipontain이 이곳의 아이콘이다. 최고급 바닐라를 넣은 버터크림과 헤이즐넛의 부드러운 조화가 매력적이다. 크기는 작지막 가격은 만만치 않다. €5 정도.

LA VILLETTE

라 빌레트 구역

라 빌레트는 19세기 이전까지는 파리의 교외 지역이었으나 운하 조성 사업과 함께 수도에 합병되면서 파리 19구로 재탄생했다. 우르크·생드니 운하에서 시작해 빌레트·생마르탱 운하로 이어지는 물길은 파리의 식수 부족 현상을 해결했고, 1970년대까지 산업 발달에 영향을 받은 공장 지대 덕분에 호황을 맞았다. 하지만 도시 정비 정책에 의해 공장과 도살장이 철거된 빈자리에 남은 건 도시 미화와 안전 방치 문제였다. 그래서 라 빌레트 구역은 공원을 만들고, 운하를 활용하고, 주거지를 건설하는 등의 노력이 다른 구역보다 많이 든 곳이다.

라 빌레트 구역
La Villette

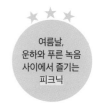

★ ★ ★

여름날,
운하와 푸른 녹음
사이에서 즐기는
피크닉

- 출발장소 라 빌레트 공원 Parc de la Villette
- 메트로 7호선 Porte de la Villette 역
- 소요시간 1~2일
- 놓치지 말 것 라 빌레트 공원 안의 문화 공간들
- 장점 젊은이들의 자유로움
- 단점 주변 편의 시설 일요일 폐장, 공원 내 편의점의 사악한 가격(점심은 준비해 갈 것)

1 라 빌레트 공원 Parc de la Villette
빠르끄 드 라 빌레뜨

★★★

주소 211 Avenue Jean Jaurès 가는 방법 메트로 7, 3b호선 Porte de la Villette 역, 5, 3b호선 Porte de Pantin 홈페이지 www.villette.com 운영 09:30~18:30, 지하 주차장 24시간, 연중무휴

33곳의 녹지대를 보유한 파리에서도 가장 큰 공원. 스위스 건축가 베르나르 추미 Bernard Tschumi가 지휘한 프로젝트로, 10년간의 공사 끝에 1993년에 문을 열었다. 나폴레옹 3세 섭정 시기에는 도살장으로 사용되다가, 1970년대의 도시 이미지 개선 정책에 따라 공원으로 재탄생했다.

광대한 부지의 공원이지만 남, 북 어느 쪽에서 진입하더라도 운하와 직각으로 뻗은 물결 지붕의 갤러리가 한눈에 들어온다. 이 갤러리는 운하에 의해 2곳으로 나뉜 공원 부지를 자연스럽게 하나로 이어주는 것 외에 공원 내의 각종 시설을 가이드하는 역할을 한다. 지붕 아래를 따라 직진하면 음악회장, 갤러리,

미술관, 라 빌레트 과학산업관을 차례로 만날 수 있기 때문이다. 사이사이 보이는 붉은 블록 형태의 공간, 폴리 Folie는 보다 운동학적인 산책로를 만들기 위해 규칙적으로 심어둔 골조다. 공원 잔디밭에서는 계절마다 새로운 이벤트가 열린다. 뤽상부르 정원, 몽소 공원과 비교하면 더욱 자유롭고 이색적이다.

② 라 빌레트 과학산업관 Cité des Sciences et de l'Industrie
시테 데 시앙스 에 드 랭디스트리 ★★

주소 라 빌레트 공원 내, 30 Avenue Corentin Cario 가는 방법 메트로 7, 3b호선 Porte de la Vil-lette 역 홈페이지 www.cite-sciences.fr 운영 화~금 10:00~18:00, 토 12:00~18:00 휴무 주말, 공휴일 입장료 €13~17, 예매 권장

전문 분야여서 쉽게 접근하기 어려운 과학과 산업 분야를 어린 학생들과 아마추어 방문자의 시선에 맞춰 쉽고 재미있게 전시한다. 전문 분야일수록 다수의 아마추어에게 호기심을 유발해야 새로운 시각과 심도 있는 연구가 가능하다는 철칙이 잘 맞아떨어져 대중들에게 큰 호응을 얻고 있다. 라 빌레트 공원이 가까워서 자녀들과 함께 즐기기에 더없이 좋은 산책 코스다.

©Lebar Jacques

③ 우르크 운하와 빌레트 못 Le Canal de l'Ourcq et Bassin de la Villette
르 까날 드 루르끄 바생 드 라 빌레뜨 ★★

주소 Rue Riquet(7호) 또는 Rue Euryale Dehaynin(5호)으로 진입 가는 방법 메트로 7호선 Riquet 역, 5호선 Laumiere 역, 2, 5, 7bis호선 Jaurès

나폴레옹 3세 섭정기에 파리의 식수 부족을 보완하기 위해 조성된 운하다. 우르크에서 시작하는 운하는 라 빌레트 공원의 남서쪽 가장자리에서 생드니 운하와 만나 빌레트 못을 거쳐 생드니 운하로 이어진다. 총 길이는 130㎞에 달하며, 1802년에 공사가 시작되어 1825년에 완성되었다. 하천이 개발되자 그 주변으로 공장들이 대거 들어섰는데(생마르탱 운하 주변), 식수 공급뿐 아니라 1860년대까지 물길을 이용해 산업용 자재를 운송했다. 공장이 철수한 자리에는 새로운 건물과 주거 단지가 들어서 젊음을 싣고 있다. 하천은 여전히 존재하지만 현재는 관광용 수송선이 이 물길의 주인공. 배를 타고 관람하는 것도 좋지만 키 큰 나무가 우거진 시골길 같은 운하 주변을 걸어보는 것도 꽤 매력적이다.

©Amélie Dupont

4 뷔트쇼몽 공원 Parc des Buttes-Chaumont
빠르끄 데 뷔뜨쇼몽 ★★

주소 1 Rue Botzaris 가는 방법 메트로 7bis호선 Botzaris 역, Buttes Chaumont 역 홈페이지 equipement.paris.fr

파리에서 30m 높낮이 차이를 가진 공원은 뷔트쇼몽이 유일하다. 이곳이 만들어 내는 유니크한 아름다움은 아이러니하게도 13세기부터 17세기까지 파리지앵을 공포에 떨게 만든 몽포콩의 교수대(지베 드 몽포콩 gibet de Montfaucon) 위에 탄생했다. 몽포콩의 교수대는 사형수들을 교수하고 까마귀 먹이가 될 때까지 매달아두어 만인의 본보기로 삼았던 장소로, 19세기 말 나폴레옹 3세와 오스만의 파리 도시 계획의 일환이 되면서 과거를 청산하고 현재의 낭만과 화해의 장소로 거듭나게 되었다. 이곳은 또한 파리의 흰 석조 건물에 쓰인 원자재 채석장이기도 했다.

공원은 크게 호수 중앙의 작은 섬과 섬 정상에 있는 정자 그리고 발아래 인공 호수로 나뉜다. 섬으로 진입할 때 건너야 할 미풍에도 요동치는 구름다리는 그 유명한 에펠의 작품이다. 이 섬 정상에 세워진 그리스 신전 양식의 정자에서 파리를 바라보면 가슴은 트이고 눈이 깊어질 것이다.

5 무자이아 빌라 Villas de la Mouzaïa
빌라 드 라 무자이아 ★★

주소 Rue de Mouzaïa로 진입 가는 방법 메트로 7bis호선 Pré-Saint-Gervais, Danube 역

우리에게는 생소한 주택가이지만 파리 접경 구역의 역사를 간직한 매력적인 장소다. 산업혁명 시대에 파리 유입 인구의 주거지가 문제가 되었다. 도시 측에서는 이들에게 최소한의 복지를 보장해 주기 위해 개인 화단을 갖춘 저예산 단독주택을 지어 주었다. 이곳도 뷔트쇼몽처럼 채석장을 깔고 앉은 지형이었는데, 미국 자유의 여신상과 백악관의 초석을 이곳에서 채굴했다고 한다. 길 하나를 마주 보고 다닥다닥 붙은 주택들이 인형집을 보는 것처럼 앙증맞다.

코르소-케 드 센
Corso-Quai de Seine

주소 10-12 quai de la Seine 75019 홈페이지 www.
corsoparis.fr 영업시간 일~금 08:00~자정 휴무 토

센 강을 향해 흐르는 운하를 눈앞에 둔 운치까지 곁들인 이 이탈리아 레스토랑은 기본적이고도 '제대로 된' 이탈리아 요리를 모두 갖추고 있다. 이탈리아 하면 가장 쉽게 떠올리는 피자 품목은 제한하고, 모차렐라 전채, 카르파치오, 파스타, 리소토 등의 정식에 기울인 노력이 역력히 보인다. 특히 수제 소시지와 송로버섯 크림소스로 맛을 낸 스트로차프레티 Strozzapreti와 대합의 비린내를 마늘로 잡은 링귀니는 '무늬만 이탈리아'라는 의혹을 완전히 없애는 설득력이 있다. €7.50~, 파스타 €12.50~.

파남 Paname Brewing Company

주소 41 bis Quai de la Loire, 75019 홈페이지 paname brewingcompany.com 영업시간 10:00~02:00, 연중무휴

봄과 여름이면 우거진 나무가 그늘을 드리우는 테라스 덕분에 라빌레트 운하 주변에서 가장 로맨틱한 브라스리로 꼽힌다. 메뉴를 고른 뒤 직접 카운터에서 계산하면 음식을 서빙해주는 캐주얼한 분위기다. 매장에서 신선한 재료로 만드는 음식들과 직접 제조한 수십 가지의 맥주들이 상당히 만족스럽다.

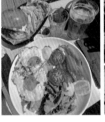

라 로톤데 스탈린그라드
La Rotonde Stalingrad

주소 6-8 Place de la Bataille de Stalingrad 75019 홈페이지 www.larotondestalingrad.com

코르시카와 이탈리아의 전형적인 미감에 더해 자유롭고 싱그러운 분위기로 거듭난 멀티 레스토랑. 혁명 이후의 대표적인 건축 양식으로 주목을 받는 로통드 건물 안에서 새로운 개념과 메뉴로 정비했다. 레스토랑은 남프랑스 분위기의 트라토리아, 바 라운지, 수제 케밥, 정원 키오스크로 나뉘어 운영된다.

앙티포드 ANTIPODE 🍽

주소 55 Quai de la Seine 75019 홈페이지 www.pen icheantipode.fr 영업시간 월~목 10:00~19:00, 연중 무휴

센 강변에 떠 있는 많은 수송선 중 하나인 앙티포드 는 1942년 건조되었을 당시에는 화물선이었다. 60 년간 유럽의 수많은 강 위를 떠다니며 화물을 수송 하던 앙티포드가 현재의 자리에서 레스토랑으로 거듭난 것은 2002년, 젊은 극단 아브리카다브라 Abricadabra에 의해서였다. 각국의 젊은 극단과 음 악가들의 협연으로 새로운 콘셉트를 잡다가 최근에 는 브런치, 커피, 저녁 식사까지 제공하는 브라스리 겸 재즈 공간으로 자리매김했다. 강바람이 싱그러 운 여름밤에 앙티포드에서 즐기는 스윙재즈는 상상 만으로도 가슴이 설레는 일이 될 것이다.

멘사에 Mensae 🍽

주소 23, Rue Mélingue 75019 영업시간 화~토 11:00~ 15:00, 18:00~자정 휴무 일, 월

미슐랭 별 1개를 보유한 레스토랑 앙투안Antoine 의 셰프가 보다 서민적인 분위기로 요리를 제안하 는 곳. 멘사에는 라틴어로 '식탁으로부터'라는 뜻이 다. 화려함과 장식 따위의 단어와는 거리가 있지만 외형보다 요리의 질로 승부를 걸겠다는 그의 의지 가 돋보인다. 운하를 거닐다가 출 출해지면 믿고 찾게 되는 곳 이다. 세트 메뉴 €20, €50~.

라 크리에 La Criée 🍽

주소 68 Quai de la Seine 75019 영업시간 11:45~ 14:30, 18:45~22:30, 연중무휴

간판 이름을 장식하는 물고기처럼 해산물 위주의 요리를 선보이는 레스토랑이다. 바다를 해치지 않 는 어업의 기본 철칙을 준수하는 생선 도매상이 직 영하는 곳으로, 신선한 바다 재료를 공수해서 요리 한다. 셰프의 시그니처보다 해산물의 신선함에 비 중을 두고 있으나, 아보카도와 장식한 연어회(타르 타르), 생굴 등이 점점 더 많은 파리지앵의 입맛을 사로잡고 있다. 점심 세트는 €27, 저녁은 €34부터.

LA DÉFENSE

라 데팡스 구역

라 데팡스는 파리의 중심지를 축으로 개선문에서 8㎞ 떨어진 지점에 조성된 파리의 부도심이다. 수도권과 연결된 사무 단지로서 이 정도 규모는 유럽 최초다. 단, 행정구역상으로는 파리가 아닌 쿠르브부아, 퓌토, 뇌이쉬르센에 속한다. '방어'라는 뜻의 지역 명칭 라 데팡스는 1870년에 발발한 프로이센과의 전쟁 때 수도 파리를 방어하던 병사들을 기리기 위해 붙여졌다. 프랑스의 맨해튼이라 불릴 만큼 현대식 산업과 고층 빌딩이 밀집해 있다. 특별한 관람보다 신 개선문을 중심으로 파리 발전의 방향키를 가늠해 보는 일정에 가깝다.

라 데팡스 구역 La Défense

라 데팡스 개선문에 앉으면 이날만큼은 비닐봉투에 샌드위치도 초라하지 않다. 정장을 차려입은 회사원들의 일상을 엿보는 재미를 만끽하자.

- 출발장소   라 데팡스 개선문 La Grande Arche
- 메트로   1호선 La Défense 역
- 소요시간   반나절
- 놓치지 말 것   조명을 받고 서 있는 저녁의 라 데팡스 개선문, 반대편 끝에서 보기를 추천한다
- 장점   라 데팡스 개선문 플랫폼에 올라 바라본 탁 트인 파리 전경
- 단점   사무적인 풍경, 유럽 특유의 고즈넉한 멋은 기대하지 말 것

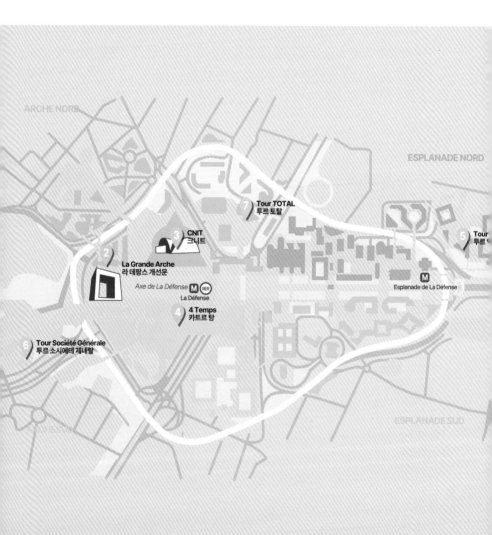

1 라 데팡스   La Défense
라 데팡스   ★★★

주소 La Défense 가는 방법 메트로 1호선, RER A선 Grande Arche de La Défence 역 홈페이지 www.parislade
fense.com/en

낙후된 지역을 반세기에 걸쳐 신도시로 만든 라 데
팡스의 변화는 미테랑 전 대통령의 대표 업적 중 하
나로 평가 받는다. 대통령으로 선출되기 전인 1958
년부터 그와 파리 시의 자치단체로 구성된 라 데팡
스 개발위원회가 30여 년에 걸쳐 계획적으로 만든
구역이기 때문이다. 이후 46만 평의 땅 위에 첨단
업무, 상업, 판매, 주거 시설이 고층·고밀도로 들어
섰고 메트로, RER, 일반도로 등은 지하에 배치해 도
심의 혼잡을 해소했다.

라 데팡스는 맑은 날보다 조금 흐릿한 날의 점심쯤
찾아야 특유의 매력이 보인다. 이 시간에는 작정하
고 들어선 회사의 수효를 입증하듯, 식사하기 위해
쏟아져 나오는 수만 명의 회사원을 볼 수 있다. 하
늘을 찌를 듯 서 있는 빌딩들의 풍경도 회색 하늘에
더 잘 어울리는 느낌이다. 업무 단지이므로 파리 고

유의 우아한 매력과는 상반되지만 '신 개선문'으로
도 불리는 라 데팡스 개선문의 플랫폼에 서면 라 데
팡스 최고의 절경을 감상할 수 있다. 8㎞ 앞에 보이
는 개선문과 파리의 모습은 수도권이 얼마나 정확
한 계획 아래 정비되었는지 알 수 있는 부분이다. 대
표적 건축물인 라 데팡스 개선문, 카트르 탕, 크니트
의 지하는 도심과 이어지는 메트로와 RER 등의 진
입로와 바로 연결되어 있다.

파리
BIG 12

② **라 데팡스 개선문** La Grande Arche
라 그랑다르슈 ★★★

주소 1 Tunnel de Nanterre-La Défense 92044, Puteaux 가는 방법 메트로 1호선, RER A선 Grande Arche de La Défense 역 홈페이지 www.grandearche.com 운영 매일 10:00~19:00 입장료 €7~15, 매주 화요일 할인권 €5

프랑스 대혁명 200주년을 맞는 1989년에 완공된 건물이다. 샹젤리제의 개선문과 일직선상에 위치해서 우리에게는 신 개선문으로도 유명하다. 라 데팡스 개선문은 단순한 기념물이 아니라 프랑스 환경부와 자원부를 통괄하는 국가 부처로 사용되고 있는데, 2009년부터는 경제과학 경영학부의 캠퍼스가 이전해 와 플랫폼을 나누어 쓰고 있다.

나폴레옹의 개선문에서 정확히 8㎞ 직선거리에 위치한 이 건물은 중앙의 뚫린 건축 모양이 문을 닮았다고 '큰 문 La Grande Arche'으로 불린다. 도시계획 '파리의 획'의 종지부나 다름없는 이 거대한 프로젝트를 위해 1982년에 국제공모전이 개최되었는데, 출품된 작품 수는 424점에 달했다. 당선자는 덴마크 건축가 스프레켈슨 Johan Otto von Spreckelsen

과 엔지니어 레이츨 Erik Reitzel로 '전쟁에서의 승리(나폴레옹의 개선문)가 아닌, 인류애의 승리를 나타낸 20세기의 개선문'을 작품의 주제로 내세웠다. 라 데팡스 개선문은 길이 112m, 너비 106.9m, 높이 110.9m의 거대한 건축물로, 뚫려 있는 중앙부의 자리에 파리의 노트르담 대성당이 들어갈 정도다. 바람이 거센 라 데팡스의 특성상 유리창도 어떠한 자연조건에도 견딜 수 있는 5㎝ 두께의 강화 유리로 돼 있다. 라 데팡스 개선문 중앙의 천막도 이유 있는 설치품이다. 계단을 오를수록 심해지는 바람의 강도는 계절을 불문하고 거슬리는 수준인데, 불규칙한 파도 곡선을 한 이 천막이 그 풍력을 감소시키는 역할을 한다고. 언뜻 누더기처럼 보여서, 의아할 수 있으나 견고한 건물의 정형성과 어우러져 색다른 조화를 만든다.

이 건물의 최고층은 고속 엘리베이터로 진입 가능하고 회의와 전시 센터, 첨단기술 박물관, 컴퓨터 게임 박물관, 고급 레스토랑 등이 입점해 있다. 초고속 승강기를 이용해 개선문 테라스에서 파리 시내를 감상할 수 있다.

도시 계획 '파리의 획'

'파리의 획 Axe Historique Parisien'은 루브르 궁전-튈르리 정원-콩코르드 광장-샹젤리제-개선문을 일직선상에 연결하는, 프랑스에서 가장 중요한 도시 계획의 명칭이다.

8세기를 넘게 이어온 이 '획'의 시작은 루브르 궁전, 그중에서도 궁전의 시초인 쿠르 카레 Cour Carrée 였다. 궁전에서 왕족들의 사냥터였던 생제르맹앙레 Forêt de Saint-Germain-en-Laye로 가는 가장 빠른 길이 현재의 샹젤리제-라 데팡스였는데, 이 사이에 흐르는 센 강을 건너기 위해서는 수송 갑판을 이용해야만 했다. 그런데 이 시기에 왕족 일가를 태운 마차를 이송하던 수송 갑판이 뒤집히는 사건이 일어났고, 이로 인해 최초의 다리, 뇌이 다리 Pont de Neuilly(현재 파리와 라 데팡스를 잇는 철교의 시초)가 건립된다. 이후 루이 13세의 모후 마리 드 메디시스가 튈르리 정원 뒤쪽을 정립할 것을 제안했고(17세기 초), 루이 14세가 현재의 에투알 광장을 정비하도록 명한 것이 오늘날의 샹젤리제로 거듭나게 되었다(18세기).

샹젤리제는 로마 문명에 심취한 나폴레옹 황제가 신화에 등장하는 사후 死後의 길 이름을 차용한 것으로, 같은 시기에 오벨리스크를 중심으로 한 콩코르드 광장과 개선문을 중심으로 한 에투알 광장이 정비되었다. 같은 맥락에서 포르트 마요에 있는 국제 컨벤션 센터(뇌이 다리 진입 직전에 위치)가 1970년대에 건설되었고, 라 데팡스 구역도 이 시기에 함께 개발되었다. 8세기를 이어온 '파리의 획' 선에 세워진 라 데팡스 개선문은 그래서 그 의미가 더 크다고 볼 수 있다. 아울러 라 데팡스 이후의 구역 역시 20개의 테라스를 갖춘 대형 개발 계획 프로젝트에 포함되어 있어, '파리의 획'은 명실공히 전무후무한 '프랑스의 핵'이 아닐 수 없다.

그러나 굳이 따지자면 이 획은 정확한 일직선이 아니다. 개념도에서도 보이듯이 루브르의 쿠르 카레는 중앙의 획에 비해 살짝 틀어져 있다. 이 각도가 6.33도로, 라 데팡스 개선문의 파사드도 같은 각도로 틀어져 있다. 주변을 지나는 고속도로와 메트로 1호선 연결 상황에 공사 면적을 맞춰야 했는데, 그 해답을 이 각도에서 찾은 것이다. 역사 속의 디테일에서 문제를 해결한 관찰력에 찬사를 보내게 된다.

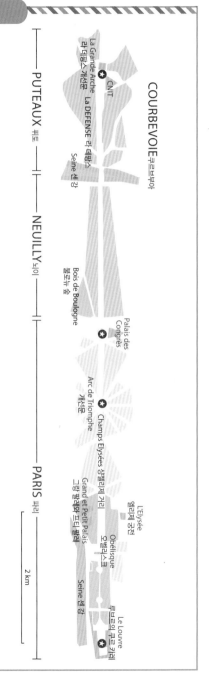

③ 크니트 CNIT(Centre des Nouvelles Industries et Technologies)
크니트

주소 2 Place de la Défense 92053, La Défense 가는 방법 메트로 1호선, RER A선 Grande Arche de La Défense 역 홈페이지 www.cnit.com 운영 월~토 10:00~20:00, 일 11:00~19:00

20세기 중반까지 파리에서 추진하던 박람회를 유치한 그랑 팔레는 협소한 규모 때문에 역할 감당이 힘들어졌고 그에 대한 해결책으로 크니트가 건설되었다. 라 데팡스 개발 계획이 첫발을 내딛기도 전인 1958년에 완공된 크니트는 지하도로와 연결되었을 뿐, 실내는 비어 있었다. 급증하는 박람회에 이곳 역시 공간 부족이라는 문제에 부닥쳤고, 현재 파리에서 열리는 대부분의 박람회는 포르트 드 베르사유의 대형 회장에서 유치하고 있다. 아울러 1988년, 크니트도 대대적인 리노베이션을 거쳐, 현재 맞은편의 카트르 탕과 더불어 파리 최대의 쇼핑공간으로 거듭났다.

④ 카트르 탕 4 Temps
꺄트르 땅

주소 15 Tunnel de Nanterre-La Défense 92092, La Défense 가는 방법 메트로 1호선, RER A선 Grande Arche de La Défense 역 홈페이지 www.les4temps.com 운영 10:00~20:00, 연중무휴

유럽에서 가장 큰 쇼핑, 여가 센터로 1981년에 개장했다. '이렇게 소형 브랜드까지?' 싶은 프랜차이즈부터 최근 요란하게 성장하고 있는 데시구엘 매장까지, 파리 시내의 웬만한 쇼핑 브랜드, 레스토랑, 제과점, 극장들이 모두 집결되어 있다. 어린아이와 함께 왔다면 아동용 자동차 캐디를 이용하면 편하다. 각 인포메이션 센터에서 대여 안내를 해 준다. 채광이 좋고 공간이 넓어 환경이 쾌적한 편이지만 점심, 퇴근 시간과 12월은 사람 구경만 할 정도로 붐비는 곳이니 참고하자.

/ FOCUS /

파리의 아기자기한 기념품 사기

Pylones
📍 루브르/ 99 Rue de Rivoli 75001

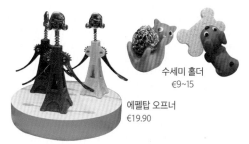

수세미 홀더
€9~15

에펠탑 오프너
€19.90

Le chocolat des français
📍 39 Av. de l'Opéra 75002

르쇼콜라데프랑세
€12~

오랑주리 미술관
📍 Jardin Twileries

수련 원형
스티커
€12

클로드 모네 피규어
€35

모딜리아니 머그
€12.95

Vaissellerie Renne
📍 85 Rue De Rennes 75006

파리 메트로 식탁 소품
종이 냅킨 €5.90,
주방 행주 €9.90

Ladurée
📍 75 Av. des champs-Elysées 75008

라뒤레 마카롱
열쇠고리 €27~

오르세 미술관
📍 62 Rue de Lille

반고흐 모노폴리
€49.95

반고흐 피규어
€35

모네 퍼즐
(150조각)
€12.95

반고흐
양말 1컬레
€12.95

반고흐 도시락 €39.95

SUBURBS OF PARIS

파리 근교 돌아보기

루이 14세가 절대왕권을 형성하기 전의 프랑스는 거대 영지를 차지한 명문가가 그들의 성을 중심으로 각각의 왕국을 형성하던 대표적인 봉건군주제 국가였다. 프랑스 곳곳에 아직까지 잘 보존되어 있는 수백 개의 성들이 그 역사를 웅변한다. 그로 인해 파리 주변만 해도 유명한 유적지와 여행지가 수십 개에 달한다. 이왕 파리까지 왔다면 다른 분위기를 가진 근교 여행지를 들러보자. 하루 이틀만 시간을 더 내면, 절대왕권의 산증인인 베르사유 궁전부터 불가사의한 수도원까지 한 앨범에 담을 수 있다.

베르사유 궁전
Château de Versailles

가는 방법
❶ 에펠탑 역에서 Versailles Château Rive Gauche 방면 RER C선(열차명 VICK) 탑승→약 40분 이동→Versailles Château Rive Gauche 역 도착→성까지 약 10분 걷기
❷ Paris Montparnasse 역에서 Rambouillet 방면 직행 열차 탑승→약 16분 이동→Versailles Chantier 역 도착→성까지 약 12분 걷기

열차표 구입 모든 역(메트로 포함) 내 유인 매표소 및 무인 자동 발급기(사전 예매 불가, 나비고 패스 사용 가능)
주소 Place d'Armes 78000, Versailles
홈페이지 www.chateauversailles.fr
운영 궁전 11~3월 09:00~17:30, 4~10월 09:00~18:30, 트리아농과 왕비의 영지 11~3월 12:00~17:30, 4~10월 12:00~18:30
휴무 월, 1월 1일, 5월 1일, 12월 25일, 정원 연중무휴
입장료 A 궁전 €19.50, B 왕비의 영지+A €21.50, A+B+성수기 분수쇼 €28.50, 대기줄 면제 €49~, 그 외 입장료 홈페이지 확인, 사전 예매 필수(성수기는 한 달 전 예매)
가이드 예약 01 30 83 78 00 | 입장료 외 추가금액 €7 | 미공개 장소 관람 가능

파리에서 서쪽으로 20㎞ 정도 떨어진 베르사유 시에 건설된 베르사유 궁전은 부르봉 왕조가 프랑스를 통치하는 200여 년 동안 왕가의 공식 거주지였다. 1789년 대혁명의 발발로 왕조가 몰락할 때까지, 16~18세기 프랑스의 정치, 문화, 예술이 이곳에서 시작되었다. "짐이 곧 국가다"를 선언한 태양왕 루이 14세의 절대 권력의 상징이었으며, 그만큼 더 크고 더 웅장하고 더 화려함을 추구할 수밖에 없었다. 물론 2세기에 걸친 낭비 끝에 왕국은 멸망의 길을 걸었지만 수십 개의 부속 정원, 그랑 트리아농과 프티 트리아농, 왕비의 촌락 등을 망라한 거대한 유산은 그 시대의 영광을 여전히 이어가고 있다.

파리를 관통하는 RER C 직행을 타면 궁전까지 한 시간이면 도착하지만 워낙 여행자가 많아 대기 시간이 길기 때문에 09:00 이전 도착을 목표로 하자. 미리 인터넷으로 표를 구입하는 건 기본이다. 일단 베르사유에 왔으면 최소 하루의 일정을 잡고, 내부는 물론, 아름답게 관리된 약 20개의 정원들, 트리아농 궁전과 왕비의 촌락을 방문해 보자. 영지는 넓고 볼 것은 무궁무진하기 때문에 정원 내 미니 자동차나 열차를 이용해서 이동시간을 줄이는 것도 좋다.

베르사유의 역사와 건축

루이 13세가 초석을 다지고 루이 14세가 넓혔으며 루이 15세가 꾸몄다는 말이 있을 정도로(루이 16세가 말 아먹었다는 말을 덧붙이기도 한다) 오랫동안 증축된 성이다. 6만 3,200㎡에 이르는 궁전은 2,300여 개의 크고 작은 공간으로 나뉘고, 이 중 1,000여 개를 박물관(입장 불가능 포함)으로 사용하고 있다.

베르사유 궁전은 루이 13세가 사냥터의 별장으로 사용하기 위해 초석을 다진 작은 벽돌 건물 위에 성인이 된 루이 14세가 증축을 명하면서 시작되었다. 그때까지만 해도 유럽은 대소 봉건국가가 난립하던 때였다. 루이 14세에게 있어서 인간의 상상을 초월한 궁전 건립은 절대왕조의 구축을 위한 필수 조건이었다. 1660~1715년 루이 14세 통치 기간에만 네 번의 대형 증축이 있었으며 이 기간 중에 거울의 방은 물론, 현재의 궁전이 형태를 잡았다. 기초 설계는 건축가 르 보, 조경사 르 노르트 그리고 장식가 르 브룅이 맡았다. 이는 니콜라 푸케 재무대신의 보르비콩트 성에 이은 두 번째 협동작이다. 궁전은 3층으로 이루어져 있으며, 성 앞에 세워진 루이 14세의 기마상을 중심으로 총사들의 뜰, 명예의 창살과 중정, 왕가의 창살과 중정, 마지막으로 대리석 중정을 거쳐야 도착할 수 있다. 궁전 내 성당과 정원 쪽의 파사드, 그랑 트리아농과 오랑주리 건물은 왕립 건축가 망사르 Mansart의 설계다.

거울의 방 Galerie des Glaces

17세기 바로크 장식 예술이 빛나는 공간. 원래 왕과 왕비의 아파트를 잇는 테라스였지만, 왕래의 불편함을 해소하고 유럽 전역에 프랑스의 건재와 위엄을 증명하기 위해 거울의 방을 착안했다. 정원으로 난 17개의 창문과 마주한 17개의 아치형 거울마다 21개의 조각 거울을 연결했다. 총 357개의 조각 거울의 화려함에 들어서는 순간 압도된다. 1차 대전의 전후 처리를 결정한 베르사유 조약이 체결된 공간으로도 유명하다.

소의 눈 살롱 Salon de l'Oeil-de-Bœuf

궁전의 정면에서 보았을 때 본채 오른쪽 1층에 있는 국왕의 침실에 부속된 알현실이다. 보통 큰 성이나 궁전은 사람들이 공식적으로 모이는 공간 외에 중요한 사람들의 개인 아파르트망 Appartement을 따로 마련하는 게 관례였는데, 왕족의 일거수일투족을 관찰하고 참여하는 것이 큰 특권인 시대였던지라, 이 대기실은 늘 국왕의 기상과 취침 시간에 참석하려는 귀족들의 줄이 끊이지 않았다. 물론 모두 볼 수 있었던 것은 아니고 왕가와 국왕이 선정한 몇몇에게만 특혜가 주어졌다. '소의 눈'은 천장 가까이 뚫린 타원형 거울에서 유래된 이름이다.

정원과 공원 Les Jardins et le Parc

베르사유 궁전의 정원은 궁전과 마찬가지로 유럽에서 가장 크고 아름답게 가꾼 곳이다. 20여 년의 공사 기간 동안 3,000여 명의 인부 수를 유지해야 했고, 프랑스와 유럽의 각지에서 아름드리나무를 실어왔다. 이렇게 완성된 장관은 거울의 방에서부터 관람할 수 있다. 성에서 아폴론 분수를 넘어 대운하까지 2.5㎞에 달하는 웅장한 정원을 거울의 방 창문을 통해 한눈에 조망할 수 있기 때문이다. 궁전과 맞닿은 6개의 화단과 그 자체로 하나의 작은 숲을 이루는 14개의 정원이 전체 정원을 이루며, 왕의 대운하를 중심으로 한 주변이 공원에 속한다. 트리아농 궁전과 촌락은 공원의 오른쪽에 위치하고 있다.
매년 3월부터 10월까지 열리는 분수쇼와 한밤의 불꽃놀이는 낮의 화려함과는 또 다른 황홀함을 선사한다.

헤라클레스의 방 Salon d'Hercule

이전까지 존재했던 궁전 부속 예배당을 이전, 증축하며 그 자리에 신설한 공간으로, 국왕의 아파르트망에 속한다. 루이 14세 사망 4년 전인 1710년에 공사를 시작했고 천장화가 완성되기까지 26년이 걸렸다. 르무 아이엔 François Lemoyne은 천장화를 천장에 직접 그리려 했으나 대형 화폭에 그려서 표구했다.
'선행이 인간을 제도한다'라는 의미를 담고 있는 이 천장화에는 헤라클레스를 포함한 로마 신화의 주인공 아폴로, 주피터, 헤베, 유노 등 142명의 인물이 등장한다.

왕비의 침실 Chambre de la Reine

국왕의 거처 맞은편에 있는 왕비의 아파르트망에서 가장 중요한 장소. 왕비는 기상과 함께 이곳에서 시녀들의 시중을 받으며 치장을 하고, 문안 인사를 받았다. 세 명의 왕비가 이 장소의 주인이었으며, 19명의 왕손이 탄생한 곳이기도 하다. 목공 세공품은 17세기 상태 그대로이지만, 대부분의 가구가 궁전을 침입한 시민들에 의해 파괴되거나 압수되어 경매에서 매매되었다. 현재의 가구는 당시의 물건을 재매입하거나 자료를 참고해 마리 앙투아네트 시대의 상태로 복원한 것이다.

그랑 트리아농 Grand Trianon

공원의 북쪽에 있는 그랑 트리아농은 국왕의 별장이다. 정무에 지친 루이 14세가 가식적인 궁정을 떠나 휴식을 취한 장소였다. 완공 당시에는 연어색을 띠는 희귀한 대리석이 도자기를 연상시켜 '도자기의 트리아농 Trianon de Porcelaine'이라고 불렸다. 화려한 바로크 양식의 궁전과는 달리 주랑을 돋보이게 한 로마 양식이 특징이며, 높이 역시 2층으로 올려 절제미를 추구했다. 베르사유 영지 내에서 가장 정숙하고 아름다운 건축물로 꼽힌다.

루이 14세를 비롯해 그의 딸과 사위, 루이 15세의 왕비 마리 레슈친스카 Maria Leszczyńska가 그랑 트리아농을 애용했으며, 나폴레옹 황제가 베르사유에 오면 묵었던 장소이기도 하다. 실내는 혁명 때 대부분 파괴되었으나, 나폴레옹이 등극한 뒤 보수해서 19세기의 가구와 장식품으로 꾸며져 있다.

프티 트리아농과 마리 앙투아네트의 영지 Petit Trianon, Le Domaine de Marie-Antoinette

프티 트리아농은 마리 앙투아네트와 깊은 연관이 있는 장소다. 그녀는 베르사유에 입성한 3명의 왕비 중 유일하게 정원과 실내 장식에 자신의 취향을 반영한 인물로, 원래 루이 15세의 애첩 퐁파두르 부인을 위해 지은 별궁을 선물 받아 영국식 정원과 촌락을 더해 자신만의 영지를 완성했다. 프티 트리아농은 2층의 작은 건물이지만, 실내는 왕비의 취향에 어울리는 세련미가 있다. 장식을 최소화하고 자연스러운 편안함을 더해 숨 막히는 궁전에서 벗어나고 싶어 했던 그녀의 뜻을 반영했다. 20대가 된 왕비는 왕과 시동생인 왕자 내외, 마담 폴리냐크와 가까이 지내며 이곳에 자주 머물렀다. '마리 앙투아네트의 영지'라는 이름처럼 완전한 왕비의 영역이었으므로 아무리 서열이 높은 왕족도 그녀의 초대 없이는 들어올 수 없어서 8명이나 되는 시고모들이 그녀의 초대를 받기 위해 안달했다는 후문이 있다.

왕비의 촌락 Hameau de la Reine

프티 트리아농의 부록처럼 자연스럽게 붙어 있는 이 장소는 왕비를 위한 촌락이다. 마리 앙투아네트는 루소의 순수주의에서 영감을 받아 이곳을 최대한 자연스럽게 가꾸기를 원했다. 농부를 데려와 텃밭을 일구게 하고 가축을 사육해 아담하고 예쁜 시골 마을을 만들었다. 비록 인공 호수를 중심으로 만든 인공적인 곳이지만, 실제로 어느 시골의 마을 같은 사실감이 느껴진다. 궁전과는 별개의 세계로 꾸며진 사랑스러운 촌락을 그냥 지나치지 않기를 바란다.

PLUS STORY   베르사유의 여인들

루이즈 드 라 발리에르 Louise de La Vallière (1633~1710)

루이 14세가 결혼 후 처음으로 맞은 애첩. 왕제 필리프의 결혼식 때 신부인 영국 공주 앙리에트의 들러리로 17세에 베르사유에 입성했다. 문학과 음악, 춤과 노래에 능했고 승마에도 재능이 있었다. 왕의 총애를 입고서도 허영, 자만, 투기, 계략이 전혀 없어서 동시대의 유명한 문학가 생트뵈브 Sainte-Beuve가 '사랑받기 위해 사랑하는 완벽한 정부'라 칭하기도. 루이 14세와의 사이에서 2남 2녀를 두었으며, 어릴 때 사망하지 않은 딸과 아들은 왕가의 인정을 받았다. 몽테스팡 부인에게 왕의 총애를 뺏긴 후 수녀가 되었고 이후 평생을 수도원에서 지내며 회개의 시간을 보냈다고 한다.

몽테스팡 후작부인 Marquise de Montespan (1640~1707)

'하늘거리는 금발과 쪽빛 눈동자, 매부리코(이 시절 미인의 조건)'를 가진 미인이라고 전해진다. 남편 몽테스팡 후작의 파산으로 생활이 곤궁해지고 사이가 소원해지자, 왕비의 궁녀로 베르사유에 입성했다. 발리에르 부인이 떠나고 루이 14세와의 관계가 공식화되자 후작부인은 사치와 환락, 투기에 빠지고 만다. 1680년 국왕의 음식에 최음제를 섞고, 왕의 애첩을 독살하려 했다는 증언이 잇따르자 완전히 총애를 잃어버렸다. 왕가로부터 인정받은 3남 3녀 중 1남 2녀가 왕족과 결혼하는 것에서 위안을 얻고 1691년 퇴궁했다. 젊은 시절의 죄를 참회하며 살다가 1707년 파리에서 사망했다.

맹트농 후작부인 Marquise de Maintenon (1635~1719)

본명은 프랑수아즈 도비네 Françoise d'Aubigné로 루이 14세의 비공식 왕비다. 몽테스팡 후작부인 자녀들의 육아를 위해 입성해 점차 왕의 신뢰를 얻기 시작했다. 1675년 왕비를 잃은 후 몽테스팡의 투기에 지친 루이는 맹트농 후작부인을 더 총애하게 되었다. 왕비의 사망 이후 회개한 루이 14세는 공식적으로는 결혼을 할 수 없어서 1683년 어느 날 밤에 주교 몇몇만 참석시킨 가운데 맹트농 부인과 비밀 결혼식을 올린다. 그녀의 정치적 영향력은 미미했으나 루이 14세의 인성을 보살피고, 왕가 내의 논쟁을 조율하는 데 큰 역할을 했다고 한다. 국왕 사망 3일 전에 출성해 몰락한 귀족 여식 훈육학교에서 일생을 보냈다.

퐁파두르 후작부인 Marquise de Pompadour (1721~1764)

루이 15세의 애첩으로 가는 허리, 완벽한 달걀형 얼굴에 황갈색 머리칼, 맑은 눈빛, 오똑한 코, 고른 치아와 고운 피부에 부드럽고 우아한 몸가짐까지 갖춘, 세상에서 가장 아름다운 여성이었다고 전해진다. 20세에

결혼했으나 그녀의 성 부근에 자주 사냥하러 오던 국
왕의 눈에 띄어 23세에 남편과 이혼하고 국왕의 공식
애첩이 되었고, 요절하는 순간까지 그를 매혹시키고,
프랑스 문화, 예술에 절대적인 영향력을 행사했다. 국
왕에게 슈와죌 Étienne-François de Choiseul을 천거해
외무·전쟁대신(현재의 국방장관)으로 만드는 등, 사실
상 프랑스의 정치를 쥐락펴락한 인물이기도 하다. 대
영제국, 프로이센 제국(오스트리아·체코·헝가리), 대
프랑스 제국 사이의 7년 전쟁을 지휘한 이가 슈와죌이
었으며, 이는 훗날 루이 16세와 마리 앙투아네트를 정
략 결혼시킨 원인이 되었다.

그녀는 연약해 보이지만 지성과 외모를 겸비한 여걸
이었다. 아버지는 평민 출신이었으나, 귀족인 어머니
의 정부이자 부유한 금융업자였던 투르넴의 호의로
귀족 이상의 교육을 받고 자라 정치, 금융, 예술, 문화
전반에 걸쳐 안목이 높았다. 볼테르 Voltaire와 몽테스
키외 Montesquieu 등의 계몽주의 사상가들과 친목을
다졌으며, 다양한 예술적 취향으로 프랑스의 문예 부흥에 큰 힘을 실어주었다. 가구, 도자기, 그릇, 의상, 보
석, 회화, 책 등을 광범위하게 수집했고, 이런 수집에 대한 열정은 프랑스의 각종 예술품 생산을 촉구하는 결
과를 낳았다. 화려한 장식으로 대표되는 프랑스의 로코코 양식이 이때 최고조를 이루었다. 사료에 의하면
요절 후, 그녀의 유품을 정리하는 기간만 1년이 걸렸다고 한다. 1764년, 20년간 왕의 총애를 받던 후작부인
은 43세에 폐결핵으로 사망했다.

뒤바리 부인 Madame du Barry (1743~1793)

사생아로 태어난 뒤바리 부인의 본명은 잔 베퀴 드 캉
티니Jeanne Bécu de Cantigny였으나 성을 물려준 사람
이 친부가 아니란 설이 있다. 열일곱 살 때 40대의 뒤바
리 공작의 눈에 띄어 그의 애첩이 되었고, 공작의 지인
이자 궁정 출입이 자유로웠던 한 기마대 장교의 주선으
로 루이 15세와 내연의 관계를 맺는다. 이때 국왕의 나
이는 58세였으나 화사한 그녀의 매력과 젊음에 단숨에
빠지고 만다. 하지만 궁전 사람들은 출신이 비천한 뒤
바리 부인에게 비호의적이었고, 오스트리아에서 막 시
집온 14세의 마리 앙투아네트 왕세자빈도 그중 한 명
이었다. 세자비가 그녀를 없는 사람 대하듯 하자 난감
해진 것은 루이 15세였다. 대왕대비나 왕비가 없는 상
황에서 여성으로는 세자빈이 최고 어른이었던 것. 서열
높은 사람이 먼저 말을 걸지 않으면 아랫사람이 인사할
수 없는 법도가 있어서 불편한 상황이 1년 넘게 계속 되던 끝에, 마리 앙투아네트가 부인에게 말을 건넸다. "Il y
a bien du monde aujourd'hui à Versailles(오늘 베르사유에 사람이 참 많군요)." 프랑스와 오스트리아의 우호
관계를 바라는 모후 마리아 테레지아와 외교관의 설득에 못 이긴 것으로, 뒤바리 부인에게 건넨 처음이자 유
일한 한마디였다. 뒤바리 부인은 전 국왕의 애첩이자 왕당파라는 이유로 1793년 단두대에서 처형당했다.

마리 앙투아네트 왕비 Marie-Antoinette d'Autriche (1755~1792)

프랑스 역사를 하나도 모르는 사람도 마리 앙투아네트만은 예외일 것이다. 오스트리아 제국의 위풍당당한 여걸 마리아 테레지아 여왕이 7년 프로이센 전쟁의 종전을 위해 프랑스의 왕세자와 딸 마리 앙투아네트의 정략 결혼을 수락했고, 훗날 프랑스의 마지막 국왕이 되는 루이 16세와 결혼식을 올린다. 4년 뒤, 선왕 루이 15세가 사망하면서 왕비로 등극(1774년), 18년간 최고의 영화를 누리다가 단두대에서 처형되었다.

당시 프랑스는 ① 신대륙(미국)의 최대 지분 확보를 위해 영국과 치렀던 5년 전쟁으로 재정난이 심각했고, ② 영주, 국가, 종교에 이르는 백성들의 조세 가중이 수십 년 누적되어 왔다. ③ 설상가상, 이미 루이 14세 때 발생한 유럽 최악의 흉년과 그 결과인 밀 부족 현상을 1세기 가까이 등한시했다. 여기까지만 보면 프랑스 왕정의 몰락은 왕비 앙투아네트와는 아무 상관이 없다.

이런 사실에도 불구하고 그녀가 '국가 재정 파탄을 가져온 왕비' 라는 오명에서 벗어나는 건 쉽지 않아 보인다. 오페라와 패션을 사랑한 프랑스 최고, 최초의 인플루언서임은 인정하지만, 더불어 사교와 놀이에 지나치게 치중한 것은 사료에도 기록되어 있다. 왕비의 영지 프티 트리아농과 여왕의 촌락을 꾸며 현실 도피를 시도하는가 하면 측근들에게 호화 선물까지 일삼는다. 일부를 감안하더라도 훌륭한 국모의 치세와는 거리가 있었던 것. '빵이 없으면 케이크를 먹으면 되잖아?'라는 일화는 그녀의 현실 무감각을 대변하는 대표적인 망언이다.

반면 앙투아네트를 대변하는 발언도 흥미롭다. 첫째, 대대손손 이어진 전쟁이 이미 국정 파탄을 예고했고, 둘째, 사회적 영향력에도 불구하고 귀족들의 특권에서 배제되었던 부르주아의 불만이 깊었으며, 셋째, 국왕의 판단력 결여가 주요하다(P.198 참고). 주목할 것은 초창기에 외모를 포함한 다수의 콤플렉스가 있던 루이 16세가 세자빈을 지나치게 내외했다는 해석. 그로 인해 왕통을 잇는 데 8년이나 걸렸고, 이 미안함으로 인해 전쟁 빚을 지고도 왕비의 요청과 선물에 매번 상당한 예산을 들였다는 것이다.

결과적으로 프랑스 혁명은 당시 부르주아가 그들의 이권 보호를 위해 백성을 선동한 모양새에 더 가깝다. 큰일을 단행하기 위해서는 늘 책임 전가의 대상이 필요하고, 외국인인 마리 앙투아네트는 최적의 표적이었을 것. 혁명 발발 3개월 만에 국왕 내외를 비롯한 남은 왕족과 측근은 모두 파리로 압송, 구금을 거치며 3년 뒤 단두대형을 받았다. 남편을 먼저 보냈고, 어린 자식을 빼앗겼어도 단두대에 오르던 왕비의 모습은 의연했던 것으로 전해진다. "미안합니다. 고의가 아니었어요." 머리카락이 잘린 채 속옷 차림으로 단두대에 오르다가 망나니의 발을 치자 내뱉은 그녀의 사과다. 자신의 목을 칠 상대에게도 예의를 차린 그녀의 왕족 교육을 잘 상징하는 대목이다. 그들의 유골은 파리 북쪽, 생드니 대성당의 지하묘지에 안장되어 있다.

원 네이션
One Nation

가는 방법

❶ Montparnasse 역에서 N선 기차 탑승→(De Plaisir Grignon 방면) Villepreux les Clayes 역에서
하차→출구로 나와서 8번 버스 탑승→한 정거장 후 하차→도착

❷ 나베트 (셔틀버스) €12: 하루 2번 파리 출발, 예약 필수, elsi.laurentin@transdev.com
+33 01 53 48 39 52(54) / +33 06 29 12 14 48, 월~금 08:30~17:00

운영 11:00~20:00, 연중무휴

주소 1 Rue du Président J.F Kennedy 78340 les Clayes-sous-Bois

홈페이지 www.onenation.fr/ko

특징

• 파리 서남쪽으로 30분 거리. 패션, 스포츠, 인테리어 브랜드를 망라하는 파리 최대 규모의 아웃렛

• 파리 시내 일반 매장 대비 30~70%의 할인율

• 베르사유 성과 근접 거리

• 입점 레스토랑에서 파리 근교의 로컬 재료 요리 사용

• 다른 어떤 아웃렛에도 입점하지 않은 프랑스권 브랜드 독점 계약

Brooks Brothers, Pyrenex, Rossignol, Bellerose, Majestic Filatures, agnès b, Jump&Co, Tartine et Chocolat,
Liu Jo, Bensimon 등

기타 서비스 팁

• 자가용 방문 시 무료 주차장

• 핸즈프리 예약(€10)

• 1시간 이내 의류 수선 서비스

• 기프트 카드

라발레 빌라주
La Vallée Village

가는 방법

❶ RER A(Marne-la-Vallée-Chessy/Parcs Disneyland 방면), Val d'Europe/Serris-Montévrain 역 하차→역에서 나와서 우회전→쇼핑몰 전체 직진 관통→도착

❷ 나베트(셔틀 버스) 정류장(사이트 예약 필수)

정류장	SOFITEL BALTIMORE 88 Bis Avenue Kleber 75116	HOTEL PULLMAN Paris BERCY 1 Rue de Libourne 75012
반나절 일정	파리 출발 09:30/ 귀가 14:45 파리 출발 13:15/ 귀가 18:00	파리 출발 09:00/ 귀가 14:30 파리 출발 13:30/ 귀가 18:45
하루 일정	파리 출발 09:30 - 라발레 빌라주 출발(귀가) 18:00	파리 출발 09:00 / 귀가 18:45

- **나베트 예매** 사이트에 접속→희망 방문일 전날 17:00까지(예매 없이 당일 티켓 구입 불가)
- **나베트 요금** 반나절 €15~30, 하루 €15~25, 3세 미만 무료

주소 3 Cours de la Garonne 77700 Serris France
홈페이지 www.thebicestercollection.com/la-vallee-village/fr
(로그인 후 한국어 서비스 이용 가능)
빌라주 입점 브랜드 110여 개 사이트 약도 참고
빌라주 주변의 관광지 유로 디즈니(나베트 이동 €3~6), 아쿠아리움 시 라이프(www.visitsealife.com/paris), 스파 아쿠아토닉(www.aquatonic.fr)

아쿠아리움
시 라이프

스파
아쿠아토닉

©www.oliver-blobel.de

기타 서비스 팁
- 자가용 방문 시 무료 주차장
- **핸즈프리 예약(€10)** 쇼핑품의 패키징이 크고 많고 무거울 것 같다면 추천. 모든 쇼핑품을 한곳에 모아두었다가 떠나기 직전 픽업할 수 있는 서비스다. 사이트의 안내 확인.
- **Shopping Express®(€38~99)** 베르시 지구~빌라주 나베트 왕복 티켓+VIP 패스(빌라주 내 매장에서 추가 할인 혜택 10%+Menu Palais 레스토랑 투2스 점심+핸즈프리 서비스+상품권 €50: 빌라주 내 한 곳에서 사용 가능
- **퍼스널 쇼퍼** 본인의 패션 스타일 교체, 중요한 선물 구입 등을 어떻게 시작할지 모르는 방문객에게 도움이 될 수 있다. 예약을 통해 퍼스널 쇼퍼 비용만 지불하면 원하는 매장을 대기줄 없이 옮겨다닐 수 있다는 것이 특징. 구입은 필수가 아니다. 요금은 시기, 인원수, 빌라주 이벤트 등에 따라 달라지므로 직접 문의할 것을 권한다. shoppingpersonnalise@lavalleevillage.com +33 6 76 34 54 67

디즈니랜드 파리

Disneyland Paris

가는 방법
RER A (Marne-la-Vallée/Chessy 방면) 승차→45분→Marne-la-Vallée/Chessy 역 하차→표지판 따라 도보로 2분 거리

운영 09:30~23:00 마법의 시간 08:30~09:30, 연중무휴
홈페이지 www.disneylandparis.com/en-gb
입장료 €89~ 사전 예매 필수
* 날짜, 시즌, 이벤트, 인원수, 테마파크 선택 등에 따라 요금이 달라지므로 사이트에서 일정에 맞는 입장권 요금을 확인할 것.

예매 시 주의 사항
• 테마 파크(디즈니 파크/월트 디즈니 스튜디오) 택일 또는 두 곳 선택 여부
• 날짜 연속 선택 여부 (1~4일까지)

지베르니-베르농
Giverny-Vernon

가는 방법

Paris Saint-Lazare 역 출발(열차명 TER, 전광판 확인)→
약 50분 이동→베르농-지베르니 Vernon-Giverny 역 도
착→역 앞에서 지베르니행 Navette 버스 승차(왕복 €10)
- **왕복 요금** €33.60(편도 €16.80)
- **열차표 구입** 역 내 유인 매표소, 무인 자동 발급기, 홈
페이지 www.thetrainline.com/en-us. 사전 예매 가능
- **시간표 참고** www.ter.sncf.com/haute-normandie/
horaires/recherche

지베르니는 베르농이라는 소도시에 근접한 작은 마
을로, 1883년에 인상파 거장 모네가 정착하며 동향
파 화가들의 고장으로 이름을 굳히기 시작했다. 시
간 여유가 있으면 베르농에서 지베르니까지 걸어볼
것을 권유한다. 다리를 건너고 사방으로 트인 경치
를 보며 모네가 왜 이곳에서 말년을 바쳤는지 되새
겨보는 것도 의미 있을 것이다. 마을의 중심이 되는
클로드 모네 거리에 오밀조밀 위치한 호텔, 인상파
미술관, 카페, 갤러리, 레스토랑 덕분에 모네의 재단
에 도착하기 전에 벌써 행복해질 것이다.

인상파 미술관 Musée des Impressionnismes

주소 99 Rue Claude Monet 27620, Giverny   홈페이지 www.mdig.fr   운영 변동 폭이 넓으므로 홈페이지를 확인
할 것 입장료 일반 €11, 학생 할인 €8, 18세 미만 무료

인상파 화가의 작품을 중심으로 전시하는 미술관.
드가나 고흐, 세잔 같은 대가들의 작품을 전시하거
나 인상파의 영향을 받은 20세기 이후 현대미술 작
품을 유치한다. 2015년 여름에는 드가의 명작을 기
획·전시했다.

클로드 모네 재단 La Fondation Claude Monet

주소 84 Rue Claude Monet 27620, Giverny 홈페이지 fondation-monet.com 운영 4월 1일~11월 1일 09:30~18:00 입장료 일반 €11.50, 할인 €7, 사전 예매 권장

지베르니를 찾는 가장 중요한 이유가 되는 장소. 클로드 모네가 1890년에 매입해서 직접 가꾼 집과 정원을 그대로 보존하고 있다. 집 내부는 화가가 생활하던 상태 그대로 전시관이 되어 그의 습작, 편지, 가구와 장식품, 동료 화가들의 작품과 당시 심취했던 일본 문화 컬렉션을 전시해 놓았다. 하지만 이곳의 하이라이트는 모네가 생전에 가꾼 2개의 정원이다. 화단을 이루는 집 앞의 뜰과 일본식 정원이 그것. 모네는 "이 정원들이야말로 내가 완성한 가장 완벽한 작품"이라고 칭할 정도로 정원을 사랑했다. 그의 작품에 자주 등장하는 화단과 초록색 덧창, 수련 등은 모두 이 두 곳의 아름다움에 대한 화가의 경의

로 볼 수 있다. 특히 '일본 정원'이란 별칭으로 불리는 도로 건너편의 정원은 연못 속에 비치는 초록색 구름다리와 하늘, 덩굴, 나무, 꽃의 조화가 감탄을 불러일으킨다.

레스토랑 보디 Restaurant BAUDY

주소 81 Rue Claude Monet 27620, Giverny 홈페이지 www.restaurantbaudy.com 운영 11:30~16:30, 18:30~21:00(점심은 예약 없이 자리 순서대로)

한때 무명 화가를 위한 호텔로 사용되었던 곳을 레스토랑으로 개조했다. 세잔, 르누아르, 시슬레, 로댕 등이 자주 들렀던 장소이기도 하다. 인상파 예술가의 전성기였던 20세기 초반의 실내를 그대로 보존하고 있으며 서비스 또한 활기차고 정답다. 메뉴는 전형적인 프랑스 요리로 오리 다리 요리와 파인애플 조림 디저트를 추천한다. 날씨가 좋은 날은 모네 거리 쪽으로 난 테라스에서 멋진 풍경을 배경 삼아 식사와 음료를 즐길 수 있다. 여러 가지 관람목과 나무 등으로 멋지게 가꾼 레스토랑 안쪽의 정원과 동산은 꼭 한 번 볼 만하다.

오베르쉬르우아즈

Auvers-sur-Oise

가는 방법

❶ Gare du Nord 역에서 Pontoise 방면 H선(열차명 OPOC, 전광판 확인) 탑승→약 40분 이동→Saint-Ouen-L'Aumône 역에서 Creil 방면 열차로 환승(열차명 TSOL)→약 11분 이동→Auvers-sur-Oise 역 도착

❷ Gare du Nord 역에서 Méry-sur-Oise 방면 H선(열차명 VERA, 전광판 확인) 탑승→약 40분 이동→Méry-sur-Oise 역에서 17, 95번 버스 환승(Creil 방면)→약 4분 이동→Mairie 역 도착→도보로 33분 이동

- **왕복 요금** 약 €12
- **열차표 구입** 역 내 유인 매표소, 무인 자동 발급기. 사전 예매 불가

파리 북서쪽에 있는 작은 마을로 빈센트 반 고흐가 인생을 마감한 고장으로 알려져 있다. 19세기에 들어선 석조 주택, 고흐가 즐겨 그린 보리밭과 숲으로 연결되는 가파른 길, 더없이 평화롭게 흐르는 센 강은 당시의 시적인 모습을 여전히 잘 간직하고 있다. 1890년에 이곳에 정착한 반 고흐가 "오베르는 심각할 정도로 아름답다"고 표현했을 정도다. 고흐뿐 아니라 세잔과 피사로 등 인상파 예술가들이 영감을 받은 이 장소는 파리 북역에서 1시간이면 도착한다.

오베르 성 Château d'Auvers

주소 Rue Léry, 95430 Auvers-sur-Oise 홈페이지 chateau-auvers.fr 운영 화~일 10:30~18:00 휴무 월 입장료 일반 €15

1635년에 한 이탈리아 은행가가 세운 건물이다. 이후 왕의 고문이자, 왕정 지배인이었던 레리 Jean de Léry가 이곳을 인수하면서 성을 프랑스식으로 개조했다. 1980년대에 오베르 지역청의 소유가 되었고, 지금은 미술관의 역할을 겸하고 있다. 아름답게 단장한 내외부의 벽에 인상파 예술가들의 작품을 투영해 당시의 예술사조와 시대를 보다 은밀하게 경험할 수 있는 새로운 전시 형태를 취하고 있다. 12개의 전시관에 500여 점의 작품이 전시되어 있다.

오베르쉬르우아즈 성당 L'Église d'Auvers-sur-Oise

주소 Place de l'Église, 95430 Auvers-sur-Oise

생드니 대성당의 영향을 받은 고딕 양식의 아담한 성당. 원래 이름은 노트르담드라솜시옹 도베르쉬르우아즈지만, 반 고흐의 걸작 탄생 이후에 보통 오베르쉬르우아즈 성당이라 부른다. 첫 건물은 11세기에 세워졌는데, 지금 같은 성당이라기보다 당시 루이 6세의 왕비가 자주 머물렀던 작은 부속 건물에 지나지 않았다. 성당의 모습으로 지어진 것은 12세기 초이며, 이후 조금씩 증축, 변형되었다. 화가의 작품에 비친 성당에 비해 덜 알려진 남쪽 테라스와 아담한 실내에서는 매년 5~7월에 여름 음악축제가 열린다.

오베르쉬르우아즈 묘지 Cimetière d'Auvers-sur-Oise

주소 Rue Emile Bernard, 95430 Auvers-sur-Oise

빈센트와 테오 반 고흐 형제가 안장되어 있는 묘지로, 성당 뒤쪽에 연결된 시므티에르 대로 Avenue du Cimetière를 오르다 보면 도착한다. 그들 외에도 이 고장의 예술가들이 안장되어 있으며, 예술가들의 고장답게 특색 있고 작품에 가까운 묘비들이 눈에 띈다. 엄숙한 공간이니, 요란한 사진 촬영으로 주변 사람들에게 피해를 주지 않도록 조심하자.

라 피폴레트 La Pipolette

주소 28 Rue Daubigny, 95430 Auvers-sur-Oise

성스러운 순례지도, 흔한 미술관도 아니지만 이 고장을 산책하는 사람들이 백이면 백, 모두 멈추고 감탄하는 장소. 돌 벽에 표시된 것처럼 1598년에 세워진 초록색 덧문의 이 예쁜 집은 일반인이 거주하는 주택이다. 맞은편에 도비니 미술관에 이르는 오솔길 계단이 있는데, 이 역시 반 고흐의 작품에 등장한다.

도비니 미술관 Musée Daubigny

주소 Rue de la Sansonne, 95430 Auvers-sur-Oise 홈페이지 museedaubigny.com 운영 화·목·금 14:00~17:30, 수 14:00~18:00, 토·일 10:30~12:30, 14:00~18:00 입장료 €2~5

예술과 예술가들의 삶을 사랑한 4명의 오베르 시민이 합심해 1984년에 개관한 곳으로, 현재는 시립미술관이 되었다. 2층에는 밀레의 친구이자 바르비종파 창시 화가인 도비니 Charles Daubigny의 그림, 스케치, 판화 작품을 전시해 놓았다. 특히 나이브 아트 Naive Art(소박파) 예술가들의 작품 보유량은 프랑스 최고 수준이다. 최근 동시대 예술가들의 작품과 영화 거장의 습작을 옮겨와서 전시가 보다 풍요로워졌다.

반 고흐의 집 Maison Van Gogh

주소 52 Rue du Général de Gaulle, 95430 Auvers-sur-Oise 홈페이지 maisondevangogh.fr 운영 수~일 10:00~18:00 여인숙, 티와 카페, 레스토랑은 예약 필수 12:00~18:00(겨울 시즌 폐장) 휴무 월, 화 입장료 €5~7, 12세 미만 무료

37세에 자살로 인생을 마감하기 전까지 고흐가 지나간 장소는 자그마치 38곳이었다고 한다. 1890년에 오베르에 도착함과 동시에 정착한 라보 여인숙 Auberge Ravoux의 5번 방은 그의 생애 마지막 70여 일이 그대로 담긴 감동적인 장소. 두 달 남짓 이곳에 머무르는 동안 그는 자그마치 80여 점의 작품을 쏟아냈고, 대부분이 오베르의 자연과 인물을 담은 것이다. 모두 반 고흐 작품 인생의 걸작으로 평가받는다. 사후에 오베르 묘지에 안장되었으며, 1914년에 화가의 자금을 책임졌던 동생 테오가 옆자리에 묻혔다.

화가의 길 Le Chemin des Peintres

주소 3bis Rue de Paris, 95430 Auvers-sur-Oise 홈페이지 www.le-chemin-des-peintres.fr 운영 수~일 12:00~15:00

오필리 Ophelie라는 여성 셰프가 운영하는 비스트로 레스토랑. 관광지 음식점에 대한 불평을 잠재우고 따뜻하고 정감 어린 곳으로 이름 올린 곳이다. 그날 공수한 신선한 재료를 사용하지만 화려한 요리보다 프랑스 집밥의 면모를 볼 수 있다. 길 건너편에 간이 테라스가 있으며 날씨가 좋은 날에 이용할 수 있다. 크레이프나 카페 몇 개가 전부인 작은 도시에서 제대로 식사할 수 있는 장소이니 시간에 맞춰 예약할 것을 권한다.

생제르맹앙레 성(국립 고고학 박물관)

Château de Saint-Germain-en-Laye(Musée d'Archéologie Nationale)

가는 방법
RER A선 Saint-Germain-en-Laye/Boissy-Saint-Léger 방향 승차→생제르맹앙레(Saint-Germain-en-Laye) 역에서 하차(약 1시간 15분 소요)
- **기차 정보** www.ratp.fr(나비고 패스로 이동)

주소 Place Charles de Gaulle, 78100 Saint-Germain-en-Laye
홈페이지 musee-archeologienationale.fr
운영 수~월 10:00~17:00
휴무 화, 1월 1일, 5월 1일, 12월 25일
입장료 €6

파리에서 서쪽으로 20㎞가량 떨어진 도시 생제르맹앙레의 한복판에 있는 성. 몇 세기에 걸쳐 프랑스의 군주들이 머물렀고, 최고 주권자들이 태어나 자란 곳이기도 하다. 계속된 증축에 이어 나폴레옹 3세의 추진으로 1862년에 건축가 밀레 Eugène Millet가 마지막으로 개축했고 현재 3만여 점의 고대 유물을 전시한 국립 고고학 박물관으로 사용되고 있다. 성을 마주 봤을 때 왼쪽 끝에 위치한 테라스에 서면 맑은 날에는 라 데팡스는 물론 에펠탑과 사크레쾨르까지 볼 수 있다. 옛 귀족들의 사냥터였던 성 주변의 숲도 잘 정돈되어 있다.

보르비콩트 성
Château de Vaux-le-Vicomte

가는 방법

❶ 기차

Gare de Lyon 역에서 Melun 방면 R선 탑승→약 25분 이동→Melun 역 도착→택시나 우버 또는 역 앞 Café de la gare 앞에서 샤토 버스로 환승(주말과 공휴일만 운행 10:55, 11:55, 13:55)

- **요금** Melun 역까지 €5, 환승 요금 별도(온라인 구입 불가, 창구에서 직접 구입)
- **샤토 버스 귀승 시간** 14:35, 16:10, 18:30
- **택시** €18부터

❷ 리무진

퐁텐블로, 보르비콩트 성 패키지는 퐁텐블로바르비종 성 참고(P.380 참고)

주소 Château de Vaux-le-Vicomte 77950, Maincy
홈페이지 www.vaux-le-vicomte.com
운영 국유지가 아닌 사유지라서 연도별, 이벤트별 변동이 많음. 여행일 기준으로 한 달 전에 홈페이지에서 오픈 시간 재확인 필수
입장료 €13.50~17

파리에서 동남쪽으로 약 50㎞ 떨어진 작은 마을 멩시 Maincy에 위치한 성으로, 루이 14세의 재정 총감이었던 니콜라 푸케 Nicolas Fouquet 자작을 위해 1658~1661년에 세웠다. 르 보, 르 브룅 그리고 르 노트르가 각각 성, 실내 장식, 정원과 조경을 맡았고 이 완벽한 합작품에 매료된 루이 14세에 의해 베르사유 궁전 프로젝트에 재투입되었다. 전형적인 프랑스식 성채로, 크게 3개의 돌출부로 구성된 중심체(안뜰 쪽)와 둥근 지붕의 원형 건물(정원 쪽)로 이루어져 있다. 이것을 중심으로 네 개의 관이 동, 서쪽에 배치되어 있는데, 서쪽 관사에 현재 마차의 발달과 역사를 실제 크기로 재현한 박물관이 있다.

정원이 무척 인상적인 곳으로 조경사 르 노트르가 저속 투시도를 절묘하게 사용했다. 저속 투시도란 성에서 멀어질수록 장식 요소를 더 큰 규모로 배치하는 조경 방식으로, 일반적인 이 원근법을 보르비콩트 정원에서 극대화한 것이다. 성과 가장 가까운 화단은 뒤쪽 화단 크기의 1/3이며, 끝 쪽의 정사각형 욕조는 중앙의 둥근 분수대보다 8배가 크다. 이런 설계는 정원을 실제보다 작아 보이게 해서 더 애착을 갖고 살피게 하는 효과가 있다고 한다.

PLUS STORY · 니콜라 푸케와 루이 14세

루이 14세가 친정을 시작하기 전까지는 재무대신 니콜라 푸케가 국왕과 비등한 권력을 가지고 있었다. 하지만 이 권력은 성이 완공된 1661년에 종말을 고한다. 친정을 시작한 23세의 패기충만한 젊은 국왕에게 푸케는 1순위 처리 대상일 수밖에 없었던 것. 보르비콩트 성의 완성도와 아름다움에 눈이 먼 왕의 질투심 때문에 푸케가 실각됐다는 비화도 설득력이 있지만 엄연한 정치적 싸움이 그 안에 존재한다. 푸케의 미망인과 장남은 10년 뒤에 영지를 다시 찾았고 아들의 사망 이후 경매를 통해 드 빌라 de Villars 가문의 총사령관에게 소유권을 이전했다. 19세기 중순에는 소미에 Alfred Sommier라는 재력가가 성을 인수해 보수공사를 시작했고 지금까지 그의 자손들이 관리하고 있다. 프랑스 역사상 가장 위대한 요리사이자 예술가로 평가되는 바텔 Vatel이 푸케가 체포될 때까지 집사장으로 일했다. 영화 '아이언 마스크', '바텔', '마리 앙투아네트' 등에서 성과 정원의 절경을 엿볼 수 있다.

EVENT

샹델의 저녁
Les Soirées
aux Chandelles

5월 20일~9월 30일 매주 토요일, 7~8월의 매주 금요일 저녁, 23:00에 불꽃놀이가 10분간 진행된다. 단 하나뿐인 로맨틱한 고백 이벤트를 준비하기에 최고의 아이디어!

퐁텐블로바르비종 성

Château de Fontainebleau-Barbizon

가는 방법

❶ 기차

Gare de Lyon 역에서 Laroch- Migennes 방면 직행 열차(열차명 TER 891005, 전광판 확인)나 Montargis 방면 R선 탑승→약 40분 이동→Fontainebleau-Avon(Avon) 역 도착→약 15분 걷기

* 주의사항 Gare de Lyon 역에서는 지하의 RER선이 아닌 1층에서 출발하는 열차를 탈 것

- **왕복 요금 약 €15**(Fontainebleau-Avon 역까지 편도 €5, 환승 요금 별도, 온라인 구입 불가, 창구에서 직접 구입), 나비고, 모빌리스 이용 가능

❷ 리무진(퐁텐블로, 보르비콩트 성 패키지)

www.pariscityvision.com/fr/visite-audioguide-vaux-vicomte-fontainebleau

홈페이지에서 예약 필수. 홈페이지에서 €105권 클릭 → 오른쪽 상단 Réserver 클릭 → 인원, 오디오 가이드 희망 언어, 날짜 선택 → 좌석 여부 확인 → Ajouter au Panier(장바구니) 클릭 → Réserver 클릭 → 개인 정보 입력(메일 필수) → 국가명 South Korea 입력 → 예매 내역 재확인, J'accepte les conditions générales 체크, Paiement(결제) 클릭 → Valider(수락) 클릭 → 메일상 디지털 예매권 확인 → 해당 날짜, 시간에 미팅 장소에 집결 (Hôtel PULLMAN Paris Bercy 정문, 주소 1 rue de Libourne, 75012 Paris, 지하철 14호선 Cour Saint Emilion 역 하차)

리무진 버스
홈페이지

- **운영** 3월 31일~10월 31일(화요일 제외) - **요금** €105
- **포함 내역** 파리-퐁텐블로 왕복 교통편, 퐁텐블로와 보르비콩트 성 입장료, 오디오 가이드, 시대 코스튬 대여료

주소 Château de Fontaine Bleu 77300, Fontainebleau **홈페이지** www.musee-chateau-fontainebleau.fr
운영 수~월 10~3월 9:30~17:00, 4~9월 9:30~18:00 **휴무** 매주 화요일, 1월 1일, 5월 1일, 12월 25일
입장료 €12~14, 사전 예매 권장

프랑스의 역사상 가장 중요한 장소 중 하나. 파리에서 동남쪽으로 약 60㎞ 떨어진 퐁텐블로 시에 자리잡고 있으며, 프랑스 왕족들이 8세기에 걸쳐 머무르고 증축하고 사랑한 역사의 산실이다. 성당의 부속건물로 시작된 성은 봉건시대 때 10여 명의 군주들을 맞았고, 르네상스 시대에는 7명의 왕이 거쳐 갔다. 루이 13세가 태어났으며, 루이 14세가 베르사유 궁전 축조에 막대한 자금과 정성을 들이면서 즐겨 찾은 곳이기도 하다. 나폴레옹 황제 즉위와 함께 그의 공식 거처이자 집무실이 되었으며, 이와 함께 대대적인 공사를 거쳤다. 1814년 4월 20일, 실각과 함께 나폴레옹이 떠난 후에도 19세기 초까지 여전히 프랑스 왕가의 결혼과 파티, 외무부의 영사관 역할을 해왔다. 1862년에 국가유적으로 지정되었고, 1981년에는 성을 포함한 퐁텐블로 숲 일대가 유네스코의 세계유산으로 등재되었다.

루브르 미술관에 양도하고 남은 미술품들을 볼 수 있으며, 르네상스 시대를 대표하는 프랑수아 1세의 갤러리와 나폴레옹이 신축한 극장, 2단으로 설계된 성당 역시 지나치기 아쉬운 예술품이다. 4개의 안뜰, 대형 화단, 2개의 정원, 소나무 동굴, 연못 위의 정자와 거대한 영역을 자랑하는 퐁텐블로 숲은 하루로는 부족한 아름다운 산책로다.

바르비종
Barbizon

가는 방법

Gare de Lyon 역에서 TER Laroch-Migennes 방면이나 TER Montereau(Montereau-Fault-Yonne) 방면 R선 탑승→약 40분 이동→Fontainebleau-Avon역 도착→도보 4분→21번 버스 환승(Centre Commercial(Villiers-en-Bière) 방면)→Place de l'Angélus 하차

* 주의사항 Gare de Lyon 역에서는 지하의 RER선이 아닌 1층에서 출발하는 열차를 탈 것
- 왕복 요금 약 €15(온라인 구입 불가, 창구에서 직접 구입)

홈페이지 www.barbizon.fr

장프랑수아 밀레 Jean-François Millet의 '만종'과 '이삭 줍는 여인들'로 유명해진 바르비종은 파리 남동쪽의 소도시다. 1830년까지 작은 촌락에 불과했던 이곳이 언론에 노출된 것은 1850년대에 퐁텐블로 숲을 찾은 인상주의의 대가 모네, 르누아르, 시슬레 등에 의해서였다. 이후 인상파의 한 줄기인 바르비종파를 창시해서 밀레와 루소, 도비니의 작품으로 유명세를 얻었다. 많은 화가와 소설가, 작가, 음악가 등이 대자연으로부터 영감을 얻기 위해 이곳을 찾았고, 19세기 말까지 호텔, 음식점, 전시회장이 번창했다. 현재는 현직 예술가보다 그랑 거리 Rue Grande를 중심으로 여행자를 위한 쇼핑 가게, 레스토랑, 미술 갤러리 등이 성업 중이다. 2015년에는 프랑스 2번 국영방송 프로그램인 '프랑스에서 가장 아름다운 마을' 중 하나에 선정되었다.

밀레의 집과 아틀리에 Atelier de Jean-François Millet

주소 27 Grande Rue 77630, Barbizon 홈페이지 www.musee-millet.com/en 운영 목~월 10:00~12:30, 14:00~18:00 휴무 화, 수, 공휴일 입장료 €4~5

밀레가 바르비종에 도착한 1849년부터 사망한 1875년까지 머물며 작업했던 공간. 명작 '만종'과 '이삭 줍는 여인들'을 그린 곳이기도 하다. 1923년부터 사립 미술관이 되었고 실내는 그가 있던 당시의 상태를 잘 보존하고 있다. 화가의 습작, 귀중품을 포함해 에콜 드 바르비종파의 작품을 전시, 판매하고 있다.

바르비종 화가들의 지역 미술관 Musée départemental des peintres de Barbizon

주소 92 Grande Rue 77630, Barbizon 운영 수~월 10:00~12:30, 14:00~17:30 휴무 화, 1월 1일, 5월 1일, 12월 25일 입장료 €4~6

1830~1875년은 바르비종이 전성기를 맞았던 시기였다. 미술관의 원래 이름은 간 여인숙 Auberge Ganne 으로, 이때 몰려왔던 유럽과 러시아, 미국의 예술가들이 묵었던 곳이다. 1층의 전시관과 2층의 방 두 곳은 당시 예술가들이 사용했던 낡은 가구와 장식품을 보존, 전시하고 있다.

루소의 집과 아틀리에 L'atelier Théodore Rousseau

주소 55 Grande Rue 77630, Barbizon 운영 수~월 10:00~12:30, 14:00~17:30 휴무 화, 1월 1일, 5월 1일, 12월 25일 입장료 €4~6

1847년에 바르비종을 찾은 밀레의 동료 루소가 정착한 장소다. 1867년 사망할 때까지 이곳에서 생활했고 2층에서 작품 활동을 했다. 자칭 '숲의 남자'였던 그는 퐁텐블로 지역을 떠나는 일이 극히 드물었다고. 현재 루소의 집과 아틀리에는 정기적인 상설전시장으로 사용 중이다.

샹티이 성
Château de Chantilly

가는 방법
Gare du Nord 역에서 Creil 방면 TER 열차 탑승→약 25분 이동→Chantilly-Gouvieux 역 도착→택시(5분), 성 셔틀버스(10분), 도보(25분)로 이동 가능
- **열차표 구입** 역 내 유인 매표소, 무인 자동 발급기, 사전 예매 가능
- **편도 요금** €5~10.30

주소 Château de Chantilly 60500 Chantilly
전화 03 44 27 31 80
홈페이지 www.domainedechantilly.com
운영 수~월 10:00~18:00(정원 20:00) 휴무 화
입장료 €13.50~17, 가족 할인 €48(성인 2+청소년 2~3)

파리의 북쪽 샹티이 시에 있는 성이다. 샹티이는 절대왕권이 확립되기 이전에 가장 강력한 군주 가문 중 하나였던 몽모랑시 가문의 영지(15~17세기)였다가 후에 콩데 가문이 세력을 넓혔던 도시다.

현재 샹티이 성은 외증숙조부로부터 샹티이를 포함해 거대한 영토를 물려받은 오말 공작이 1871년에 재축조한 모습이다. 자손이 없던 공작은 성을 포함한 영지를 프랑스 연구원에 기증했고, 1898년 4월 콩데 박물관이란 이름으로 일반인들에게 공개되었다. 성은 몽모랑시의 작은 성이라고 불리는 프티 샤토 Petit Château를 포함해서 앙기엔의 샤토 Château d'Enghien, 공놀이 관 Jeu de Paume, 실비의 집 Maison de Sylvie, 마구간과 르 노트르의 정원 Jardin de Le Nôtre, 작은 공원, 영국·중국식 정원, 마지막으로 영국 정원으로 구성되어 있다.

성의 입구를 따라 올라가면 몽모랑시의 테라스에 도착한다. 왼쪽이 프티 샤토로 1551년에 지어졌으며, 성에서 가장 오래된 곳이다. 특히 오말 공작이 망명 중에 수집하고 아끼던 고서가 빼곡히 전시된 도서관이 장관이다. 샹파뉴, 드 트루아, 들라크루아, 코로 등의 회화작품실과 영광의 현관이란 별칭을 가진 중앙 계단도 천천히 감상하자.

기마상이 있는 테라스를 지나 북쪽에 르 노트르 정원이 있다. 2개의 축을 기준으로 구상하는 그의 습관에 따라 역시 남북, 동서로 구성됐다. 남북 축을 기준으로 왼쪽이 영국 정원이며, 오른쪽이 영국·중국 정원이다. 성 안에는 파리 근교에서 가장 명문으로 치는 승마 학교와 마술 쇼를 공연하는 극장과 모래장이 있다. 성수기와 주말에 하루 2번 공연하는 고급 마술 쇼는 꼭 한 번 보기를 추천한다.

베이킹에서 빼놓을 수 없는 생크림을 프랑스어로 샹티이 크림이라고 한다. 샹티이 크림은 카트린 드 메디시스 왕비에 의해 이탈리아에서 건너왔고, 이것을 프랑스에 최초로 선보인 것은 역대 최고의 요리사이자 식탁 위의 예술가였던 바텔 Vatel이다. 보르비콩트의 성주 푸케의 실각 이후(P.379 참고) 바텔은 샹티이 성에서 새 영주를 모시게 되었고, 성을 방문한 콩데 왕자를 위한 만찬에서 생크림을 선보여 샹티이 크림이란 이름이 붙었다. 하지만 프랑스에서 가장 화려했던 만찬으로 기록되는 이 향연이 바텔의 마지막 만찬이 되었다. 만찬 마지막 날을 앞두고 요리사의 생명인 신선한 재료들이 공급자의 착오로 도착하지 못하자 총책임자였던 그는 비관 끝에 자살하고 말았다.

프로뱅(중세기 유적지)

Provins(Cité Médiévale)

가는 방법

❶ Gare du l'Est 역에서 Provins 방면 P선 탑승→약 1시간 25분 이동→Provins(Medieval) 역 도착

❷ RER A선 Marne la Vallee-Chessy 방면 탑승→약 1시간 25분 이동→Marne la Vallee-Chessy 역 도착→버스 50번으로 환승

❸ RER A선 Marne la Vallee-Chessy 방면 탑승→약 1시간 25분 이동→Marne la Vallee-Chessy 역 도착→버스 50번으로 환승

- **열차표 구입** P선, RER A선, RER D선 모두 역 내 유인 매표소, 무인 자동 발급기 이용, 온라인 예매 불가
- **왕복 요금** €20부터

프로뱅 관광안내소

유적지 관련 정보 및 패스 프로뱅, 열차 탑승권 구입 가능
- **주소** Chemin de Villecran 77482 Provin Cedex
- **홈페이지** www.provins.net

- **운영** 11~3월 09:30~17:00, 4~10월 09:00~18:30
- **휴무** 1월 1일, 12월 25일
- **입장료** 유적지 입장은 무료, 유적지 내 관광지 요금은 별도

프로뱅 방문 패스

종류	가격
패스 프로뱅	성인 €15, 4~12세 €10 (중요 유적지 5장소 입장)
가족 패스 le Pass Famille	€45(성인 2 + 4~12세 아동 3명까지)*
패스 프로뱅+성벽의 독수리	성인 €25, 4~12세 €17
패스 프로뱅+중세 기사쇼	성인 €25, 4~12세 €17
패스 프로뱅+쇼 2개	성인 €38, 4~12세 €25

* 가족 패스 소지 시 쇼 관람료 할인 혜택은 아동 2명까지. 나머지 1명은 €7 추가

프로뱅은 2001년에 유네스코 세계문화유산으로 등재된 중세시대 유적지 Cité Médiévale의 흔적을 보존하고 발전시킨 작은 도시다. 샴페인으로 유명한 샹파뉴 Champagne 지방의 영토였던 이 유적지는 지리적 요건 덕에 10세기 전에 생성되었던 '유럽 상업의 길'의 요충지가 되었다. 5㎞에 걸쳐 유적지를 감싸고 도는 단단한 성벽은 13세기에 축조된 것으로, 당시 성 내의 부와 군주의 권력을 대변한

다. 당시로는 매우 드문 아틀리에와 가게를 연결한 3층 집, 상업용 마차와 대형 행렬이 지나가기에 부족함 없이 넓게 계획한 대로 역시 상업 루트로서의 프로뱅을 잘 보여준다. 이 유적지 내에 있는 건축물은 대부분 12~13세기 당시 축조된 것들이며, 건축·군사·민사·종교에 관한 국가 지정 문화재를 58개나 포함하고 있어, 유럽 중세의 유적을 가장 잘 보존한 장소로 인정받는다.

세자르 탑 La Tour César

주소 Rue de la Pie 77160, Provins 운영 11~3월 14:00~17:00, 3월 말~10월 10:00~18:00, 연중무휴 입장료 일반 €4.30, 5~12세 €2.80, 약 35분 소요.

최초의 흔적은 12세기로 추정되지만, 지금의 탑은 성벽을 축조하며 함께 증축되었다. 4개의 망루가 모서리를 지키고 그 위에 올린 팔각형 모양의 주루가 특징이다. 때에 따라 감옥으로 사용하기도 했으나, 원래는 외부의 침범을 경계하는 군사용이었다. 영국과의 100년 전쟁 때 함락당하기도 했다.

십일조 창고 La Grange aux Dîmes

주소 Rue Saint-Jean 77482, Provins 운영 11~3월 14:00~17:00, 3월 말~8월, 9·10월 주말 10:00~18:00, 9·10월 주중 14:00~18:00, 연중무휴 입장료 일반 €4.30, 5~12세 €2.80, 약 35분 소요

13세기 상인의 거주지 및 시장으로 쓰였던 장소. 14세기에는 십일조 창고로도 사용되었다. 닫집으로 마무리한 천장 조각과 첨두아치가 훌륭하다. 현재는 당시의 장터와 생산품을 재현한 전시장이 되었다.

프로뱅 박물관 Le Musée de Provins et du Provinois

주소 7 Rue du Palais 77160, Provins 운영 11~3월
12:00~17:30, 3월 말~9월 14일 12:00~17:30, 9월 15
일~10월 12:00~17:30 휴무 11~3월 화요일, 공휴일, 8
월 31일, 12월 22일~1월 2일 입장료 성인 €5, 4~12세
€2.50

유적지에서 가장 오래된 집 중 한 곳에 개관한 박물
관으로 고대, 중세, 르네상스, 19세기를 대변하는 프
로뱅의 유물이 전시되어 있다.

중세 기사 쇼 Les Spectacles Médiévaux

운영 매년 3월 마지막 토요일~10월 마지막 일요일 요금 성벽의 독수리(맹금류 쇼), 기사들의 전설쇼 각각 성인
€13, 4~12세 €9(패스 프로뱅 소지 시 각각 €11, 4~12세 €7), 65세 이상 무료

성벽의 독수리, 기사들의 전설, 성벽의 시대 등 3가
지 쇼가 벌어진다. 중세에는 급한 전갈을 보낼 때를
대비해 독수리를 훈련시켰는데, 맹금류 조련은 유
네스코에 등록된 세계무형문화재다. 말 위에서 독
수리를 부리는 조련술이나 당시 기사들의 패기를
엿볼 수 있는 기마술, 중세의 용병술 등을 볼 수 있
는 쇼는 아이들과 함께라면 꼭 관람해 보자.

프로뱅 축제 La Roserie de Provins

운영 매년 6월 첫째 토, 일 10:00~19:30 입장료 성인 €7, 4~12세 €5(가족 패스 소지자 €6.30/€4.50) 마을 기차 투어 성인 €7, 4~12세 €5(가족 패스 소지자 €6.30/€4.50)

꽃집에서 흔히 보는 접목된 장미가 아닌, 오래전부터 존재했던 순수 장미종의 축제. 고혹적인 향기의 주인공들이 본연의 모습으로 만개하는 장관을 즐길 수 있다.

마을 기차 투어 Les Petits Trains de Provins

운영 3월 말~4월, 9·10월 11:00~18:30(주말, 공휴일만 운행, 13:00~14:00 제외), 5~8월 11:00~18:30 입장료 일반 €6(패스 소지 시 €5.40), 5~12세 €4.50(패스 소지 시 €4.10)

유적지 입구에서 출발해 성안으로 들어가 마을을 한 바퀴 돌고 나온다. 성안 광장 주변에 한 번 정차하는데, 이때 내려서 자유롭게 구경을 하고 다음 기차를 타고 나올 수 있다. 중간에 내리지 않고 한 바퀴를 돌면 약 30분 정도 소요된다.

EVENT

방문 패스 Les Passe Visites

패스 프로뱅 Passe Provins+기사쇼 €16
패스 프로뱅 Passe Provins+맹금류 €16
패스 프로뱅 Passe Provins+기사쇼+맹금류 쇼 €23

루아르 고성 지역
Loire

루아르는 동남부의 알프스 기슭에서 시작해 중부를 거쳐 서쪽으로 이어지는, 프랑스에서 가장 크고 중요한 강이다. 루아르 고성 지역은 루아르 강 하류 쪽을 일컫는데, 이 부근에 있는 르네상스 시대의 성은 72개에 달한다.

샹보르 성 Château de Chambord

가는 방법

❶ 오스테를리츠 역 Gare Austerliz에서 Blois-Chambord 방면(전광판 확인) TGV 탑승→1시간 30분~2시간 이동→Blois 역 도착→역에서 나와 왼쪽 100m 거리에서 나베트 버스 Ligne 2 탑승(Chambord 성 방면 확인)→Chambord 성 하차(열차 왕복권 €57+나베트 1회 탑승권 €3)

❷ QR코드 클릭 후 Train의 cliquant sur ce lien 클릭→인터넷 예매→출발역 Paris(Toutes Gares), 도착역 Blois-Chambord 입력

❸ P.391 리무진 참고

운영 3월 말~10월 말 09:00~18:00, 10월 말~3월 말 09:00~17:00 입장료 €13.50~16, 18세 미만 무료(성+정원)
홈페이지 www.chambord.org/en

샹보르는 베르사유의 명성과 비교될 만한 루아르 고성 지방의 성이라 할 수 있다. 프랑수아 1세의 의지로 시작된 샹보르 성은 당시 레오나르도 다 빈치가 방문한 것으로도 유명하다. 또 프랑스 연극의 대부 몰리에르의 작품 '부르주아 귀족 Le Bourgeois Gentilhomme'이 루이 14세의 참석 하에 첫 상연된 장소이기도 하다.
전체적으로는 프랑스 대표 르네상스식 건축물인데 '§' 구조의 중앙계단이 걸작으로 추앙받는다. 두 사람이 각 계단의 끝에서 동시에 오르내려도 마주치

지 않아 사용자 간의 거리를 강조한 것.
성의 숲 또한 산책의 재미가 있다. 한 영토에 소속된 숲으로는 유럽 내에서 가장 큰 크기로, 산책로 어느 곳에서나 성의 도도한 모습을 감상할 수 있다. 성 주변에 고급 레스토랑, 다양한 이벤트가 준비되어 있어 하루 종일 머물러도 지루하지 않을 것이다.

EVENT

중세 기사 쇼 Spectacle Equestre
5~9월 화~일 11:45, 16:00(7, 8월은 매일) | 예약 필수 | 일반 €12.50, 6~17세 €9, 성 입장표와 동시 구입 시 €21

마차 산책 Balades en Caleche
4월 10일 전후~9월 말 | 일반 €11, 6~17세 €8, 성 입장표와 동시 구입 시 €20 | 약 45분 소요

슈농소 성 Château de Chenonceau

가는 방법

❶ 오스테를리츠 역 Gare Austerliz에서 TER Orléans 방면 기차 탑승(사전 예매 가능)→약 1시간 이동→Orléans 역에서 St-Pierre-des-Corps행 기차로 환승→1시간 15분 이동→St-Pierre-des-Corps 역에서 Chenonceaux행 기차로 환승→25분 이동→Chenonceaux 하차→택시 또는 도보(약 400m)(교통 요금 편도 €33부터+택시)

❷ 파리 출발 리무진(샹보르, 슈베르니, 슈농소 성 패키지) 이용(예약 필수)

- **예약 방법** www.pariscityvision.com의 오른쪽 상단 메뉴에서 언어 선택→가고 싶은 장소 chenonceau 입력, 날짜 무선택

- **요금** €135부터(오디오 가이드, 도착지 숙소 검색 서비스 등에 따라 차등)

- **포함 내역** 파리-도착지(샹보르·슈농소·슈베르니 성) 왕복 교통 요금, 성 3곳 입장료

루아르 고성 지역의 성 중에서도 가장 많은 관광객을 유치하는 장소로, 역대 귀부인들이 관리했던 것으로도 유명하다. 1513년 브리송네 Katherine Briçonnet 공녀가 축조했고, 앙리 2세의 애인 디안 드 푸아티에 Diane de Poitiers 백작부인이 보강했으며, 앙리 2세가 죽자 그의 왕비 카트린 드 메디시스 왕비가 성을 빼앗아 며느리이자 앙리 3세의 부인 루이즈 드 로렌 Louise de Lorraine 왕비에게 주어 묵상 장소로 사용했다. 또 앙리 4세의 연인인 가브리엘 데스트레 Gabriela de Estrées가 쓰다가 루소 Jean Jacques Rousseau의 후원자인 루이즈 뒤팽 Louise Dupin 부인이 대혁명 시대 때 성을 보존했다. 성의 마지막 주인은 펠루즈 부인 Madame Pelouze이었다. 여성에 의한, 여성을 위한, 여성의 성으로, 별칭 역시 '귀부인들의 성 Le Château des Dames'이다. 시대를 넘나들며 그녀들의 취향을 담았던 성은 역시 그녀들의 지혜로 대혁명과 전쟁 속에서도 무사히 유지될 수 있었다.

<보바리 부인 Madame Bovary>의 작가 플로베르 Gustave Flaubert가 "유일한 그윽함과 기품 있는 평온함을 내뿜는 슈농소 성만 한 곳을 알지 못한다"고 극찬했을 정도. 실내는 가구와 장식으로 정교하게 보존·전시되고 있어 아직까지 사람이 살고 있는 듯한 착각을 준다. 사유지로는 프랑스에서 가장 잘 관리된 성이기도 하다.

돌 받침대에 그대로 떨어지는 분수가 이색적인 디안 정원과 화단으로 이루어진 메디시스 정원 역시 성에서 나오며 눈여겨볼 곳 중 하나다. 각 정원에서 대각선으로 바라보는 성의 운치는 넋을 잃을 정도로 아름답다. 입구에서 한국어 가이드북을 배부해 주니 멋진 내부와 정원을 한 곳도 빠짐없이 즐기자.

슈베르니 성 Château Cheverny

가는 방법
오스테를리츠 역 Gare Austerliz에서 Blois-Chambord행(전광판 확인) TGV 탑승(사전 예매 가능)→1시간 30분~2시간 이동→Blois 역 도착→택시로 이동(약 €35)
- **왕복 요금** 편도 €30부터 + 택시
- **리무진** P.391 참고

루아르 지역 슈베르니에 자리 잡은 성이다. 14세기 영지의 주인이었던 위로 Jean Hurault 가문의 소유였고 15세기 말에 증축되었다. 이후 영주권 다툼 끝에 앙리 2세의 애첩이었던 디안 드 푸아티에에게 소유권이 넘어갔다가 다시 위로 가문으로 양도되었다. 앙리 위로 Henri Hurault와 그의 부인이 성주가 된 후, 현재의 모습으로 증축했고, 이후 150여 년간 수없이 주인이 바뀌었다.

성은 전형적인 클래식 건축양식으로 근교의 백토를 사용했다. 정면의 흰 파사드는 시간이 지날수록 더 견고해지고 하얗게 되는 특색이 있다. 실내는 현관, 식당, 거실, 영광의 계단, 갤러리, 무기의 방과 왕의 방 등 공식 공간 외에도 자녀들의 방, 신생아 방 등으로 꾸며져 있다. 프랑스 부르주아의 생활과 예술 문화가 그대로 녹아 있어 관람하는 데 지루함이 없다. 유명한 만화 탱탱 시리즈 중 <탱탱의 물랭사르 모험 Les Aventures de Tintin à Moulinsart>의 배경이 되기도 했다. 1년 내내 상설전시를 하고 있다.

생말로, 몽생미셸
Saint-Malo, Mont Saint-Michel

생말로 가는 방법
몽파르나스 역(Gare Montparnasse)에서 Renne 행(전
광판 확인) TGV 탑승(사전 예매 가능)→1시간 53분 이
동→Renne 역에서 Saint(St)-Malo 행 TGV로 환승→약
55분 이동→Saint(St)-Malo 역 도착
- **교통 요금** 편도 €51부터

몽생미셸 가는 방법
❶ 몽파르나스 역(Gare Montparnasse)에서 Renne 행
(전광판 확인) TGV 탑승(사전 예매 가능)→약 1시
간 45분 이동→Renne 역에서 Ter Pontorson(Mont
St-Michel) 행 TGV로 환승→약 50분 이동→Pontor-
son(Mont St-Michel) 역 도착→택시로 몽생미셸 진입
주차장까지 이동(약 10km)→몽생미셸 셔틀버스 탑승
❷ 생 라자르 역(Gare Saint-Lazare)에서 Caen 행(전광
판 확인) TGV 탑승→약 2시간 17분 이동→Caen 역에
서 Ter Pontorson(Mont St-Michel) 행 열차 탑승→약
2시간 30분 이동→Pontorson(Mont St-Michel) 도착
- **교통 요금** 편도 €26부터
홈페이지 www.ot-montsaintmichel.com

생말로와 몽생미셸 간의 이동
생말로와 몽생미셸 두 곳을 모두 방문하고 싶다면 파리
발 열차권을 예매할 때, 두 장소 간 이동 열차권을 함께
예매하는 것을 권한다. 두 장소는 열차로 1시간 20분 거
리이지만 직행이 없어 다음과 같이 환승을 해야 한다.

승차		환승		하차
몽생미셸 Pontorson	↔	Dol-de- Bretagne	↔	생말로 St-Malo

당일치기로 두 곳을 함께 방문하고 싶다면 리무진 이용
을 적극 추천한다. 초보자에게는 예매, 이동 시간, 환승
시간 등이 상당한 부담일 수 있기 때문이다. 리무진 이
용은 www.pariscityvision.com 참고

생말로는 영국 해협을 마주한 프랑스 북서부 브르
타뉴 지역 일에빌렌 Ille-et-Vilaine 주에 있는, 성벽
으로 둘러싸인 항구 도시다. 현재는 불과 4만4,000
명의 인구를 가진 작은 도시지만 16세기에는 독립
국가 개국을 추진했을 정도로 수출입 산업이 발달
했고, 영국과의 밀접한 문화 교류로 인해 현재까지
도 지방색이 뚜렷하다.

15세기 초에 브르타뉴 군주 가문의 장 5세 Jean V가
성채를 짓기 시작했다. 영국군이 대륙 입성을 위해
필수적으로 거쳐야 하는 생말로의 지리적인 특성
때문에 자국인들을 보호하기 위한 의도였다. 1475
년 사령탑 La Générale이 완성되고 1501년에는 불
만의 탑이 성벽을 이었지만 혁명과 전쟁을 거치며
대부분 소실되었다.

하늘과 맞닿은 성벽의 산책길은 고전적이면서 황홀
하다. 영국 해협을 3면으로 마주한 도시의 특징을 가
장 잘 볼 수 있으며 곳곳에 자리한 유적지가 보일 때
마다 도시 안으로 내려와 관광할 수 있다. 성벽 둘레
만 걷는다면 반나절이면 충분하지만 촬영과 휴식 등
을 고려한다면 만 하루에서 이틀은 예상하는 게 좋다.

생브누아 수도원 성당   Église du Monastère de Saint-Benoît

영국의 베네딕트파가 조성한 장소로, 제법 잘 보존된 아치형 종루만이 그 유래를 증명하고 있다. 생브누아 거리 5번지 5 Rue Saint-Benoist에 있는 성당 정문에 건축물의 축조 시기를 표기한 표지판이 있다. 근대 지방 법원의 한 기관이 부설되었던 곳이기도 하다.

플라쥐 드 봉 스쿠르   Plage de Bon Secours

밀썰물을 이용한 자연 수영장이다. 2차 대전 이후에 쌓아 놓은 방죽으로 인해 성벽 높이까지 올라온 밀물이 썰물에 내려가면서 자연스럽게 고여서 수영장이 만들어진 것. 가드를 따라 수영장 주변을 거닐면 물 위를 걸어 바다 한가운데에 있는 것 같은 착각이 든다. 다이빙을 할 수 있을 정도로 깊은 해면이 있으며, 가드 주변이 바닷물 속 엽록소 때문에 미끄러우니 유의하며 즐기자.

PLUS STORY   불만의 탑의 유래

불만의 탑 Quic-en-Groigne의 정식 명칭은 작은 망루 Petit Donjon다. 불만의 탑이라고 불리게 된 이유가 재밌는데, 브르타뉴 가문의 안 공주는 시민들의 불만에도 탑을 세웠고 "Quic-en-Groigne, ainsi sera, c'est mon plaisir(불만스러워하라지, 그 또한 내 즐거움이니)"라고 말한 것에서 유래되었다. 시민들의 원성조차 대의를 위한 부산물로 보겠다는 의미로, 이 말을 비꼬아 이런 이름이 붙었고 탑의 한편에 새겨놓기까지 했다고. 지금은 정당한 시민권을 주장한 혁명가들에 의해 지워졌다. 생말로 성은 현재 시청과 시립 박물관으로 개방되어 있다.

몽생미셸 Mont Saint-Michel

운영 5월 1일~8월 31일 09:00~19:00, 9월 1일~4월 30일 09:30~18:00 휴무 1월 1일, 12월 25일 입장료 수도원 €9~11

영국 해협을 마주한 망슈 Manche 주에 천혜의 자연으로 둘러싸인 생미셸 산 Mont Saint-Michel이 있다. 그리고 92m 정상에 그 이름을 딴 수도원이 있다. 연간 350만 명의 관광객이 찾아오는 장소로, 프랑스의 유료 관광지로는 에펠탑과 베르사유 다음이다.

708년 오베르 주교 Saint Aubert는 꿈에서 대천사 생미셸의 계시를 3번이나 받고 수도원을 짓기 시작했다. 966년 베네딕트파 성직자들이 머무르며 유럽인의 성지 순례 길로 유명해졌으며, 영국과 프랑스의 교류에 큰 영향을 미쳤다.

화강암으로 이루어진 산의 형태를 따라 아래에서 조금씩 지어 올렸고 정상에 위치한 수도원은 예배당 Chapelle과 라 메르베유 La Merveille(불가사의)로 나뉘는데, 현재의 성당은 12세기와 15세기에 무너져 내린 벽과 제단을 1780년에 증축한 것으로 불꽃 고딕 양식을 보여준다. 세상과 단절된 듯한 라 메르베유는 망망한 사방의 만과 100m 바로 아래 절벽으로 인해 무척 압도적이다.

몽생미셸은 조수 간만의 차이가 유럽에서 가장 크다. 10~15m의 수면 차이로 썰물 때는 산 아래까지 걸어가거나(현재는 구름다리로만 접근이 가능하다) 양을 방목하는 것도 가능하지만, 밀물 때는 물 위에 떠 있는 모습이다. 이것이 몽생미셸이 세계 8대 불가사의 중 하나로 지정된 중요한 이유다. 노을이 질 때 성당 테라스에서 바라보는 황홀한 풍경과 1,200여 년 전부터 터전을 잡기 시작한 성곽 내 마을도 꼼꼼히 구경하자.

ART IN PARIS

파리 미술관 산책

세계에서 가장 많은 관광객이 모여드는 도시답게 파리에는
160개가 넘는 미술관과 전시관이 있다. 대부분 일요일이나
월요일, 또는 화요일 중 하루는 휴관을 하지만 관광객이나 직
장인을 위해 매주 목요일에 야간 개관하는 곳도 많다. 예술과
문화를 보다 많은 사람들과 나누고자 한 달에 한 번 무료입장
을 실시하니 알뜰하게 이용해 보자. 이 파트에서는 파리의 수
많은 미술관 중 가장 대표적인 장소 네 곳을 선정해서 그곳의
대표 작품을 소개한다.

* **미술관 연중 공통 휴관일** 5월 1일, 12월 25일
* **그 외 정기 휴관일 및 기타 휴관일**
  루브르 박물관 - 매주 화요일, 11월 1일
  오르세 미술관 - 매주 월요일
  오랑주리 미술관 - 매주 화요일, 7월 14일 오전(혁명 기념일)
  로댕 미술관 - 매주 월요일, 1월 1일

루브르 박물관
Musée de Louvre

루브르의 전시실은 6만㎡, 길이로 환산했을 때 14km로 세계에서 가장 큰 박물관 중 한 곳이다. 어떤 작품을 볼 것인지 계획을 세우지 않으면 감상은 커녕, 길을 잃고 헤매기 십상이다. 정식 입구는 유명한 유리 피라미드지만 메트로 1호선 Musee du Louvre 역과 지하 진입로인 Carrousel du Louvre 로도 입장할 수 있다. 뮤지엄 패스, 파리 패스리브 패스를 소지하고 있으면 입장권을 별도로 구입할 필요가 없으나 관람객 포화도 문제로 대기줄은 피하기 어렵다(루브르 공식 가이드 예매자는 예외).

입장 요령
유리 피라미드 아래에 루브르 박물관 안내소와 유무인 발권 장소가 있다. 입장권을 구입하기 전에 한국어 안내도를 미리 챙겨두면 유명 작품의 위치를 확인하며 동선을 짜는 데 도움이 된다.

루브르 입장 QR

비·성수기를 막론하고 관람객이 많아서 입장권 구입에 상당한 시간이 소요되니 되도록 사전 예매를 권장한다. 박물관에서 제공하는 한국어 오디오 가이드나 루브르 애플리케이션을 이용하면 보다 자세히 작품을 이해할 수 있다.

전시관
박물관의 전시실은 리슐리외관, 쉴리관, 드농관으로 나뉘며, 발권 장소인 반 지하층을 비롯해, 총 4층으로 구성되어 있다. 전시 내용은 11개 분야로 방대하므로 한 번에 다 보는 것은 불가능하다. 뮤지엄 패스를 소지하고 있다면 2, 4, 6일 연속 방문해서 꼼꼼하게 보는 것이 가능하지만 그렇지 않을 경우 볼 작품을 정하고 이동하는 게 현명하다. 안내서와 오디오 가이드를 감안하더라도 관람객 수와 내부의 이동 거리를 생각하면 10~15개 정도의 작품을 정하는 것이 가장 현실적이다. 우리에게 잘 알려진 '모나리자'를 비롯해 르네상스 시대의 회화는 주로 드농관 2층에 밀집되어 있으니 관람 시작점을 이곳으로 정해도 좋겠다.

오디오 가이드
700여 점의 작품 설명을 탑재하고 있으며, 3D 사진 촬영본이 현재 위치와 원하는 작품의 거리 등을 상세히 알려주어 헤맬 염려가 적다. 한국어 버전이 있고, 사용 요금은 €5로 입장권 사전 예매 시 동시 예매하거나 안내소에 문의하면 된다.

PLUS STORY · 쉴리, 드농 명칭의 유래

쉴리 공작 Duc de Sully(1560~1641)
16세기 후반 프랑스 국왕 앙리 4세 아래에서 재무대신을 역임한 인물. 농경지의 부흥을 장려해 대다수의 늪을 농경지화했다. 농민들의 세금을 낮추고, 숲 남벌을 저지해 포도밭 농사를 확장한 주인공이기도 하다. 현재 프랑스가 유럽 최대의 농업 국가, 와인 국가로서 최상의 농산물을 생산해 내는 데는 쉴리 공작의 정책이 그 바탕에 있었다.

드농 남작 Baron Denon(1747~1825)
비비앙 드농으로 더 유명한 드농 남작은 나폴레옹의 섭정기 때 행정·외교관을 지냈다. 정복한 나라의 승전물 획득에 유난히 열을 올렸던 나폴레옹의 명으로 각 나라의 보물 답사에 나섰던 그는 18세기 후반~19세기 초반 루브르 관장을 지냈다. 이 기간 동안 박물관의 작품 정리를 비롯해 재정비를 맡았는데, 전문가들은 이를 박물관 전문 큐레이터의 효시로 보고 있다.

중세 루브르

쉴리관의 안쪽에서 중세 루브르의 망루 모습을 볼 수 있다. 정확히 말하면 망루의 지하 부분으로, 루브르 궁전의 기원이 되는 유적이다. 루 Loup 또는 루브 Louve라는 프랑스어는 '늑대(새끼)'를 의미하는데, 도시와 시민을 늑대들의 침범으로부터 보호하기 위한 망루의 건립 동기를 이름에서 알 수 있다. 루브르의 역사를 입증하는 중요한 유물이다.

포로 Captif (죽어가는 노예L'esclave Mourante)

미켈란젤로 Michelangelo, 1513~1516년
드농관 1층 4번실

근처에 있는 조각품 '반역자 L'esclave Rebelle'와 한 쌍처럼 여겨지는 이 조각품은 미켈란젤로의 16세기 초기작이다. 원래 교황 율리우스 2세의 묘지에 장식할 조각의 본으로 제작되었다. 1542년에 교황의 묘비에 완성작이 세워졌고 미켈란젤로는 프랑스에서 망명 중이던 스토르치에게 선물했는데, 그가 이 두 점을 다시 국왕 프랑수아 1세에게 바쳐 지금까지 프랑스에 남게 되었다. 1794년에 루브르에 옮겨진 후, 줄곧 현재의 자리를 지켜왔다.

밀로의 비너스 Vénus de Milo

그리스·헬레니즘 미술, 기원전 130~100년
쉴리관 1층 12번실

'밀로의 비너스'는 원래 프락시텔 Praxitèle의 작품이라고 알려졌으나 현재는 기원전 130~100년에 당티오슈 Alexandre d'Antioche가 제작했다는 게 정설이다. 두 팔을 상실하고도 우아한 여신의 미를 그대로 지니고 있어, 우리에게도 유명한 조각품이다. 흘러내리는 듯한 고대 그리스 옷 히마티온 Himation을 하체에 걸치고 있는 비너스 상은 자세히 보면 상하가 절단되었다는 것을 확인할 수 있다. 이는 운반을 고려해 제작 당시부터 두 조각으로 나누었다가 합친 것으로, 발견 당시의 상태다. 없어진 왼팔은 상에 뚫려 있는 구멍으로 미루어 볼 때 덧붙였다가 떨어져 나간 것이며, 구멍이 없는 오른팔은 또 다른 사고에 의해 손실된 부위를 보수하기 위해 뗐다가 결국 미완성으로 남았다는 게 전문가들의 추정이다.

나폴레옹 3세 아파르트망 Appartements Napoléon III
리슐리외관 2층 87번실

프랑스 제 2공화정의 섭정 나폴레옹 3세의
치세를 선전하기 위해 그의 주거지를 그대로
옮긴 것이다. 당시의 예술 사조였던 아르데코
양식을 반영해 화려한 장식미술을 보여준다.
회오리형을 그리는 중앙 소파와 샹들리에를
눈여겨볼 만하며, 옻칠한 원목과 금장 입힌
브론즈로 완성한 가구는 이 시대 대표 장식가
였던 아페르 Eugène Appert의 작품이다.

서기상 Le Scribe Accroupi
기원전 2600~2350년
쉴리관 22번

석회로 제작해서 덧칠한 이 상은 1850년 이집트 사카라 Saqqa-
rah에서 찾은 유물로 1854년에 루브르로 옮겨졌다. 무려 4,500
여 년 전에 제작된 것으로 추정되는 이 좌상의 주인공은 아직 밝
혀지지 않았다. 하지만 상의 정식 명칭이 서기(율법학자)인 것으
로 보아, 이 시대의 엘리트였음에는 의심할 여지가 없어 보인다.
파라오의 아들들이 서기가 되었던 고증을 보면, 그들 중 한 명이
었을 수도 있다. 어찌되었건 고대 이집트의 전통으로 보아, 이 상
은 왕의 무덤을 수호하기 위해 제작된 것만은 확실하다.

레이스를 짜는 소녀 La Dentellière
요하네스 페르메이르 Johannes Vermeer, 1669~1671년
리슐리외관 3층 38번실

이 작품은 레이스 뜨기에 몰입한 소녀의 앳된 얼굴과 작업 풍경을
묘사하고 있다. '우유 따르는 여인', '진주 귀걸이를 한 소녀' 등의
초상화로 유명한 페르메이르의 작품이다. 레이스를 뜨고 있는 소
녀의 손과 왼쪽 소라 모양 머리, 두 눈과 코를 이어주는 T존은 화가
가 물감을 지워나가며 채도를 높인 것이다. 이는 화가 자신도 드물
게 시도한 기법이었는데, 이로 인해 빛에 의한 소재의 명암이 뚜렷
이 부각된다. 평온한 여성의 일상이 섬세하면서도 자연스럽게 녹
아 있는 작품.

모나리자 Monna Lisa

레오나르도 다빈치 Leonardo da Vinci, 1503~1507년
드농관 2층 6번실

하루 4만여 명이 이 여인의 초상화 앞으로 몰려든다. 홀에 들어서도 그녀의 앞까지 가기란 벽을 뚫는 것만큼 어렵고, 다가갔다 해도 박물관 측 감시 인원과 작품 주변 가드가 명시 거리 안쪽으로는 접근을 막고 있으니 세계에서 가장 유명한 초상화의 가치를 톡톡히 치르는 셈이다.

프랑스인들이 '라 조콩드 La Gioconda'라고 부르는 이 작품의 모델은 다들 알 듯이 '모나리자'다. 리자는 그녀의 이름이며, 모나는 이탈리아어로 부인을 칭한다. 그녀는 15세기 비단상이었던 프란체스코 델 조콘도의 아내로, 남편이 큰 집으로 이사를 하면서 다빈치에게 그녀의 초상화를 부탁했고 1503년부터 작업에 들어갔다. 여기까지가 기정사실화된 부분이지만, 입증할 길 없는 비하인드 스토리는 수십 가지에 이른다.

완벽한 삼각형의 구도 속에 웃을 듯 말 듯한 표정의 여인이 팔걸이의자에 몸을 살짝 의지해 앉아 있고, 그 뒤로 구불거리는 배경이 눈에 띈다. 그녀의 이 미묘한 미소는 전문가들의 첫 번째 의혹 대상이 되었는데, 희미한 입술선이 그 원인이다. 레오나르도 다빈치에 의해 처음으로 시도된 이 미술 기법의 명칭은 스푸마토 Sfumato로, 덧칠할수록 경계가 없어지는 느낌을 준다. '모나리자'만을 위해 제작된 최신식 특수 레이저 기계에 의하면 입과 눈 주변에는 최소 30번 이상의 덧칠이 있었는데, 한 번의 덧칠 두께가 사람 머리카락 두께의 절반이라니 그 정교함은 상상조차 힘들다. 이런 신비한 기법으로 창조된 그녀의 눈동자는 감상인의 위치에 따라 움직이는 듯한 착시 효과가 있다고 한다. 또 '모나리자'의 배경은 당시의 초상화 풍습과는 다르게 풍경을 배경으로 했다. 이는 다시 좌우로 2개, 상하로 2번 나뉜다. 전문가들은 갈색이 도는 아래쪽은 현실을, 푸른빛이 더 많은 윗부분은 상상의 세계 즉, 하늘과 가까운 세상으로 해석한다.

어찌되었건 '모나리자'는 청탁한 프란체스코가 작품료를 내지 않아서 화가의 손에 남았고 그가 프랑수아 1세의 초청으로 프랑스로 올 때 짐 속에 실려 국경을 넘었다. 살아생전 이 작품을 손에서 놓지 않았던 다빈치는 1519년 사망과 함께 그의 제자에게 남겼고, 이것을 프랑수아 1세가 구입해 거처였던 퐁텐블로 성에 소장하게 되었다. 루이 14세의 모후 안 도트리슈의 방에 걸려 있던 '모나리자'는 14세기 베르사유로 여정을 같이 했다가 1870년에 루브르로 이관되었다.

'모나리자'가 구도, 배경, 기법, 모델의 자세 등의 이유로 평단의 찬사를 받아온 훌륭한 작품임에는 틀림없지만 오늘날과 같은 유명세를 얻은 것은 사실 작품 자체의 퀄리티보다 1911년에 일어난 도난 사건의 영향이 컸다. 빈센초 페루자라는 이탈리아 화가가 루브르를 방문했다가 큰 어려움 없이 작품을 떼어 집으로 가져갔던 것. 당시만 해도 박물관 경비가 허술해서 도난 사실은 2일이 지난 뒤에야 알려졌다. 프랑스의 미디어에 공론화가 되는 동안 전 유럽인들의 호기심과 관심이 쏠렸고, 2년 뒤 되찾았을 때 '모나리자'는 전에 없던 스타성을 갖추게 되었다.

가브리엘 데스트레 자매 초상화 Portrait Présumé de Gabrielle d'Estrées et de Sa Sœur la Duchesse de Villar III

작가 미상, 1594~1595년경
리슐리외관 3층 10번실

에로틱하면서도 약간은 코믹한 이 작품은 앙리 4세의 정부였던 가브리엘 데스트레를 그린 작품으로 오른쪽이 가브리엘, 왼쪽이 그녀의 자매 빌라 공작부인이다. 작품은 전후면으로 나눠진다. 먼저 앞쪽의 붉은 커튼 아래, 젊은 두 여인이 목욕을 하고 있는데, 욕조의 차가움 때문에 얇은 천을 깔던 당시의 관습을 엿볼 수 있다. 한쪽씩 한 귀걸이는 이 시절 귀족들의 품계를 나타내는 것이며, 가브리엘이 손가락으로 쥐고 있는 반지는 앙리 4세가

국왕 즉위식 때 받은 것으로 결혼의 증표로 그녀에게 선물했다고 한다. 물론 관례를 따른 결혼반지가 아니라는 점에서 궁전의 스캔들이 되었지만, 그녀에 대한 앙리 4세의 총애는 극진했던 것으로 보인다. 빌라 공작부인이 가브리엘의 유두를 꼬집고 있는 것은 가브리엘의 출산과 모유 수유를 의미하는데, 아기 옷을 짓고 있는 보모의 모습이 이 설을 뒷받침한다. 실제로 가브리엘은 1594년에 앙리 4세의 아들 세자르 드 방돔 César de Vendôme을 낳았다. 오른쪽 구석에서 활활 타지 못하고 희미한 빛을 내고 있는 벽난로의 불꽃은 26세의 나이로 요절한 그녀의 허약한 건강을 나타낸다는 설이 있다.

사기꾼 Le Tricheur à l'as de Carreau

조르주 드 라 투르 Georges de La Tour, 1636~1638년경
리슐리외관 3층 24실

도박을 소재로 한 작품으로 유명한 조르주 드 라 투르의 명작 '사기꾼'은 프랑스는 물론 회화의 역사에서 보기 드문 걸작으로 평가받는다. 얼핏 보면 평면적인 이 작품은 인물들의 배치와 그들의 소품을 통해 많은 의미를 전달한다. 먼저 맨 왼쪽의 '사기꾼'이 등 뒤로 뺀 손에 숨긴 에이스 두 개를 꺼내면서 작품의 설명이 시작된다. 가운데 배치된 두명의 여인 중 왼쪽은 술병과 와인 잔을 내고 있지만 눈은 사기꾼을 의식하고 있다. 정면에 앉아 큰

눈을 치켜뜬 창녀(이 시대의 진주 귀걸이는 창녀를 의미) 역시 한쪽으로 하녀에게 눈짓하는 것이 보인다. 결국 이 세 사람이 오른편의 젊은 귀족 청년을 '터는' 장면인 것. 사기꾼의 목 칼라와 하녀의 속옷 둘레 모티프가 같다는 점에도 주목하자. 이들이 한편이라는 방증이다. 또 세 사람은 탁자 옆과 뒤에, 청년은 혼자 앞에 배치되어 있어 이들의 거리감이 은밀하게 드러난다. 작품은 도박, 술, 여자에 노출된 순진한 젊음을 시사하는데, 사기꾼이 등 뒤에 감춘 카드를 보이는 디테일에 주목할 필요가 있다. 청년에게는 숨기는 반면, 관객들에게는 보여 주는 이 연출은 우리 역시 공모자임을 말하는 게 아닐까?

목욕하는 여인 La Baigneuse(Baigneuse de Valpinçon)

장 오귀스트 도미니크 앵그르
Jean-Auguste-Dominique Ingres, 1808년

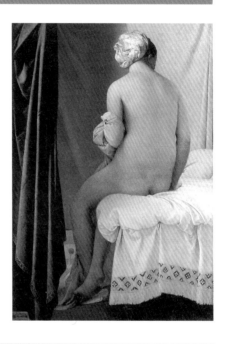

원제는 '목욕하는 여인'이나, 루브르 이전에 작품을 소장했던 로마 외교관 에두아르 발팡송의 이름을 딴 '발팡송의 목욕하는 여인'으로 더 유명하다. 등을 보이고 앉아 있어 여인의 얼굴을 제대로 확인할 수 없지만 그녀가 생각에 잠겨 있다는 것은 의심할 여지가 없다. 당시의 엄격한 미술계의 규율에 따르면 화폭 속 주인공이 등을 보이는 자체가 이미 공식을 벗어난 것이었으나, 화가는 여기에서 그치지 않고 여체를 최대한 간략하게 표현하고자 했다. 신화에 나오는 여신들의 몸에서 흔히 보이는 핏줄, 뼈, 근육 등을 최대한 제거한 것. 눈에 띌 만한 디테일이 없음에도 불구하고 은근한 빛에 의해 여인의 등이 사실감 있게 살아나는 것에 주의하자.

그랑 오달리스크 Grand Odalisque

장 오귀스트 도미니크 앵그르, 1814년

오달리스크란 튀르키예어로 '규방의 여인'을 뜻한다. 앵그르는 새롭게 접한 오리엔탈 문화 속 여인들을 미화한 그림으로 유명한데, 이는 동양의 규방을 사실적으로 그렸던 들라크루아와 대조되는 부분이다. 그런 면에서 '그랑 오달리스크'는 오리엔탈리즘에 대한 화가의 해석이 그대로 녹아 있다. 먼저 여인의 등에 주목할 필요가 있다. 신체해부학에서 본 인간의 실제 등 길이보다 3배 정도가 길다. 다음은 그녀의 요염한 자세인데, 규방 여인이라는 특성을 감안하더라도 어깨너머로 돌린 고개의 각도와 왼쪽 다리를 꼰 모습은 확실히 부자연스럽다. 이는 여인의 나체를 극도로 미화하려 한 화가의 고의적인 해석이다. 실제로 화가가 그린 작품의 크로키에는 여인의 등이 현실적으로 표현되어 있다고. 이 같은 과대해석은 전작인 '목욕하는 여인'과 앞으로의 작품에서도 그대로 반영되는데, 생체학적 디테일을 무시했다는 이유로 1819년의 살롱전에서는 호평받지 못했다. 그림의 주문자는 나폴레옹의 누이였던 카롤린 뮈라였으나, 나폴레옹 제국의 멸망으로 인해 값을 치르지 못해 화가의 손에 남겨졌다고 한다.

터키탕 Bain Turc
장 오귀스트 도미니크 앵그르, 1859~1863년

'샘'과 '그랑 오달리스크' 등을 거치며 여인들의 나체를 탐구해 온 앵그르의 후반기 작품이다. 역시 오리엔탈 문화권인 튀르키예의 대중탕을 묘사한 이 그림은 영국 문학가 서머스 Montague Summers의 글을 바탕으로 그렸다. 먼저 그림의 배경을 짚어보자. 현재는 물론 당대에도 잘 시도된 적 없는 원형 그림이라는 데 주목할 필요가 있다. 화가가 작품을 처음 완성하고 보나파르트 왕자 내외에게 선물로 기증했을 당시인 1859년에는 여느 화폭 형태와 다를 바 없는 직사각형이었다고 한다. 하지만 다수의 여체에 대한 그들의 거부감으로 그림은 화가에게 반환되었고, 이때 작품 수정을 거치며 현재의 원형이 됐다고 한다. 여인들 중

몇 명에게만 보이는 목걸이와 오른쪽 무리에서 팔을 올리고 기댄 여인의 팔 모양이 이때 변형되었는데, 바로 여기에 관람 포인트가 있다. 그녀의 자세가 화가의 전작 '물에서 탄생한 비너스'의 주인공을 연상시키기 때문이다. 또 등을 보이고 앉아 악기를 연주하는 중앙의 여인 역시 전작인 '목욕하는 여인'을 재구성한 것이다. 이 작품은 앵그르가 이전에 그렸던 인물들을 모두 집결시켜 한 화폭에 담았음에 의심할 여지가 없다. 그가 50여 년간 지속한 여체 탐구의 완벽한 결과로 봐도 무방하다.

나폴레옹 1세의 대관식 Le Sacre de Napoléon
자크 루이 다비드 Jacques-Louis David
드농관 2층 77번실

왕정 시대 이후에 왕국의 치세를 위한 선전용 그림을 그리던 화가들이 있었다. 다비드는 나폴레옹이 황제가 되기 전부터 그의 전속화가로 활약한 인물로, 전장을 포함한 황제의 활약상을 다수 그렸다. '나폴레옹 1세의 대관식'은 대관식 3개월 전인 1814년 9월, 다비드가 황제로부터 직접 청탁을 받아 참석 인물의 위치와 전체 연출까지 맡아가며 열의를 다한 작품이다. 또한 가로 세로 10m×6m가 넘는 대형 화폭을 이용해 황제의 등극을 강조했음을 알 수 있다. 그러나 화폭의 크기와 구성을 능가하는 관람 포인트는 따로 있다.

먼저, 나폴레옹의 자세와 그의 손에 들린 왕관에 주목하자. 나폴레옹이 앞에 꿇어앉은 아내 조세핀에게 왕관을 수여하는 것으로 오해할 수도 있지만, 그녀의 머리에는 이미 황비의 관이 씌워 있다. 즉, 뒤쪽에 앉은 교황의 참석에도 불구하고 나폴레옹 자신이 황비에게 직접 씌워 준 후, 본인 스스로 황관을 쓰는 장면인 것. 대관식의 장소도 관례였던 랑스의 대성당이 아닌, 파리의 노트르담 대성당으로 정했다. 유럽의 모든 국왕(황제)들이 랑스에서 대관식을 했던 의례를 무시한다는 것은 이전까지 존재해 온 왕정 시대의 모든 관행을 깨겠다는 말과도 다를 바가 없다.

주변 인물 역시 만만치 않다. 오른쪽 전면에서 등을 보이고 서 있는 인물들은 나폴레옹의 직속 대신들이며, 교황과 몇몇 주교를 제외하면 온통 그의 가족들 일색이다. 조세핀 근처에서 왕관을 받는 인물은 그의 매제이자 나폴리의 국왕인 뮈라 Joachim Murat, 조세핀의 두 시녀 뒤에 선 다섯 여인들은 나폴레옹의 여형제들, 첫 번째 여인이 데리고 선 사내아이는 나폴레옹과 전부인 사이에서 출생한 외아들 나폴레옹 샤를 Napoléon-Charles이다. 그리고 뒷면의 2층, 왼쪽에 서 있는 젊은 남자는 다비드 자신이다. 모두 황제의 측근들을 배치해 그의 시대가 도래했음을 직설적으로 선포하고 있다. 다비드는 황제의 요청으로 이 작품의 복제본을 제작하게 되는데, 유배로 인해 작품을 끝내지 못했고 미국의 한 예술가 그룹이 1807년에 완성했다. 이 복제본은 베르사유 궁전에서 소장 중이다.

민중을 이끄는 자유의 여신 La Liberté Guidant le Peuple   외젠 들라크루아 Eugène Delacroix 1830년 드농관 2층 77번실

이 작품은 1830년에 7월에 일어난 파리지앵의 궐기를 담고 있다. 당시 프랑스는 대혁명과 공포정치, 복고 왕정에 이은 국정의 혼란을 겪는 중이었다. 그 사이에 정권을 잡은 샤를 10세 Charles X가 1830년 7월에 발표한 조례(언론규제, 지방 의회의 해체, 간접선거 등)가 이 궐기의 원인이었다. 작품은 삼색기를 들고 삼각구도의 꼭짓점을 형성하고 있는 여성이 주인공이다. 여신의 모습을 표방한 그녀가 유방을 드러낸 것은 대혁명 이후 성립되었던 엄숙한 자유를 상징하고 있다. 왼편의 남자는 당시 부르주아의 상징인 모자를 썼지만 평민이 하는 허리띠를 차고 있다. 아래에 무릎 꿇은 남자와 왼쪽 후반부에서 흰 휘장을 두른 남자들에게는 프랑스의 삼륜기 색깔을 부여했으며, 오른쪽의 사내아이에게는 총을, 왼쪽 끝에서 바위덩이를 움켜쥔 청년의 머리에는 경찰모를 씌웠다. 그녀가 이끄는 사람들이 나이는 물론 지위와 직업을 막론한 모든 민중임을 보여주는 단면이다. 오른쪽 멀리 보이는 노트르담의 두 탑이 파리에서 일어난 궐기임을 알린다. 또 작품 전체에 부분적으로 쓰인 삼색과, 여신이 작위적으로 든 깃발에서 프랑스 국민들의 소속감을 불러일으키려는 화가의 의도를 읽을 수 있다.

메두사 호의 뗏목 Le Radeau de La Méduse
테오도르 제리코 Théodore Géricault, 1818~1819년
드농관 2층 77번

제리코라는 젊은 화가를 신고전주의 대표 화가로 자리매김하게 만든 명작. 함선 메두사 호의 실제 침몰 사건과 그 이후 13일간의 표류기를 소재로 했다. 죽은 자의 색과 느낌을 제대로 보고자 화가가 직접 파리의 시체 안치실을 뛰어다닌 것으로도 유명하다. 1816년 6월, 영국에서 프랑스로 반환된 세네갈의 생루이 섬에 정착하기 위해 400여 명의 선원과 사령관의 가족, 과학자, 의사 등을 태운 메두사 호가 출항했다. 하지만 함선은 가속도를 내다가 항로를 벗어났고, 모리타니에서 좌초하고 만다. 선장과 상급 선원, 일부 승객은 구명보트를 타고 떠났고 나머지 150여 명의 선원과 승객은 뗏목을 타고 표류했다. 하필 날씨마저 험악해 타고 있던 사람들 중 아이나 체력이 약한 사람들은 굶주림과 목마름 속에 죽어갔고, 비관한 이들은 투신을 택하기도 했다. 표류 13일 만에 구조된 수는 불과 15명. 이 중 4~5명은 구조기간 중 사망했고, 남은 이들은 동료의 인육을 먹었다는 의심을 받았다. 이 경악할 만한 사건은 당시 프랑스의 상황으로 인해 더욱 극화되었다. 한 대위가 힘없고 무능한 복고 왕정이 죄 없는 국민들의 희생을 초래한다며 당시의 정국을 메두사 호의 표류기에 비유했기 때문이다.

언론 덕을 보기는 했지만 이 작품의 명성은 실화의 처절함을 담은 것에 그치지 않는다. 우선 삼각뿔을 형성한 인물들의 구성을 보자. 시체를 포함해 절망에 잠긴 전면의 6명, 손 뻗을 힘만 겨우 남은 중간의 부류 그리고 보일 듯 말 듯 멀리 있는 구조선을 향해 사력을 다하는 후반이 각각 작은 삼각뿔을 이루고 있다. 정적인 삼각형이 아니라 입체적인 삼각뿔의 구도를 써서 상황의 절실함을 격동적으로 표현한 화가의 재능이 돋보이는 부분이다. 또한 뗏목 앞에서 구조선을 발견하고 구조 요청를 하는 남자에 주목하자. 얼핏 흑인으로 보이지만, 전문가들이 혼혈인이라고 판정한 이 사람은 당시 유럽 제국의 백인 우월주의를 비판하기 위한 장치와도 같다. 비극을 종결시킬 영웅으로 백인도 흑인도 아닌 혼혈인을 묘사해서 장래 유럽의 흐름을 담아낸 것. '메두사 호의 뗏목'이 단순히 잘 그린 그림이 아닌 명작으로 평가받는 이유가 여기에 있다.

오르세 미술관
Musée d'Orsay

루브르가 고대 이집트부터 르네상스와 신고전주의 중심의 작품을 집결해 놓았다면, 오르세는 19세기부터 20세기 초반을 주도한 화풍과 예술가들의 작품을 전시한 장소다. 특히 인상파 예술가와 우리에게 잘 알려진 로댕의 작품이 많아서, 문외한이라도 지루하지 않게 작품을 관람할 수 있다.

입장 요령
루브르만큼 유명한 미술관이지만, 규모가 적당하고 전시관의 구성이 단순해 관람이 즐겁다. 입장권은 사전 예매를 필히 권한다.

전시관
조각상을 모아둔 반 지하층(반 지하에서 램프를 통해 조금씩 상층으로 이동하도록 되어 있다), 입장층과 같은 층으로 반 지하층 주위를 돌도록 구성된 1층, 조각상과 아르누보 양식 위주로 전시된 2층, 인상파의 작품을 전시한 3층으로 구성되어 있다. 입장한 직후, '자유의 여신상'을 기준으로 1층 오른쪽으로 방향을 잡고 층을 돈 후, 2층의 조각상과 아르누보 미술 작품, 마지막으로 인상파의 작품을 감상하기를 권한다.

코뿔소 Rhinocéros   알프레드 자크마르 Alfred Jacquemart, 1878년경

박물관의 앞뜰에 서 있는 이 코뿔소 조각상은 1878년에 개최된 파리 만국박람회를 위해 제작된 것이다. 박람회 폐장 후, 샤요 궁전 건립과 함께 트로카데로 정원에 전시되었다가 1980년대에 오르세 미술관 입구로 옮겨왔다. 뜰에는 이외에도 대형 인물상들이 배치되어 있는데, 여섯 개의 대륙을 형상화한 것이라 한다. 인물상이 올라간 반석 옆에 해당 대륙이 표시되어 있다.

자유의 여신상 Liberté
프레데릭 오귀스트 바르톨디 Frédéric-Auguste Bartholdi, 1889년

너무나 유명한 '자유의 여신상'은 미국의 독립 100주년 기념일을 맞아 프랑스 정부가 보낸 선물이다. 프랑스 조각가 바르톨디가 이 프로젝트를 지휘했고, 1886년 10월 뉴욕에 안착했다. 그는 이 역사적인 작품을 위해 헬레니즘 미술과 유럽의 신고전주의를 광범위하게 연구하고 여신의 이미지를 창안했다. 여신은 세상을 밝히는 횃불, 합법을 의미하는 법전을 두 손에 들고 머리에는 월계관을 썼다. 참고로 당시 여신상 내부의 철근은 에펠의 합작이다. 미술관에 소장된 이 소형 상은 뤽상부르 미술관에 전시할 목적으로 작가에게 재청탁한 것으로, 1906년에 뤽상부르 정원에 세웠다가 이곳으로 옮겨졌다. 파리 16구역, 백조의 섬에 서 있는 또 다른 여신상은 큰 선물에 대한 고마움으로 미국 정부가 제작해 프랑스에 화답한 것이다.

춤 La Danse
장 밥티스트 카르포 Jean-Baptiste Carpeaux, 1865~1869년

탬버린을 들고 환하게 웃는 여인과 그녀를 둘러싼 움직임이 역동적인 이 작품은 프랑스의 조각가 카르포의 작품이다. 1863년 파리에 새 오페라하우스를 건설하고 있던 건축가 가르니에가 그에게 건물의 파사드를 장식할 조각상을 의뢰한다. 카르포는 춤을 테마로 해서 중심 인물에게 탬버린을 들리고, 다른 테마보다 활동성이 더 부각될 수 있도록 나머지 인물들을 원형 배치했다. 하지만 작품이 오페라 건물에 안착되자마자 대형 스캔들을 일으킨다. 다섯 여인의 나체에 전문가와 파리지앵들이 경악했고, 급기야 누군가가 던진 잉크병을 맞고 만신창이가 된 것이다. 카르포는 "춤과 노래를 좋아해서 아내와 두 딸과 함께 오페라하우스를 자주 찾았는데, 이런 폐쇄적인 행태를 보이는 곳에 더이상 어떻게 가겠는가!"라며 탄식했지만 작품은 없어질 위기에 처해졌다. 불행인지 다행인지 1870년에 독일과 전쟁이 발발했고, 이어 카르포가 사망하면서 스캔들은 사라졌다. 미술관에 있는 작품은 새로 제작된 작품으로, 원 작품과는 인물 배치에 차이가 있다.

위골랑 Ugolin
장 밥티스트 카르포, 1862년

단테의 <신곡> 속 에피소드인 '여신들의 33개 노래'에 등장하는 위골 랑과 그의 아들들을 표현한 작품이다. 이야기는 교황을 배반한 대가로 탑에 갇혀 기아의 징벌을 받은 위골랑이 그 참담함을 견디지 못해 함께 갇힌 아들들을 죽여서 먹었다는 끔찍한 내용을 담고 있다. 한 조각에 한두 명을 담아야 하는 아카데미의 규정을 지키지 않았다고 평단의 비판을 받아야 했지만 그는 "극한의 폭력 속에서 표현할 수 있는 가장 절실한 애정을 담겠다"며 작품을 변호했다. 위골랑의 사실적인 표정은 피렌체의 성당에 있는 미켈란젤로의 조각상과 '메두사 호의 뗏목' 속의 절망한 이들의 표정을 참고했으며, 주변의 아들은 그가 다가가는 지옥의 단계를 표현한 것이라고 하니 혈육을 살해한 아버지의 자괴감을 이해하며 감상해 보자. 카르포는 위골랑을 소재로 다수의 작품을 남겼는데, 이 작품들은 로댕의 '생각하는 사람'에 영감을 주기도 했다.

활 쏘는 헤라클레스 Héraklès archer
에밀 앙투안 부르델 Emile-Antoine Bourdelle, 1909년

로댕의 수제자로 알려진 부르델의 명작이다. 이 작품은 무언가를 사냥하는 헤라클레스를 표현한 것으로, 인물과 그가 만들어내는 공간에 집중하자. 활 시위를 당기고 있는 오른손과 왼손의 빈 공간은 상상만으로 존재하는 시위를 실제로 찾게 하는 팽팽한 힘이 느껴진다. 목표에 집중하기 위해 올린 왼쪽 다리가 에너지를 실어 주고 있다. 역동적이다 못해, 마치 금방이라도 화살이 쏘아져 나갈 듯 생생한 분위기가 관람 포인트다. 전문가들은 그리스 신답지 않게 찢어진 눈과 이마를 향해 높이 솟은 코를 예로 들며 부르델과 현대예술 사이의 촉매 역할을 한다고 해석한다.

샘 La Source
장 오귀스트 도미니크 앵그르, 1820~1856년

나폴레옹의 전속 화가 다비드의 제자로도 유명한 앵그르의 이 작품은 1820년에 밑그림을 그려놓고 무슨 이유에서인지 미완성으로 남겨져 있다가 두 제자의 도움으로 36년 뒤에 완성했다. 여신을 떠올릴 정도로 완벽한 볼륨과 라인, 몽롱한 눈빛에도 불구하고 빛나는 얼굴은 종종 조각품에 비교되기도 한다. 특히 화폭의 크기가 그렇다. 배경을 더 넓게 만들던 당시의 화풍과 달리 여체에만 집중할 수 있도록 타이트한 규격으로 제작했다.

단테와 비르길리우스 Dante et Virgile
윌리엄 부게로 William Bouguereau, 1850년

이 작품은 <신곡> 제 8장 '지옥'에 나오는 짧은 에피소드를 소재로 한다. 신고전주의 시대의 많은 예술가들이 그렇듯, 부게로도 단테의 <신곡>에서 영감을 떠올렸다. 이 그림은 이단과 연금술사라는 죄목이 씌워진 카포치오와 상속을 노리고 죽은 이의 신분을 갈취한 잔니 스키키가 '지옥의 문' 앞에서 단죄를 받고 대결하는 순간을 작가 단테가 보는 장면이다. 스키키가 카포치오의 목을 맹렬하게 물어뜯는 야수적인 모습과 일말의 동정심도 없이 상대를 공격하는 두 죄인의 절박한 상황을 소름 돋게 표현했다. 이 그림이 공개된 후, 당대의 유명한 평론가는 "신랄한 힘이 느껴지는 최고의 작품"이라며 극찬을 아끼지 않았다. 감정이 극에 달한 두 남자의 표정과 근육, 잔 심줄까지 사실적으로 묘사한 부게로의 대표작이다.

만종 L'Angélus
장 프랑수아 밀레 Jean-François Millet, 1857~1859년

한적한 농촌의 풍경을 따뜻하고 숙연하게 표현한 작품이다. 부부로 보이는 두 남녀가 저녁 들판에서 기도를 올리고 있다. 오른쪽 뒤로 보이는 교회 지붕과 두 손을 맞잡은 이들의 자세로 보아, 막 저녁 예배종이 울렸다는 걸 알 수 있다. 이 작품은 농촌 출신 밀레가 그의 할머니와 어머니를 떠올리며 그린 그림이다. 밀레는 "이 그림을 그리면서 할머니가 줄곧 떠올랐다. 어릴 때 밭일을 돕기 위해 일을 하다가 저녁 종이 울리면 그녀는 우리의 일손을 멈추게 하고 지금 우리 곁에 없는 사람들을 위해 기도를 시켰다"라고 설명했다. 그러므

로 작품은 종교인으로서 그린 것이 아닌, 어린 시절을 회상한 것에 가깝다. 실제로 그는 신자는 아니었다고 한다.

이삭 줍는 여인들 Des Glaneuses
장 프랑수아 밀레, 1857년

밀레 최고의 걸작으로 추앙받는 '이삭 줍는 여인들' 또는 '이삭줍기'는 작품의 영광과는 별개로 전형적인 봉건사회를 그리고 있다. 떨어진 이삭을 허리 굽혀 줍는 세 명의 여인들. 화가는 그녀들의 배경에 풍성한 추수 장면을 묘사함으로써 빈부의 양극화를 표현한다. 똑같이 허리를 굽혔지만 자세히 보면 한 명은 굽히는 중이고, 한 명은 이삭을 줍고 있으며, 한 명은 반쯤 허리를 일으키는 자세인데, 이 반복적인 행동이 고된 농민들의 실상을 보여준다. 멀리 오른쪽에 보이는 말 탄 사람은 마름 정도로 볼 수 있는데, 농민의 할당량을 조사하러 나왔을 것이다. 작품은 빈곤한 농민들의 생활상을 그대로 드러내지만 결코 초라하지는 않다. 인물

들의 손등과 힘들게 구부린 등에서 이들의 마지막 품
위가 전해지기 때문이다. 깊이 뿌리내린 봉건구조를
이렇게도 자연스럽고 서정적으로 그려낼 수 있는 재
능, 밀레의 작품이 150년 뒤에도 전 세계인의 사랑을
받는 이유가 아닐까?

태초 L'Origine du Monde 　　　　　귀스타브 쿠르베 Gustave Courbet, 1866년

혹자는 이 작품에서 포르노그래피를 연상할지도 모른다. 보수적인 사
람에게는 더욱 '낯 뜨거워 못 볼' 작품이다. 그럼에도 불구하고 이 작품
은 여러 분야에서 호평을 받고 있다. 의뢰인은 튀르키예, 이집트 외교
관으로, 도박 빚으로 가산을 탕진할 때까지 여성의 성性을 소재로 한
은밀한 예술 작품을 수집한 인물이다. 사실주의 화가인 쿠르베는 작
품에 진실성을 담길 원했는데, 그의 생각은 '태초'에서 꽃핀다. 여성을
미화한 나체와 신화의 주인공에게만 허용된 포르노그래피에 돌을 던
진 셈이었다. 생체학에 가까울 만큼 정교하게 성기를 묘사한 이 그림은 여성의 신체에 대한 화가의 높은 호
기심과 그에 맞는 재능을 방증하고 있다. 나폴레옹 3세 시대의 위선적인 교양을 이해하며 작품을 살펴보자.
수많은 패러디 작품을 낳았으며, 2014년에는 독일 모델인 데보라 드 로베르티가 이 작품 앞에서 다리를 벌
리고 성기를 노출하는 퍼포먼스를 보여 화제가 되었다.

프루스트의 초상화 Portrait de Marcel Proust 　　　자크 에밀 블랑슈 Jacques-Emile Blanche, 1892년

초상화가 블랑슈가 그린 심리학자 프루스트의 초상화. 프루스트가
아직 유명한 심리학 저서를 발간하기 전, 21세의 연대기 작가에 불
과했던 시절의 모습이다. 목을 덮은 와이셔츠, 살이 적당한 입술의
조화가 그의 지적인 매력을 더욱 돋보이게 하는 작품. 짙은 슈트를
입고 있는 모델의 흰 얼굴이 배경과 대조를 이루어 더욱 창백해 보
이지만, 프루스트는 자신의 모습과 가장 흡사한 초상화라며 사망
시기까지 간직했다고 한다.

풀밭 위의 점심 식사 Le Déjeuner sur l'herbe
에두아르 마네 Edouard Manet, 1863년

마네가 살롱전에 출시하기 위해 그린 이 작품은 뜻 밖에도 실격되고 만다. 잘 차려입은 두 신사 사이에 나체를 드러낸 여자가 앉아 있는 이 그림은 보수적 인 미술계에 예상된 파문을 일으켰다. 여신이 아닌 '평범한' 여자라는 점, 부르주아들의 식사에 천박하 게 나체로 앉아 있다는 점만 악평의 대상이 된 게 아 니었다. 신고전주의 시대 화가들이 그토록 정성을 다해 인물을 마무리하던 화풍과도 너무나 거리가 멀었다. 피사체의 경계선에는 섬세함이 없고, 붓 터 치는 누가 봐도 투박하며, 회화에서 중요한 투시도

가 빠져 있는 것. 마네가 빛만 있으면 점과 터치를 통해서도 주제를 표현할 수 있다고 생각한 때가 바로 이 때였다고 한다. 당시의 보수적인 평론가로부터는 차갑게 외면당했으나, 인상파에게는 큰 영향을 준 파격적 인 작품이다. 또 이때부터 회화의 주제가 점점 자유로워졌다.

올랭피아 Olympia
에두아르 마네, 1863년

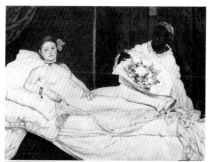

'우르비노의 비너스'

당당한 눈빛으로 정면을 주시하는 창녀를 그렸다 하여 프랑스 예술계의 '뜨거운 감자'가 된 작품. '풀 밭 위의 점심 식사'에 이은 두 번째 스캔들이다. 이 작품은 르네상스 시대의 이탈리아 화가 티치아노 Tiziano의 '우르비노의 비너스 Venere di Urbino'를 재해석한 그림으로, 배경을 알지 못했던 비평가에 게는 큰 혼란일 수밖에 없었다. 또 몰상식하게 죽은 꽃을 등장시키고, 성 性을 의미하는 고양이를 발아 래 두었다며 세간의 손가락질을 받아야 했다. 하지 만 이 작품은 르네상스, 신고전주의에 갇혀 있던 당 시의 화풍을 보다 현대적으로 끌고가려 했던 화가 의 의도가 모델과 색채만으로 잘 표현되었다. "그녀 의 옷은 우리와 우리의 시선이 벗기는 것이다. 그러 고 나면 빛으로 인해 그녀가 선명해진다. 빛과 시선 이 하나가 되는 것이다. 빛에 의해 표현된 그녀를 빛 을 통해 보여주고 싶었다"라고 말한 것에서 읽을 수 있듯 19세기 후반에 등장하는 인상파들에게 큰 영 향을 준 작품이다.

제비꽃 장식을 한 모리조 Berthe Morisot au Bouquet de Violettes   에두아르 마네, 1872년

이 작품은 마네의 제자이자 훗날 제수가 되는 베르트 모리조를 화가 특유의 화풍으로 그린 그림이다. 마네가 즐겨 사용하던 통일된 빛이 아닌, 직사광선을 빌려 모델의 콧날을 중심으로 명암 차이가 두드러지게 했다. 빛과 그림자로 모델을 표현하고자 했던 그의 의도는 그녀가 입은 옷 색깔과 배경으로도 대변된다. 원래는 초록빛인 눈동자를 검정으로 단순하게 표현했지만, 그 흑과 백의 조화 속에서도 그녀의 아름다움은 소멸하지 않는다. 이 작품에서 검정을 즐겨 사용하던 마네의 재능이 다시 한번 빛나고 있다. 모리조의 밝은 화풍과 좋은 대조를 이룬다.

들라크루아에 대한 경의 Hommage à Delacroix   앙리 팡탱 라투르 Henri Fantin-Latour, 1864년

인물화를 즐겨 그린 화가 팡탱 라투르의 초상화 중 한 점. 낭만주의 화풍의 대가였던 들라크루아의 초상화를 가운데 두고 유명 인물들이 집결한 이 그림은 공개 당시에 모델들의 딱딱한 자세와 거친 색감 때문에 큰 호평을 얻지는 못했다. 들라크루아의 '타유부르 La Bateille de Taillebourg의 전투'를 감상한 시인 보들레르가 친구인 팡탱 라투르와 그 감상평을 나누었고, 1863년 화가가 사망하자 그에게 경의를 표시하기 위해 당시의 엘리트들을 집합시켰다. 오른쪽 끝에 착석한 보들레르, 그와 대각선 왼쪽에 서 있는 마네, 중앙에 앉은 쥘 샹플뢰리, 왼쪽 전면에 휘슬러를 세우고 화가 자신에게는 흰 블라우스를 입혔다. 나머지도 19세기 프랑스를 이끈 문학가와 화가들이다. 이 작품은 팡탱 라투르의 인상화풍이 점점 더 드러난 그림이라는 데 의의가 있다.

마루를 대패질하는 인부들 Les Raboteurs de Parquet   귀스타브 카유보트 Gustave Caillebotte, 1875년

습기를 머금어 고르지 못한 화가의 집 바닥을 대패질하러 온 인부를 소재로 그린 작품. 밀레가 시골 농부들을 그렸다면, 이 작품은 도시의 프롤레타리아를 최초로 표현했다는 평가를 받는다. 카유보트는 그가 받은 전형적인 미술 수업에 현대적인 시각을 투영했는데, 나뭇결을 따라 이루어진 마루의 투시도, 햇빛을 반사하는 인부의 등에서 르네상스와 인상주의 화풍이 영리하게 교차함을 알 수 있다. 영웅이나 신화의 인물을 주제로 삼던 시기였음을 감안할 때, 이 작품이 1875년의 파리 살롱전 심사에서 탈락한 것은 예상된 결과다. 하지만 카유보트는 살롱전에서 탈락한 그림만 모이는 인상주의파 전시회에 작품을 출품했고, 그의 사망 후에 동생이 국가에 기증했다. '천박한 소재'라는 평에도 불구하고, 당시 화가들이 사용하지 않던 역광, 사실주의적 기법에도 불구하고 살짝 기울어진 구도, 명확히 보이는 소실점에 의해 비정상적으로 길어 보이는 인부들의 팔 등이 작품을 흡사 사진처럼 보이게 해 빠르게 유명세를 탔다.

까치 La pie
클로드 모네 Claude Monet, 1868~1869년

모네의 대표작 중 하나인 '까치'는 동양적인 분위기를 연출한다. 설경을 배경으로 해 흑백톤이 화폭을 주도하는 것이 그 첫 번째 이유다. 까치의 존재와 그림자를 길게 내린 나무 담장이 어렵지 않게 우리네 시골을 연상시킨다. 이 그림은 모네가 동료 화가 피사로, 르누아르, 시슬레 등과 눈이 있는 풍경을 그림의 주제로 확산할 무렵 시도한 작품으로, 1869년의 살롱전에서 탈락했지만 '인상주의'의 효시 역할을 한다. 액체도 고체도 아닌, 표현하기 어려운 눈의 질감을 빛과 그림자의 개념을 사용해 완성시킨 수작으로 평가받는다.

몽토르괴이 거리 La Rue Montorgueil à Paris Fête du 30 Juin 1878
클로드 모네, 1878년

파리의 2구역, 몽토르괴이 거리를 소재로 한 작품. 삼색기 때문에 많은 이들이 혁명 기념일로 오해하는 이날은 사실 '평화와 노동의 축제일'이다. 1878년 6월 30일, 대혁명 발발 이후 1세기 동안 계속되던 불안정하고 무능력한 정부의 청산이 공표되자 프랑스는 축제의 물결로 출렁인다. 모네는 특유의 붓 터치를 이용해 관찰자의 입장에서 이날의 고조된 분위기를 경쾌하게 표현했다. 실제 프랑스의 혁명 기념일(1880년 7월 14일)은 2년 뒤에 지정되었다. 이전까지 시도된 적 없는 현대적인 미술 기법이 반영된 작품이다.

낮잠 La Méridienne(La sieste)

빈센트 반 **고흐** Vincent van Gogh, 1889~1890년

고흐가 생레미의 정신병원에 감금되었을 당시에 그린 그림. 두 인물의 자세, 배경의 지게차, 벗어 던진 신발의 위치까지 밀레의 '오후 4시' 속 구성을 그대로 재현했는데, 고흐만의 힘 있는 터치가 원작의 유명세를 능가했다. 고흐는 당대의 화가 중 밀레가 가장 현대적인 화풍을 시도한다고 생각해 그의 작품을 여럿 베꼈는데, 그럼에도 불구하고 동생 테오에게 보내는 편지에서 "'오후 4시'와는 색감과 흑백의 농도가 다른" 새로운 작품이라고 소개했다. 밭일을 하다가 잠시 휴식을 취하는 농부들의 일과가 고흐 특유의 지그재그 터치와 노랑, 파랑의 보색 대비로 경쾌하게 표현된 작품이다.

오베르쉬르우아즈 성당 L'Église d'Auvers-sur-Oise

빈센트 반 고흐, 1890년

고흐가 오베르쉬르우아즈의 언저리에 있는 성당을 그린 그림이다. 아를과 프로방스 생레미의 정신병원을 거쳐 1890년 5월 오베르쉬르우아즈의 여인숙에 정착한 고흐는 같은 해 7월 사망할 때까지 70여 점의 작품을 남기는 왕성한 활동을 했는데, '오베르쉬르우아즈 성당'도 이 시기의 작품이다. 여인이 있는 그림의 아래 부분은 15:00~16:00경의 채광인 반면, 윗부분은 노을 녘을 넘긴 저녁 하늘빛에 가깝다는 점이 눈에 띄는데 건물과 여인 중 건물에만 그림자가 드리워져 있는 것 또한 비현실적으로 느껴진다. 고흐는 이 작품에서 빛과 사물의 사실감보다 마을 자체의 매력을 표현하고자 한 것으로 보인다.

사과와 오렌지 Pommes et oranges

폴 세잔 Paul Cézanne, 1889년

활동 초기부터 정물을 즐겨 그렸던 세잔이지만, 화풍이 보다 완숙해지기 시작한 시기는 그가 사과와 오렌지를 소재화하면서다. 화가는 1899년에 파리에 있는 그의 아틀리에에서 정물화 연작을 완성하는데, 접시와 화병 등 작품 속에서 같은 정물을 찾을 수 있다. 세잔은 전형적인 프랑스식 화풍을 샤르댕 Jean-Baptiste-Siméon Chardin 이후 새롭게 시도한 화가로 높이 평가받는다. 이 작품 속 과일에 사용한 유연한 표현 기법은 그를 1890년대 최고의 정물화가로 자리매김하게 했다.

무대 위의 춤 연습 Répétition d'un Ballet sur la Scène　　에드가 드가 Edgar Degas, 1874년경

발레리나를 자주 그렸던 드가의 작품으로 무대 위에서 리허설하는 댄서의 모습을 그린 그림이다. 드가는 움직임이 다양하고 반사되는 빛이 남다른 발레의 매력에 이끌려 발레리나를 즐겨 그렸다. 이 작품은 1874년의 인상파 전시회를 통해 소개되었는데, 한 화가는 "반투명한 튀튀의 소재를 어찌나 사실적으로 묘사했는지, 말로는 설명하기 어렵다"라며 극찬했다. 그의 말처럼 세피아 톤으로 마감된 이 작품은 많은 평론가로부터 회화보다 스케치에 가깝다는 평가를 받았으며, 드가를 색채 구사의 대가로 자리 잡게 했다.

14세의 발레리나 La Petite Danseuse de Quatorze Ans　　에드가 드가, 1879~1881년

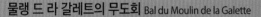

드가의 작품 중에 가장 유명한 조각상. 14세의 앳된 발레리나를 모델로 실제에 가깝게 만들어 화제가 되었다. 현재 오르세에서 소장하고 있는 작품은 청동 복제품으로 원작은 워싱턴 국립 예술 갤러리 NGA에 전시되어 있다. 1881년의 인상파 전시회에 출품되었던 원본은 밀랍으로 제작된 것이었는데, 살아 있는 사람의 피부색, 가발 전문가가 손질한 실제 머리카락, 무용수들이 실제로 착용하던 발레복과 슈즈 등으로 사실감을 극대화했다. 휴식을 취하는 무용수의 자세에 어떤 위선과 미화도 없어 당대에서는 거의 과학에 가까운 작품으로 평가받았다. 이 작품의 모델은 오페라의 무용수였던 마리 반 괴템. 두 언니와 함께 실제 오페라 발레 수업을 받던 무용수로, 드가의 모델 수첩에 그녀들의 기록이 있다. 1879년 언니 앙투아네트와 함께 매춘이 포함된 스폰서를 받다가 발각되어 제명되었다고 한다.

물랭 드 라 갈레트의 무도회 Bal du Moulin de la Galette　　오귀스트 르누아르 Auguste Renoir, 1876년

물랭 드 라 갈레트의 활기가 주를 이루는 이 작품은 르누아르가 몽마르트르의 여인숙에 자리를 잡고 작품 활동을 하던 무렵에 그린 것이다. 자연 채광과 인공 조명으로 자연스럽게 어우러진 빛을 인물의 움직임 위에서 완벽하게 묘사하는 데 성공했다. 너무나 사실적이라 배경으로 깔린 음악의 선율까지 전해지는 느낌이다. 일정 부분 해체되어 보이는 인물들의 묘사는 당대 비평가의 좋은 소재가 되었는데, 그럼에도 불구하고 당시 파리지앵의 여가생활과 현대적인 취향을 잘 담아내서 20세기 최고의 걸작 중 하나로 인정받고 있다.

노란 예수의 자화상 Autoportrait au Christ Jaune

폴 고갱 Paul Gauguin, 1889년

조금 의아한 제목의 이 작품은 사실 화가의 자화상이다. 타히티로의 첫 여행 전날, 아이들을 데리고 고국 덴마크로 떠나버린 아내에 대한 무심, 버림받은 심정을 표현한 것. 약간 의혹에 잠긴 표정을 하고 있는 중앙의 남자는 그런 부담감에도 불구하고 화가로서의 자세를 확고히 하려는 화가 자신이다. 노란 예수상에 담은 왼쪽의 인물과 괴상한 얼굴을 한 오른쪽 인물 역시 화가의 또 다른 내면을 묘사하고 있다. 천사와 짐승, 원초와 인공(화병)이라는 대조의 개념으로 예술적인 화가의 인생을 잘 녹여낸 작품이다.

춤추는 잔 아브릴 Jane Avril Dansant

앙리 드 툴루즈 로트레크 Henri de Toulouse-Lautrec, 1892년

유명한 인물의 움직임을 그리는 경우가 드물었던 당시의 분위기를 고려했을 때, 이 그림은 로트레크의 화풍만큼이나 특이한 작품으로 꼽힌다. 폴리 베르제르(파리 오페라 구역의 현대극장)에서 현대무용수로 등단하기 전에도 잔 아브릴은 물랭루주를 비롯한 밤무대의 유명 인사였다. 이 작품에서 그녀의 표정은 지극히 평범하지만 무대 위에 선 그녀의 춤과 다리의 움직임은 곡예에 가까울 정도다. 뒤편으로 보이는 신사는 화가의 판화작 '물랭루주의 영국 신사 L'Anglais au Moulin-Rouge'에서 잔 아브릴과 등장한 바 있는 인물이기도 하다. 로트레크는 몽마르트르에서 동료 화가들과 친분을 쌓으며 작품 활동을 했는데, 이 시기에 유행하던 무도회의 분위기와 무용수들의 활기에 매료되어 그들을 자주 그렸다. 잔 아브릴도 그중 한 명으로, 화가가 그녀 덕에 알려졌는지, 그녀가 화가 덕에 더욱 유명해졌는지 애매할 정도로 그들을 나란히 유명세에 올려놓은 작품이다.

오랑주리 미술관
Musée de l'Orangerie

미술관의 이름은 오렌지 나무 Oranger에서 따왔다. 튈르리 궁전 소속, 오렌지 나무를 재배하는 온실이었다가 20세기 초에 정원을 재정비하면서 미술관으로 개조되었다. 미술관 개조가 확정되던 시기부터 모네의 작품을 내정해 두었고, 이 청탁을 수락한 화가가 10년에 걸쳐 '수련:연작'을 완성했다는 일화는 유명하다. 당연히 이곳의 주인공은 '수련:연작'이지만, 처음부터 그 압도적인 색감과 분위기에 빠지면 다른 명화가 시들해질 수도 있으니 지하층에 전시된 인상파와 피카소의 명작을 먼저 감상할 것을 추천한다.

피아노 앞의 소녀들 Jeunes Filles au Piano
오귀스트 르누아르, 1892년

부드러운 뺨과 풍성한 머리칼이 따뜻한 분위기를 주는 이 그림은 동료 화가 르롤의 두 딸 이본과 크리스틴을 담고 있다. 화가는 5~6년 뒤 여인이 되어 피아노를 치는 그녀들을 다시 한번 그리기도 했다. '물랭 드 라 갈레트의 무도회'가 르누아르의 전형적인 인상파풍 작품이었다면 이 그림을 그린 시절은 그가 한참 개인기를 시도하던 때였다. 전반적으로 인상파 특유의 섬세한 표현이 깔려 있지만 배경과 흰 원피스, 피아노 등에서 힘찬 붓 터치가 보인다. 오르세 박물관의 인상파 화가 전시관을 먼저 둘러본 사람이라면 조금 궁금해 할 부분이 있다. 같은 모델, 분위기, 동명의 작품이 오르세에도 전시되어 있기 때문인데, 당시 프랑스 정부에서 르누아르의 다음 그림을 구입할 의사를 밝혔기 때문에, 서비스 차원에서 다른 버전으로 다섯 점을 더 그린 것이라고 한다. 소녀들의 표정과 배경, 피아노 위의 정물묘사 등으로 보아 오랑주리의 이 그림은 오르세의 작품에 대한 습작에 가깝다.

광대 옷을 입은 클로드 르누아르 Claude Renoir en Clown   오귀스트 르누아르, 1909년

작품 제목에서 유추할 수 있듯, 어린 모델은 화가의 막내아들 클로드다. 옷을 더 크게 입혀 해학적인 모습을 강조하면서 오른쪽의 기둥을 비스듬히 그려 아직 완숙하지 않은 어린이의 순진함을 표현한 것으로 보인다. 별로 달갑지 않아 보이는 아이의 얼굴에도 불구하고 모델이 된 것을 보면 엄한 집안 분위기를 보여준다. 재미있는 것은 클로드가 굳이 모직 스타킹 신는 것을 마다해 당시로는 고가인 비단 스타킹을 신겼다는 일화다. 화가는 막내아들 외에도 두 아들을 모델로 한 작품을 다수 남겼다. 클로드의 두 형 피에르와 장 르누아르는 영화배우와 영화감독으로 이름을 떨쳤다.

폴 기욤의 초상화 Portrait de Paul Guillaume   아메데오 모딜리아니 Amedeo, 1915년

고개를 뒤로 젖힌 채 조금 초연한 듯, 약간은 건방진 듯 눈을 내리깔고 정면을 응시하는 이 작품의 주인공은 폴 기욤이다. 그는 23세의 젊은 나이에 파리에서 가장 재력 있는 그림 중개상이 되었다. 모딜리아니가 몽마르트르의 아틀리에에서 활동할 때 적극 후원한 사람이기도 하다. 그림 속의 폴 기욤은 말쑥한 검정 정장에 당시에 유행한 흰 와이셔츠와 파란색 타이를 매고 있다. 가죽장갑 위의 담배와 여유로운 포즈, 왼쪽 아래에 굳이 삽입한 문구 'Novo Pilota(자가용 운전사)'를 보면 당시 유행하던 뉴요커의 모습을 흉내 내고 있는 듯하다. '자가용 운전사'라는 문구에는 일차적인 재력 외에도 자신이 원하는 대로 핸들을 돌릴 수 있다는 자신만만함이 담겨 있다. 모딜리아니는 이 작품을 제작할 당시까지도 무명으로 있다가 5년 뒤 사망했다.

풍경 Paysage   폴 고갱, 1901년

'풍경'은 방치된 듯 자연스러워 보이는 서인도 제도의 마르키즈 섬 마을을 묘사하고 있다. 커다란 나무에 가려 겨우 모습을 드러낸 흰 건물 한 채만이 문명의 그림자를 짐작하게 한다. 화폭 가운데는 신부로 보이는 한 남자와 그를 따르는 세 명의 아이들이 등장한다. 이 작품에서 주목할 점은 초록의 색감이다. 연두색, 초록색, 푸른색 등 다양한 초록색 톤이 전부 다른 느낌을 준다. 반면 하늘과 그림 가장자리가 소홀하게 표현된 것은 화가의 건강을 원인으로 볼 수 있다. 프랑스 미술관 센터의 연구에 의하면 고갱이 급작스레 사망한 후, 미완성 그림을 누군가가 정교하게 완성한 것으로 보이지만 누구인지는 알려지지 않았다고.

수련 연작 Les Nymphéas · 클로드 모네

프랑스가 낳은 인상파의 대가 클로드 모네의 '수련:연작'은 화가의 미술 인생의 절정에 닿은 작품이다. 모네가 1890년에 지베르니로 이사한 후 30여 년간 그린 수련 그림은 자그마치 250여 점 정도지만 처음부터 화폭의 주제로 삼기 위해 수련을 심었던 것은 아니다. 그는 "이 정원이야말로 내가 완성한 가장 위대한 작품"이라며 회고할 만큼 정원에 대한 애착이 각별했는데, 어느 날 일본식 연못 위에 무심한 듯 떠 있는 수련에 영감을 받아 습작을 한 것이 그 시작이었다고 한다.

'수련:연작'은 일출과 석양 무렵의 수련 작품 네 점씩을 연결시켜 크게 두 점으로 구성해 놓은 것이다. 두 작품은 빛의 각도와 양에 따라 달리 보이는 연못의 아름다움을 입이 벌어질 만큼 섬세하고 아름답게 표현하고 있다. 인상파 화가에게 가장 위대한 주제가 빛이었던 만큼, 같은 수련을 같은 장소에서 그려도 달라 보이는 '빛' 자체를 표현하고자 한 것. 정사각형, 원형, 직사각형 등 다양한 크기의 캔버스에 수련을 표현해 모든 작품이 다른 분위기지만, 무엇보다 모네의 수련이 수백 가지인 이유는 이 '빛' 때문이다. 특히 모네가 그린 수련 작품에는 수평선이 없어 실제 수련을 보는 것 같은 착각을 일으킨다.

이 연작이 오랑주리에 정식으로 전시된 것은 1927년 5월이다. 그는 처음부터 이 작품을 나라에 기증할 목적으로 작업을 진행했는데, 공증인 앞에서 그에 대한 서약서를 작성할 당시(1914년)는 백내장 재발 진단을 받은 후였다. 12년이 걸린 대작을 진행하기에는 누가 봐도 무리인 시력을 가지고 프로젝트에 몰입한 것이다. 여기에는 화가의 열정과 지베르니 정원에 대한 애정을 누구보다 잘 알던 친구 클레망소 총리의 격려가 큰 몫을 했다고 전해진다. 이 작품은 1926년 12월, 그가 그토록 사랑한 지베르니의 집에서 생을 마감하는 날까지 혼신의 힘을 기울인 명작이다.

로댕 미술관

Musée Rodin

로댕을 모르더라도 '생각하는 사람'을 안다면 무지는 면한 셈이다. 건물의 부속에 불과하던 조각을 그 자체로 작품화했던 영감의 조각가, 19세기 후반 이후 '조각가들의 아버지'로 이름 새긴 천재 예술가 로댕의 세계로 빠져보자. 조각과 절묘하게 어울리는 로맨틱한 정원과 그곳에서 감상하는 앵발리드의 돔 또한 놓칠 수 없다.

생각하는 사람 Le Penseur
로댕, 1903년, 청동

매표소를 지나 정원으로 들어서면 잘 다듬어진 관목수 중심에 '생각하는 사람'이 가장 먼저 눈에 들어온다. 이 작품은 로댕이 '지옥의 문'을 제작하면서 상부를 장식하기 위한 소재로 구상한 것으로, '지옥의 문' 출품 후 세간의 주목을 받자 1904년에 독립작으로 만든 것이다. 단순히 생각을 한다기보다 고뇌하는 쪽에 가까운 표정을 짓고 있는 이유는 지옥의 문을 통해 보이는 인물들 때문이라고. 반면 전문가들은 '본인의 작품을 감상하고 있는 로댕 자신을 포함한다'고도 해석한다. 미술관 실내에 소형 원작이 전시되어 있으며, 그랑 팔레에도 큰 복제 작품이 전시되어 있다.

지옥의 문 La Porte de l'Enfer
로댕, 1880~1888년

6m가 훌쩍 넘는 이 대형 작품은 로댕의 작가 인생 중 가장 고된 창작의 시간을 거쳐 탄생한 명작이다. 프랑스 혁명 100주년을 기념하는 세계 박람회(1889년)에 전시하기 위한 프로젝트였기 때문에, 그 어느 때보다 그의 명예와 자존심이 걸려 있었다. 단테의 <신곡>에서 영감을 얻어 제작을 시작한 '지옥의 문' 속에는 자그마치 200여 명의 인물이 인간의 희로애락을 표현하고 있는데, 이들을 하나하나 지켜보면 신기에 가까운 작가의 재능이 느껴진다. 이곳에 전시된 주물 버전은 로댕 미술관의 수석 큐레이터가 작가를 설득해 1917년에 제작에 들어갔지만, 그는 이 작품이 이관되는 것을 보지 못하고 사망했다. 뤽상부르 미술관에는 대리석 작품이, 오르세 미술관에는 석고 작품이 한 점씩 있다.

입맞춤 Le Baiser

로댕, 1880~1898년

'지옥의 문'을 구성하는 작품 중 하나였던 이 작품은 단테의 <신곡> 속 파울로와 프렌체스카를 모델로 했다. 프란체스카는 시동생 파울로와 사랑에 빠졌고 입맞춤으로 서로의 사랑을 확인한 순간 프렌체스카의 남편에게 발각되어 죽임을 당한다. 로댕은 '지옥의 문'을 구상하던 초기부터 '파울로와 프렌체스카'를 착안했는데, 실제로 작품에서는 왼쪽 문틀 아래쪽에서 키스하고 있는 연인 둘을 발견할 수 있다. 작가는 그들이 불륜을 저지른 건 맞지만, 사랑의 포로였던 연인들을 그 속에만 가두는 안타깝다고 판단, 독립 제작했다. 그래서인지 조각품은 '진실한 사랑'이 모티프다. 제목의 출처 또한 재밌다. 로댕은 작품을 무제로 전시했는데, 이를 감상한 관람객들의 입소문으로 제목이 붙었다고 한다. 명성에 어울리는 이 작품의 부드러운 곡선을 따라 주변을 천천히 두르며 감상해보자.

세 개의 그림자 Les Trois Ombres

로댕, 1886년 전후

역시 '지옥의 문'에서 독립되어 나왔다. 단테의 <신곡>에 나오는 그림자는 '들어가거든 모든 희망을 거두라'고 말하며 지옥문을 지키는 인물로 '문'의 상징이다. 그런 만큼 로댕은 오랜 시간 고민해 그림자를 표현했다고 한다. 작품은 왼손을 내밀고 왼쪽으로 고개를 젖힌 세 명의 인물을 손을 중심으로 모아놓은 구성이다. 이들은 비정상일 정도로 고통스럽게 고개를 젖히고 있는데, 이는 사실 여부와 상관없이 로댕의 작업 방식을 대변한다. 그는 모델에게 불가능에 가까

운 자세를 시키기로 유명했다. 그래야만 조각가가 표현해야 하는 사람의 근육과 심줄이 모두 드러나기 때문이었다. 로댕과 카미유 클로델의 관계를 잘 그린 영화 '카미유 클로델'을 보면 '세 개의 그림자' 탄생 비화가 잠시 언급된다. 내연의 관계가 시작되기 전 로댕의 문하생이었던 클로델이 다른 학생들과 '지옥의 문'을 작업하면서 권위적인 스승에 대한 반발로 취한 포즈에서 영감을 얻었다는 것. 로댕 측의 공식적인 인정은 없으나, 로댕의 회고록에서도 그녀가 모티프를 제공했다는 주장의 타당성을 엿볼 수 있다.

라 다나이드 La Danaïde

로댕, 1889년

긴 머리채를 풀고 옆구리를 잔뜩 꺾어 상체를 힘들게 엎드린 이 작품은 그리스 신화에 나오는 다나오스 왕의 딸 다나이드를 표현하고 있다. 결혼 첫날밤 남편을 살해한 죄를 지어 지옥에 떨어진 그녀는 밑 빠진 독에 물을 채워야 하는 형벌을 받게 된다. 이 작품은 물을 길어 나르다가 불가능한 형벌 앞에서 좌절한 다나이드를 그리고 있다. 활처럼 휜 등에서 드러나는 척추와 날개뼈, 그를 감싼 연약한 여인의 근육이 대리석이라는 질감을 통해 아름답게 표현된 작품이다. 당시 로댕의 연인이었던 카미유 클로델이 모델로 섰다.

칼레의 시민들 Les Bourgeois de Calais

로댕, 1889년

로댕의 대표작 중 하나인 이 작품은 영국과 프랑스의 100년 전쟁 때 칼레의 부르주아 6명에 대한 일화를 바탕으로 제작되었다. 칼레는 영국과 최단 거리에 있는 프랑스 북부 도시다. 1346~1347년에 시작된 영국과 프랑스 사이의 전쟁에서 칼레의 시민들은 영국 왕 에드워드 3세가 이끄는 군대에 맞서 완강하게 저항한다. 하지만 11개월 동안 지속된 전쟁에 저항력을 잃고 기아가 엄습해 오자 협상을 제안한다. 도시를 대표하는 6명의 부르주아들이 도시민을 살려주는 대가로 자신들의 목숨을 내놓은 것이다. 마찬가지로 사기를 잃고 있었던 영국군과 에드워드 3세는 타협안에 동의했고 협상한 대로 시장을 비롯한 5명의 칼레 시민들이 목에 밧줄을 매고 영국 왕 앞에 나왔다. 이야기는 프랑스 출신 왕비와 왕의 서기 프루아사르의 간청으로, 왕이 선처를 베푸는 선에서 막을 내린다. 결국 칼레는 영국령이 되었고 1558년에야 프랑스 앙리 2세에 의해 수복되었다. 칼레 시는 이때의 영웅적인 시민들을 추앙하기 위해 로댕에게 작품을 청탁했고, 카미유 클로델이 구상과 제작에 참여했다. 작품이 첫선을 보였을 때, 사람들은 힘 빠진 듯한 모델들의 모습에 의아해 했지만, 로댕은 그들이 가져야 했던 고통, 자학, 삶에 대한 애착과 죽음을 앞둔 두려움 등을 숙연하게 표현하고자 했다고 한다. 1889년에 완성된 작품은 6년 뒤에 청동상으로 제작되어 지금까지 칼레의 시청 앞에 전시되어 있다.

걷는 남자 L'Homme qui Marche
로댕, 1907년

두상과 두 팔이 없음에도 당당하게 내디딘 발에서 힘이 느껴지는 작품이다. 로댕은 인간의 육체 중에서도 가장 다양한 표현이 가능한 손과 발을 자주 소재로 삼았다. 이 작품은 원래 생 장바티스트의 의뢰로 그의 다리와 흉부를 따로 제작한 것을 바탕으로 탄생했다. 1900년 들어 헬레니즘 시대의 조각품을 기초로 한 로댕의 새로운 시도가 엿보이는 작품이다.

성당 La Cathédrale
로댕, 1908년

손의 움직임만으로 세상을 담을 수 있을까? '성당'이 그에 대한 해답이 될지도 모르겠다. 조각 도구의 흔적이 그대로 보이도록 마감한 두 개의 손이 닿을 듯 말 듯한 거리로 하나의 공간을 만들고 있다. 얼핏 양손을 모은 듯하지만, 자세히 보면 오른손 두 개, 즉 두 사람의 오른손이 소재가 되었다. 작품에서 주목해야 할 것은 손 자체보다 손이 만들고 있는 안과 밖의 공간이다. 살짝 오므린 상태로 곱게 모은 두 손의 안쪽은 성당의 고딕 양식을 닮았다. 아무것도 아닌 추상적인 공간이 한순간의 동작으로 가장 숭고한 장소인 성당을 창조해 낸 것. 이와 함께 신성한 내부 공간과 그에 속하지 않는 바깥으로 나눠지는 셈이다. 이 작품은 고집스럽고 권위적인 로댕이란 작가가 작품 세계에 있어서는 얼마나 정교하고 섬세하며 철학적인 인물인지를 드러낸다.

성숙한 나이 L'Âge Mûr
카미유 클로델 Camille Claudel, 1899년

로댕 미술관에는 로댕의 작품뿐 아니라, 그의 제자이자 연인이었던 카미유 클로델의 작품도 전시되어 있다. 그중 '성숙한 나이'는 그녀의 작품 중에서 가장 호소력 짙은 작품이라 평가받는다. 이 작품이 제작된 시기는 클로델이 로댕과의 오랜 관계를 청산한 직후였는데, 두 여인 사이에서 갈등하고 있는 남자는 로댕이다. 앞에서 힘없는 남자를 끌고 가는 나이 든 여인은 결혼은 하지 않았지만 실제 로댕의 부인이나 다름없던 로즈 뵈레 Rose Beuret고, 무릎 꿇고 애원하는 젊은 여자는 클로델 자신이다. 이들 세 명의 관계가 그녀의 인생에서 얼마나 큰 영향을 주었는지는, 이 작품을 '운명', '인생의 길' 또는 '필연'이라고도 부르는 데서도 짐작할 수 있다. 19세기 최고의 조각 대가가 반할 만큼 재능과 미모를 겸비했던 여인, 존재만으로 스승의 영감이 되었던 그녀였지만, 클로델은 살아생전에는 로댕의 그늘에 가려 조각가로서의 영광을 얻지는 못했다. 로댕 박물관에 전시된 그녀의 작품은 로댕과의 연인 시절에 작업했던 습작과 초기 작품이 대부분이지만 한 여류 조각가의 예술에 대한 절실함을 잘 보여준다.

파리 출입국 정보

프랑스에 입국하기

1

파리 북쪽에는 샤를드골 국제공항 Aéroport de Par-is-Charles-de-Gaulle(CDG), 남쪽에는 오를리 국제공항 Aéroport de Paris-Orly이 있다. 인천공항에서 파리로 가는 항공은 샤를드골 국제공항에 도착한다. 샤를드골 국제공항은 파리 시내나 다른 도시로 이동하기 위한 교통수단이 다양하지만 워낙 크고 터미널이 나눠져 있어 프랑스인도 허둥대는 곳인 만큼, 파리가 초행인 여행자는 더욱 예습이 필요하다.

Covid-19 관련 정책

노약자 외에는 마스크를 착용한 프랑스인을 찾아보기 어려울 정도로 사회 전반의 분위기는 팬데믹 이전과 동급 수준이다. 최근 코로나 19 감염자는 대중교통이나 번잡한 실내에서 마스크 착용을 권장하지만 미착용 시 제재나 벌금은 없다.
입국 외국인은 당국에서 요청하지 않는다면 다음을 소지하지 않아도 좋다(프랑스 보건부 자료).
- 프랑스와 프랑스령 입국 시 출발 공항이나 항공사에서 제시하는 Covid-19 관련 양식
- 프랑스 여행의 목적을 밝힌 서류
- 감염이 아니라는 서약문/PCR/항원 검사 결과
반면, 주변의 유럽 국가 중에는 여전히 예민한 정책을 취하는 곳도 있으니 이동이 예정된다면 각국의 입국 절차를 알아볼 것을 권한다. 이동할 나라에서 코로나 19 검사 서류를 요구하는 경우에는 공항과 파리의 지정 약국에서 진행할 수 있다. 예약 없이 가능한 곳도 있지만 헛수고를 피하기 위해 아래 홈페이지에서 예약을 권한다. 검사 비용은 도시와 약국에 따라 약간의 차이가 있으나 €20 안팎으로 예상하면 된다.

입국 심사 Contrôle des Passeports

프랑스 입국 시에는 입국카드와 세관 신고서를 제출한다. 신고할 물건의 유무를 떠나 기내에서 나눠 주는 세관신고서를 작성해 두자. 비행기에서 내리면 유럽 여권 EU Passeports과 기타 여권 Autres Passeports으로 나뉜 선을 확인한 후 입국 심사대에 들어선다. 인사의 나라에 입국했으니 서투르더라도 "봉주르 Bonjour"라고 인사를 해보자. 간혹 입국 목적이나 체재 기간 등을 묻기도 하니 간단한 답을 준비해 두면 좋다. 파리 공항에 이착륙하는 항공기 정보를 실시간으로 확인할 수 있는 홈페이지를 앱으로 다운받아 두면 유용하다.

여행 목적은 무엇인가요?
Quel est le but de votre visite?
켈 레 르 뷔 드 보트르 비지트

여행입니다. *Pour le tourisme.* 푸르 르 투리즘
유학입니다. *Pour les études.* 푸르 레 제튀데
친구 방문입니다. *Le visite pour un(e) ami(e).*
르 비지트 푸르 엉(윈) 아미
친지 방문입니다. *Le visite pour la famille.*
르 비지트 푸르 라 파미유
사업차 왔습니다. *Pour des affaires.* 푸르 데 자페르

어느 국가를 여행합니까?
Quel pays voyagez-vous? 켈 페이 봐야제부

파리. *Paris.* 빠리
프랑스. *La France.* 라 프랑스
스페인. *L'Espagne.* 레스파뉴
이탈리아. *L'Italie.* 리탈리
독일. *L'Allemagne.* 랄마뉴

체류 기간은 며칠입니까?
Combien de jour restez-vous en France?
꽁비앙 드 주르 레스테부 앙 프랑스

약 일주일. *Une semaine environ.* 윈 스멘 앙비롱
약 한(두)달. *Un(deux) mois environ.*
앙(되) 무아 앙비롱
이틀(삼 일). *2(3) jours.* 되(트루아) 주르
일 년. *Un an.* 어낭

수하물 수령 Livraison des Bagages(귀국 시 대부분 동일)
입국 심사 후 'Bagages'라고 적힌 표지판을 따라가
수하물을 찾는다. 짐이 나오지 않으면 수하물 분실
센터 Service Bagage에 신고하고 인천공항에서 받
은 수하물 바코드를 제시한다. 짐이 누락된 경우에
는 차후에 찾아 원하는 주소로 보내주고, 파손 시에
는 항공사 규정에 따라 보상받을 수 있다. 이때, 공
항 측에서 작성해 준 분실 신고서를 잘 보관해 놓았
다가 귀국 후 보상을 요구할 때 제출한다.

세관 신고 Douane
기내에서 작성한 세관 신고서를 제출하는 곳이다.
신고할 물품이 없으면 '신고품 없음 Rien à déclarer'
으로 표기된 문을, 반대의 경우는 '신고품 있음
Marchandises à déclarer'이라고 표시된 문을 지난
다. 신고서를 받지 못했거나, 작성한 신고서를 분실
했다면 근처에 배치해 놓은 신고서를 재작성한다.
세관 서비스 Infos Douane Service 프랑스 국내 전화
08 11 20 44 44, 01 48 62 62 85 | 외국 발신 전화
+33 1 72 40 78 50 | | www.douane.gouv.fr

프랑스 입국 시 면세범위
담배 1보루 | 프랑스 내 담배 1갑 €11 정도
현금 1만 달러(약 1,300만 원=약 €9,000)

외화 신고(귀국 시 동일)
프랑스 입국 시 달러 기준으로 1만 달러(약 1,300만
원, 약 €9,000, 환율에 따라 다름) 이상 가지고 있다
면 반드시 세관에 신고해야 한다. 현금과 여행자수
표, 일반수표, 유가증권 등 모두 포함된다.

+ 주의! 샤를드골 국제공항 이용 시

- **항공기 지연** 도착 예정 시간이 3시간 이상 지연
시 구간에 따라 보상액이 다르지만, 이와 별개로
5시간 이상 연착 시에는 이후의 일정을 취소하는
조건으로 편도선 전액 보상을 요구할 수도 있다.
항공기 지연으로 체크인이 늦어진다면 호텔에
체크인 지연 연락부터 취한다. 18:00까지 체크
인을 하지 않으면 예약이 자동 취소되는 호텔이
많다.

- **공항 홈페이지** 샤를드골 국제공
항과 오를리 공항은 시설이 오래
된 만큼 정기적인 보안 공사를 한
다. 마지막으로 업데이트된 공항
지도를 확인해 두자.

- **통관 주의사항** 입국 심사대와 세관 절차는 대부
분 간단한 편. 모자 등 얼굴을 심하게 가리는 착
장을 피하고 편안한 얼굴이면 큰 문제없이 통과
한다. 만에 하나, 임의로 하는 검사에 걸렸더라도
당황하거나 주춤할 필요가 없다. 신고 물품을 제
대로 신고했고, 위법을 행하지 않았다면 당당히
대응하는 것이 좋다.

- **T3의 비밀** 공항 내 각각의 터미널은 약자 'T'를
써서 T2, T3이라고 표기한다. T1과 T2는 1번과
2번 터미널로 이해하면 되는데, 뜬금없이 T3이
혼돈을 줄 때가 있다. T3은 항공기가 이착륙하
는 정식 터미널이 아니라 RER B선(SNCF)을 통
해 파리를 왕래하는 T1 이용자들이 거치는 곳이
다. T1으로 진입하는 공항 내의 모든 교통수단
(무료 모노레일CDGVAL, T1~T3 사이의 공항버
스)이 이곳에 정차한다.

샤를드골 국제공항 Roissy Charles-De-Gaulle 한눈에 보기

2

파리 북동쪽으로 약 23km 지점에 있는 샤를드골 국제공항은 영국 히스로 공항에 이어 이용량이 유럽에서 두 번째로 많은 공항. 정식 명칭은 루아시 샤를드골인데, 현지인들은 루아시로 부르기도 한다. 국제공항이 갖추어야 할 시설과 규모 문제를 해결하기 위해 T1, T2, T3 3개의 터미널을 운영하고 있다.

• T1(터미널 1), T2(터미널 2) 국제선 출입국선
• T3(터미널 3) T1, T2 연결 셔틀버스, 나베트 Navette(터미널 간 간선 열차), 리무진

T1(터미널 1=CDG1)

- **지하 1층** 터미널 3을 연결하는 공항 내 나베트 Navette 승하차층
- **지하 2층** 엔지니어층
- **지상 1층**(프랑스식 0층) 출국층(Départ), 면세 창구, 환전소, 탑승 수속대
- **지상 2층**(프랑스식 1층) 항공기 출·도착층, 환승 게이트, 면세점, 출입국 심사대
- **지상 3층**(프랑스식 2층) 입국층(Arrivée)

파리 진입 키포인트!

RER B 이용 – 2층(항공기) 도착→출입국 심사대 통과→3층으로 이동, 수하물 수취→입국→지하 1층으로 이동(승강기)→Navette 표지판을 따라 T3으로 이동→RER B 탑승

리무진/버스/택시 이용 – 2층(항공기) 도착→출입국 심사대 통과→3층으로 이동, 수하물 수취→입국→32, 34번 출구로 나와 승차

T2(터미널 2=CDG2)

T2는 T1의 부담을 줄이기 위해 1980년대에 증축한 터미널로, 물결무늬를 따라 가로로 퍼진 구조를 하고

샤를드골 국제공항 T1 3층(입국층) 출입구

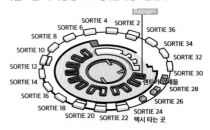

샤를드골 국제공항 T1 3층(출국층) 출입구

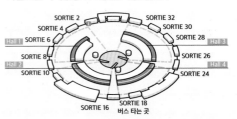

있다. T1과 달리 출입국층을 모두 2층에서 운영하며 항공사에 따라 홀 Hall과 게이트 Porte로 구획된다.

- **지하 2층** RER B선, TGV 승강장
- **지하 1층** 터미널 이동을 위한 무빙 워크, 편의 시설, 대기실

- **지상 1층**(프랑스식 0층) 항공기 출발층, 입출국 게이트, 면세점, 편의 시설
- **지상 2층**(프랑스식 1층) : 항공기 도착층
- **주둔 항공사**

Hall 2A - 에어프랑스(AF), 캐세이퍼시픽(CX)

Hall 2B - 에어프랑스(AF), 영국항공(BA)

Hall 2C - 에어프랑스(AF), 알이탈리아 항공(AZ), 아에로플로트(SU)

Hall 2D - 에어프랑스(AF), 알이탈리아 항공(AZ), 핀란드 항공(AY), 이베리아 스페인항공(IB)

Hall 2E - 에어프랑스(AF), 대한항공(KE)

Hall 2F - 에어프랑스(AF), 대한항공(KE), 일본항공(JL), 알이탈리아 항공(AZ), KLM항공

샤를드골 국제공항에서 파리 시내로 이동하기

3

RER B

€12.50 | 25~45분 소요 | 10분 간격 운행

파리와 공항을 연결하는 고속철도. T1과 T2에 정차한다. 공항과 연결된 RER 역 내부는 지하 2층, 지상 2층(프랑스식 1층)으로 이루어져 있다. 종착역이 공항이므로 방향에 대한 혼선은 없다. B선은 파리 북역 직행과 9개 역에 정차하는 완행이 있다.

공항 출발 첫차 04:50, 막차 23:50
북역 출발 첫차 04:53, 막차 24:03

RER B 정류장명 Charles De Gaulle - Paris Gare du Nord - Châtelet, Les Halles - Saint Michel, Notre Dame - Luxembourg - Port Royal - Denfert Rochereau - Cité Université

공항 리무진 ROISSY BUS

공항↔오페라 가르니에 | €16.20, 나비고 패스 사용 가능 | 60분
배차 간격
- 05:15~21:00 /15분
- 20:00~22:00 /20분
- 22:00~24:30 / 30분

350, 351번 버스
350번 공항↔파리 동역 Gare de l'Est | €7.50 | 약 75분
351번 공항↔나시옹 역Nation | €7.50 | 약 75분
배차 간격 20~30분

공항과 파리를 잇는 일반 버스로, 버스 노선 중간에 숙소를 정한 여행자에게 편리한 수단이다. 단, 일반 버스이므로 모든 정류장에 정차하며, 버스 전용 도로가 없으므로 신호, 교통체증의 영향을 받아 파리까지 진입하는 시간이 가장 오래 걸린다.

심야버스 NOCTILIEN
공항↔파리 동역 | Gare de l'Est | €2.50 | 약 70분
배차 간격
- N140: 월~일 01:00부터 1시간
- N143: 월~일 01:00부터 30분

RER이 운행하지 않는 늦은 시간에 공항에 가야 하는 여행자에게 추천한다. 한국 직행 항공사는 모두 19:00 전에 이륙하므로 해당 사항이 없지만, 만일을 위해 알아두면 요긴하다. 승차권은 버스에서 직접 구입한다.

택시
공항↔파리 시내 간 편도 기본 요금 €70

한국-프랑스 간 직항편이 프랑스에 입국하는 시간은 17:00~19:00 사이. 교통체증이 증가하는 시간 대라 택시 소요 시간과 요금을 감안하면 다른 수단에 미치지 못한다. 다만 많은 캐리어 때문에 도착지

까지 환승을 여러 번 해야 할 경우 시도해 볼 만하다. 가성비를 따졌을 때, 리무진으로 시내까지 이동한 후 시내에서 택시를 이용하는 것도 방법이다.

렌터카 이용

내비게이션 보급이 일반화되면서 프랑스 렌터카 시장도 확대되고 있다. 공항 내 렌터카 업체는 14곳 정도. 연중무휴라서 현장 렌트도 가능은 하지만 원하는 차종, 요금대를 확보하는 것은 다른 문제다. 사전 예약으로 공항에서 수령, 대여하는 것이 시간과 노력을 아끼는 길이다.

렌터카 숙지 리스트
- 신분증과 국제운전면허증 제출
- 대여 시 연료는 충전된 상태, 반납 시 잔여 연료에 대해 차액을 지불/환불
- 승차 인원을 속였다가 발각되거나 사고가 나면 그에 대한 과태료 부담
- 6세 미만 아동 동승 시 카시트 장착 의무(본인 카시트 또는 대여)

요금 책정 기준은 다음에 따라 천차만별이지만 1일 기준 최소 €110 정도
- 날짜/기간/차종/공휴일 또는 주말 포함 여부/운전자 연령/운전 기간(면허증 제출)/반납 시간

공항 내 렌터카 업체
Alamo www.alamo.com
Avis www.avis.fr
Hertz www.hertz.fr
Interrent www.interrent.com
National www.nationalcar.com
Sixt www.sixt.fr
Thrifty www.thrifty.fr

샤를드골 국제공항과 오를리 국제공항에서 파리 가는 방법

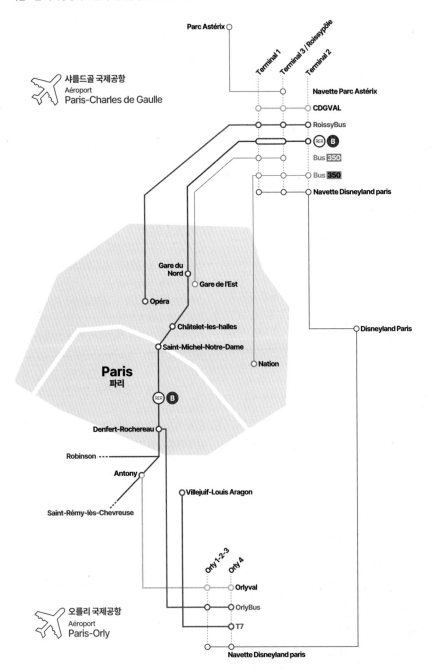

오를리 국제공항에서 파리 시내로 이동하기

4

오를리 공항은 샤를드골 공항 건설 전에 국제선으로 이용하던 공항으로 파리 남쪽 15km 지점에 있다. 남 터미널, 서 터미널로 나뉘어 있고 국제선은 주로 남 터미널을 통한다. 남유럽 국가, 북아프리카, 그리고 중동을 오가는 국제선이 오를리 공항에서 이착륙한다. 공항 내 무료 모노레일로 양쪽 터미널을 왕복한다.

노선 종류	탑승, 파리 진입 방법/환승	소요 시간	요금	운영 시간/배차 간격
오를리 공항 ↔ 샤를드골 공항	RER B(CDG 1.2) ↔RER B (Antony 역) 탑승/환승 ↔Orly Val Navette	약 1시간 30분	€11.45부터	매일 06:00~23:35 10~20분
Orly VAL+RER B ↔ St-Michel, Notre Dame 역	RER B(Antony 역) 탑승/환승 ↔Orly Val Navette	약 35분	€7.05~14.10	매일 06:00~23:35 오를리 1~2까지 6분 오를리 4까지 +2분
OrlyBus ↔ Denfert Rochereau 역	Denfert Rochereau (RER B, 메트로 4, 6호선) 역 ↔오를리 공항	약 30분	€11.20	매일 05:35~24:30 10~15분
T7(Trame 7) ↔ Villejuif-Louis Aragon 역	메트로 7번 Villejuif-Louis Aragon 역 ↔Aéroport d'Orly 역	약 45분	€2.10, €3.80 (메트로 7번 환승 포함)	매일 05:30~24:30 8~15분
RER C + Navette ↔ Paris	RER C (La Tour Effel 역/ Musee d'Orsay 역/ Invalides 역/ Notre Dame 역 등) 탑승/환승 ↔나베트(Bus 183) 오를리 공항	약 50분 +	€7.05 (공항 존 + 시내 진입료)	매일 05:30~24:30 8~15분
Noctilien (심야버스)	N22 Paris-Châtelet ↔Orly공항 N31, N131, 144 Paris-Gare de Lyon ↔Orly공항	약 30분+	€6 = 나비고 패스 3회	30~60분 (노선에 따라 상이)

오를리 공항-
파리 대중교통

오를리 공항
지도

기차를 이용한 출입국

5

프랑스의 철도 조직망은 유럽 대부분 의 국가와 연동된다. 파리의 기차역 6개 모두 시내 중심에 있어서 접근성도 뛰어나다. 유레일 패스가 있으면 국가 간 또는 한 국가 내에서 번거로운 예약 없이 이동이 더 자유로워진다. 요금과 자세한 내용은 QR코드를 이용해 확인할 수 있다.

입국 심사

EU 가맹국은 검표인에게 여권과 승차권만 제시하면 된다. 야간 열차 탑승 시에는 승무원에게 검사 대행을 요청할 수 있지만, 중요한 소지품인 만큼 자다가 깨더라도 소지하고 있는 것을 권한다.

기차역 이동

출퇴근 이용자 밀도가 높은 시간대에 열차 이용을 해야 한다면 여유시간을 가지고 움직일 것을 권한다. 행선지별로 출·도착역이 다르니 승차권에 표기된 역명에 주의할 것! 모든 역에는 관광 안내소, 은행과 현금 지급기, 환전소, 레스토랑 등이 있다.
프랑스 내 예약 홈페이지 www.thetrainline.com/en-us

Paris Gare du Nord(북역)
영국행 Eurostar: 런던 워털루 역 도착
독일행 Thalys: 암스테르담-브뤼셀-쾰른-뒤셀도르프-함부르크
Gare de l'Est(동역)
독일행 ICE: 만하임-베를린
체코행 ICE: 만하임-프라하
Gare de Lyon(리옹 역)
이탈리아행 Frecciarossa: 나폴리, 로마, 밀라노, 피렌체

스페인행 TGV: 바르셀로나, 마드리드
스위스행: 열차 내 승무원에게 서류 전달(역사에서 다루지 않음)

면세 수속

EU에서 구입한 모든 면세품(프랑스 구입 포함)의 수속은 한국 입국 전 마지막 거점 국가에서 한 번만 한다. 단, 비가입국인 영국, 스위스, 노르웨이 출입국 시에는 반드시 탑승역의 면세 사무실에서 별도 절차를 마쳐야 한다.

유레일패스 구입하기

유럽의 철도 조직망은 아주 작은 마을까지 닿을 만큼 세밀하다. 파리를 벗어나 프랑스의 여러 곳을 자유롭게 다니고 싶다면 유레일패스가 정답이다. 패스 종류의 선택이 가능하고 연령별, 가족별 할인 혜택도 받을 수 있다. 고속 및 야간열차는 예약이 필수다. 자세한 내용은 홈페이지 또는 P.432의 QR 코드를 참고할 것.
http://kr.eurail.com/

유럽연합 가입국(27개국)	비가입국
서유럽: 프랑스, 독일, 오스트리아, 벨기에, 덴마크, 룩셈부르그, 네덜란드 북유럽: 핀란드, 스웨덴, 아일랜드 남유럽: 그리스, 이탈리아, 스페인, 포르투갈, 스페인, 몰타 동유럽: 폴란드, 체코, 헝가리, 불가리아, 라트비아, 리투아니아, 루마니아, 슬로바키아, 슬로베니아, 키프로스, 크로아티아, 에스토니아	영국, 스위스, 노르웨이

샤를드골 국제공항에서 귀국하기

6

한국행 비행기는 모두 샤를드골 국제공항에서 탑승하기 때문에 터미널만 정확히 확인하면 된다. 파리에서 샤를드골 국제공항으로 갈 때 가장 보편적인 수단인 RER B선은 직행 30분, 완행 45분을, 리무진은 1시간을 예상하고 탑승 3시간 전에 도착하도록 계획하자.

예약 재확인

공항 공식 홈페이지를 통해 국제선 예약 재확인이 훨씬 쉬워졌다. 비행기 탑승 1~2일 전부터 홈페이지를 수시로 확인하자. 천재지변, 공항 파업의 큰 변수가 아닌 이상 결항은 드물다.

여권, 면세 서류, 면세품 사전 준비 필수

프랑스의 모든 국제 공항과 국제 역 면세 코너에서 면세를 받을 수 있다. 수하물을 보내기 전(탑승 수속 전)에 면세품, 영수증 등의 해당 서류는 따로 빼둔다. 특히 물건 1개당 €500 이상의 물건은 소지 여부를 직원이 직접 확인하는 경우가 다반사. 나머지도 되도록이면 소지하는 것을 권장한다. 면세 받을 품목이 많으면 면세 시간에만 최소 1시간 이상 예상하고 움직이자. 면세 코너 근처에 있는 무인 면세 확인 기계에 한국어 서비스가 있으니 안내에 따라 작성한 후 창구에 가면 환급 받을 수 있다.

탑승 수속

모니터와 전광판에서 항공사와 편명을 확인하고 탑승수속대로 간다. 항공기 정차, 비행 준비 등을 고려해 탑승 수속은 이륙 2시간 전부터 개시된다. 3세 미만의 유아 동반 탑승자는 직원에게 알려서 특별 수속 혜택을 받자.

출국 심사와 탑승

탑승권에 적힌 이륙 시간과 게이트 Porte를 확인하고 최소 1시간 30분 전에 이동한다. 이 시간은 게이트까지의 최대 이동 시간과 대기홀 도착 직전에 이루어지는 소지품 검열 시간을 더한 시간이다.

과세/면세 범위

1인 $800 구입 초과 : 자진 신고 시 구입액의 20%, 미신고 적발 시 40% 과세
가족 합산 : 없음
별도 면세품 : 면세 범위 내에서 $800 초과 소비와 별도 취급(아래 표 참고)
입·출국장에서의 구입 여부에 따라 과세 적용법이 달라질 수 있으니 관세청의 안내를 참고할 것.

별도 면세품

	한도	비고
주류	2 L	합산 2L, $400 이하
향수	60ml	
담배(궐련형)/ 전자담배	200개비/ 용액 20ml	€3,000

> 사례1 가방 $500, 의류 $290, 술 $330, 향수 $50 구매 가능 여부
> 총 구매 금액이 $1,170로 구매 한도 $800를 초과했지만, 술과 향수는 별도 면세 대상으로 추가 구매가 가능하므로 과세 없음
>
> 사례2 가방 $500, 의류 $290, 잡화 $30 구매 가능 여부
> 총 구매 금액이 $820로, 구매 한도 $800를 초과했기 때문에 과세 적용!

파리의 호텔 알아보기

낭만적인 도시 파리에서 가장 멋진 숙소에 묵고 싶지만 단기간이고 잠만 자고 나온다면 최저의 설비만으로도 충분하다. 이 파트에서는 파리의 숙소를 별 4~5개의 특급 호텔, 별 3~4개의 중·고급 호텔, 비즈니스 호텔, 호스텔 그리고 레지던스(렌트 하우스)로 나누어 소개한다. 위치, 시설, 서비스에 따라 요금이 천차만별이므로 예산과 체류 기간에 맞는 장소를 잘 알아보고 선택하자.

개성적인 호텔 예약 www.parisinfo.com/ou-dormir
플랫폼을 통한 예약 www.booking.com, www.trivago.com
렌트 하우스 예약 www.airbnb.com, www.vacationrenter.com

파리의 호텔

1

호텔 등급 기준

호텔은 프랑스 관광청이 제시한 다음의 기준에 따라 등급(별 개수)이 나뉜다.
- 객실 보유 수
- 객실당 면적
- 승강기 보유 유무
- 리셉션의 크기
- 레스토랑 운영 유무

호텔의 위치, 내부 디자인, 서비스 만족도 등은 등급의 필수 조건은 아니지만, 업계의 특성상 고급 호텔은 이상의 조건을 암묵적으로 만족시킬 수밖에 없다.

숙소 예약

1. 출국 전 사전 예약
- 예약 시기: 인기 있는 호텔과 렌트 홈페이지는 예정일 최소 1~2개월 전
- 예약 방법: 해당 홈페이지
- 예약 시 확인 사항: 서비스 포함 내용, 환불 규정, 체크인/아웃 시간, 영어 소통 여부
2. 프랑스 입국 후 예약
- 예약 방법: 공항, 기차역, 시내의 관광 안내소 방문, 직원에게 요청

- 예약 시 요청 사항: 원하는 구역, 1박 요금, 호텔 서비스 범위
- 수수료: 소정

알고 있으면 좋은 내용 관광청 홈페이지에 소개된 숙소 예약 시 같은 장소라도 요금 혜택이 있는 경우가 있다. 드물기는 하지만 파리에 도착해서 호텔을 찾는 경우, 빈 숙소가 없는 곳에 'Complet(객실 만실)' 표지판이 붙어 있다는 것도 참고하자.

호텔의 종류

4성급 이상 특급 호텔은 최고의 시설을 구비하고 있다. 안락한 로비, 리셉션, 택시 예약, 여행에 필요한 정보와 예약을 도와주는 콩시에르주리, 최고의 조식 서비스 외에도 미슐랭 레스토랑(최소 1스타), 카페, 헬스장, 살롱, 그리고 쇼핑 코너 등이 입점되어 있다. 레지던스(렌트 하우스)는 우리나라의 펜션과 비슷하다. 주방과 기본 조리기구가 있어 직접 장을 보고 음식을 해먹을 수 있어서 식비를 절약할 수 있다. 렌트 하우스 플랫폼 홈페이지(airbnb형)를 통하면 체크인, 체크아웃 때 리셉션 담당이 있는지, 방 청소와 리셉션 여부를 확인할 수 있다.

구분	주거형/서민형(별 2개 미만)	무인 체크인형(별 2개)	일반 호텔(별 3개)
리셉션, 모닝콜	O	O	O
와이파이/인터넷	장소에 따라 차등	O	O
조식	X	뷔페	뷔페, 룸서비스
도어록(카드)	열쇠 이용	비번 잠금형	정비 연도에 따라 차등
공중 화장실	가능성	X	X
객실 냉장고, 전자 포트	X	장소에 따라 차등	O
수건, 욕실용품	X	수건, 샴푸, 비누	수건, 샴푸, 비누, 보디젤
발레 파킹	X	X	장소에 따라 차등 (예약 시 사전 확인)

파리의 특급 호텔

프랑스에서는 특급 호텔 내에서도 미묘한 등급 차이가 있다. 역사적 배경이 깊은 호텔(19세기 창업), 국가 유산으로 지정된 건물의 호텔은 프랜차이즈 호텔과 차별을 두어 초특급 호텔로 구분한다. 힐튼, 하얏트, 인 터콘티넨탈, 머큐어 등의 호텔은 모두 4~5성급이지만 비즈니스 호텔에 가깝고, 파리의 유물급 호텔과는 서 비스와 요금대에서 큰 차이가 난다. 여기에서는 파리 대표 호텔만 소개한다.

크리옹 Crillon ★★★★★

주소 10 Place de la Concorde 75008 예산 €2,000~
홈페이지 www.rosewoodhotels.com/en/hotel-de-cril
lon

콩코르드 광장을 장식하는 호텔. 동서쪽으로 튈르리 궁전과 샹젤리제가 펼쳐지고 콩코르드 분수를 마음 껏 바라볼 수 있는 곳이다. 1758년부터 현재의 자리 에서 2명의 국왕과 대혁명, 나폴레옹 황제를 거쳐 프랑스가 공화국으로 거듭나는 변화를 지켜본 역사 의 산실이기도 하다. 미슐랭 별 3개의 레스토랑이 입점해 있다. 특급 호텔답게 톰 크루즈, 제니퍼 로페 즈가 파리를 찾을 때마다 묵는 곳으로 유명하다.

리츠 파리 Ritz Paris ★★★★★

주소 15 Place Vendôme 75001 예산 €2,300~ 홈페
이지 www.lartisien.com/hotel/ritz-paris

현존하는 호텔 중 가장 아름답고, 역사적인 호텔로 인정받는 곳. 파리의 귀금속 명품 매장이 밀집된 방 돔 광장의 중심에 위치하며, 스위스 호텔리어계의 대부 세자르 리츠가 1898년에 창업했다. 헤밍웨이 가 사랑했고, 코코 샤넬이 사망 직전까지 머물렀으 며, 다이애나 전 영국 왕세자비가 이혼 후 밀월여행 때 투숙한 곳으로 더 유명해졌다. 142개의 객실 중 56개가 스위트 룸이며, 이 중 코코 샤넬의 방 등 15 개는 방돔 광장을 마주 보는 특급 귀빈실이다. 4년간 의 내부 공사를 마치고 2016년 6월에 재개장했다.

호텔 플라자 아테네 파리
Hôtel Plaza Athénée Paris ★★★★★

주소 25 Avenue Montaigne 75008 예산 €2,000~
홈페이지 www.dorchestercollection.com/en/paris/
hotel-plaza-athenee

파리 유행의 본거지인 몽테뉴 대로에 자리 잡고 에펠탑과 센 강을 코앞에 둔 호텔이다. 8층 건물 발코니 전체에 빨간 제라늄 화분을 올려 빨간 제라늄 호텔로도 유명하다. 20세기 초에 급증한 파리 방문자들을 위해 1909년에 완공한 곳으로, 여러 번의 공사를 거쳐 현재 파리 최고의 호텔로 이름을 떨치고 있다. 호텔 내에는 미슐랭 별 3개를 받은 레스토랑과 5개의 이벤트 룸 등이 있다. 플라자의 티 숍과 브런치는 파리 최고 수준이며 셰프가 선보이는 요리 외에 자신만을 위한 특별 메뉴를 요청할 수도 있다.

호텔 드 뤽스 르 뫼리스
Hôtel de Luxe Le Meurice ★★★★★

주소 228 Rue de Rivoli 75001 예산 €2,100~ 홈페이지 www.dorchestercollection.com/en/paris/le-meurice

루브르와 튈르리 정원, 콩코르드 광장을 잇는 리볼리 거리에 있다. 1771년에 개장한 호텔로, 유럽의 어떤 호텔도 제공하지 않았던 편의를 제안해 당시 최고의 호텔이라는 영광을 안았다. 2007년 필립 스탁이 로비와 레스토랑을 새로 디자인했고, 레스토랑 역시 프랑스 최고의 셰프 알랭 뒤카스의 지휘 하에 미슐랭 별 3개를 보유하고 있다. 총 160개의 객실은 완공 당시 그대로 루이 14세의 섬세한 장식 스타일이며, 로비에는 크리스토프 로방 미용실, 사우나, 피트니스 클럽, 스파와 회의실, 이벤트 홀, 콩시에르주 등이 상주해 최고 호텔의 면모를 보인다.

루아얄 몽소라플 파리
Royal Monceau-Raffles Paris ★★★★★

주소 37 Avenue Hoche, 75008 예산 €1,900~ 홈페이지 www.leroyalmonceau.com/en

대부분의 특급 호텔이 샹젤리제와 그 동쪽에 밀집되어 있지만 이 호텔은 개선문 왼쪽의 주거지역에 위치해, 보다 조용하고 한가롭다. 2008년 필립 스탁이 라운지와 호텔 전체를 디자인해 2011년에 재개장했다. 스파, 에스테틱 살롱, 회의실, 이벤트 룸, 예술 갤러리, 미슐랭 별 3개 레스토랑, 티 숍, 이탈리아 레스토랑 등을 갖추고 현대적 디자인과 서비스로 파리 최고의 호텔 중 하나로 인정받는다. 영국 총리 처칠, 코코 샤넬, 헤밍웨이, 호찌민 등이 묵었던 곳으로도 유명하다.

호텔 뤼테시아 파리
Hôtel Lutetia Paris ★★★★★

주소 45 Boulevard Raspail 75006 예산 €550~ 홈페이지 lutetia-hotel.parishotelinn.com

맞은편에 위치한 명품 백화점 봉 마르셰 Le Bon Marché의 사장 부시코 부인이 유럽 전역에서 백화점을 찾아오는 고객들을 위해 1910년에 오픈했다. 건물 외부는 당시의 아르데코 스타일을 지향해 우아함과 격조를 이어오고 있다. 현재 171개의 객실에 마사지실, 스파, 티 숍, 레스토랑과 바 등을 갖추고 있다. 피카소, 마티스, 앙드레 지드, 생텍쥐페리, 조세핀 베커 등 당대의 지식인, 예술가들이 고객이었다. 2014년부터 보수 공사에 돌입해서 2017년 연말 재개장 했다.

더 웨스턴 파리방돔
The Westin Paris–Vendôme ★★★★★

주소 3 Rue de Castiglione 75001 예산 €690~ 홈페이지 www.marriott.com/fr/hotels/parvw-the-westin-paris-vendome/overview

방돔 광장에서 도보로 불과 1~2분이 걸리는 이 호텔은 파리 코뮌 시절에 불탄 경제부처 건물 자리에 들어섰다. 1878년 개장 당시 파리에서 가장 화려한 호텔이란 기록을 세웠다. 하늘이 보이는 레스토랑 테라스는 국내외 유명 인사들의 모임 장소이기도 하다. 점심 메뉴는 유럽 음식에 문외한인 사람들도 매료시킬 만큼 최상의 맛을 자랑하며, 모든 고객은 최고층의 칵테일 바를 이용할 수 있다.

호텔 레지나 Hotel Regina ★★★★

주소 2 Place des Pyramides 75001 예산 €790~ 홈페이지 www.regina-hotel.com/en

루브르 궁전에서 도보 3분 거리에 위치한 호텔로 앞

쪽에는 튈르리 궁전, 뒤쪽에는 명품 거리 생토노레, 센 강 맞은편에는 오르세 미술관을 이웃하고 있다. 매년 파리 패션위크의 중요한 일정이 이 호텔의 이벤트 룸에서 열리기도 한다. 99개의 객실과 32개의 스위트 룸이 있으며 특급 호텔의 기본 시설과 서비스를 함께 갖춘 곳이다.

이 밖에 특급 호텔로 샹그릴라 호텔, 만다린 오리엔탈도 최고급 수준이다.

www.shangri-la-hotel-paris.booked.net
www.mandarinoriental.com/en/paris

파리의 일반 호텔

3

특급 호텔과 4성급 호텔의 가장 큰 차이는 숙소 내 편의 시설의 유무다. 호텔 내 휴식 프로그램, 고급 레스토랑 등의 선점 유무가 다를 뿐 객실 크기, 분위기, 디자인에서 5성급 호텔의 일반 객실보다 만족감이 클 수도 있다. 또한 위치가 좋은 3성급 호텔과 시내에서 먼 4성급 호텔의 가격이 비슷하거나, 호텔 위치 덕분에 별 2개 호텔이 3개 호텔보다 숙박비가 비쌀 때도 있다. 그렇기에 별 개수보다 동선과 분위기 중심으로 숙소를 찾는 것을 추천한다.

호텔 루아얄 생토노레
Hôtel Royal Saint Honoré Paris ★★★★

주소 221 Rue Saint Honoré 75001 예산 €302~ 홈페이지 www.royal-st-honore.com

호텔의 이름과 주소에서 알 수 있듯 화려한 생토노레 거리 한 복판에 위치한 호텔이다. 58개의 객실은 자신의 집처럼 느낄 수 있도록 정갈하고 산뜻하게 꾸며져 있다. 방돔 광장, 센 강, 튈르리 정원이 가까워서 쇼핑과 관광을 하기에 부족함이 없다.

호텔 망사르 Hotel Mansart ★★★★

주소 5 rue des Capucines 75001 예산 €210~ 홈페이지 www.paris-hotel-mansart.com/en

최고급 브랜드들이 모여 있는 방돔 광장, 오페라 가르니에, 백화점에서 불과 10분 거리에 있

는 호텔이다. 루이 14세와 방돔 광장을 설계한 건축가 망사르에게 경의를 표하는 바로크 양식으로 실내를 단장해 재개장했다. 57개의 객실은 모두 그 시대의 영화를 담아 섬세하고 우아하다. 원하는 투숙객에 한해 DVD 설비를 설치해 준다.

호텔 오르세 Hôtel d'Orsay ★★★★

주소 93 Rue de Lille 75007 예산 €280~ 홈페이지 www.paris-hotel-orsay.com

18세기의 격조 높은 석조건물 속에 숨은 이 호텔은 센 강, 튈르리 정원, 생제르맹데프레

뿐 아니라 주변의 녹지대도 맘껏 공유할 수 있는 최적의 위치에 있다. 객실마다 오르세 미술관에 소장된 명작의 카피본을 배치해 위치적인 개성을 살렸다. 42개의 객실과 티 숍, 브런치 서비스 등이 있다.

호텔 파크 생세브랭
Hôtel Parc Saint Séverin ★★★★

주소 22 Rue de la Parcheminerie 75005 예산 €170~ 홈페이지 www.paris-hotel-parcsaintseverin.com

지식인들이 사랑한 라탱 구역 중심에 위치한 호텔. 주변의 명소로 생미셸 분수, 노트르담 대성당, 팡테옹이 있다. 하나하나 개성을 살린 객실은 총 27개로, 이 중 스위트룸에서는 생세브랭 성당과 공원을 한눈에 담을 수 있다. 신혼여행이나 이벤트가 있다면 'La Chambre à la Terrasse'를 예약하자(2인 €310~). 파리의 트레이드마크인 회색 아연 지붕이 아름답게 펼쳐진 풍경을 만끽할 수 있다. 단, 예약은 서두를 것!

호텔 에글롱 Hôtel Aiglon ★★★★

주소 232 Boulevard Raspail 75014 예산 €359~ 홈페이지 www.paris-hotel-aiglon.com

카르티에 재단, 카타콩브에서 가까운 몽파르나스 구역에 자리 잡고 있다. 자코메티와 20세기 초반의 유명 예술가들이 단골로 투숙했던 역사를 살려, 정갈하면서도 지적인 분위기로 실내를 단장했다. 로비의 도서관에서는 고서의 향기를 맡으며 독서를 할 수 있으며, 레스토랑은 푸짐한 아침 식사로 유명하다. 46개의 객실이 있으며 새로 단장한 20개의 객실은 1920년대의 아르데코풍이다. 파리 내 호텔로는 드물게 주차장이 있어서 운전자들에게 환영 받는 곳이다.

호텔 아카데미 Hôtel Académie ★★★★

주소 32 Rue des Saints Pères 75007 예산 €287~ 홈페이지 www.academiehotel.com

생제르맹데프레의 역사를 보여주는 이 호텔은 오르세 미술관, 루브르 박물관과 파리 카페의 역사를 쓴 레 되 마고, 르 플로르 등과 가깝다. 25개의 객실과 7개의 소형 스위트룸은 18세기 바로크와 영국식 셰비 스타일을 좋아하는 사람에게 더없이 황홀한 여정을 선물할 것이다. 2박부터는 할인 이벤트를 이용할 수도 있으니 예약을 서두르자.

호텔 라 타미즈 Hôtel La Tamise ★★★★

주소 4 Rue d'Alger 75001 예산 €219~ 홈페이지 www.paris-hotel-la-tamise.com/en

장식가 팔뤼엘 마르몽 Cybèle Paluel-Marmont이 모든 재능을 발휘해 실내를 완성한 호텔이다. 19세기의 석조건물을 개조해 2015년 초 호텔로 개장했다. 로비와 객실에 최상의 재료를 써서 특급 호텔 못지않은 세련미가 넘친다.

호텔 플라스 뒤 루브르 Hôtel de la Place du Louvre ★★★★

주소 21 Rue des Prêtres-Saint-Germain-l'Auxerrois 75001 예산 비수기 €190~, 성수기 €320 홈페이지 www.paris-hotel-place-du-louvre.com

파리의 심장부에서 여행을 시작하고 싶다면 이 호텔을 주목하자. 호텔의 왼

쪽에는 루브르 궁전 정문이 보이고, 한때 궁전의 부속 성당이었던 생제르맹 로세루아 예배당을 마주하고 있다. 왼쪽으로 꺾으면 센 강과 퐁 데 자르, 프랑스 연구원이 풍경을 이루고 있다. 공항에서 픽업 서비스를 신청할 수 있다.

레전드 호텔
Legend Hôtel ★★★

주소 151bis Rue de Rennes 75006 **가는 방법** 메트로 Saint-Placide(4호선) **예산** €208~ **홈페이지** www.legendhotelparis.com

건물 내 첫발을 내디딘 순간부터 오감을 만족시키는 호텔. 최근 파리에서 유행하는 트렌디 룸으로 꾸몄으며, 가볍지만 세련된 실내가 특징이다. 라탱 구역의 렌 거리에 자리해 쇼핑과 교통, 명소의 3가지 토끼를 잡을 수 있다. 3성급 호텔로는 드물게 객실마다 개인금고가 있으며 회의실, 바, 콩시에르주, 가방 세탁 서비스 등을 다양하게 제안해 별 개수를 의심하게 만들 정도다.

호텔 드 센 Hôtel de Seine ★★★

주소 52 Rue de Seine 75006 **예산** €228~ **홈페이지** www.hoteldeseine.com

로비의 오래된 벽난로가 인상적인 호텔. 건물 밖으로 유명한 생제르맹 대로와 파리 젊은 부르주아들의 센 거리가 펼쳐진다. 노르트담, 루브르 박물관이 가까이 있고 조용히 숨은 들라크루아

미술관이 도보 3분 거리에 있다. 수많은 카페, 티 숍과 셰프들의 레스토랑 구경으로 시간 가는 줄 모를 것이다.

호텔 루브르 봉 장팡
Hôtel Louvre Bons Enfants ★★★

주소 5 Rue des Bons Enfants 75001 **예산** €215~ **홈페이지** www.hotellouvrebonsenfants.com

파리의 역사와 향기를 그대로 누릴 수 있는 호텔. 로비와 오래된 천장 들보와 대비되는 세련된 실내 디자인은 어느 나라에서도 보기 드문 프랑스만의 매력이다. 개인금고와 벽장, 비즈니스 실이 있으며, 세탁 서비스, 렌터카 예약, 공항-파리 픽업 서비스를 구비하고 있다.

호텔 쿠르셀 에투알
Hôtel Courcelles Etoile ★★★

주소 184 Rue de Courcelles 75017 **예산** €310~ **홈페이지** www.courcellesetoilehotelparis.com-hotel.com/en

샹젤리제, 개선문과 멀지 않지만 대로와 명소의 번잡함을 피해 조용한 구역에 위치한 호텔이다. 로맨틱한 몽소 공원과 가까워 아침저녁으로 산책과 운동을 즐길 수 있다. 오페라 가르니에로 직행하는 메트로를 탈 수 있으며, 개선문과 에펠탑은 버스로 이동할 수 있다. 40개의 객실마다 메인 색상을 정해 감성적이고 감각적이다.

르 몽마르트르 생 피에르
Hôtel Le Montmartre Saint Pierre ★★★

주소 10 Rue de Clignancourt 75018 예산 €270~ 홈페이지 www.hotel-lemontmartre.com

파리에서 자신만의 개성을 가장 잘 간직한 몽마르트르 구역에 있는 호텔. 생피에르 성당이 근처에 있으며 사크레쾨르 대성당의 장엄함을 매일 감상할 수 있다. 공항 직행열차 RER B선과 환승선이 겹치는 메트로 4호선이 가까이 있는 것 또한 장점.

호텔 엑스키
Hôtel Exquis ★★★

주소 71 Rue de Charonne 75011 예산 €210~ 홈페이지 www.hotelexquisparis.com

파리에서 이토록 트렌디하고 세련미 넘치는 3성급 호텔을 이 가격에 누릴 수 있는 곳은 없다. 최신 트렌디로 이 단장한 호텔은 세계 각국의 분위기를 담은 톡톡 튀는 색감으로 42개의 객실을 선보인다. 비수기 요금이 특히 저렴하지만 시즌마다 다양한 요금을 제안하고 있으니 여행 전에 꼭 체크해 볼 것!

세련된 호텔 이용 수칙

- 미니바: 객실 내 비치된 미니바는 시중의 2배 정도 가격. 실제로 마시지 않고 꺼내기만 해도 센서 작동으로 계산서에 추가되는 경우가 있으니 주의한다.
- 투숙 인원수: 투숙객 인원이 예약 시 인원보다 많을 경우가 있다. 이는 '주거 침입'에 해당되어 호텔 측에 발각되면 망신당할 수 있다. 예약 시 인원보다 많을 경우는 반드시 사전 연락으로 예약을 수정해야 요금 배상을 면한다.
- 비치 물품: 3성급 이상 호텔은 욕실용품을 충분히 비치해 둔다. 이것은 숙박료에 포함되므로 여분을 가져가도 되지만, 따로 챙겨놓고 매일 새롭게 요구하는 것은 추천하지 않는다. 비행기 담요처럼 호텔 수건을 챙겨가는 경우도 금지. 수건은 일회용 소모품이 아닌, 호텔의 자산이므로 절도에 해당한다. 외국에서는 각자가 한국의 홍보대사라는 생각을 잊지 말자!
- 건식 욕실: 유럽의 욕실은 우리와는 달리 건식 욕실이다. 바닥에 하수구가 없다는 뜻. 샤워를 할 때는 욕실 바닥이 젖지 않도록 커튼이나 유리막을 이용하고, 이런 것이 없을 경우에는 조심스럽게 몸을 담갔다가 나올 때 수건이나 가운을 두른다. 한국의 대중목욕탕처럼 물을 욕조 밖으로 끼얹으며 씻다가 객실 카펫이 심하게 젖으면 변상을 해야 할 수도 있다.
- 팁: 객실 정리 메이드와 벨보이에게 소정의 팁을 줄 수 있다. 미국처럼 팁을 강요하는 분위기는 아니지만, 열악한 업종에서 일하는 사람들에게 소정의 성의를 보여주는 것은 모범적이다. 짐이 많거나 아주 무거울 때 들어준 가르송에게는 €5~10 정도가 적당하다. 객실 청소는 메이드가 매일 하지만 팁은 체크아웃하는 날 한 번만 줘도 된다. 금액은 비슷하다. "Merci"라는 짧은 메모와 함께 테이블에 현금을 놓아두면 떠난 자리가 향기로울 것이다.

가진 건 젊음뿐인 파릇한 대학생에게 잘 어울리는 장소. 아래 소개하는 모든 유스호스텔은 프랑스 관광청의 허가를 받고 구청의 보호 아래 엄격히 관리되는 장소이므로 믿을 수 있다. 치안도 좋은 편이고, 각국의 다양한 사람과 우정을 나누기에 최적의 숙소다. 일박 평균 €30 정도.

유스호스텔 사이트 www.hifrance.org

오베르쥐 드 죄네스 파리
Auberge de Jeunesse Paris-Yves Robert

주소 20 Rue Pajol 75018 **예산** €43부터/1박 **홈페이지** aubergesdejeunesse.com

환경과 미래를 진지하게 고민하는 젊은이에게 추천하는 유스호스텔이다. 파리 북역과 동역에서 멀지 않아 교통편이 자유롭고, 파리 북쪽의 활기를 느낄 수 있다. 기숙사 같은 건물의 103개 방에 330여 개의 침대가 놓여 있으며, 각 방은 침대 1개부터 4개로 구성된다. 이 외에도 학생 회의실, 바, 무도회장, 레스토랑, 공동 주방, 가방 창고 등의 서비스를 완비한 파리 최고의 유스호스텔이다.

오베르쥐 드 죄네스 파리 르 다르타냥
Auberge de Jeunesse Paris le d'Artagnan

주소 80 Rue Vitruve 75020 **예산** €40부터 **홈페이지** www.aubergesdejeunesse.com

파리를 비롯해 유럽 전체에 분포된 기숙사형 숙소를 운영하는 단체로 홈페이지에서 1박 요금, 원하는 구역, 후기 높은 순 등 필터를 적용해 선택할 수 있다는 장점이 있다.

제네레이터 파리 Generator Paris

주소 9~11 Place du Colonel Fabien 75010 **예산** €52부터, 2/4/8인용 도미토리룸, 개인룸, 가족룸 한국어 서비스 **홈페이지** staygenerator.com

생마르탱 운하를 이웃하고 있어 밤에도 치안 걱정 없이 즐길 수 있는 사립 유스호스텔. 오래전에 사라진 이 구역의 공장을 인수해 학생용 호스텔로 개조했다. 당시의 분위기를 그대로 느낄 수 있는 건축 요소를 일부 살려서 모던하고 젊은 느낌이다. 사립법인으로 운영되고 있어 시설과 분위기에 더 신경을 썼다. 방에 따라 테라스와 개인 욕실을 완비하고 있고 바, 라운지, 베란다 등을 감각적으로 살린 곳이다.

'2주 동안 또는 한 달 동안 현지인처럼 살아보기' 콘셉트로 집 전체나 현지인 아파트의 방 1개만 빌려주는 현대식 민박 개념의 숙소. 1/2/4인용 아파트, 6명 이상의 워크숍 장소에 취사도구, 세탁기, 청소기 등 필수 주거 시설을 모두 갖추고 있어서 일주일 이상 거처하기에 호텔보다 가성비가 좋은 편이다. 호텔처럼 전문 리셉션이 없으므로 취소 시 환불 조건, 체크인/체크아웃 시 열쇠 전달 방법, 청소 수수료 포함 여부 등을 꼼꼼히 읽어보고 예약한다.

chezparisien.com
www.airbnb.co.kr
www.homerental.fr
www.paris-apts.com
www.myflatinparis.com

파리의 문화 즐기기

밤이 더 아름다운 낭만의 도시, 파리에서는 물랭루주를 중심으로 한 카바레와 콘서트, 무용, 영화, 재즈 클럽 등 밤에만 만날 수 있는 즐거움이 무궁무진하다. 어디서 어떻게 즐길지 고민된다면 이 파트를 읽고 결정해 보자. 단, 원하는 장소의 입장권은 꼭 사전에 예매하자.

파리의 밤을 즐기는 방법

파리의 숍은 보통 19:00~20:00에 문을 닫는다. 샹젤리제는 21:00쯤. 이 시간 이후의 문화 행사 참여, 여가 활용을 격려하기 위해서라고 한다. 오페라와 음악당은 물론, 구역마다 있는 구청의 홀과 성당의 제단까지, 모두 옷을 갈아입고 밤을 준비한다. 남녀노소를 불문하고 참여율도 높아서 1년권을 등록하고 문화를 즐기는 파리지앵도 쉽게 볼 수 있다. 특히 밤이 긴 겨울철에 알찬 여행을 하고 싶다면 밤 문화 활용은 기본이다. 클래식한 오페라 극장을 포함해 광란에 가까운 클럽까지, 다양한 프로그램을 찾아 자신에게 맞는 장소를 구경해 보자.

카바레

카바레는 식사와 술을 즐기며 공연을 보는 곳으로, 우리 식으로 표현하면 '극장식당'에 가깝다. 가장 유명한 장소로는 물랭루주, 리도, 크레이지 호스가 있다. 화려하게 꾸민 프로 댄서들의 춤은 시간을 잊을 만큼 압도적이다. 이 팔등신 미녀 댄서들은 모두 미모, 신체조건, 춤 실력 등 엄격한 검증을 통해 뽑힌 프로로 동유럽 출신이 많다. 한때 매춘의 장소였던 물랭루주에서 카바레가 시작되었지만 현재는 전혀 상관이 없다. 실제로 많은 서양 관광객들은 연인, 가족과 함께 입장한다. 저녁 식사가 포함된 것과 공연만 관람하는 것 중에 선택할 수 있는데, 식사 포함일 경우에는 메뉴에 따라 가격 차이가 있다. 공연만 보더라도 주말과 주중 가격이 다르니 참고하자.

물랭루주
Boulevard de Clichy 75018 | 01 53 09 82 82(예약 필수) | 샴페인+공연 €175~ | www.moulinrouge.fr

크레이지 호스 Crazy Horse Saloon
12 Avenue George V 75008 | 01 47 23 46 46(예약 필수) | €115/1인(포함 사항 샴페인+아뮤즈 부쉬(옵션)) | 공연 2시간 | www.lecrazyhorseparis.com

리도 Lido
116 Bis Avenue Champs Elysées 75008 | 01 40 76 56 10(예약 필수) | 샴페인+공연 €175~ | www.cabaret-paris.com/fr/lido-tickets

오페라

오페라 가르니에, 오페라 바스티유, 오페라 코미크 등의 극장에서 오페라가 상연된다. 파리를 비롯한 프랑스의 모든 극장은 6개월~1년 일정이 미리 정해져 있는데, 매년 9월이 시즌의 첫 번째 달이다. 월별 프로그램은 해당 극장의 사이트에서 확인할 수 있으며, 유명한 오페라 가수의 공연은 일찍 매진되므로 예약은 필수다. 7월이 극장 일정의 마지막 달이지만 오페라 공연은 그보다 이른 5~6월에 종연할 때가 많다. 8월에는 공연이 없다. 공연 관람 계획이 있으면 최소 3개월 전에 사이트를 통해 예약할 것.

오페라 가르니에

Place de l'Opéra 75009 | 08 92 89 90 90(공연) | www.operadeparis.fr(P.252 참고)

오페라 바스티유

120 Rue de Lyon 75012 | 01 92 89 90 90 | www.operadeparis.fr/visites/opera-bastille

오페라코미크 극장

1 Place Boieldieu 75002 | 01 42 44 45 40 | www.opera-comique.com(P.254 참고)

발레(클래식, 현대)

프랑스 국립 오페라 발레단은 러시아 발레단에 버금 가는 높은 수준으로 정평이 나 있다. 오페라 가르니에에서는 클래식 작품이, 오페라 바스티유에서는 클래식을 재해석한 현대식 발레가 주로 공연된다. 프랑스에는 이외에도 300개가 넘는 현대 무용단이 있는데, 신작 현대 발레는 파리 시립극장, 샤틀레 극장 등에서 관람할 수 있다. 외국 발레단도 자주 파리 무대에 오르므로, 관심 있는 발레단이 있다면 미리 체크하자.

샤틀레 극장

2 Rue Edouard-Colonne 75001 | 01 40 28 28 28 | www.chatelet-theatre.com

음악회

클래식, 재즈, 독주, 록, 샹송 등 상상하는 것 이상의 다양한 음악 장르를 만날 수 있다. 현대음악은 파리의 수많은 콘서트 홀에서 자유롭게 열리며 국내외 유명 가수의 콘서트가 아니라면 해당 장소에서 당일에 입장권을 구매해도 된다. 클래식은 파리 관현악단, 국립 일드프랑스 관현악단, 라디오프랑스 관현악단 등이 유명하다. 라디오프랑스 관현악단은 정명훈이 5년간 상임지휘자로 있었던 곳이기도 하다. 이밖에 성당에서 열리는 소규모 음악회도 추천한다.

파리 콘서트 정보 사이트

pariseventicket.com
www.infoconcert.com
www.fnacspectacles.com

연극

연극은 프랑스인들이 영화에 버금갈 만큼 대중적으로 즐기는 문화다. 역시 고전, 현대극으로 나눠지는데 아쉬운 점은 프랑스어를 모르면 즐길 수 없다는 것이다. 하지만 몰리에르 극본의 클래식한 프랑스 연극을 꼭 보고 싶다면 코메디 프랑세즈 Comédie Française에서 분위기를 즐기는 것도 좋겠다.

코메디 프랑세즈
1 Place Colette 75001 | 08 25 10 16 80 | www.comedie-francaise.fr(P.113 참고)

영화

파리에도 멀티플렉스 상영관이 많다. 최신작은 이들 멀티플렉스를 이용하는데, 우리와 달리 할인이나 쿠폰이 없기 때문에 관람 직전에 표를 구매하면 된다. 파리에는 소형 영화관도 많이 남아 있어, 흘러간 명작을 재관람하기에 좋다. 20세기 중반의 흑백영화나 우리나라에서 보기 어려운 제 3국의 명작을 볼 수 있는 것이 장점이다. 1960년대 국내 개봉작인 김기영 감독의 '하녀'와 프랑스가 사랑하는 홍상수 감독의 신작 등을 어렵지 않게 관람할 수 있다.

엠카되 비블리오테크 MK2 Bibliothèque
128~162 Avenue de France 75013 | 일반 €10.90, 학생 €7.90, 조조 €6.50 | www.mk2.com/salles/mk2-bibliotheque

위제세 시네 시테 베르시 UGC Ciné Cité Bercy
2 Cour Saint-Emilion 75012 | 일반 €10.90, 학생 €7.90, 조조 €6.50 | www.ugc.fr/films.html

그랑 렉스 Grand Rex
1 Boulevard Poissonnière 75002 | 01 45 08 93 89(P.257 참고)

예술 영화관 르 샹포 Le Champo
51 Rue des Ecoles 75005 | 일반 €9, 학생 €7, 조조 €5.50 | www.lechampo.com

특별관 시네마테크 프랑세즈
La Cinémathèque Française
51 Rue de Bercy 75012 | 일반 €7, 할인가 €5.50, 18~25세 €5.50 | 영화 관련 전시회 일반 €12(P.303 참고)

바

세련된 상류층의 바는 물론 파리지앵의 트렌드가 시작되는 바까지 골고루 만날 수 있다. 특히 해피아워 시간대인 17:00부터는 나이를 불문하고 바 테라스에서 가벼운 맥주나 칵테일을 즐기는 파리지앵들이 많다. 바의 개점시간은 17:00부터 제각각이지만, 서비스는 늦은 밤이나 자정 넘어서까지 계속된다.

클럽, 무도회장

어느 나라를 불문하고 클럽의 분위기가 최고조에 달하는 시간은 자정 이후다. 자정이 넘어야 비로소 제대로 즐길 수 있으니, 어중간한 시각에 찾았다가 너무 일찍 나가는 실수를 삼가자. 반면 재즈 클럽에서는 22:00 이후부터 본격적인 연주가 시작되며, 일반 클럽에 비해 분위기도 점잖다.

클럽 마티니옹 Club Matignon

일렉트릭 팝이나 록 위주의 클럽이지만 금, 토요일에는 하우스 뮤직도 가능하다. 일요일 아침 브런치를 예약할 수 있다.
3 Avenue Matignon 75008 | 월~토 23:00~05:00 | www.beaumarly.com

세 라스푸틴 Chez Raspoutine

러시아 카바레였던 장소가 클럽으로 거듭난 곳. 파리에서 가장 잘나가는 DJ들이 믹싱하는 일렉트릭 음악을 즐길 수 있다. 식사를 겸하는 곳이라 요금이 조금 비싼 것이 아쉽다. 춤만 추길 원한다면 피할 것.
58 Rue de Bassano 75008 | 01 55 90 59 53 | 월, 화 24시간, 나머지 휴무 | www.raspoutine.com

센 강 유람선

공연에 흥미가 없다면 센 강의 유람선을 타고 파리의 야경을 즐겨 보자. 저녁식사를 할 수 있는 유람선에 승선할 때는 옷차림에 신경을 써야 한다. 굳이 턱시도나 드레스를 입지 않아도 되지만 티셔츠와 청바지, 반바지 차림은 피하도록 하자. 식사를 함께하는 유람선은 예약이 필수다.

바토무슈 www.bateaux-mouches.fr
바토뷔스(P.55 참고)

파리 시내 야간 관광

조명의 발달 덕분에 밤이면 파리의 명소들은 낮에 보여줬던 모습과는 전혀 다른 매력을 발산한다. 패스로 가성비를 노릴 수 있는 툿 버스 Toot Bus와 빅버스 파리 Big Bus Paris 등의 버스 투어를 이용하면 가장 안전한 야간 관광을 할 수 있다. 야심한 밤에는 배차가 제한되므로 승하차를 되도록 피하는 게 좋다.
개인 야간 관광 패키지를 통해 소규모로 투어 하는 방법도 있다. 국내에서 운영하는 '현지 파트너 가이드'형 투어를 통하면 유람선 승하차 시간, 카바레 관람 시간 등에 맞춰 숙소까지 데려다 주는 맞춤형 서비스도 가능하다.

현지 운영 버스 투어(P.58 참고)
국내 운영 '현지 파트너 가이드 투어' www.myrealtrip.com

예약 방법

2

정보 수집

파리에는 다양한 문화 행사가 있어서 파리지앵들도 잡지를 통해 공연 일정을 찾아본다. 파리의 각종 문화 행사를 한눈에 볼 수 있는 잡지로 '파리스코프 Pariscope', '로피시엘 데 스펙타클 L'Officiel des Spectacles'이 있다. 매주 수요일에 발행되는 주간지로 거리와 메트로 역의 가판대에서 판매한다. '파리스코프'는 런던의 정보지 '타임아웃 Time Out'이 편집한 영어판 페이지가 삽입되어 있어 프랑스어가 생소한 사람들에게 유용하다. 두 잡지의 홈페이지를 통해 프로그램을 확인할 수도 있다. 반면, 공연보다는 전통 있는 프랑스 극장의 실내와 건축미에 관심이 있다면 해당 홈페이지에 접속해서 일정을 알아보자.

파리스코프 €2 | spectacles.premiere.fr
로피시엘 데 스펙타클 €2.2 | www.offi.fr

입장권 구매

관람하고 싶은 공연이 유명한 공연이라면 최대한 빨리 예매하는 편이 좋다. 특히 유명한 고전극이나 프랑스 인기 영화배우가 무대에 오르는 연극, 한국에서 볼 수 없는 유명 가수의 콘서트 등의 좋은 좌석은 발매 직후 바로 매진된다. 현지 공연 판매처인 Fnac 홈페이지에서는 오른쪽 상단에 영어 안내를 선택할 수 있어 이용하기에 편하다. 예매 후에는 전자티켓을 인쇄하거나, 휴대폰 어플로 다운받아두면 되는데, 공연 장소에 따라 입장 시에 이 티켓을 제시하고 실물 티켓으로 교환 받아야 하는 경우가 있다. 어떤 경우든 공연 당일에 해당 티켓을 소지하고 공연장을 찾으면 된다.

Fnac www.fnacspectacles.com
테아트르 온라인 www.theatreonline.com

- 공연장 방문

해당 극장의 분위기와 좌석표를 보고 원하는 좌석을 고를 수 있으므로 가장 마음이 놓이는 방법이다. 특히 만 26세 이하의 학생은 할인 혜택을 받을 수 있다. 국제학생증을 꼭 지참하자.

- 예매처 방문

Fnac으로 대표되는 대형 미디어 매장 내의 예매처 Reservation des Spectacles에서 대부분의 대형 공연장 입장권을 판매하고 있다. 파리 시내 곳곳의 번화가에 위치하고 있으므로 찾기가 쉽고, 매진이 아니라면 공연 당일까지 예매가 가능하다.
프낙 예매처 찾기 www.fnacspectacles.com/liste

- 숙소의 리셉션 이용

파리 내의 호텔 리셉션에서 공연 정보를 제공 받을
수도 있다. 특급이나 별 4개 이상의 호텔이라면 대부
분 예매를 도와준다. 이때는 €2~3의 팁을 잊지 말자!

- 키오스크 테아트르 Kiosque Théâtre

이곳에서는 당일 공연의 표를 절반 가격으로 판매한
다. 연극 공연에만 한정되어 있지만, 유명한 공연이
있는 날이면 할인 가격에 구입하려는 사람들의 줄이
길게 늘어선다. 당일까지 판매되지 않은 좌석만을
파는 곳이라서, 서두르지 않으면 표를 구할 수 없다.
15 Place de la Madeleine | 마들렌 성당 오른쪽 |
화~토 12:30~20:00, 일 12:30~16:00

> #### 공연 시간 지키기
>
> 입장은 늦어도 공연 시작 15분 전에 마치는 것이
> 규정이다. 대부분의 극장은 자리까지 안내해 주는
> 데, 공연 시간이 임박하거나 지각을 하면 공연을
> 방해하지 않기 위해 맨 뒷자리를 지정해 준다. 막
> 간까지는 영락없이 그곳에 묶여 있어야 한다.
>
> #### 공연장 입장 시 복장
>
> 오페라, 발레, 카바레, 콘서트 등의 공연에 갈 때
> 에는 그에 맞는 최소한의 복장을 갖추자. 완벽한
> 정장을 할 필요는 없고 남성은 재킷에 면바지를,
> 여성은 원피스 정도면 충분하다. 특히 공연의 첫
> 무대를 예약했다면 더더욱 옷차림에 신경 쓰는
> 게 예의다. 교회 콘서트에 갈 때는 노출에 신경 쓰
> 고, 외부 온도에 맞춰 옷을 준비하자. 대부분 석조
> 건물 안에서 음악회를 하므로 공연 중 체감온도
> 가 낮아진다.

위급 상황이 생겼을 때

3

여행 중 문제 발생 시

파리의 치안

최근 파리에 전쟁, 기아 등을 피해 동유럽에서 넘어온 불법 이민자들이 주축이 된 소매치기, 날치기가 늘고 있다. 짐을 최대한 줄여 가볍게 다니는 것이 안전하지만, 공항 왕래 시 어쩔 수 없이 큰 짐이 있다면 건장한 프랑스인 옆에 자리를 잡고, 한자리에서 오래 기다려야 한다면 건장한 개인 경호원이 문 앞에 있는 큰 매장 앞에 서 있는 것이 좋다. 신분증을 포함한 귀중품이나 고액의 현금은 호텔의 개인금고에 보관하고 소지하지 않는 것이 가장 안전하다. 굳이 현금을 휴대할 경우는 분산시켜서 가슴 앞쪽에 붙는 가방에 넣어 다니고, 어떤 일이 있어도 가방을 분리하지 않도록 하자.

늘 긴장을 늦추면 안 되지만, 특히 공항 로비, 사람이 많은 기차역, RER선 역, 메트로 내와 통로, 주요 관광지(에펠탑, 개선문, 오페라 가르니에, 샹젤리제) 등 주요 관광지에서는 더욱 주의하자. 하지만 도난 발생률이 의외로 높은 장소는 레스토랑이다. 의자 등받이에 무심코 걸어둔 가방이나 쇼핑백 등이 소리 없이 사라지는 일이 최근 들어 상당히 빈번하다. 리셉셔너들이 서비스를 돕는 최고급 레스토랑을 제외하면 각자의 물건은 철저히 각자가 책임진다. 부피가 크면 식탁 아래에 밀어두는 것이 확실하고, 두꺼운 외투를 벗더라도 귀중품은 꺼내어 몸에 소지하는 것이 사고를 예방하는 길이다. 자리를 비울 때는 번거로워도 귀중품을 지니고 가는 것이 가장 확실하다.

도난과 분실

사고를 당한 곳이 숙소, 미술관, 공항, 역사 등 건물

소매치기 주의!

동유럽 출신의 악성 소매치기단이 늘고 있다. 10~20대로 구성된 이들은 바지에 티셔츠, 후드 카디건 등을 유니폼처럼 입고 단체로 몰려다니기 때문에 구별하는 것이 어렵지는 않다. 처음에는 인도적인 단체인 척, 사인할 종이를 내미는 것으로 시작한다. 외국어에 익숙하지 않은 외국인들에게 한 사람이 이것저것 설명하는 것처럼 연극을 하는 동안, 다른 사람이 집중하고 있는 여행자들의 주머니를 터는 것이다. 심한 경우에는 강제로 뺏기도 한다. 다른 큰 짐이 있으면 작은 짐을 쫓지 못할 거라는 사전 계산 때문. 이들의 주된 타깃은 혼자서 여행하는 젊은 아시아 여성들이다. 상대는 여러 명이고 상당히 집요한 데다, 도주로를 알고 있기 때문에 잘못 걸리면 피해를 입기 십상이다. 되도록 짐을 적게 가지고 다니는 것이 상책이다.

이 밖에 파리의 북쪽 앤티크 시장 진입로와 베르사유 궁전 앞에는 기념품, 가짜 명품 등을 강매하는 사람들이 있는데, 친절해 보인다고 그들의 말에 귀기울였다가 역시 비슷한 수법으로 피해를 당할 수 있으니 주의해야 한다.

내부라면 시설의 보안계에 먼저 신고한다.
→경찰에 다시 신고한다. 분실사고는 파리 경찰들에게 익숙한 일이므로, 말이 제대로 통하지 않아도 국적, 도난 장소, 도난 시간 등 기본적인 내용을 단답형으로 알려주면 충분하다.
→진술이 끝나면 분실, 도난 신고증명서(Déclaration de Perte 또는 Main courante)를 요청하자. 다음 단계에서 꼭 필요하다.

+ 여권 분실의 경우 프랑스 주재 한국대사관에 신고한다. 경찰서에서 받은 분실, 도난신고와 본인 사

진 2장, 여권 외에 본인임을 확인할 수 있는 신분증을 함께 가지고 가야 한다. 여권번호와 발행 연월일을 알려주어야 하므로 다른 곳에 기록해 놓거나 복사본을 준비하는 것이 좋다. 여권 발급에는 최소 2~3주가 걸리므로 귀국이 임박할 때는 '귀국을 위한 여행자 증명서'를 발급받는다.

+ 카드 분실의 경우 분실 직후 카드회사의 분실신고 부서에 연락한다.
+ 여행자수표 분실의 경우 수표 발행사에 연락해서 재발행 수속을 밟는다. 수표 번호를 알고 있어야 한다.

위급 상황 시 전화

경찰 17
소방서 18
파리 경찰청 01 53 71 53 71
분실물 보관소 08 21 00 25 25

경찰 신고 시 주의할 점!
도난과 분실은 여행 중 가장 빈번히 일어나는 사고다. 물론 여행자보험에 가입하면 휴대폰, 카메라 등의 물품은 한도 내에서 보상 받을 수 있지만, 철도패스는 보상 범위에 들지 않는다. 보상을 받더라도 분실 후의 복잡한 현지 대처법과 에너지 소진을 생각하면 잃어버리지 않는 것이 상책이다. 도난, 분실 사고가 나면 경찰 신고는 필수인데, 신고서에 내용을 작성할 때는 '도난 Stolen'이라고 적는 게 보상받는 데 유리하다. '분실 Lost'이라고 적으면 본인 실수로 간주되어 보상되지 않는 경우도 있다. 또 도난당한 물건은 최대한 상세하게 쓰는 게 좋다. 단순하게 '카메라'보다는 '어떤 모델의, 어떤 브랜드의 카메라' 등 해당 물건을 구체적으로 기입해야 보상받는 데 도움이 된다.

문제 발생 시를 대비한 요긴한 준비물!
여권 복사본 2~3장, 여권용 사진 2~4장, 항공권 복사본, 여행자보험 증서, 한국과 파리의 해당 항공사 연락처, 여행자수표 일련번호 및 수표 구입 영수증, 수표 발행처 연락처

현지 행정기관 및 은행 정보

대사관

주한 프랑스 대사관
서울특별시 서대문구 서소문로 43-12 | +82 (2) 3149 4300 | 팩스 +82 (2) 3149 4328 | kr.ambafrance.org
영사과의 모든 업무는 예약제로 운영. 공휴일 정보는 사이트 확인.

주프랑스 대한민국 대사관
지하철 13호선 Varenne 역 | 125 Rue de Grenelle 75007 Paris | 33 1 47 53 01 01 | 월~금 09:30~12:30, 14:00~18:00 | overseas.mofa.go.kr/fr-ko/index.do
영사과 01 47 53 69 95(66 82) | 월~금 09:30~16:30 (A1, A2비자 09:30~12:00) | 행정민원서비스(여권, 공증, 가족관계등록부, 병역, 국적 등), 재외국민보호(사건사고 대응 및 지원, 관련 법률자문 제공)

긴급연락처(사건사고)

33 1 47 53 69 95, 33 6 80 95 93 47 | 야간 및 주말 33 6 80 28 53 96

문화원

지하철 9호선, 13호선(Miromesnil 역), 버스 22, 43, 52, 93, 20, 84번 | 20 Rue la Boétie 75008 | +33 1 4720 8415/+33 1 4720 8386 | 월~금 10:00~18:00, 토 14:00~18:00 | www.coree-culture.org

관광 안내소 L'Office de Tourisme

대부분의 안내소에서 파리 여행 및 각종 이벤트 정보 수집과 호텔 예약이 가능하다. 모든 패스는 기본적으로 피라미드 센터에서 수령할 수 있고 파리 비지트는 대부분의 안내소에서 구입 가능하다. 보통 1월 1일, 5월 1일, 12월 25일에 쉰다.

본부 Hôtel de ville
지하철 1호선 Hôtel de Ville, 4호선 Châtelet | 29 Rue de Rivoli 75004 | 월·토 10:00~19:00, 일·공휴일 10:00~18:00

파리 북역 Gare du Nord
7, 9번 국제 플랫폼 근처 | 18 Rue de Dunkerque 75010 | 월·토 09:00~17:00 휴무 일, 1월 1일, 5월 1일, 12월 25일

루브르 센터 Centre de Louvre
99 Rue de Rivoli 75001 | 수~월 11:00~19:00 휴무 화 | 예매 창구 없음

분실물 센터(신고/수령)

공항 분실물 관리 사무소(파리 내의 모든 공항)
36 Rue des Morillons 75015 | 08 21 00 25 25 (€0.12/min)

일반 분실 Bureau des Objets Trouvés
36 Rue des Morillons 75015 | 08 21 00 25 25

지하철 내 분실 08 92 98 77 14

버스 내 분실(모든 RATP)
36 Rue des Morillons 75015 | 08 21 00 25 25 (€0.12/min), 자동 응답기 32 46(€0.34/min)

한국에서 국제전화 00 33 892 69 32 46

기차 내 분실 자동 응답기(모든 SNCF)
전화 36 35→#22 또는 36 35→"Objets Trouvés 오브제 트루베"라고 정확하게 발음(€0.34/min)

우체국

중앙우체국
메트로 3호선 Sentier 하차 후 남쪽으로 도보 7분 | 52 Rue du Louvre 75001 | 06:20~19:20

연중무휴 우체국 PARIS LOUVRE
16 Rue Etienne Marcel 75002 | 월·토 08:00~23:59, 일 10:00~23:59

현지 한국 은행

외환은행

38/40 Avenues des Champs-Élysées 75008 | 01 53 67 12 00 | 월~금 09:00~12:00, 13:00~16:00

현지 약국

레 샹 Les Champs
메트로 1호선의 George-V 하차 후 루브르 방면으로 도보 4분 | 84 Avenue des Champs-Élysées 75008 | 01 45 62 02 41 | 24시간

몽주 약국 La pharmacie Monge
7호선 Monge 역 하차 | 11 Rue Gracieuse 75005 | 01 47 07 43 93 | 월~토 08:00~20:00 휴무 일 | 의사 처방전 발급, 한국 직원 대기 중

그랑 파르마시 바일리 Grande Pharmacie Bailly
메트로 3, 9호선 Havre-Caumartin 역, 12, 13, 14호선 Saint Lazare 역 하차 후 역사 좌측으로 도보 3분 | 15 Rue de Rome 75008 | 01 53 42 10 10 | 평일 08:00~20:00, 토요일 10:00~19:00 | 휴무 일 | 한국인 직원 대기 중

프랑스 여행 관련 홈페이지

프랑스 관광청 www.france.fr/ko
파리 관광 안내소 parisjetaime.com
수도권 관광 안내 www.visitparis region.com
파리 공항 안내 www.aeroportsde paris.fr(P.426 공항 QR 참고)

추천 어플

My Airport 파리 공항 공식
Bonjour RATP 파리 지하철 지도, 메트로 버스, RER 등 실시간 교통정보
IDF Mobilités 파리와 근교 실시간 교통정보, 나비고 충전/구입, 이동 동선 제시
Moovit 현재 장소-이동 동선/방법 제시
Trainline, SNCF Connect 프랑스 철도청 어플, 기차 시간표와 요금 조회
Babbel, Duolingo 여행지에서 유용한 상황별 회화

454

INDEX
인덱스

456

셀렉트숍

458

참고 서적
<Paris> Évasion Hachette, <Paris à Petits Prix> Lonely Planet Edition, <Paris Shopping Book> Paris Office du Tourisme et des Congrès, <Louvre Secret et Insolite> Parigramme, <Paris Architectures de la Belle Epoque> Parigramme, <Chef-d'Oeuvre du Musée des Arts Décoratifs> Les Arts Décoratifs, <Métronome>, <파리를 생각한다> 문학과 지성, <Atlas Gastronomique de la France> Armand colin, <Musée Histoire de Paris Carnavalet> Beaux-Arts, <Passages Couverts Parisiens> Parigramme, <Secret des Rois de France> Édition Ouest-France

현지 홍보부·마케팅 업체 사진 제공(Coopération des Marketings)
Hôtel Four Seasons Geroge V, Ritz Paris, Hôtel Plaza Athénée Paris, Hôtel de Luxe Le Meurice, Royal Monceau-Raffles Paris, Hôtel Lutetia Paris, Hôtel Le Burgundy, The Westin Paris – Vendôme, Inter-Continental Paris -Le Grand, Hotel Regina, Hôtel d'Orsay, Hôtel des Tuileries, Hôtel Royal Saint Honoré Paris, Groupe <Esprit de France>, Legend Hotel, Hôtel Académie, Hôtel Galiléo, Hôtel Le Montmartre Saint Pierre, Hotel La Tamise, Hôtel Exquis, Musée de la Monnaie de Paris, Aquarium de Paris, Musée Grévin, Samaritaine, Musée Cluny, ZKG

도움주신 곳
파리 관광청(Office du Tourisme et des Congrès-Photothèque), Melchior 마케팅, 코르소 마케팅, Emilie Flechaire 마케팅, Festin Conseil. 그 밖의 위키백과 프랑스 사이트, 각 명소와 브랜드의 공식 사이트, 파리 지도 사이트 plan paris 360, 파리 교통국 사이트, Nicolas Gleichauf

이 책에 실린 정보는 2023년 12월까지 수집한 정보를 바탕으로 하고 있습니다. 볼거리, 숙소, 식당, 상점 등의 위치와 요금, 교통편 운행시각과 교통요금 등은 현지 사정에 따라 수시로 바뀔 수 있습니다. 저자가 수시로 바뀐 정보를 수집해 반영하고 있으나 현지 사정에 따라 운영시간, 휴일, 요금, 메뉴, 영업 방침 등이 변경될 수 있습니다. 이 점을 감안해 여행 계획을 세우시기 바라며 이로 인해 혹여 여행에 불편이 있더라도 양해 부탁드립니다. 더불어 변경된 내용의 제보를 받습니다. 다음 개정판이 더욱 유용하고 정확한 책이 될 수 있도록 독자 여러분의 많은 조언을 기다립니다.

사진 출처
www.pariszigzag.fr, 161_frenchmoments.eu, 164_www1.alliancefr.com, 174_friedlandinvestissements.fr, 248_www.1redpaperclip.com
*위에 명시되지 않은 사진과 자료의 모든 권한은 저자에게 있으며 인터넷에서 무료 사용이 허용되는 이미지가 일부 쓰이기도 하였습니다.

프렌즈 시리즈 15

프렌즈 **파리**

발행일 | 초판 1쇄 2015년 12월 24일
　　　　개정 5판 1쇄 2023년 12월 22일
　　　　개정 5판 2쇄 2024년 5월 20일

지은이 | 오윤경

발행인 | 박장희
대표이사 · 제작총괄 | 정철근
본부장 | 이정아

기획위원 | 박정호

마케팅 | 김주희, 박화인, 이현지, 한륜아
본문 디자인 | onmypaper

발행처 | 중앙일보에스(주)
주소 | (03909) 서울시 마포구 상암산로 48-6
등록 | 2008년 1월 25일 제2014-000178호
문의 | jbooks@joongang.co.kr
홈페이지 | jbooks.joins.com
네이버 포스트 | post.naver.com/joongangbooks
인스타그램 | @j__books

ⓒ 오윤경 2024

ISBN 978-89-278-8014-1 14980
ISBN 978-89-278-8003-5(세트)